Military History of Korea

# 한국군사사 ⑩

근현대 II

기획·주간

육군군사연구소
ARMY MILITARY HISTORY INSTITUTE

육군본부

"역사를 깨닫지 못하는 자에게
비극의 역사는 필연적으로 되풀이 된다"

인류의 역사에서 전쟁은 한 국가의 명운을 좌우해 왔습니다. 그렇기 때문에 모든 나라들은 전쟁을 대비하는 데 전 국가역량을 집중해 왔습니다. 한 나라의 역사를 이해하기 위해 군사사 분야의 체계적인 연구가 필요한 이유가 여기에 있습니다.

육군에서는 이러한 군사사 연구의 중요성을 인식하고 1960년대부터 지금까지 '한국고전사', '한국의병사', '한국군제사', '한국고대무기체계' 등을 편찬하였습니다. 이는 우리의 군사사 연구 기반 조성에 큰 도움을 주었지만, 단편적인 연구에 국한된 아쉬움이 늘 남아 있었습니다.

이에 육군은 그간의 연구 성과를 바탕으로 군사사 분야를 보다 체계적으로 연구·집대성한 '한국군사사(韓國軍事史)'를 발간하였습니다. 본서는 2008년부터 3년 6개월 동안 비록 짧은 기간이지만, 많은 학계 전문가들이 참여하여 군사, 정치, 외교 등 폭넓은 분야에 걸쳐 역사적 사실을 새롭게 재조명하였습니다. 특히 고대로부터 근·현대에 이르기까지 전쟁사, 군사제도, 강역, 군사사상, 통신, 무기, 성곽 등 군사사 전반이 망라되어 있습니다.

## 발간사

"역사를 깨닫지 못하는 자에게 비극의 역사는 필연적으로 되풀이 된다"라는 말이 있습니다. 미래에 대한 변화와 발전도 과거에 대한 깊은 이해와 성찰을 통해서 이루어 질 수 있습니다. 이러한 의미에서 우리나라 최초로 군사사 분야를 집대성한 '한국군사사'가 군과 학계 연구를 촉진시키는 기폭제가 되고, 군사사 발전을 위한 길잡이가 되길 기대합니다.

그동안 어려운 여건속에서도 연구의 성취와 집필을 위해 열과 성을 다해 준 집필진과 관계관 여러분의 노고를 치하합니다.

2012년 10월
육군참모총장 대장 김상기

## 일러두기

1. 이 책의 집필 원칙은 국난극복사, 민족주의적 서술에서 벗어나 국가와 민족의 생존의 역사로서 군사사(전쟁을 포함한 군사 관련 모든 영역의 역사)를 객관적으로 서술하는데 있다.
2. 한글 맞춤법과 표준어 등은 국립국어원이 정한 어문규정을 따르되, 일부 사항은 학계의 관례를 따랐다.
3. 이 책의 목차는 다음의 순서로 구분, 표기했다.
   : 제1장 - 제1절 - 1. - 1) - (1)
4. 이 책에서 사용한 전쟁 명칭은 다음과 같은 원칙에 따라서 표기했다.
   (1) '전쟁'의 명칭은 다음 기준에 부합되는 경우에 사용했다.
      ① 국가 대 국가 간의 무력 충돌에만 부여한다.
      ② 일정 규모 이상의 대규모 군사활동에만 부여한다.
      ③ 무력충돌 외에 외교활동이 수반되었는지를 함께 고려한다. 외교활동이 수반되지 않은 경우는 군사충돌의 상대편을 국가체로 볼 수 있는지를 검토한다.
   (2) 세계적 보편성, 여러 나라가 공유할 수 있는 명칭 등을 고려하여 전쟁 명칭은 국명 조합방식을 기본적으로 채택했다.
   (3) 국명이 변경된 나라의 경우, 전쟁 당시의 국명을 사용하는 것을 원칙으로 했다.
      (예) 고려-요 전쟁   조선-후금 전쟁
   (4) 동일한 주체가 여러 차례 전쟁을 한 경우는 차수를 부여했다.
      (예) 제1차~제7차 고려-몽골 전쟁
   (5) 일반적으로 널리 알려진 전쟁 명칭은 ( ) 안에 일반적인 명칭을 병기했다.
      (예) 제1차 조선-일본 전쟁(임진왜란)   조선-청 전쟁(병자호란)
5. 연대 표기는 다음과 같은 원칙에 따라서 표기했다.
   (1) 주요 전쟁·전투·역사적 사건과 본문 서술에 일자가 드러난 경우는 서기력(양력)과 음력을 병기했다.
      ① 전근대 : '음력(양력)' 형식으로 병기하는 것을 원칙으로 했다.
      ② 근·현대: 정부 차원의 양력 사용 공식 일자를 기준으로 구분하여, 1895년까지는 '음력(양력)' 형식으로, 1896년 이후는 양력(음력) 형식으로 병기했다.
   (2) 병기한 연대는 ( ) 안에 양력, 음력 여부를 (양), (음)으로 표기했다.
      (예) 1555년(명종 10) 5월 11일(양 5월 30일)
   (3) 「연도」, 「연도 월」처럼 일자가 드러나지 않은 경우는 음력(1895년까지) 혹은 양력(1896년 이후)으로만 단독 표기했다.
   (4) 연도 표기는 '서기력(왕력)' 형태를 기본으로 하되, 필자가 필요하다고 판단한 경우에는 왕력(서기력) 형태의 표기도 허용했다.
6. 외국 인명은 다음과 같은 원칙에 따라서 표기했다.
   (1) 외국 인명은 최대한 원어 발음을 기준으로 표기하는 것을 원칙으로 했다. 단, 적절한 원어 발음으로 표기하지 못한 경우에는 한자음으로 표기했다.

(2) 전근대의 외국 인명은 다음과 같은 원칙에 따라서 표기했다.
　① 중국을 제외한 여타 외국 인명은 원어 발음을 기준으로 표기하고 한자를 병기했다.
　　(예) 누르하치[努爾哈赤]　　도요토미 히데요시[豊臣秀吉]
　② 중국 인명은 학계의 관행에 따라서 한자음으로 표기했다.
　　(예) 명나라 장수 척계광戚繼光
(3) 근·현대의 외국 인명은 중국 인명을 포함하여 모든 인명을 원어 발음 기준으로 표기하는 것을 원칙으로 했다.
　(예) 위안스카이[袁世凱]　　쑨원[孫文]
7. 지명은 다음과 같은 원칙에 따라서 표기했다.
(1) 옛 지명과 현재의 지명이 다른 경우에는 '옛 지명(현재의 지명)' 형식으로 표기했다. 외국 지명도 이 원칙에 따라서 표기했다.
(2) 현재 외국 영토에 있는 지명은 가능한 원어 발음으로 표기했다.
　(예) 대마도 정벌 → 쓰시마 정벌
(3) 전근대의 외국 지명은 '한자음(현재의 지명)' 형식으로 표기했다.
　(예) 대도大都(현재의 베이징[北京])
(4) 근·현대의 외국 지명은 원어 발음으로 표기하는 것을 원칙으로 하되, 학계에서 일반화되어 고유명사처럼 쓰이는 경우에는 한자음으로 표기했다.
　(예) 상하이[上海]　　상해임시정부上海臨時政府

## 본문에 사용된 지도와 사진

- 본문에 사용된 지도는 한국미래문제연구원(김준교 중앙대 교수)에서 제작한 것을 기본으로 하여 필자의 의견을 반영해서 재 작성했습니다.
- 사진은 필자와 한국미래문제연구원에서 제공한 것을 1차로 사용했으며, 추가로 장득진 선생이 많은 사진을 제공했습니다. 필자와 한국미래문제연구원, 장득진 제공사진은 ⓒ표시를 하지 않았습니다.
- 이 외에 개인작가와 경기도박물관, 경희대박물관, 고려대박물관, 국립중앙박물관, 국사편찬위원회, 규장각한국학연구원, 독립기념관, 문화재청, 서울대박물관, 연세대박물관, 영집궁시박물관, 육군박물관, 이화여대박물관, 전쟁기념관, 한국학중앙연구원, 해군사관학교박물관, 화성박물관 외 여러 기관에서 소장자료를 제공했습니다. 이 경우 개인은 ⓒ표시, 소장기관은 기관명을 표시했습니다. 사진을 제공해 주신 분들께 감사드립니다.
- 이 책에 실린 사진 중에서 소장처를 파악하지 못해 사용허가를 받지 못한 사진이 있습니다. 이 사진에 대해서는 저작권자가 확인되는 대로 게재 허락을 받고 통상의 기준에 따라 사용허가 및 사용료를 지불하도록 하겠습니다.

# 목차

발간사 •

## 제7장 만주지역 독립군과 항일독립운동

**제1절 1910년대 '독립전쟁론'과 만주독립군기지건설 2**

    1. 연해주·만주지역 한인사회의 형성과 '독립전쟁론' 2 | 2. 만주지역 독립군기지건설과 민족운동 10

**제2절 1920년대 만주독립군의 항일독립전쟁 29**

    1. 동북만주의 정세와 중·일의 재만 한인정책 29 | 2. 독립군 단체와 항일투쟁 38 | 3. 봉오동전투와 청산리전투 71 | 4. 독립군 단체들의 기지이동과 '자유시사변' 92

**제3절 독립군 단체들의 재편과 통합운동 106**

    1. 참의부·정의부·신민부 삼부의 정립과 군정 활동 106 | 2. 민족유일당운동과 삼부통합운동 133

**제4절 일제의 만주침략과 한중연합 항일투쟁 147**

    1. 국민부와 조선혁명군 147 | 2. 한국독립당과 한국독립군 154 | 3. 반일유격대와 동북항일연군 166

## 제8장 상해 대한민국임시정부와 군사정책

**제1절 상해 임시정부의 수립과 '독립전쟁' 선언 174**

    1. 상해 임시정부의 수립과 초기 활동 174 | 2. '독립전쟁' 선언과 독립노선 논쟁 186 | 3. 상해 임시정부의 군사정책 198

**제2절 상해 임시정부와 만주지역 독립군 및 국내와의 관계 210**

    1. 상해 임시정부와 서북간도 독립군 210 | 2. 지방선전부와 국내 비밀결사 운동 219

제3절 상해 임시정부의 위축과 의열투쟁 232

    1. 상해 임시정부의 위축 232 ｜ 2. 상해 임시정부의 외곽 군사단체와 의열투쟁 243

## 제9장 중경 대한민국임시정부와 한국광복군

제1절 임시정부의 고난과 군사정책 256

    1. 임시정부의 재건과 군사정책 256 ｜ 2. 중국 관내의 독립군양성 268

제2절 중경 대한민국임시정부와 군사정책 281

    1. 임시정부의 '대일선전포고'와 독립운동방략 281 ｜ 2. 군사정책과 독립운동방략 291

제3절 한국광복군의 창설과 활동 296

    1. 한국광복군의 창설 296 ｜ 2. 한국광복군의 부대편제와 교육 · 훈련 311 ｜ 3. 한국광복군과 연합군의 공동 군사활동 327


참고문헌 • 346

찾아보기 • 368

## 제7장

# 만주지역 독립군과 항일독립운동

제1절 1910년대 '독립전쟁론'과 만주독립군기지건설
제2절 1920년대 만주독립군의 항일독립전쟁
제3절 독립군 단체들의 재편과 통합운동
제4절 일제의 만주침략과 한중연합 항일투쟁

# 제1절

## 1910년대 '독립전쟁론'과 만주독립군기지건설

### 1. 연해주·만주지역 한인사회의 형성과 '독립전쟁론'

#### 1) 연해주·만주지역 한인사회의 형성과 생활

1905년 을사늑약이 체결된 뒤 국내에서 항일운동이 어려워지면서 연해주와 만주지역이 독립운동을 위한 새로운 기지로 주목을 받기 시작했다. 이곳이 국경을 접하고 있어 지리적으로 가까운 점, 한인동포 사회의 존재, 고대 역사의 발상지라는 역사적 연고권 그리고 일본과 한 차례 전쟁을 치룬 적이 있는 중국과 러시아의 우호적 태도에 대한 기대 등이 독립운동을 벌이기에 유리한 조건이었기 때문이다.

서·북간도[1]로 더 익숙한 만주지역에 한인사회가 본격적으로 형성되기 시작한 것은 19세기 중반 이후부터였다. 청국은 만주족의 발상지인 백두산 일대를 보존하며 동북

---

[1] 간도라는 명칭의 유래에 대해서는 여러 說이 있다. 즉 '두만강 하류의 삼각주를 한인이 개간한 사잇섬(間島 혹은 墾島)이 생겼는데 이것이 점차 두만강 대안 전체를 가리키는 명칭이 되었다는 설, 한인이 두만강 건너 편 땅을 개간하며 저수지를 만드는 과정에서 강 중류에 섬이 만들어져 간도가 유래했다는 설, 일본이 침략 의도를 가지고 間자를 갖다 붙였다는 설, 그리고 1880년 회령부사 洪南周가 기아 해결을 위해 두만강 대안을 개척하면서 이곳을 간도라고 지명하면서 유래했다는 설 등이 있는데 대체로 마지막 설을 간도 명칭의 유래로 보고 있다. 이후 간도는 허룽·옌지·왕칭현을 중심한 두만강 대안을 북간도로 그리고 이와 구별하기 위해 압록강 중·상류 대안 일대를 서간도라 칭했다.

지구 만주족들의 생계를 유지하고 백두산에서 산출되는 인삼, 녹용 등 특산물을 독점하려고 백두산 이북 천여 리를 봉금封禁지구로 결정하고 인삼 등의 채집은 물론 개간, 거주를 엄금해 왔다.² 조선정부도 국경 보호를 목적으로 한인들이 강을 건너는 것을 엄격히 단속했을 뿐만 아니라 청인들이 압록강이나 두만강 일대에 거주하는 것도 강력히 저지했다.

그러나 19세기 후반에 이르러 청국은 더 이상 봉금령을 유지할 수 없는 처지에 이르렀다. 1840~60년 사이에 아편전쟁, 톈진조약, 베이징조약 등을 겪으면서 열강의 위협을 받은 청국은 만주개방의 필요성을 느끼게 되었다. 특히 러시아로부터 만주를 보위할 필요, 만주 기인旗人³의 감소, 만주의 재정 고갈, 산둥·허난河南에서 한족의 무질서한 이주 등으로 인한 사회혼란 등 여러 가지 이유로 청국은 봉금정책을 스스로 철회했다.⁴

이 무렵 한인들의 간도 이주도 급격히 늘어났다. 이전에도 한인들이 압록강과 두만강을 건너 인삼 채취, 수렵 또는 개간 등을 한 일이 있어 청국과 국경 마찰을 빚는 일이 자주 있었지만 집단 이주하여 정착하는 단계는 아니었다. 그러나 19세기 중반 이후에는 봉건제의 해체과정에서 몰락한 농민들이 살길을 찾아 강을 건너 황무지를 개간하며 본격적으로 정착하기 시작했다. 특히 1869년과 1870년 연 2년에 걸쳐 함북, 평북지방을 비롯한 서북지방에 사상 유례가 없는 대흉년이 들자 초근목피로 연명할 수밖에 없었던 이곳 주민들은 오직 연명을 위한 방책으로 비옥한 땅을 찾아서 강을 건넜다.

1872년 평안북도 후창군 군관 최종범崔宗範이 압록강 북안 노령老嶺 이남 지역을 시찰한 결과를 보면, 함경도 삼수에서 후창군 막치까지 400여 리 압록강 대안 18개 촌락에 한인 농민이 193호, 1613명이 정착하고 있었고, 후창군의 맞은편인 청금동淸金洞에서 삼도구三道溝까지의 150여 리에도 277호, 1466명의 한인이 이미 정착하여

---
2 박창욱, 「조선족의 중국이주사 연구」 『역사비평』 1991년 겨울호, 181쪽.
3 기인은 팔기군 소속의 군인들을 일컫는데 팔기군은 만주의 행정제도를 따라 편성된 청국의 군사제도로서 1642년 몽골과 이후 한족의 여러 군대를 흡수하여 최종적으로 8개 깃발군으로 확립되었다. 동북 변경 수비를 맡았던 정황·양황·정백 삼기군은 황제의 직속부대였다.
4 林永西, 「1910~20년대 間島韓人에 대한 중국의 政策과 民會」 『韓國學報』 73, 1993, 153쪽.

농사를 짓고 있었다.⁵ 이러한 사정은 두만강 대안인 북간도도 크게 다르지 않았다. 함경도 주민들의 월강 이주가 계속되는 가운데 회령부사로 부임한 홍남주洪南周는 기아에 허덕이는 주민들을 구제할 방안으로 두만강 대안의 개간을 적극 권장함으로써 개간을 위한 도강 이주가 지방 관부에 의해 합법적으로 공인되었다.⁶ 1883년 서북경략사에 임명된 어윤중이 회령 등지를 순회하면서 간도의 개간지에 대하여 정부 차원에서 토지소유권을 인정해 주는 문서인 지권地券을 교부하여 한인의 간도 이주를 실질적으로 승인해 주었다.⁷ 이때부터 북간도 지역에서는 한인의 집단 이주와 이들에 의한 황무지 개간이 활발하게 진행되었고 한인 이주도 크게 늘어났다.

이와 같이 한족을 비롯하여 한인들이 봉금지역에서 이미 정착, 개간하여 농사를 짓고 있는 현실을 청국은 인정하지 않을 수 없었다. 또 수시로 동북 변경을 침범하는 러시아 세력을 견제하고 재정수입을 늘리려고 봉금령을 해제하고, 간도 개척을 위한 '이민실변移民實邊' 정책을 실시했다. 이민실변 정책은 북간도의 경우는 주로 국경 수비와 개척을 위한 것이었고 서간도의 경우는 개척을 통한 재정 수입 확대에 목적이 있었다.⁸ 그리하여 청국은 1881년 남황위장南荒圍場의 봉금을 완전 폐지하고 북간도 전역을 개방하는 한편 간도 개척을 위한 한인 이주를 적극적으로 권장하는 정책을 취했다. 특히 1883년 조선과 지린성 당국 사이에 '조길통상장정朝吉通商章程'이 체결된 뒤에는 두만강 이북으로 길이 700리, 너비 50리 되는 광범한 지역을 한인 이주민을 위한 특별개간구로 확정했다.⁹ 이로 인하여 한인의 북간도 이주는 종래보다 몇 배 증가했다.

북간도 이주 초기에는 주로 두만강 변을 중심으로 머지않은 분지나 산기슭을 따라 한인 마을이 형성되었다. 그러다가 이주민의 수가 늘어나면서 한인들은 북쪽 내륙으로 더욱 멀리 들어가서 개간, 정착하면서 북간도 도처에 한민 마을이 자리 잡게 되

---

5 崔宗範 等, 『江北日記』(奎 古 4853-3).
6 尹正熙, 『間島開拓史』 『한국학연구』 3 별집, 인하대학교 한국학연구소, 1991, 15쪽.
7 한국독립유공자협회, 『中國東北지역 韓國獨立運動史』, 集文堂, 1997, 46~47쪽.
8 金春善, 「1880~1890년대 청조의 '移民實邊' 정책과 한인이주민 실태 연구」 『한국근현대사연구』 제8집, 1998, 13쪽.
9 한국독립유공자협회, 앞의 책, 1997, 47쪽.

었다.

이렇게 하여 만주 지역으로 이주한 한인의 수는 1894년에 6만 5천 명이었던 것이 1904년에는 7만 8천 명으로, 1910년에는 10만 9천 명으로 늘어났다. 이주 한인의 출신도를 보면 처음에는 밭농사를 매개로 한 함경·평안도 등 서북지역민의 이주가 절대 다수였으나, 1900년 벼농사가 성공하면서 전라·경상도민의 이주도 점차 늘어나는 추세를 보였다.[10]

치발한 간도 한인의 모습
(杉市郞平 編, 『병합기념조선사진첩』, 元元堂, 1910)

한편 청국은 이민실변 정책을 실시한 이후 한인에게 '머리 태를 땋고 호복을 입을 것薙髮易服'과 귀화입적을 강요했다. 이를 거부하는 이주 한인의 경우 경작 토지를 몰수했기 때문에 귀화입적을 거부한 대부분의 이주 한인은 중국인 지주의 소작농이 되었다. 소작농의 경우 지역에 따라 다소 차이는 있지만 지주로부터 황무지를 빌어 개간할 경우 첫해의 소작료는 수확의 10%, 두 번째 해는 수확의 20%, 세 번째 해는 수확의 30%였다. 그러나 그 다음 해부터는 지주가 요구하는 지조를 지불하지 않으면 안됐다. 또한 토지에 대한 공적인 세금은 지주가 부담하나 소작인에게 소작료 이외에 잡다한 세금이 부과되었기 때문에 이주 한인의 생활은 더욱 어려웠다.[11]

1904년 러일전쟁 이후 일본의 남만주 침략이 노골화되고 1907년에 룽징촌에 일제가 간도파출소를 설치하면서 재만 한인의 입지는 더욱 어려워졌다. 재만 한인에 대한 권리와 통제를 구실로 일본이 만주를 간섭해 올 것을 우려한 청국은, 이주 한인을 둘러싼 일본과의 마찰을 우려하여 간도 지역에서 중국 인민만이 토지를 소유할 수 있다고 정했다. 때문에 재만 한인은 귀화입적을 하지 않는 한 토지소유권을 가질 수

---

10 日本外務省 亞細亞局, 『在滿朝鮮人槪況』, 1933, 87~88쪽.
11 임계순, 「만주·노령 동포사회(1860~1910)」『한민족독립운동사』 2, 국사편찬위원회, 1987, 616~617쪽.

1907년 일제가 룽징(龍井)촌에 설치한 초기 통감부 간도파출소

없었다.

그런데 1905년 을사늑약 체결을 전후하여 한인의 간도 이주에 상당한 변화가 일어났다. 『독립신문』에서 "압록·두만 이남을 광복하려는 군사상 동작으로 논하면 그 지리가 적의適宜하고 그 생취生聚가 중다衆多하여 57년 전(1864) 처음 이식되던 그 때에 천연히 우리 장래를 위하여 예비하셨던 것이다."라고[12] 했듯이 간도에는 을사늑약 체결 전후 국권회복을 꾀하고 일제의 탄압을 피하려는 정치적 망명자, 곧 민족운동가의 이주도 급격히 늘어났다. 이들에게 간도는 독립운동의 최적지로 떠올랐다. 그것은 압록강과 두만강만 건너면 언제든지 국내 진입이 가능했을 뿐만 아니라 이 지역은 역사적으로 인연 깊은 민족의 옛 땅이라는 애착심이 있었던 것이다.[13]

## 2) 독립전쟁론과 의병의 북상 망명

1905년 을사늑약을 전후하여 국내에서는 국권회복을 목표로 도시를 중심으로 실력양성론을 앞세운 계몽운동이, 전국 각 지방에서는 항일의병운동이 전개되었다. 그러나 1910년 일제의 한국 강점으로 국권을 완전 상실한 상황에서 실력양성론은 그 한계가 분명했고 의병항쟁 역시 국내에서는 불가능해 졌다. 때문에 1910년대의 독립운동은 한말의 의병전쟁과 계몽운동으로 전개된 구국운동을 정비하는 작업으로 시작되었다. 그러한 정비작업의 특징은 의병을 독립군적 조직으로 발전시키는 것이었고, 계몽운동을 반성하면서 독립군 양성교육으로 개편하는 것이 중심적인 추세였다.[14] 이

---
12 뒤바보, 「俄領實記」 『獨立新聞』, 1920년 2월 26일. 뒤바보는 桂奉瑀의 필명이다.
13 尹炳奭, 「1910年代 西北間島 韓人團體의 民族運動」 『國外韓人社會와 民族運動』, 一潮閣, 1995, 8쪽.
14 趙東杰, 「1910년대 獨立運動의 變遷과 特性」 『韓國民族主義의 成立과 獨立運動史硏究』, 지식산업사,

에 대응하여 새롭게 모색된 국권회복론이 독립전쟁론이다.

독립전쟁론이란 군국주의 일본으로부터 민족해방과 조국독립을 달성하기 위한 가장 확실하고도 바른 길은 한민족이 적절한 때에 일제와 독립전쟁을 결행하는 것이라는 독립운동의 한 이론체계라고도 할 수 있다. 이를 위하여 온 국민은 국가가 광복될

1911년 9월 이른바 '105인 사건' 피의자들이 공판정으로 끌려가는 모습

때까지 독립군을 양성하고 군자금을 내어 군비를 갖춘 뒤 일제와 혈전을 벌이는 일을 최대의무로 삼아야만 했다. 그리고 독립전쟁을 결행할 적기란 근대적인 이념과 방략에 따라 민족역량을 향상시킨 후 시기를 기다리다가 일제가 더욱 팽창해서 중일전쟁 내지 러일전쟁 혹은 미일전쟁을 감행할 때이며, 민족회생의 기회인 이때에 독립전쟁을 결행하여야만 조국광복을 쟁취할 수 있다는 것이다. 당시 민족운동가 거의 모두가 일제는 방향이 크게 왜곡되어 그 세력이 팽창됨에 따라 반드시 중국을 침략할 것이고 또 러시아와 맞서 대결하거나 혹은 미국의 이해와도 대립되는 식민지 팽창정책을 펼 것이기 때문에 일본과 이들 나라 사이에 반드시 전쟁이 일어날 것이라고 믿었다.[15]

나라 밖에 독립군기지를 건설하고 여기에 무관학교를 세워 독립군을 양성하자는 독립전쟁론과 함께 이를 지탱할 독립운동의 이념에서도 변화가 나타났다. 신민회를 비롯한 국내외 민족운동 단체에서 제창되었던 공화주의론이 1910년 국권을 완전 상실하면서 새로운 독립운동의 이념으로서 자리를 잡게 되었다. 그러나 1908년 이후 간도와 연해주 등 국외로 북상 망명한 척사계열 의병들은 이와 상반된 이념인 복벽주의를 주창했다. 복벽주의는 고종황제를 망명시켜 대한제국을 유지 계승하자는 입장으로서 상실된 국권을 회복하는데 그치는 것이 아니라 전제군주제로의 복원과 '충군애

---

1989, 362쪽.
15 尹炳奭, 앞의 논문, 1995, 11~12쪽.

국'을 기저로 한 유교적 이념의 복고주의적 성격이 강했다.[16] 국권 상실 전후 독립운동의 이념으로 공화주의와 복벽주의가 동시에 주창되었으나 유교적 국가를 재건하려는 복벽주의는 한때 공화주의론과 독립운동의 방향을 두고 갈등을 빚기도 했지만 그 생명은 오래가지 않았다.

한편 나라 밖에 독립운동기지를 설치하여 독립군을 양성하려는 일은 1910년 '한국병합' 선언 직후 신민회가 계획한 만주이민으로 구체화되었지만, 이미 1908년 이후 국내의 일부 의병들의 북상 망명에 의해 간도와 연해주를 중심으로 추진되고 있었다.

1908년 하반기 이후 일제의 의병 탄압이 가중되면서 국내 의병의 북상 망명이 시작되었다. 이들은 일제의 탄압을 피하여 압록강과 두만강을 건너 새로운 항일 근거지를 구축하고 이들 지역의 동포 사회를 기반으로 힘을 길러 장기적인 항일투쟁을 계속하겠다는 것이었다. 함경도의 북청·삼수·갑산 일대에서 포수단을 조직하여 항일전을 벌였던 홍범도와 차도선이 의병을 이끌고 압록강을 건너 간도와 연해주로 넘어와 재기항전의 기회를 노리고 있었다. 평안북도 태천에서 의병을 일으킨 조병준 그리고 황해도 평산에서 의병을 일으킨 이진룡을 비롯한 조맹선, 전덕원, 백삼규 등도 강제 병합을 전후하여 북상 망명을 단행, 서·북간도와 연해주 등지를 전전하며 활동하고 있었다. 1909년 7월에는 경성에서 의병을 일으킨 김정규 등 경성의병의 핵심 인물들도 옌지延吉로 북상 망명했다.[17]

북상 망명한 의병 가운데 일부는 연해주로 건너가 1908년 이곳에 망명하여 항일투쟁의 근거지를 개척하고 있던 유인석과 결합하여 1910년 6월 십삼도의군으로 통합되기도 했다. 또한 1908년 이후 유인석·안중근·이범윤 등 연해주 의병, 홍범도 등은 수시로 국내진공전을 벌여 일제의 침략기관을 공격하기도 했다.

의병의 북상 망명에 이어 신민회 계열이 간도지역 독립군기지건설운동에 나서면서 한말의 의병전쟁과 계몽운동으로 전개된 구국운동이 독립전쟁론을 매개로 결합되어 갔다. 북상 망명한 의병인 홍범도, 박장호, 이진룡, 김정규, 전덕원, 백삼규 등이 1919년 3·1운동 이후 독립군 단체의 지도자로 등장하듯이 의병의 북상 망명은 곧 의병이

---
16 趙東杰, 앞의 논문, 1989, 368~370쪽 참조.
17 한국독립유공자협회, 앞의 책, 1997, 50쪽.

유언하는 안중근 의사

독립군으로 전환해 가는 과정이었다. 이것은 하얼빈의거를 일으킨 안중근이 한 법정 진술에서 확인할 수 있다. 안중근은 자신의 하얼빈의거에 대해 "의병의 참모중장으로서 독립전쟁을 하여 이토를 죽였고 또 참모중장으로서 계획한 것인데 도대체 이 법원 공판정에서 심문을 받는다는 것은 잘못되어 있다."[18]라고 하며 자신을 독립전쟁을 수행한 군인이라고 주장했다.

전쟁은 원래 국가와 국가 사이의 무력충돌이고 전쟁 의사를 결정할 국가가 있을 때 국제법상 전쟁이라고 할 수 있다. 이런 점에서 안중근이 독립전쟁이라고 한 시기에는 대한제국과 황제가 존재했기 때문에 형식 논리적으로는 일본과의 전쟁이 성립되지 않는다고 할 수 있다. 그러나 을사늑약 이후 대한제국의 황제와 정부는 실제적으로 민족의 의사를 대변할 처지에 있지도 못했고 더구나 일본과 전쟁을 결정할 처지는 더더욱 못 되었다.[19] 이런 상황에서 안중근이 하얼빈의거를 독립전쟁이라고 주장한 것은 일제를 상대로 한 민족의 대표적 의지로서 표현한 것이다. 이것은 1907년 8월 고종이 강제 퇴위당한 뒤 나라 상황을 "국가는 있으되 그 실은 없는 것과 같다"[20]고 한 의

---

18 국사편찬위원회,『한국독립운동사자료 6 -안중근 I -』, 480쪽.
19 조동걸,「義兵戰爭의 特徵과 意義」『한국사 43』, 국사편찬위원회, 1999, 514쪽.
20 湖南義所,「告示」『韓國獨立運動史 1』, 국사편찬위원회, 679쪽.

병의 현실 인식이나 또 경기의병장 심노술이 의병을 일컬어 '대한민족의 대표자'라고[21] 주장하며 의병 자체를 망국을 대신할 '국가'로 주장한 것과 같은 맥락인 것이다. 이러한 국가 현실과 항일투쟁에 대한 의병의 인식에서 항일투쟁을 목적으로 북상 망명한 의병은 1910년 국권 상실 이후 자연스럽게 독립군으로 전환될 수 있었던 것이다.

## 2. 만주지역 독립군기지건설과 민족운동

### 1) 서간도 독립군기지와 민족운동

1910년 8월 29일 일제의 강제 병합 선언은 그동안 은밀히 신민회 간부를 중심으로 모색되어 온 서간도 독립군기지 건설 계획을 구체화시켰다.[22] 이들은 "망국은 결정적 사실이 되니 국내에서는 도저히 광복운동을 할 수 없음을 지각하고"[23] 이해 8월 하순 이회영과 그의 동지 이동녕·장유순 그리고 그가 데려온 소년 이관직李觀稙이 종이장사를 가장하고 초산진으로 가 압록강을 건너 남만주 일대를 답사해서 유허현柳河縣 삼원포三源浦를 선정하고 무사히 돌아왔다.[24] 이회영은 곧바로 서간도 이주를 위한 형제회의를 열고 6형제 모두 가족과 함께 이주하기로 합의했다. 이동녕도 그해 12월 중순에 양기탁의 집에서 양기탁·안태국·주진수·이승훈·김도희·김구 등과 회합을 갖

---

21 「歸順勸諭書에 對한 返書」, 韓暴特通 第2號 明治 41年 5月 14日(『暴徒에 關한 編冊 11』, 146쪽).
22 신민회의 서간도독립군기지 건설을 위한 간부회의, 그리고 주요 인사들의 서간도 이주시기에 대해서는 연구자마다 많은 차이를 보이고 있다. 이것은 근거한 자료마다 차이가 있는데 연유한 것이다. 서간도독립군기지 건설과 관련한 신민회 간부회의를 대개 蔡根植의 『武裝獨立運動秘史』, 大韓民國公報處, 1949에 근거하여 1909년 봄으로 기술하고 있으나 김구의 『白凡日誌』나 「梁起鐸保安法事件判決文(1911.7.22)」 등 관련자의 진술이나 회고록 등의 일자와 비교하면 채근식의 기록은 대개 1년 정도의 차이가 난다. 즉 서간도 이주를 위한 신민회 간부회의가 열린 것은 1909년 봄이 아니라 1910년 12월이었다. 신민회 간부회의 일자와 국내에서의 서간도로의 이주시기 그리고 경학사·신흥강습소의 설립 시기 등에 대해서는 서중석, 「청산리전쟁 독립군의 배경-신흥무관학교와 백서농장에서의 독립군 양성」 『韓國史研究』 111, 2000 참조.
23 蔡根植, 『武裝獨立運動秘史』, 大韓民國公報處, 1949, 47쪽.
24 李觀稙, 「友堂李會榮實記」 『友堂李會榮略傳』, 을유문화사, 1985, 119~121쪽.

고 서간도 이주방법을 강구했다. 회의에서는 만주에 이민계획을 실시할 것과 무관학교를 설립하고 장교를 양성하여 광복전쟁을 일으킬 것, 이를 준비하기 위해 이동녕을 먼저 만주에 보내 토지 구입, 가옥 건축과 기타 일반을 위임하고 15일 이내에 황해도에서 김구가 15만 원, 평남의 안태국이 15만 원, 평북 이승훈이 15만 원, 강원의 주진수가 10만 원, 경성의 양기탁이 20만 원 도합 75만 원을 모집하기로 의결했다.[25]

이회영(신흥무관학교 100주년 기념사업회)

신민회의 만주이주 계획에 따라 먼저 이회영 6형제 대소 가족 50여 명이 곧바로 재산을 처리한 뒤 1910년 말 압록강을 건넜다. 이어서 이동녕·이상룡·김대락·김동삼·김창환 등 다수의 인사가 만주로 망명했다. 특히 안동 유림과 지사들을 중심으로 경북 각 군에서는 1912년까지 조직적으로 망명 이주가 이어졌다. 1910년 12월 안동의 이상룡은 자신을 찾아 온 주진수로부터 양기탁·이동녕의 서간도 독립운동 기지 건설과 망명 이주 계획을 듣고 쾌히 응낙했다. 이상룡은 곧바로 가사를 정리하고 1911년 1월 초 만주로 떠났다.[26] 이상룡과 주진수가 망명한 뒤 이들의 권유와 설득으로 경북 일대 각 군에서 많은 유림과 지사들이 뒤를 이었다. 1911년 중에 주진수의 권유로 영양·봉화·예안·안동·영해 등지의 여러 군에서 87명이 김천역과 대구역을 통하여 떠났다. 이상룡이 망명한 뒤에는 경북 각 군에서 이주 열기가 더욱 높아져 1912년 1월부터 9월 말까지 9개월 동안에만 1092명이 망명 이주했다. 이주 지역도 울진군에서부터 남쪽으로는 영해·자인·청하·흥해·경주·영천 등의 각 군으로, 북쪽으로는 청도·자인·경

---

25 『雩崗梁起鐸先生全集 제3권』(우강양기탁선생전집편찬위원회 편), 2002, 226쪽 ; 김구, 『백범일지』(도진순 주해), 돌베개, 1997, 216쪽. 『백범일지』에 의하면 이동녕이 서간도에서 귀국한 것은 1910년 11월이다.
26 李相龍, 『石洲遺稿』, 고려대학교 출판부, 1973, 355쪽.

경학사 노천대회가 열린 곳과 이동녕(신흥무관학교 100주년 기념사업회)

산·대구·현풍·고령 등지로 확대되었고 그 중 경주에서만 1912년 1월부터 9월까지 983명이 서간도 이주를 결행했다.[27]

망명객들이 독립운동기지로 선정한 유허현 삼원포 추가가鄒家街에 왔을 때는 한겨울의 매서운 찬바람이 몰아치던 1911년 4월 무렵이었다. 이들은 1911년 늦봄에서 이른 여름 사이에 추가가 뒤편에 있는 대고산大孤山에서 노천대회를 열고 민단적 성격을 띤 자치기관으로 경학사를 조직했다.[28] 경학사 사장에는 이상룡이 피선되었고, 그밖에 간부로는 내무부장 이회영, 농무부장 장유순, 재무부장 이동녕, 교무부장 유인식이었다.[29] 아울러 무관학교를 세워 독립군을 양성한다는 애초 계획에 따라 음력 5월에 신흥강습소를 설립했다. 교명을 '신흥新興'이라고 한 것은 신민회의 '신'자와 다시 일어나는 구국 투쟁이라는 뜻에서 '흥'자를 붙인 것이다. 그리고 토착민들의 의혹을 피하려고 학교도 평범하게 강습소라고 했다.[30]

---

27 「自明治 45年 1月 至大正 2年 2月 朝鮮人ノ海外移住幷移住者ノ狀態取調ノ件」(日本外務省史料館 所藏) 第2卷, 朝鮮慶尙北道ヨリ支那西間島ヘ移住鮮人ニ關スル報告送付ノ件(윤병석, 앞의 논문, 1995, 26쪽에서 재인용).
28 경학사 창립일은 대개 1911년 4월로 알려져 있으나 서중석(앞의 논문, 2000, 17~18쪽)은 1911년 늦봄에서 음력 5월 14일 이전의 여름으로 추정했다.
29 李觀稙, 앞의 글, 1985, 155~156쪽.
30 元秉常, 「신흥무관학교」『독립군전투사자료집 10』, 독립운동사편찬위원회, 1976, 12쪽.

경학사를 중심한 이주 한인들은 처음부터 이중삼중의 어려움에 부딪혔다. 낯 설고 물 설은 이국땅의 추위도 추위이지만 그 보다 더 무서운 것은 토착중국인과의 갈등과 마찰이었다. 1911년 봄 추가가에 갑자기 한인마을이 형성되자 토착중국인들이 일대 공포를 느끼고 가옥과 토지의 매매는 물론 식량의 매매를 거부하는 등 한인 배척운동을 일으켰다.[31] 독립운동기지를 마련하려면 중국토착인과의 마찰, 갈등을 줄이는 것이 무엇보다 우선되었다. 그래서 한편으로는 중국 당국과 교섭을 벌이고 다른 한편으로는 이주 직후부터 중국토착인의 배척운동을 해소할 목적으로 의복, 모자, 신발 등을 중국인들과 똑같이 하는 이른바 '변장운동'을 벌였다.[32] 이런 노력과 함께 이주 한인들이 교육에 중점을 두고 있는 것을 보고서는 비로소 중국 토착인이 양해하고 이때부터 가옥을 대여하고 편의를 제공했다.[33]

경학사에서는 민생과 교육의 두 가지 목표를 내걸고 이를 실현하려고 노력했으나 재정 문제로 얼마 지나지 않아 활동이 사실상 정지되었다. 이주 한인들은 국내에서는 겪지 못한 '수토병'이라는 괴질로 큰 피해를 입었고, 1911·1912년 연속해서 큰 흉년이 들어 심각한 생활고를 겪었다. 더구나 예정되었던 신민회의 75만 원도 뜻하지 않은 '105인사건'으로 인해 오지 않았다. 이 때문에 1912년 가을 이후 경학사의 기능이 정지되었다. 이 무렵 일제가 이동녕, 이회영 등을 체포하려고 형사대를 만주를 보냈으니 피신하라는 비밀연락이 오면서 이동녕은 블라디보스토크로, 이시영은 펑톈奉天으로 각자 독립운동의 새로운 길을 찾아 떠나게 되었다.[34]

경학사가 사실상 해체된 뒤부터 한인사회는 다섯 개 구역으로 나뉘어 자치제를 실시하다가 1916년 무렵 이들을 통합하여 부민단을 조직했다.[35] 부민단이란 '부여의 옛

---

31 一記者, 「西間島 初期 移住와 新興學校時代 回顧記」, 『思想情勢視察報告集』(其の二)(社會問題資料研究會編), 東洋文化社, 1976, 179쪽.
32 元秉常, 앞의 글, 1976, 15쪽.
33 一記者, 앞의 글, 1976, 179쪽.
34 蔡根植, 앞의 책, 1949, 47~48쪽.
35 李相龍, 앞의 책, 1973, 42쪽. 부민단의 설립 시기와 관련해서는 1912년 가을 설(蔡根植, 앞의 책, 50쪽 ; 元秉常, 앞의 글, 13쪽), 1913년 설(김준엽·김창순, 『한국공산주의운동사 4』, 고려대학교 출판부, 1974, 49쪽), 1914년 설(이강훈, 『武裝獨立運動史』, 瑞文堂, 1981, 75~76쪽) 등이 있다. 먼저 부민단은 이동녕·이시영 등이 삼원포를 떠난 뒤 조직된 것이기 때문에 1913년 이후 조직된

영토에 부여의 후손들이 부흥결사를 세운다.'는 뜻이었다. 본부는 통화通化현 합니하哈呢河에 두었고 초대 단장은 의병장 허위의 형인 허혁許赫이 맡았다가 나중에 이상룡으로 교체되었다. 부민단은 단장 밑에 서무·법무·검무檢務·학무·재무 등의 부서를 두었다. 지방조직의 경우 큰 마을에는 천가장千家長을, 약 100가 쯤 되는 마을에는 백가장을, 10가호에는 패장牌長 혹은 십가장을 두었다. 단장은 단을 총리하며 민사의 일을 관장하고, 검찰장은 형사사무를, 갑장·패장은 각 주요 마을에서 단의 비밀 통신을 담당하고 단비를 징수하는 일을 맡았다.[36] 6천 명 이상의 한인을 관장한 부민단은 재만 한인의 자치를 담당하고 한인사회에서 일어나는 모든 분쟁을 재결하는 것과 재만 동포를 대신하여 중국인 또는 중국 당국과의 분쟁문제를 맡아서 처리하여 중국의 관민으로부터 한인의 권리를 지켜주는 것, 재만 한인 학교의 설립과 운영을 맡아 민족교육을 실시하는 것 등이었다.[37] 부민단의 궁극적인 사업 목표는 이주 한인의 토대 위에 서간도에 독립운동 기지를 건설하고 독립전쟁을 위한 준비를 하는 것이었다.

1919년 3·1운동이 일어날 때까지 부민단은 독립전쟁 기지로서 그 사명을 다했다. 그 후 같은 해 4월 초순에 군정부가 설립된 것을 계기로 한족회가 조직됨으로써 부민단은 발전적인 해체를 했다.

한편, 신흥강습소도 재정 문제 등 여러 가지 어려움을 겪으며 최소 40여 명의 학생으로 교육을 시작했다. 추가가에서 최초 교육을 시작할 때 토착중국인이 한인을 왜인의 앞잡이라고 의심하여 협조를 해주지 않아 옥수수를 저장했던 허술한 빈 창고를 빌어 시작했다.[38] 국내에서 약속했던 75만원의 자금이 올 수 없는 상태에서 초기 재정은 이회영의 형인 이석영에게 전적으로 의존했다. 이석영은 서간도로 온 많은 애국지사들의 여비와 생활비를 지원했을 뿐만 아니라 신흥강습소 학교의 건축·설립·유지 등

---

것이 분명하며, 부민단 단장을 지낸 이상룡의 기록과 일가족과 함께 서간도로 온 허은의 기록 즉 '1915년 음력 3월 서간도에 온 뒤 부민단 조직을 명칭과 함께 논의했다.'라는 (『아직도 내귀엔 서간도 바람소리가』, 正宇社, 1995, 82쪽) 기록 등이 전후 상황과 합리적이라 판단되어 부민단 설립 시기를 1916년으로 했다.

36 蔡根植, 앞의 책, 1949, 49쪽.
37 尹炳奭, 앞의 논문, 1995, 35~36쪽.
38 元秉常, 앞의 글, 1976, 12쪽.

제비용을 도맡았다.[39]

신흥강습소는 1912년 7월 통화현 합니하에 새로운 교사를 지어 이전했다. 이때부터 신흥강습소는 일정하게 군사훈련을 시키고 중등 교육 과정을 가르칠 수 있는 상당한 시설을 갖춘 학교로 변신했다. 합니하는 중국 당국이나 한인들도 만족할 만한 곳이었다. 합니하 일대가 중국인이 별로 살지 않아 그들과 마찰할 일이 적었고 또 그 지역이 요새지로서 군사훈련을 시키기에 더없이 좋았기 때문이다.[40]

신흥강습소

합니하를 신흥강습소의 새로운 부지로 정한 뒤인 1912년 음력 3월 공사를 시작하여 7월 100여 명이 모여 낙성식을 가졌다. 학교에는 큰 병영사가 세워졌고 각 학년별로 널찍한 강당과 교무실이 마련되었다. 내무반 내부에는 사무실, 숙직실, 편집실, 나팔실, 식당, 비품실 등이 갖추어졌고 낭하에는 생도들의 성명이 부착된 총가가 설치되었다.[41] 신흥강습소는 무관양성을 숨기려고 대외적으로는 신흥강습소라는 공식 명칭을 계속 사용했다.[42] 이로써 신흥강습소는 독립군 무관 양성의 근거지가 되고 구국

---

39 李觀稙, 앞의 글, 1985, 176쪽.
40 서중석, 앞의 논문, 2000, 23~24쪽.
41 元秉常, 앞의 글, 1976, 14쪽.
42 신흥강습소 명칭과 관련해서는 여러 명칭이 동시에 사용되고 있는데 추가가에서 합니하로 옮기기 전까지 명칭이 신흥강습소였다는 데는 이설이 없다. 그러나 합니하로 옮긴 이후 명칭과 관련해서는 신흥중학(李相龍, 앞의 책, 1973, 335쪽), 신흥학교 또는 신흥무관학교(元秉常, 앞의 글, 1976, 15쪽) 등으로 기록하여 혼란이 되고 있다. 그런데 1914년에서 1915년 사이 일제와 중국이 조사한 자료에는 모두 신흥강습소라 기록되어 있다(「奉天東邊道尹兼安東交涉員公書飭(1915.8.10)」(독립기념관 소장)). 그리고 무엇보다도 유일 현존본인 『신흥학우보』 제2권 제2호(1917년 1월 13일 발행)에서 신흥학우회 제10회 총회를 신흥강습소에서 열었다고 기록하고 있다. 이런 사실에서 신흥학교의 대외적 공식 명칭은 1917년에도 신흥강습소임이 분명하다. 그러면서도 당시 관련자들이 남긴 기록에는 신흥학교, 신흥무관학교 등의 명칭을 함께 사용한 것은 이 학교가 무관양성을 목적으로 하고 있어 한인 내부에서는 자연스럽게 신흥무관학교로 불렀을 것이고 또한 신흥중학이란

〈표 7-1〉 합니하 신흥강습소의 교원 일람표

| 성명 | 지위 | 출신지 | 학력 | 비고 |
|---|---|---|---|---|
| 여 준(呂準) | (의무)교장 (1913) | 경기 용인 | 한학 | 오산학교, 서전서숙교사 |
| 이상룡(李相龍) | (명목)교장 | 경북 안동 | 한학 | |
| 윤기섭(尹琦燮) | 교감 | 경기 파주 | 보성중학교 | |
| 이광조(李光祖) | 학감 | | 신흥강습소 | |
| 이규봉(李圭鳳) | (후임)학감·교사 | | | |
| 서 웅(徐雄) | 교사 | | 신흥강습소 | |
| 민화국(閔華國) | 교사 | | | 중국어 담당 |
| 성기용(成幾用) | 교관 | 서울 | 신흥강습소 | |
| 김 흥(金興) | 교관 | | 신흥강습소 | |
| 이 극(李剋) | 교관 | | 신흥강습소 | |
| 김창환(金昌煥) | 생도대장·교사 | 서울 | 육군무관학교 | |
| 임필동(林必東) | 교장 | | | 양성중학 |
| 이세영(李世榮) | 교장 | 충남 청양 | 육군무관학교 | 양성중학 |
| 차정구(車貞九) | 교사 | | | 양성중학 |
| 김장오(金長五) | 교사 | | | 양성중학 |
| 사인직(史仁直) | 교사 | | | 양성중학 |
| 이문학(李文學) | 교사 | | | 양성중학 |
| 신기우(申基禹) | 교사 | | | 양성중학 |
| 윤진옥(尹振玉) | 교사 | | | 양성중학 |
| 이동녕(李東寧) | 재무감독 | 충남 목천 | 한학 | |
| 여규정(呂奎亭) | 교사 | | | |

혁명의 책원지로서의 새 면모를 갖추게 되었다.[43]

    교사의 신축은 이석영의 재산과 한인들의 노력으로 이루어졌지만 거듭되는 흉년 등으로 운영비 마련이 쉽지 않았다. 이 때문에 학생들이 직접 노동을 하여 재정을 마

---

명칭은 신흥강습소가 합니하로 옮긴 이후 중등과정 교육을 실시했기 때문에 이렇게 불리기도 한 것으로 보인다. 따라서 신흥강습소는 대외적 공식 명칭이기는 했지만 한인 내부적으로는 신흥무관학교였던 것이다. 여기서는 1919년 4월 서간도에서 군정부가 성립된 후 본격적인 독립군 활동이 시작되는 시기와 구별하는 의미에서 신흥강습소라고 했다.

43 元秉常, 앞의 글, 1976, 15쪽.

련하는 둔전병제도를 실시했다. 학교 당국은 춘경기에 중국인의 황무지를 빌려 학생들을 동원하여 농사를 지었다. 학생들은 하루 일과가 끝나면 편대를 지어 각 조별로 산비탈에 달라붙어 콩알 같은 땀을 흘리며 괭이질을 했다. 억센 풀뿌리를 파헤치고 옥수수, 콩, 수수 등을 파종하여 여름내 가꾸고 가을에 거두어 얻은 돈으로 학교 유지비에 보충했다.[44] 그리고 합니하로 옮긴 신흥강습소에서 활동한 교원들은 〈표 7-1〉과 같다.[45]

이상룡

〈표 7-1〉에서 알 수 있듯이 합니하 신흥강습소의 초대 교장은 여준이 의무교장, 이상룡이 명목 교장이었다.[46] 교원 가운데는 대한제국 육군무관학교 출신과 추가가 신흥강습소 출신이 다수를 차지하고 있어 합니하 신흥강습소의 경우 무관 양성을 위한 교육 과정이 대한제국의 무관학교에 준했음을 짐작할 수 있다.

신흥강습소 학생의 하루일과는 새벽 6시에 울리는 기상나팔과 함께 시작되었다. 새벽 6시에 기상나팔 소리가 '또---또-따~' 하고 잠든 생도들의 귓전을 울리면 각 내무반의 생도들은 일제히 일어나 3분 이내에 복장을 단정히 하고, 각반 차고 검사장에 뛰어나가 인원 검사를 받은 다음, 눈바람이 살을 에는 듯한 혹한에 윤기섭 교감이 초모자를 쓰고 홑옷 입고 나와서 점검하고 보건 체조를 시켰다. 체조가 끝나 청소와 세면을 마치면 각 내무반 별로 취식 나팔 소리에 따라 식탁에 나가 둘러앉았다. 주식이라고는 부유층 토민들이 이삼십년 씩 창고 안에 저장해 두어 좀먹은 좁쌀이었다. 솥뚜껑을 열면 코를 찌르는 쉰 냄새가 나고 바람에 날아가 버릴 정도로 끈기는 물론 영양가도 없는 가축용의 썩은 곡식을 삶은 밥이었다. 부식이라고는 콩기름에 절인 콩

---
44 元秉常, 앞의 글, 1976, 24쪽.
45 박환, 「滿洲地域의 新興武官學校」『史學研究』 第40號, 1989, 371쪽.
46 「奉天東邊道尹兼安東交涉員公書馹(1915.8.10)」(독립기념관 소장) 제53호에는 여준이 의무교장으로 나오는 것으로 보아 그 시기까지 이상룡이 명목으로는 교장이었음을 시사한다(서중석, 앞의 논문, 2000, 27쪽).

장 한 가지 뿐이었다. 썩은 좁쌀 밥 한 숟가락에 콩장 두 어 개를 입에 넣으면 그만이었다. 그러나 여기에는 영예도 공명도 없고 불평불만도 있을 수 없었다. 다만 희생정신으로 일사보국의 일념에 불탈 뿐이었다. 식사가 끝나면 집합 나팔소리에 조례가 엄숙하게 시작되었다.[47]

아침 조례가 끝나면 학과 수업이 이어졌다. 학과로는 주로 보步·기騎·포砲·공工·치輜의 각 조전操典과 내무령·측도학測圖學·훈련교범·위수복무령·육군징벌령·육군형법·구급의료·총검술·유술柔術·격검·전략·전술·편제학 등에 중점을 두고 가르쳤다. 술과述科로는 넓은 연병장에서 주로 각개교련과 기초 훈련을 받았다. 야외에서는 이 고지 저 고지에서 가상의 적을 상대로 공격전·방어전·도강·상륙작전 등 실전을 방불케 하는 연습을 되풀이했다. 체육으로는 엄동설한 야간에 70리 강행군을 비롯하여 봄가을의 대운동, 축구, 목판, 철봉 등 강인 불굴의 신체 단련을 부단히 연마했다. 때로 밤중에 비상 검사가 있을 때는 캄캄한 밤이라도 각반 차고 복장의 단추 한 개까지 낱낱이 검사하는 엄정한 군기에는 규제 일체가 어긋나지 않아야 했고 암흑 칠야에도 자기 이름이 붙은 총을 찾아 휴대하여야 하는 등 항상 임전 태세를 갖추어야 했다.[48]

그러나 재정적 어려움으로 군사시설과 무기 등이 부족했고 교원과 학생들은 학교 운영비를 마련하려고 개간 등 농사일을 많이 해야 했기 때문에 훈련에 제한이 있을 수밖에 없었다. 시설과 무장의 결핍을 메울 수 있는 방법은 엄정한 군기 확립과 임전 태세, 철저한 정신교육이었다.[49]

한편 1913년 3월 교장 여준, 교감 윤기섭 등과 신흥강습소 제1회 졸업생 김석·강일수·이근호 등이 발기하여 신흥학우단을 조직했다. 교직원, 졸업생은 정단원이었고 재학생은 준단원이었다. 처음에는 명칭을 "옛 땅을 회복한다"는 뜻의 다물단多勿團으로 했다가 그 뒤 부르기 쉽게 학우단으로 고쳐 불렀다. "혁명 대열에 참여하여 대의를 생명으로 삼아 조국 광복을 위해 모교의 정신을 그대로 살려 최후일각까지 투쟁한

---

[47] 元秉常, 앞의 글, 1976, 19~20쪽.
[48] 元秉常, 앞의 글, 1976, 23~24쪽.
[49] 서중석, 앞의 논문, 2000, 29쪽.

다."라는 목적을 내걸고 조직된 신흥학우 단의 본부는 삼원포 부근 대화사大花斜에 두었다.[50]

신흥학우단은 '군사 학술 연구와 실력 배양', '간행물을 통한 혁명 이념과 독립사상 고취', '적구敵狗 침입 방지', '노동강습소 개설과 농촌 청년을 대상으로 한 초보적 군사훈련과 계몽 교육', '농촌에 소학교

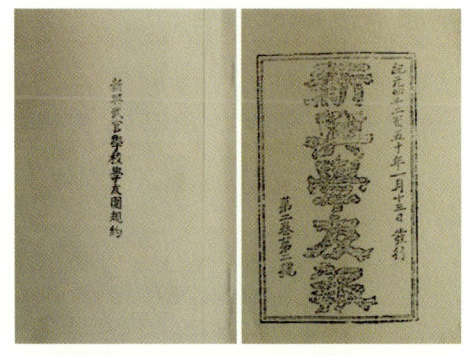

신흥무관학교 학우단 규약과 신흥학우보(독립기념관)

설립과 아동교육' 등을 주요 사업으로 설정하고 실천했다. 특히 1913년 6월 13일 창간된 『신흥학우보』는 단원과 이주민들에게 혁명 이념과 정신 연마를 고취하고 일선 투사들의 투지를 앙양했으며 교포들의 당면에 관한 사항을 실어 가는 곳마다 환영을 받았다.[51] 또한 신흥강습소 졸업생은 독립군에 참여하는 것이 원칙이었지만 그렇지 않는 졸업생은 2년간 의무적으로 모교가 지도해 주는 사업에 복무했고 주로 교편생활을 통하여 재만 한인들의 교육을 담당하도록 했다. 지방 소학교에 교사로 배치된 단원들은 학교 운영과 지역 계몽에 지도적 역할은 물론이요 주간에는 아동 교육을, 야간에는 지방 청년들에게 군사훈련을 시켜 유사시 독립전쟁에 대비했다.[52]

1914년 제1차 세계대전의 발발 소식은 부민단과 신흥학우단의 심장을 들끓게 했다. 세계 지도에 중대한 현상 변화를 초래할 유럽에서의 전쟁 소식에 중국과 일본 사이에 큰 전쟁이 일어날 지도 모른다는 기대가 뒤따랐다. 그러나 고대해 마지않던 중일전쟁은 일어나지 않았다. 오히려 일제는 대독선전포고와 함께 본격적으로 중국 침략의 길을 닦았다. 신흥학우단 수뇌부와 부민단 간부들은 방법을 달리할 수밖에 없었다.[53]

그리하여 신흥학우단과 부민단은 신흥강습소 제1회에서 제4회 졸업생 일부와 각

---

50 元秉常, 앞의 글, 1976, 16~17쪽.
51 元秉常, 앞의 글, 1976, 17쪽.
52 元秉常, 앞의 글, 1976, 25쪽.
53 서중석, 앞의 논문, 2000, 35쪽.

**농장주 김동삼과 백서 농장**

분지교 노동강습회에서 훈련된 독립군 385명을 근간으로 하여 백서농장을 건설했다. 백서농장은 통화현 제8구 관할 팔리소八里哨 오관하五管下에 있는 소배차小白岔라는 백두산 서쪽에 있는 고원평야에 자리를 잡았다. 1914년 가을부터 벌목을 시작하여 6개월간 죽을 둥 살 둥 온 힘을 기울여 1915년 초까지 수천의 병력을 수용할 수 있는 일대 군영을 완성했다. 사방 2백여 리 가 인적미답의 대수해大樹海요 어디서 가든지 산 아래에 이르면 35리의 여러 고개를 기어 올라가야 하는 고원 평야였다. 이곳을 군영이라고 하지 않고 농장이라고 한 것은 남의 땅이기 때문에 공공연히 군영이란 이름을 붙이기 곤란했고 또한 중국 당국과 일제의 감시를 피하기 위해서였다. 서간도 독립군영인 백서농장에는 장주 김동삼을 비롯하여 훈독·총무·의감醫監·경리·수품需品·외무·농감農監 등의 부서를 두고 교관·교도대장·규율대장 및 제1·2·3중대와 각 소대의 독립군 편제를 두었다.

그러나 인적미답의 메마른 고원지대에서 수백 명이 훈련을 받으며 집단 생활하는 것이 쉬운 일이 아니었다. 무엇보다도 교통의 불편과 함께 수토병의 발생, 영양실조 등으로 대원들은 치료를 목적으로 동포들이 사는 곳으로 떠났고 최후로 30여 명이 남았다. 장주 김동삼 등을 비롯한 남은 자들은 군영을 유지하면서 다시 혈전 태세를 갖추려고 했으나 쉽지 않았다. 정예군대를 이뤄내겠다는 정열과 서간도 한인들의 지원 아래 외진 산속에서 독립군 기지를 사수해 온 군인들은 제2군영의 완성을 실현시키지 못한 채 백서농장을 떠났다. 백서농장은 3·1운동 이후 부민단의 뒤를 이어 조직된 한족회 총회의 결정에 의해 폐지되었다.[54]

### 2) 북간도 독립군 기지와 민족 운동

국외 독립운동기지건설 움직임이 먼저 나타난 곳은 서간도 보다 북간도였다. 1905년 을사늑약이 강제 체결되고 통감부가 설치되자 국내에 있던 이상설, 이회영, 이동녕, 여준, 장유순 등은 만주의 룽징龍井촌에서 민족운동을 벌이기로 합의, 결정하고 이 일을 이상설이 책임지기로 했다.[55] 이곳에는 이미 약 10만여 명의 이주 동포가 정착하고 있어 민족운동을 위한 독립운동기지에 적합한 곳이었다.[56]

1906년 4월(음력) 인천을 출발하여 중국 상하이와 블라디보스토크를 거쳐 룽징촌에 온 이상설은 10월경 이동녕, 여준, 정순만, 박정서, 김우용, 황달영, 홍창섭 등과 함께 서전서숙을 세웠다. 서전서숙에서는 한인 청소

서전의숙(독립기념관)과 용정 서전서숙 옛터

---

54 이상 백서농장에 대해서는 필자미상,「제9항 백서농장사」참조(尹炳奭,「西間島 白西農庄과 大韓光復軍政府」『한국학연구』3, 1991 ; 서중석, 앞의 논문, 2000, 34~39쪽 참조).
55 李觀稙, 앞의 글, 1985, 129~131쪽.
56 일제의 조사 자료에 따르면, 1907년 9월 현재 옌지, 허룽, 왕칭 등 3개 현 한인 인구는 77,033명이었고 1908년 6월에는 16,101호에 82,999명으로 증가되어 당시 3개 현 총 인구 110,370명의 약 75%에 해당된다. 1910년에 이르면 북간도의 한인 수는 더욱 증가하여 109,500명이었다고 한다(高麗書林,『齊藤實文書 11』, 1999, 150쪽).

년을 갑·을 두 반으로 나누어 신학문과 함께 반일 민족교육에 중점을 두었다. 그러나 이듬해 4월 헤이그특사로 고종의 밀지를 받은 이상설이 이동녕·정순만 등과 함께 학교를 떠난 뒤 악화된 재정 문제와 1907년 8월 룽징에 설치된 통감부 간도파출소의 방해 등으로 서전서숙은 그해 9·10월경 문을 닫았다. 약 8개월의 짧은 기간이었지만 서전서숙은 북간도에서 항일운동의 인재 양성과 독립운동기지의 효시로서 매우 큰 역할을 했다.

서전서숙은 문을 닫았지만 북간도 일대에서는 그 영향을 받아 민족교육 운동이 광범하게 일어났다. 기독교·천주교·대종교 등 종교 단체들이 동포 사회를 대상으로 많은 사립학교를 세웠다. 특히 강제 병합 직전 관북 지방을 중심으로 선교 활동과 항일 신교육 보급운동에 앞장섰던 이동휘는, 병합 직후 북간도와 시베리아 지방으로 활동 영역을 넓혀갔다. 그는 함경북도 성진에서 선교 활동을 하던 캐나다 선교사와 제휴하고 김립, 윤해, 계봉우, 장기영, 오영선, 유례균, 마진, 김하석 등과 연해주·북간도·함경도를 포괄하는 한·중·러 기독교 선교단을 조직, 자신이 총무가 되어 먼저 북간도로 망명하여 활동했다. 북간도 일대를 두루 유세하며 열정적으로 활동한 이동휘는 이후 북간도 사회에서 큰 민족 지도자의 한 사람으로 추앙받았다.[57]

이 무렵 대종교 계열의 민족 지사들도 대거 북간도로 망명하여 독립전쟁의 기반을 구축하는데 노력했다. 대종교의 창시자인 나철을 비롯하여 이곳으로 망명해 온 서일·박찬익·백순·현천묵·박상환 등도 도처에 한인 학교를 세워 민족교육에 힘썼다. 대종교 계열은 허룽化龍현 삼도구三道溝 청파호淸波湖와 하동河洞에 각각 대종교 북도본사와 남도본사를 두고 선교와 반일 민족교육에 온 힘을 기울였다.

북간도로 망명한 민족운동가와 선교사들이 추진한 민족교육 운동의 결과 북간도에는 서전서숙의 뒤를 이어 반일 민족교육의 요람인 명동학교, 광성학교, 창동학교, 북일학교 등이 잇달아 세워졌다. 1910년을 전후에서 1912년 3월까지 북간도 지역에 세워진 한인 학교는 무려 40여 개소나 되었다. 이들 학교들은 근대적인 민족정신으로 한인 민중들을 교양하여 민족혼을 일깨우고 항일의식을 고취함으로써 반일투쟁에로

---

[57] 尹炳奭, 앞의 논문, 1995, 21~22쪽.

1910년대 명동학교 전경과 명동학교 옛터

궐기시키고 독립전쟁을 진행할 인재를 양성하는 등 반일사상의 양성기지이자 독립운동가의 활동 장소였다.[58]

독립운동기지건설 운동은 옌지·허룽·왕칭汪淸 3개 현의 북간도에 그치지 않고 북만주로 확대되었다. 헤이그에서 연해주로 돌아 온 이상설과 그곳의 망명 민족운동가들은 독립운동기지로 러시아와 중국의 국경 지대에 있는 싱카이호興凱湖 부근의 중국령 밀산부密山府 봉밀산蜂密山 부근을 선정했다. 이 일을 맡은 이승희李承熙는 1909년 가을 이주 집단과 함께 봉밀산 일대의 넓은 황무지를 사들여 1백 여 호의 한인을 이주시키고 마을 이름도 '한국을 부흥시킨다'는 뜻으로 한흥동韓興洞이라고 했다. 또 한민학교를 세우고 민약民約을 실시했다.[59] 이상설과 뜻을 같이 한 이승희는 4년간 활동

---

58 崔洪彬,「北間島獨立運動基地 연구-韓人社會와의 相關性을 中心으로-」『韓國史研究』111, 2000, 55쪽.
59 『韓溪遺稿』7, 국사편찬위원회, 551쪽. 이승희는 寒洲 李震相의 아들로 을미사변 이래 일제 침략을

하다가 1913년에 한흥동을 떠났다.

왕칭현 나자구羅子溝에서도 독립운동기지건설이 진행되었다. 이곳에는 1913년 3월경부터 권업회의 중요 임원인 이종호李鍾浩의 지원으로 태흥학교를 세워 한인 인재 양성을 위한 민족교육을 실시했다. 특히 체조교육과 함께 군사훈련을 시켜 독립전쟁에 필요한 인재 양성에 노력했다. 1914년 8월 연해주에서 이곳으로 온 이동휘는 현지 유지들과 협의하여 태흥학교를 졸업한 학생과 훈춘 등지에서 모집한 청년을 대상으로 본격적인 군사훈련을 시키는 무관학교를 세웠다. 외형상 대전학교大甸學校라고 했지만 독립군 양성을 위한 사관학교였다. 실습용 무기나 교재 등 부족한 것이 많았지만 "애국 열정이 끓어 넘치는 사관학생들은 배고픔과 추위를 무릅쓰고 달마다 보여주는 보병 조련 훈련과 산병 연습은 역발산 기개세"하는 용력을 보일정도로[60] 조국광복을 위한 정신무장은 철저했다. 그러나 대전학교는 일본 영사관의 압박에 못이긴 중국 당국에 의해 채 1년도 못된 1915년 말경 폐쇄되고 말았다.

이처럼 북간도 지역은 1910년 강제 병합을 전후하여 이곳으로 대거 망명해 온 민족운동가들과 이주 한인을 중심으로 유력한 독립 운동 근거지로 발전했다. 이런 가운데 1909년 9월 일본과 청국이 맺은 간도 협약에 반발하여 북간도의 유력한 민족운동기관으로 간도자치회가 조직되었다.

일본은 청국과 간도 협약을 맺어 오랫동안 한·청 사이에 분쟁이 되어온 간도 영유권을 청국에 넘겨주었다. 이 협약에는 간도 거주 한인들의 거주권과 토지 가옥 소유권 등의 권리를 받아내는 대신에 재판·납세 의무 등 청국의 행정 처분을 받도록 하는 등 간도 이주 한인들의 지위에 관한 중요한 조항을 포함하고 있었다. 일본은 이 협약으로 간도 한인은 외국인에게 금지되어 있는 여러 권리를 인정받게 되었다고 떠들었으나, 한인들이 청국에 귀화하지 않는 한 일본 영사관을 통해 한인들에 대한 통제권을 주장할 수 있는 법률적 권리를 확보했던 것이다.[61]

---

규탄하는 상소와 배일 운동을 벌이다가 1908년 독립 운동을 위해 연해주로 망명한 영남 출신의 유학자이다(한국독립운동유공자협회, 앞의 책, 1997, 373쪽).
60 리영일, 『리동휘 성재선생』, 201~202쪽(『韓國學硏究』 5호 別冊, 인하대학교 한국학연구소, 1993).
61 金正柱, 『朝鮮統治史料 1』, 韓國史料硏究所 東京, 1970, 248~254쪽.

민족운동가들과 간도 한인들은 간도협약으로 변화된 상황에 대응하여 북간도 전체 한인사회를 효과적으로 조직하여 한인의 자치와 경제적 향상을 꾀하면서 독립운동을 추진할 조직 결성을 추진했다. 그래서 간도협약 직후 당시 옌지도윤공서延吉道尹公署 도빈陶彬의 외교부 관원이었던 이동춘[62]과 계봉우, 박찬익, 정재면, 윤해 등이 협의하여 청국 관청의 승인을 받아 조직한 것이 간민자치회였다. 간민자치회는 옌지현 국자가에 사무실을 두었는데 그 "내밀內密과 체제가 정비되어 우리 민족이 의지할 만한 단체"였다.[63]

그러나 일제는 중국 당국에 한인이 중국 정부를 무시하고 중국 안에서 독자적인 정부 기능을 수행하며 또 중국 법을 무시하고 치안을 방해한다는 중상모략을 하며[64] 중국 당국에 항의를 했다. 일본 측의 항의를 받은 중국 역시 간도 지역에서 한인 세력이 지나치게 강화되는 것을 우려하여 간민자치회의 해산을 명령했다. 대신 1910년 3월, 중국 관헌의 원만한 찬동을 얻어 한인 자제들의 교육을 목적으로 하는 간민교육회를 조직했다.[65] 간민교육회는 북간도 한인 동포의 자치권 확보를 목적으로 했던 간민자치회 관계자들과 일본의 외교적 압력을 무시할 수 없었던 중국 당국자 사이의 타협적 산물로서, 그 이면에는 일본 세력의 확대 저지라고 하는 공통의 목표가 있었다.[66]

간민교육회의 중심인물은 회장 이동춘을 비롯하여 부회장 윤해 그리고 박찬익·계봉우 등이었다. 이들은 이동휘와 가까운 인물이었다. 1911년 초 이동휘가 기독교 전도와 교육 활동을 위하여 북간도를 방문한 때를 전후하여 불러들인 자신의 교육생 30여 명이 간민교육회 회원으로서 맹활약했다.[67] 회원은 기독교인들이 중심이었지만 박찬익·백순·현천묵과 같은 대종교도들도 참여했다.

---

62 1890년대 국내에서 북간도에 이주해 온 재산가이자 애국지사인 이동춘은 옌지도윤공서(延吉道尹公署) 도빈의 외교부 관원으로서 한인과 관련된 문제에 대해 청국 당국에 자문을 하고 또 통역을 겸하여 청국 지방관과 한인 사이의 교섭에서 중요한 역할을 담당했고 국자가의 모범학당에서 직접 중국어를 가르쳤다.
63 尹政熙, 앞의 글, 1991, 22쪽.
64 한국독립유공자협회, 앞의 책, 1997, 60쪽.
65 四方子,「北間島 그 過去와 現在」『獨立新聞』, 1920년 1월 1일.
66 반병률,「해외 민족운동」『한국사 47』, 국사편찬위원회, 2001, 182쪽.
67 국사편찬위원회,『韓國獨立運動史 2』, 1967, 544~545쪽.

옛 간민회 본부(옌지도윤공서 건물의 2층. 연길)

　국자가에 본부를 둔 간민교육회는 간도협약을 근거로 강제 병합 직후 한인들을 '제국 신민'이라고 주장하며 관할권을 확보하려는 일본에 대응하여 중국 당국의 인정과 보호 아래 교육을 표방하고 북간도 한인 사회를 결집하기 위한 조직이었다. 뿐만 아니라 자치적 성격을 구비한 간민교육회는 한인 자제들에게 의무 교육을 실시하여 민족의식을 고취시켜 반일 계몽 운동을 추진할 인재 양성에 주력하며 후일의 북간도 민족운동의 기초를 쌓았다.[68]

　한편 1911년 중국에서 일어난 신해혁명은 간도 한인의 독립운동에 유리한 분위기를 조성했다. 1912년 성립된 중화민국이 '연성자치제'를 내세우면서 간도 한인의 자치 운동도 활기를 띠었다. 간민교육회에서는 이동휘, 이동춘, 정재면, 박찬익 등 대표 4인을 베이징의 리이안홍黎元洪 부총통에게 보내어 신해혁명의 성공을 축하하는 한편, 북간도 한인사회의 실상을 보고토록 하여 민국 정부의 지지와 원조를 청했다. 그리고 한중친선과 발전을 꾀할 목적에서 북간도 한인사회에 '간민자치회'를 결성하겠다는 제의를 했다. 리이안홍도 이러한 제의에 원칙적으로 동의했으나 '자치'라는 단어는 삭제해 줄 것을 요청했다.[69] 이렇게 하여 중국 당국의 허가 아래 간민교육회를

---

68　四方子,「北間島 그 過去와 現在」『獨立新聞』, 1920년 1월 1일.
69　吳在植,『抗日殉國義烈士傳』, 愛國精神宣揚會, 1958, 127~128쪽.

계승, 발전한 간민회가 조직되었다.

1913년 1월 13일 이동춘, 정재면, 이용, 구춘선 등 25명의 간민교육회 회원이 중심이 되어 간민회 발기회를 조직하고, 2월 26일 간민회 창립총회를 열었다. 총회에서 중국 당국에 제출할 규약이 통과되었고 3월 30일 중국 당국이 간민회를 공식 승인함으로써 간민회는 민국법이 허가하는 범위 안에서 공식적으로 활동할 수 있는 합법적인 단체가 되었다.

중국 지방 당국의 관할 안에서 북간도 한인들의 자치조직으로 인정받은 간민회는 북간도와 훈춘 지역에 거주하는 한인들이 중국의 법률에 저촉하지 않는 범위에서 무슨 일이든지 한인의 복리 증진을 도모하고 민국 정부의 일 기관으로서 한인의 생명·재산의 보호 청구권을 확보하는데 노력했다.[70] 그 결과 북간도의 중국 지방 당국도 한인에 대한 행정을 집행할 때는 간민회와 협의해야 할 정도였다.

그러나 간민회의 활동이 순조로운 것만은 아니었다. 우선 조선총독부와 간도 일본 총영사관은 일진회 회원인 이원덕·최남기 등을 사주하여 조선인회를 조직했다. 조선인회는 "조선인의 재산과 생명을 보호하고 궁핍한 인민들을 구제한다."라는 목표를 내세워 간민회가 북간도의 한인사회에 분쟁을 야기하고 있다는 소문을 퍼뜨리는 등 간민회 활동을 방해했다.[71] 또 한인사회 안에서도 간민회의 활동 방식에 대한 반대와 저항이 잇따랐다.

김정규金鼎奎 등이 조직한 사우계士友契는[72] 간민교육회 시절부터 이들의 활동을 비판하며 반대해 왔다. 그 이유는 간민회가 북간도 한인들에게 중국 국적 취득, '중국식 복장과 두발 채용薙髮易服 辮髮淸裝'을 적극 권장한 정책 때문이었다. 사우계 회원들은 간민회가 일진회와 마찬가지로 한인들의 중국화를 꾀함으로써 독립이란 목적을 상실하고 있다고 비판했다. 이 점은 간민회의 '동화정책'이 중국 당국의 비호 아래 일본의 개입을 저지하는데 목적이 있었고 궁극적인 목표는 조국의 독립에 있음을 간과한 것

---

70 위와 같음.
71 반병률, 앞의 논문, 2001, 185쪽.
72 1908년 함경북도 경성에서 망명한 유학 출신 김정규 등은 1912년 여시향약에 기초한 유학 이념의 옹호라는 목표를 가진 비밀조직인 사우계를 조직했는데 이 단체는 유인석의 영향을 받은 망명의병계열로서 복벽주의 인사들이 주축이었다.

이었다.[73] 사우계가 자신들을 오해하고 있다고 판단한 간민회 측의 이동휘는 김정규에게 편지를 보내어 오해를 풀고 공동의 목표인 조국 독립을 위한 협력 방안을 논의하기 위한 회담을 갖자고 요청했으나 김정규가 응하지 않아 무산되었다.[74] 이것은 중국 사회에서의 한인들의 권리 확보를 위한 방법론에 대한 의견 차이에서 비롯된 것이지만 그 바탕에는 독립운동 이념 즉 공화주의와 복벽주의의 갈등이 있었다. 이 갈등은 이후 북간도로 망명한 복벽주의 의병 출신들이 조직한 농무계農務契, 보약사保約社, 향약계 등과 함께 1920년대 초 북간도 독립군 단체의 통일을 가로막은 요인 가운데 하나로 작용하게 된다.

간민회는 일제의 방해와 사우회의 반발 속에서도 활동을 강화해 나갔고 계봉우의 평가처럼 간민회는 "간북 동포에게 조국 정신을 고취하여 사상 변천의 일대 기원이 되었다."[75] 이밖에도 북간도에는 간민회가 결성될 때 이를 후원할 목적으로 북간도 청년 유지들이 조직한 청년친목회, 대동협신회를 비롯하여 훈춘기독교교우회, 나자구상농회, 훈춘상무회, 창의소, 의란구친목회, 민권당 등의 반일단체들이 조직되어 활동했다. 간민회를 중심한 반일 단체들의 활동은 북간도의 독립운동기지 건설에 커다란 기여를 했고, 1919년 3·1운동 이후 북간도에서 왕성하게 전개된 독립군 운동의 밑거름이 되었다.

---

73 반병률, 앞의 논문, 2001, 188쪽.
74 金鼎奎, 『龍淵金鼎奎日記 中』, 한국독립운동사연구소, 1994, 497쪽.
75 四方子, 「北間島 그 過去와 現在」『獨立新聞』, 1920년 1월 1일.

# 제2절

# 1920년대 만주독립군의 항일독립전쟁

## 1. 동북만주의 정세와 중·일의 재만 한인정책

### 1) 1920년대 전후 동북만주의 정세

1919년 6월 28일 베르사이유조약이 체결되어 제1차 세계대전의 전후 처리 문제로 열렸던 파리강화회의가 종결되자 세계열강의 관심이 다시 아시아 태평양 지역으로 이동하면서 이곳을 중심으로 불안한 정세가 연출되었다. 그 불안은 파리강화회의 결과 이 지역에서 우월적 지위를 차지한 일본에 대해 미국이 불만을 제기한데서 비롯되었다.

미국은 파리강화회의에서 제1차 세계대전을 통해 획득한 우월적 경제지위를 이용하여 전후 처리에 자국의 이익 확장을 꾀하려고 했지만 좌절되었다. 미국은 제1차 세계대전 중 협상국의 군수물자 공급기지의 역할을 맡음으로써 전시 중에 공업생산과 농업생산 부문에서 비약적인 발전을 이루고 일약 세계 최대 공업국이 되었다. 미국은 이런 현실을 전후 국제정치에 반영하고자 했다.[76] 당시 미대통령 윌슨Woodrow Wilson이 파리강화회의에 참여하면서 세계 평화와 민주주의를 위한다며 제창한 '14

---

[76] 조민, 「제1차 세계대전 전후의 세계 정세」 『3·1민족해방운동연구』(한역사연구회·역사문제연구소 엮음), 1989, 청년사, 61쪽.

개조 선언'은 이런 미국의 세계 전략의 반영이었다.⁷⁷ 그러나 월슨의 구상은 영국, 프랑스의 반발에 부딪혀 좌절되고 말았다.

특히, 베르사이유조약에 따라 일본은 독일이 가졌던 중국 산동반도의 이권을 획득하고 나아가 태평양에 흩어져 있던 독일 영토 가운데 적도 이북의 섬들에 대한 관리권을 획득함으로써 극동과 태평양에서의 우월적 지위를 강화하게 되었다. 그런데 파리강화회의의 이러한 결과는 전후 '무역조건의 평등', '대소국가의 정치적 독립과 영토 보존'을 통해 국제적 지위 향상을 꾀하려던 미국의 전략과 충돌했다. 그리하여 월슨을 뒤이은 공화당의 미대통령 하딩Warren G. Harding 정부는, 일본이 1915년 1월 위안스카이袁世凱 정부에 요구하여 승낙을 받은 '21개조 요구'에 불만을 제기하고 일본이 우세를 점한 극동과 태평양지역에서 새로운 세력 균형을 이루려고 했다. 이 때문에 중국과 태평양 지역의 이권을 두고 미국과 일본이 외교적으로 대립했다.

일본이 파리강화회의의 결과 인정받은 산동반도의 이권이란 독일이 1898년 청국과 체결하여 확보한 이권이었다. 독일은 1897년 독일인 선교사 2명이 산동성에서 피살된 사건을 구실로 그해 11월 군대를 파견하여 자오저우만膠州灣을 공격, 점령하고 1898년 자오저우만을 99년간 조차한다는 조약을 청국과 체결, 칭다오靑島에 독일 동양함대의 기지를 건설했다.

그런데 일본은 1차 대전의 발발로 서구 열강의 관심이 일시 아시아로부터 멀어진 틈을 타고 독일의 조차지인 칭다오를 공격하여 승리했다. 일본은 이 기회를 이용하여 만주에서의 권익을 확고히 다질 목적에서 위안스카이袁世凱의 베이징정부를 압박하여 이른바 '21개조 요구'의 승낙을 강요했다. 일본이 베이징정부에 요구한 '21개조 요구'란 산동에서의 독일이권의 승계, 뤼순旅順 및 다롄大連을 포함한 관동주關東州에 대한 25년간의 조차, 남만주 및 단둥丹東-펑톈奉川 두 철도조차 99년간 기한 연장, 일본인의 토지상조권土地商租權 인정 등이었다.⁷⁸

---

77 14개조 선언 가운데 중요한 원칙으로는 '비밀외교의 배제', '해양의 자유', '무역조건의 평등', '군비축소의 보장', '식민지에 관한 요구는 관계 정부의 정당한 요구와 함께 민중의 이익을 고려하여 주권의 문제를 결정할 것'(민족자결주의), '대소국가의 정치적 독립과 영토보존의 상호 보장을 위한 국제연합기구를 조직할 것' 등이었다.
78 김준엽·김창순, 『韓國共産主義運動史 1』, 청계연구소, 1986, 28쪽.

일본은 1915년 1월 베이징정부와 '21개조 요구'를 승낙하는 '남만南滿 및 내몽고 內蒙古에 관한 협정'(만몽조약滿蒙條約)을 체결했고, 이것을 파리강화회의에서 국제적 승인을 받았다. 뿐만 아니라 파리강화회의 결과 태평양에 흩어져 있던 독일 영토 가운데 '적도이북'을 일본이 관리하게 됨으로써 태평양 진출의 중요한 교두보도 확보하게 되었다.

　파리강화회의 이후 만주와 태평양에서 강화된 일본의 우월적 지위는 이곳으로 진출을 꾀하려던 미국과 충돌하지 않을 수 없었다. 미국은 파리강화회의 결과 태평양의 적도 이북을 일본 관리 아래에 두기로 한 결정을 보류할 것을 주장하는 한편, 중국의 산둥반도 문제에 대해서도 수정안을 제출했다. 이때부터 만주와 태평양 문제로 미국과 일본 사이에 외교 분쟁이 끊이지 않았고 급기야 이 문제로 '미일전쟁설'이 연일 보도될 정도로[79] 두 나라의 관계가 악화되었다.

　또한 1917년 10월 러시아혁명 이후 연해주와 시베리아 지역의 정세도 급변했다. 레닌의 소비에트 정부가 1918년 독일이 항복하기 직전 제국주의 전쟁을 반대하고 모든 자본주의국가의 노동계급에게 반전 반정부 투쟁에 궐기하라며 혁명을 촉구하자 연합국은 그 대응책으로 무력간섭을 결정하고 1918년 1월부터 시베리아 등지에 이른바 '간섭군'을 파견하기 시작했다.[80]

　일본은 이를 기회로 시베리아를 점령할 목적에서 가장 먼저 간섭군을 파견했다. 일본은 연해주에 있는 황국신민의 권리와 생명을 보호한다는 명분을 내세웠지만 그 본심은 시베리아와 극동지역(연해주·헤이룽장성·사할린·알류산군도·캄차카·북만주·몽고)를 장악하겠다는 속셈이었다. 우랄 동쪽에서 블라디보스토크까지 행동권을 맡은 일본은 1918년 4월 5일 블라디보스토크에 일본군을 상륙시킨 이래 무려 10만 여명의 병력을 출동시켰다. 그리하여 연해주와 시베리아 곳곳에서는 러시아 혁명군과 일본군 사이에 군사충돌이 벌어졌다.

　파리강화회의 이후 연해주와 만주를 중심으로 급변한 정세변화 즉 미국과 일본의 '전쟁설', 소련과 일본의 군사적 충돌은 당시 만주에 있던 독립군에게 독립에 대한 큰

---

79 「戰爭準備의 警告」, 『東亞日報』, 1921년 4월 27일.
80 김준엽·김창순, 『韓國共産主義運動史 4』, 청계연구소, 1986, 91~92쪽.

희망을 주었다. 1910년대 이래의 숙원이었던 '독립전쟁론' 즉 '머지않은 장래에 미국과 일본 또는 러시아와 일본 사이에 전쟁이 일어날 때 이를 기회로 독립군이 대거 국내진공작전을 벌여 조국을 해방시킨다'는 독립전쟁의 실현이 눈앞에 성큼 다가온 듯 하여 서북간도의 독립군 단체를 크게 고무시켰다.

그러나 이후 정세는 이런 기대와는 크게 어긋났다. 산둥반도와 태평양 문제를 두고 '전쟁설'로 치닫던 미국과 일본의 갈등이 1921년 미국 워싱턴에서 열린 군축회담(워싱턴회의)에서 해소되었다. 이 회담은 파리강화회의 이후 변화된 열강의 세력 관계에 따라 태평양, 동아시아에서의 세력관계를 조정하려는 것이었다. 워싱턴회의 결과 일본의 '21개조 요구'로 빚어진 중국의 산둥문제는 '중국의 주권·독립·영토 보전을 확인하고 모든 국가에게 동등한 조건으로 중국과 교역할 권리를 부여한다.' 라는 '중국 사건에 대한 적용원칙 및 정책에 관한 9개 국가의 조약'을 체결함으로써 중국을 독점하려는 일본의 야심을 꺾고 미국 자본이 중국에 대규모로 확장할 수 있는 기반을 마련하여 미·일간의 외교적 분쟁이 일단락되었다.[81]

또한 이 무렵 일본의 간섭군 파견으로 비롯된 소련과 일본의 군사적 충돌도 두 나라의 평화교섭으로 해결되어 갔다. 혁명 후 국내 건설이 시급했던 소련은 1920년 일본에 평화교섭을 제의했다. 일본 역시 다른 간섭국인 미국과 영국이 자국 군대를 시베리아에서 철수하는 등 시베리아 정세가 불리해지고 또한 1920년 시작된 경제위기로 전쟁 수행이 어렵게 되면서 소련의 평화교섭 제의에 동의하지 않을 수 없었다. 일본은 당시 레닌정부가 일본군 철수와 시베리아 회복을 위한 전략으로 세운 극동공화국과 '군사행동저지에 관한 조약'을 맺고 1920년 7월 29일부터 치타를 시작으로 점차 시베리아에서 일본군을 철수하기 시작하여 1925년 5월 15일 완료했다.[82]

이렇게 하여 제1차 세계대전 이후 한때 '미일전쟁설', '러일전쟁설' 등으로 고무되었던 만주의 정세는 열강 사이의 타협과 절충으로 이후 '상대적 안정기'를 맞이하게

---

81 楊昭全, 『中國에 있어서의 韓國獨立運動史』, 한국정신문화연구원, 1996, 277~278쪽. 이 조약에 참여한 9개 국은 미국을 비롯하여 영국, 일본, 프랑스, 중국, 이탈리아, 네덜란드, 벨기에, 포르투갈이었다.
82 김준엽·김창순, 『韓國共産主義運動史 1』, 청계연구소, 1986, 97쪽.

되었다. 일제는 이런 동북아 정세의 '상대적 안정기' 속에서 재만 한인에 대한 지배권 및 항일단체에 대한 단속 등을 이유로 중국을 압박하면서 대규모 일본군의 만주 출병을 통한 만주 침략의 기회를 엿보았다.

### 2) 중·일의 만주지역 한인정책

파리강화회의 이후에도 일제의 만주 침략은 계속되었다. 특히 일본이 1915년 1월 베이징정부를 강요하여 맺은 만몽조약은 당시 중국인들이 이 협약 성립 일을 국치 기념일로 삼고 1919년 '5·4운동'을 일으켰을 정도였다. 일본은 이후 중국인의 거센 반일기운을 감수해야 했다.[83] 이 무렵 만주에 등장한 장쭤린(張作林)[84] 군벌정권도 이러한 중일관계 변화의 한 배경이 되었다. 일제와 한 동안 정치적 밀월관계를 유지한 장쭤린 군벌정권의 등장과 만몽조약은 간도 한인에게 큰 영향을 미쳤다.

일제는 만몽조약을 통해 남만주에서 일본인의 토지상조권과 일본인 신민과 관련된 민형소송(民刑訴訟)을 일본영사관이 담당하는 치외법권을 획득했다. 여기서 문제는 간도 한인에 관한 중국과 일본의 관리권 문제였다. 중국은 만몽조약은 일본인에게만 적용되며 간도 한인은 기존의 간도협약[85]에 따라야 한다고 주장한 반면, 일제는 이 조약

---

[83] 林永西, 앞의 논문, 1993, 168~169쪽.
[84] 장쭤린은 1913~28년에 만주지방과 중국 북부지방의 일부 지역을 지배했던 군벌 인물이다. 그는 청일전쟁에 참여하고 고향에 돌아온 뒤 자위대를 조직, 1905년 이후 점점 커져가던 자신의 부대를 펑톈성의 정규군에 편입시킨 뒤 1912년 1개 사단의 지휘관이 되었고 1916년에는 펑톈성의 독군(督軍)이 되었다. 1918년 만주의 3개성을 관할하는 동삼성순열사에 임명된 뒤 사실상 만주를 중화민국 안에 있는 자치국처럼 지배했다. 그는 이후 세력을 화북지방으로 확장, 1924년에는 그 영향력이 베이징까지 미쳐 마침내 1926년에는 대원수직에 취임했다. 그는 이 과정에서 자신의 권력을 유지 확대하려고 일본에게 만주의 여러 가지 이권을 넘겨주고 일본의 암묵적 지지를 받았다. 그러나 1927년 장제스(蔣介石)가 중국 통일의 과업을 위해 북으로 진격해오면서 그가 국민당정부로 기울자 일제는 그가 죽으면 일본군이 만주를 점령할 수 있으리라고 판단하고 1928년 6월 4일 그가 탄 기차에 폭탄을 폭파시켜 살해했다.
[85] 1909년 일제가 청국과 맺은 간도협약은 당시 일본이 안봉선(단둥-펑톈) 개축권, 길회선[지린(吉林)-회령] 철도부설권, 푸순(撫順)·연대(煙臺)의 석탄 채굴권 등의 이권을 넘겨받는 대신에 청나라에 간도의 영유권을 넘겨준 것인데 간도 한인에 대해서는 청국의 법권에 복종하고 납세와 기타의 행정처분도 청국 국민과 같이 하며 그러는 한에서 한인 소유의 토지, 가옥을 완전히 보호한다고 했다(김준엽·김창순, 『韓國共産主義運動史 4』, 청계연구소, 1986, 20~22쪽).

에 근거하여 간도 한인도 일본 신민이므로 간도를 포함한 만주 전체 한인에게 적용되어야 한다고 주장했다. 일제는 만몽조약으로 간도협약의 효력이 상실되었으니 법률상 한인은 존재하지 않는다는 근거를 내세워 만몽조약을 간도 한인에게 적용할 것을 주장했다.[86]

만몽조약 이후 중국과 일본 사이에 쟁점이 된 간도 한인의 관리권 문제의 본질은 곧 한인 보호 내지 단속을 구실로 만주로 진출하려는 일제와 이를 저지하려는 중국의 대립이었고 그 대립이 깊어질수록 간도 한인의 위치는 그만큼 더 위태로워졌다. 특히 3·1운동 이후 서북간도 독립군 단체들이 국내진공작전을 활발히 벌이자 한인보호 및 단속을 구실로 일본 군경이 국경을 넘어오는 일이 잦아졌다. 1920년에 들어 서북간도 독립군의 국내진공작전에 위기의식을 느낀 일제는 한편으로는 그해 5월에서 8월 사이 세 차례에 걸쳐 중국 당국과 펑톈회의를 열고 '불령선인' 단속을 위한 중일협동수색을 요구하며 중국을 압박했고, 다른 한편에서는 대규모 일본군의 간도 출병의 기회를 엿보았다. 1920년 10월 2일 일어난 '훈춘사건'은 곧 일제가 대규모 일본군의 간도출병을 목적으로 조작한 대표적인 사건이었다. 이와 같이 일제가 간도 한인의 보호 및 '불령선인' 단속을 구실로 만주로 진출해오자 자연히 중국은 간도 한인을 일제와 분리시켜 생각할 수 없었고 곧 간도 한인을 일제 침략의 앞잡이로 보게 되었다.

중국은 이에 대처하여 간도 한인을 중국국적에 입적시키는 귀화입적정책을 강화했다. 간도 한인을 중국인으로 귀화시킴으로써 일본의 간섭 명분을 없애겠다는 의도였다. 이것은 또한 중국인 지주 등 유력자의 이익을 지키기 위해서였다. 당시 간도 한인의 대부분이 중국인 지주의 소작인으로 고용되어 그들의 이익 확대에 종사하고 있었다.[87] 때문에 중국 측은 간도 한인 보호와 '불령선인' 단속을 구실로 일본군과 경찰이 국경을 넘어와 한인을 통치하는 것을 저지하는 한편 중국인 유력자의 이익을 확대시키는 방안으로 간도 한인의 귀화입적정책을 강구했다.

---

86 「在滿鮮人問題」『特殊調査文書 2권』(日本外務省 編), 1921, 589쪽(林永西, 앞의 논문, 1993, 170쪽에서 재인용).
87 申奎燮, 「1920년대 후반 일제의 재만 조선인 정책-'鮮滿一體化'의 좌절과 '三矢協定'-」『한국근현대사연구』 29, 2004, 175쪽.

그러나 중국의 이 정책은 점차 후퇴하고 한인단속을 강화하는 방향으로 돌아섰다. 여기에는 변화된 장쭤린 군벌의 사정이 크게 작용했다. 첫째, 1922년 5월 이후 동삼성 자치를 선언한 장쭤린은 군벌 내부의 결속을 방해하는 일본 군경의 월경에 의한 치안 불안을 방지할 필요가 있었다. 둘째, 그는 중앙 정계로의 진출을 획책하고 있었기 때문에 일본의 지원이 절대적으로 필요했다. 이 때문에 그는 일본이 요구한 한국독립운동에 대한 단속을 강화하지 않을 수 없었다. 마지막으로 한국독립운동 단체가 만주 각지에서 일본 군경과 전투를 벌였기 때문에 장쭤린 군벌은 치안을 유지하여 중국인 지주를 포함한 유력자의 이익을 보호할 필요가 있었다.[88]

이런 이유로 장쭤린 군벌은 간도 한인에 대한 단속을 강화했다. 1923년 1월 왕순존王順存 동변도윤은 일본의 요구를 받아들여 통화현, 지안輯安현 외 8개 현의 현지사에게 '불령선인' 단속 훈령을 내려 보내 '불령선인'을 정치범으로 인정치 말라고 지시했다.[89] 이어 10월에는 '불령선인취체규칙'을 발표하여, 당시 독립운동이 활발했던 각 현을 계엄지구로 지정하고 간도 한인을 양인과 불령선인으로 엄격히 구별하여 불법자를 국경 밖으로 추방할 것을 지시했다.[90] 중국 군벌의 이런 정책이 간도 독립군 단체에 어느 정도 영향을 미치기는 했지만 간도 독립군의 국내진공작전을 멈추게 할 수는 없었다. 때문에 일본은 이런 중국의 정책에 의구심을 가지고 더욱 중국 측을 압박했다.

그리하여 1924년 3월 조선군참모장 아카이赤井 소장과 조선총독부 경무과장 쿠니토모 쇼켄國友尙謙 등은, 펑톈성장 및 중국 측의 주요 군경 수뇌를 만나 독립군 및 배일선인 단속에 대한 회의를 했다. 그 결과 펑톈성장은 4월 19일자로 관내 각 기관에 "재만 한인의 가옥을 수사하여 총기나 도검 등 무기가 나올 때는 이를 몰수하고 만약 은닉한 자를 발견할 때는 이를 엄벌하고 열심히 조사치 않을 때는 같은 죄로 이를 엄벌하"라고 훈령했다.[91]

---

88 申奎燮, 앞의 논문, 2004, 178쪽.
89 위와 같음.
90 申奎燮, 앞의 논문, 2004, 179쪽.
91 국사편찬위원회,『韓國獨立運動史 4』, 1968, 781~782쪽.

사이토 마코토 조선총독

그런데 이 훈령이 있은 지 1개월 뒤인 5월 19일 경비선을 타고 국경을 순시하던 사이토 마코토齋藤實 조선총독 일행이 강변에 매복해 있던 참의부의 제2중대 1소대 소속 독립군에게 기습 공격을 당하는 사건이 일어났다.[92] 일제는 이 사건을 구실로 중국 동삼성총사령부에 강력히 항의하여, '거동이 이상한 한인의 퇴거', '한인의 중국복 착용 금지', '한인의 총기 휴대 금지' 등을 내용으로 하는 '이주한인단속령'을 발포토록 했다.[93] 단속령이 내려진 뒤 동변진수사겸봉황성 육군 제7여단장 탕위린湯玉麟이 관하 부대장에게 "지금부터 한인의 언동을 엄중 감시하며 자칫하면 중국의 치안을 해치며 또 일본과 중국 국교에 해악이 있다고 인정되므로 가차 없이 즉시 토벌을 결행하여 사전 예방하라"라고 했듯이[94] 중국 군벌의 자발적인 탄압도 행해졌다.

이런 상황에서 일제는 중국을 더욱 압박하여 1925년 6월 11일 조선총독부 경무국장 미츠야 미야마츠三矢宮松와 펑톈성 경무국장 우진于珍 사이에 '삼시협정'을 체결하고 간도 한인과 독립군에 대한 더욱 강도 높은 탄압과 감시를 요구했다.[95] 남만주 20개현을 대상 시행구역으로 한 이 협정의 핵심 내용은 중국 군경이 한인 독립운동자들을 체포하여 일제에 넘긴다는 것이었다.[96] 이 협정이 발표된 뒤 동삼성의 각 지역 중

---

92 「敵魁齋藤을 襲擊」『獨立新聞』, 1924년 5월 23일.
93 金正明, 『朝鮮獨立運動 II』, 原書房, 1967, 1069쪽(이하 『朝鮮獨立運動 II』).
94 국사편찬위원회, 『韓國獨立運動史 4』, 1968, 787쪽.
95 '삼시협정'의 정확한 명칭은 '不逞鮮人의 取締方에 關한 朝鮮總督府奉天省間의 協定'이다. 이 협정은 1931년 일제가 만주를 침략하고 이듬해 3월 1일 만주국을 세운 뒤 협정 자체가 더 이상 필요 없게 되자 1932년 12월 12일 폐지했다.
96 8개항 가운데 재만 한인과 관계된 주요 항목 2개항을 보면, "2조 중국관헌은 각 현에 명령하여 재류 한인이 무기를 휴대하고 조선에 침입하는 것을 엄금한다. 이를 위반한 자는 체포하여 조선관헌(일본 군경-지은이)에게 인도한다. 3조 불령선인 단체를 해산하고 소유 무기를 수색하여 이를 몰수하고 무장을 해제한다." 등이다(국사편찬위원회, 『韓國獨立運動史 4』, 1968, 460~462쪽).

국 군경 수뇌자들은 '한인취체규칙韓人取締規則'을 앞 다투어 제정하여 독립운동을 본격적으로 탄압하기 시작했다.

중국 측의 한인단속은 1927년 이후 일제의 만주 침략정책이 구체화되면서 보다 강경한 한인구축정책으로 적극화되었다. 일제는 1927년 4월 산동반도에 다시 출병을 단행하고 1928년 6월에는 당시 국민당 정부로 기울고 있던 장쭤린을 열차 폭발사고를 위장하여 암살하는 등 중국인의 배일감정을 자극했다.[97] 이런 일련의 사건은 중국 당국의 한인구축정책을 더욱 강화하게 만들었다. 중국 당국은 간도 한인을 일본 대륙정책의 앞잡이로 보았다. 그리하여 중국 당국은 한인들의 거주권과 소작권을 박탈하여 생활기반을 파괴함으로써 간도를 떠나게 하려는 정책을 취했다.[98] 간도 한인에 대한 중국 당국의 이런 인식은 시간이 갈수록 더욱 확고해졌다. 1929년 4월 19일 단동현에서 접수한 '이주한교移住韓僑에 대한 훈령'을 보면, 중국 당국은 한인의 귀화 자체를 일제의 만몽滿蒙 침략의 한 수단으로 인식하여, 일제가 귀화 한인을 이용하여 만몽을 교란시키고 이를 통해 침략을 자행한다는 인식을 갖게 되었음을 알 수 있다.[99]

이와 같이 1920년대 간도 한인들은 간도 한인의 관리권 문제를 둘러싼 중국과 일본의 다툼 속에서 이중적 고통을 겪어야 했다. 이런 간도 한인의 위기는 곧 이들을 인적·물적 기반으로 활동할 수밖에 없는 독립군 단체 역시 어려움에 처하게 했다.

---

[97] 黃敏湖, 「1930년 在滿韓人共産主義者들과 中國共産黨의 合同에 관한 硏究」, 『歷史學報』 141, 1994, 112~113쪽 참조.
[98] 黃敏湖, 「1920년대 후반 在滿韓人에 대한 中國當局의 政策과 韓人社會의 對應」, 『韓國史硏究』 90, 1995, 232쪽.
[99] 黃敏湖, 위의 논문, 1995, 233쪽. '이주한교에 대한 훈령'의 내용은 다음과 같다. "일본 정부는 만몽침략 제일 수단으로 다수의 鮮人을 만몽에 이주케 하고, 제2 수단으로 중국에 귀화시키기도 하고 목하 계획 중으로 제3 수단으로 이 귀화 선인을 이용하야 만몽을 攪亂시키고 其機를 乘하야 침략을 자행하려는 것이다."(『東亞日報』, 1932년 4월 9일).

## 2. 독립군 단체와 항일투쟁

### 1) 서로군정서와 서간도의 독립군 단체

독립군기지 개척 이래 서간도를 중심으로 독립전쟁을 준비한 민족운동가들은 3·1운동이 일어나자 강력한 항일전을 벌일 무장 독립군단을 편성하기 시작했다. 유허현과 통화현에 근거를 두고 독립군기지를 건설해 온 부민단이 발 빠르게 움직였다. 부민단은 1919년 1월(음력) 남만의 유허·하이룽海龍·통화·싱징興京·린장臨江·지안·환런桓仁현 각지에 조직된 한인 자치기구인 자신계自新契, 교육회敎育會와 통합을 논의하던 중 국내에서 3·1운동이 일어났다는 소식을 접했다.[100] 부민단은 곧바로 남만의 이주 한인들을 집결시켜 3월 13일 발회식을 갖고 대대적인 만세시위를 벌였다.[101]

부민단은 1919년 4월 3·13 만세시위를 계기로 자신계·교육회와 완전 통합한 한족회를 결성했다.[102] 한족회는 시사연구회를 설치하여 제1차 세계대전 이후 국내외 정세를 파악하여 독립전쟁을 위한 항일방략을 연구하고 기관지로 『한족신보韓族新報』를 발간하는 한편, 다음 〈그림 7-1〉과 같이 간부진을 구성했다.[103]

한족회는 삼원포에 둔 중앙기관을 중심으로 이주 한인의 자치는 물론 독립운동 관계 책자의 간행, 배포와 지방 연락 등 행정사무를 담당했다. 관할 지역의 주민은 부민단과 큰 차이 없이 한인 1천 호마다 총관을, 1백 호에는 백가장을, 10호에는 십가장을 두었고, 중국 경찰의 분구分區를 따라 4구를 설치했다. 제1구인 대사탄단大沙灘團에 3구의 소분구를, 제2구인 삼원포단에는 8구 혹은 9구의 소분구를, 제3구인 대두

---

100 「西間島의 韓人」『독립신문』, 1919년 11월 1일.
101 국사편찬위원회, 『韓國獨立運動史 3』, 1967, 653~655쪽.
102 한족회·군정부의 결성 시기에 대해서는 1919년 '3월 13일 설'(『朝鮮獨立運動 Ⅱ』, 922쪽), '4월 설'(愛國同志援護會, 『韓國獨立運動史』, 1956 ; 金承學, 『韓國獨立史』, 獨立文化社, 1965), 5월 설(蔡根植, 『武裝獨立運動秘史』, 대한민국공보처, 1949 ; 崔衡宇, 『해외조선혁명운동소사』, 東方文化社, 1945) 등이 있으나 여기서는 4월 설을 따랐다. 이에 대한 보다 자세한 내용은 서중석, 「후기 新興武官學校」『歷史學報』169, 2001, 78~79쪽 참조.
103 蔡根植, 앞의 책, 1949, 50쪽. 중앙위원회는 이상용, 박건, 주진수, 왕삼덕, 정무, 윤복단, 김정제, 이휘림, 김창무, 곽영, 안동식으로 구성되었다.

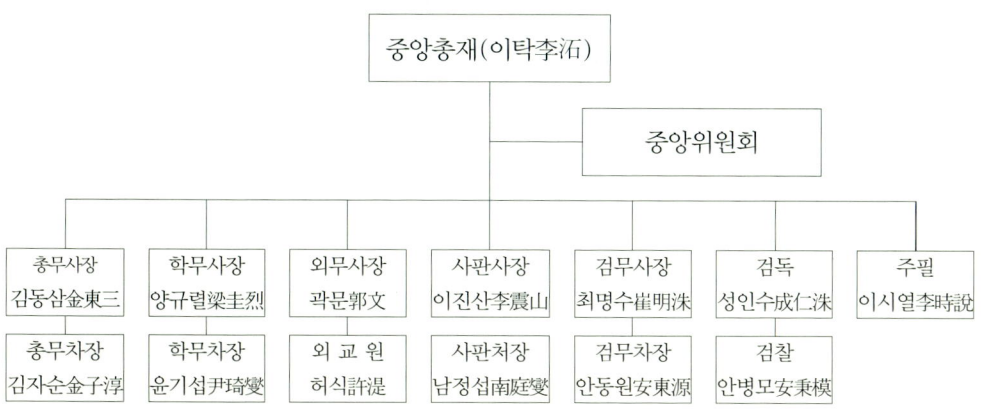

〈그림 7-1〉 한족회의 조직과 임원

자단大肚子團에는 9개의 소분구를, 제4구인 마의단螞蟻團에는 5구 혹은 6구의 소분구를 두고, 각 구에는 단총리 1명, 검찰장 1명, 검찰 2·4명, 소분구에는 통수統首 1명을 두었다.[104]

한족회는 조국독립을 위해 독립군을 편성, 훈련시켜 독립전쟁을 결행할 기관으로 군정부를 건립했다. 한족회는 합니하에 있던 신흥무관학교 본부를 고산자 부근 하동河東 대두자로 옮기고, 합니하 신흥무관학교는 분교로 두어 김창환金昌煥이 교장을 맡게 했다.[105] 군정부의 본부도 하동 대두자에 두었다.[106] 그리고 통화현 7도구 쾌대무자快大茂子에도 신흥무관학교 분교를 두었고, 그밖의 지방에서도 결사대 조직 등을 목적으로 17~30세의 장정들을 모집하여 약 3개월의 속성 군사훈련을 시키는 교육장을 만들어,[107] 독립군 간부 양성에 노력했다.

고산자 신흥무관학교에는 3·1운동 이후 일본육군사관 내지 일본장교 출신들이 망명해 옴으로써 청년들에게 큰 감명을 주었다. 1907년 대한제국 육군무관학교에 입학했다가 1912년 일본 육군사관학교에 입학, 졸업 후 보병중위로 근무하던 이청천(본

---

104 『朝鮮獨立運動 Ⅱ』, 873쪽.
105 元秉常, 앞의 글, 1976, 27쪽.
106 『朝鮮獨立運動 Ⅱ』, 831쪽.
107 『朝鮮獨立運動 Ⅱ』, 872~873쪽.

이청천(지청천)과 김경천(신흥무관학교100주년 기념사업회)

명:지석규池錫奎)이 3·1운동이 일어나자 귀국하여 4월에 만주로 망명하여 신흥무관학교로 오고, 또 이청천보다 일본 육군사관학교 3기 위인 기병중위 김광서金光瑞(김경천金擎天), 역시 일본 육군사관학교 출신인 신팔균申八均 등이 합류했다.[108]

대한제국 육군무관학교 내지 일본 육군사관학교 출신들이 신흥무관학교에 합류하면서 신흥무관학교를 찾아오는 청년들이 더욱 늘어났다. 예컨대 남만의 단둥安東에 본부를 둔 대한청년단연합회 회장 안병찬安秉贊은 서간도 일대 청년들에게 신흥무관학교로 가서 군사훈련을 받도록 특별지시를 내리는가 하면,[109] 1919년 6월 경 국내 각지에서도 신흥무관학교를 가도록 권유한 '무관학교생도모집사건'이 발생하기도 했다.[110]

고산자 신흥무관학교 초대 교장은 이세영李世永이었고 연성대장은 이청천, 교관은 오광선, 신팔균, 이범석李範奭, 김경천 등이었다.[111] 신흥무관학교 생도들은 이전의 3

---

108 서중석, 앞의 논문, 2001, 90쪽.
109 『독립운동사자료집 10』(독립운동사편찬위원회 편), 1975, 1036쪽(이하 『독립운동사자료집 10』).
110 慶尙北道 警察部, 『高等警察要史』, 1934, 200~201쪽.
111 蔡根植, 앞의 책, 1949, 53쪽. 신흥무관학교 교관 출신의 원병상은 신흥무관학교의 경우 교감 윤기섭, 교관 성준용, 원병상, 이범석, 박장섭(朴章燮), 김성노(金成魯), 계용보(桂龍輔), 의무감 안

년급인 제1기반은 학업을 마친 것으로 인정하여 더 가르치지 않고, 2년급의 제2기반과 1년급의 제3기반은 4주간을 더 가르친 후 필업식을 했다. 1919년 봄부터 모집한 학도는 새로 모집한 학도와 함께 3개월 기한으로 군사훈련을 시켰다.[112] 이렇게 하여 1911년 제1회 졸업생에서부터 1919년 11월 이후 폐교될 때까지 본교를 비롯하여 분교 등을 통틀어 신흥무관학교를 졸업한 학도가 약 3500여 명에 달했다.[113] 신흥무관학교 졸업생들은 군정부의 독립군 간부나 독립군이 되었을 뿐만 아니라 서간도 나아가서는 북간도 등 만주 각지 독립군의 주축이 되었다.

예컨대 1919년 8월 북간도에 대한군정서가 조직되었을 때 이들의 요청에 따라 신흥무관학교의 이장녕 李章寧이 대한군정서의 참모장을 맡았다.[114] 이후에도 김좌진의 요청으로 신흥무관학교 교관 이범석을 비롯하여 졸업생 김춘식 金春植(勳), 오상세 吳祥世, 박영희 朴寧熙, 백종렬 白鍾烈, 강화린 姜華麟, 최해 崔海 등이 초빙되어 사관연성소를 설립할 수 있었다.[115] 서로군정서와 대한군정서의 협조 관계는 1920년 5월 대한군정서 사령관 김좌진과 서로군정서 헌병대장 성준용 사이에 '두 군정서는 상해 임시정부를 옹호하고 양 군정서의 친목은 물론 군사상 일체의 중요 안건을 상호 협의하여 어긋남이 없도록 하고 무기구입도 상호 부조할 것을 약속'하는 '체약문 締約文'을 맺을 정도로 발전했다.[116]

---

사영(安思永) 그리고 신팔균은 당시 싱징에, 김경천은 러시아로 향해 떠났다고 했다(元秉常, 앞의 글, 1976, 29쪽).

112 「新興學校開學」『독립신문』, 1919년 10월 18일. 다른 자료에는 하사관반 3개월, 장교반 6개월, 일반인을 대상으로 한 특별훈련 1개월의 교육제도를 두었다고(蔡根植, 앞의 책, 1949, 53쪽) 하나 신흥무관학교의 '종래 졸업기간이 6개월이었지만 경비 등으로 1919년 10월경부터 3개월로 단축했다.'라는 기록(『朝鮮獨立運動 Ⅱ』, 886쪽) 등을 볼 때 앞의 『독립신문』 기사가 참고 된다.

113 元秉常, 앞의 글, 1976, 32쪽.

114 지복영, 『역사의 수레를 끌며 밀며 -항일 무장 독립운동과 백산 지청천 장군-』, 문학과 지성사, 1995, 46쪽.

115 元秉常, 앞의 글, 1976, 30~31쪽. 대한군정서로 초빙된 신흥무관학교 출신의 박영희는 대한군정서 사령부 부관 겸 사관연성소 학도단장을, 이범석은 연성소 교관과 연성대장을, 김훈은 종군장교와 소대장을, 백종린은 제2학도대 제3구대장을, 강화린은 제1학도대 제3구대장과 제1중대장 서리를, 오상세는 제4중대장 등 대한군정서의 중요 직책을 담당했다(『朝鮮獨立運動 Ⅱ』, 967~978쪽).

116 『朝鮮獨立運動 Ⅱ』, 959~961쪽.

한편 1919년 4월 상하이에서 대한민국임시정부가 수립되면서 군정부 명칭이 문제가 되었다. 임시정부에서는 그해 11월 7일 특별 국무회의를 열어 군정부에 대해 "군정부는 폐지하고 임시군정서를 치置"하기로 결정했다.[117] 곧이어 여운형을 군정부로 파견하여 "하나의 민족에 두 개의 정부가 있을 수 없고, 단합이 중요하다"는데 합의를 보고 군정부를 군정서로 고치기로 합의했다.[118] 이에 따라 군정부는 서로군정서로 명칭을 바꾸고 군정서의 기구도 독판부와 정무청 및 위원회로 구성하고 하부조직으로 내무사·법무사·재무사·학무사·군무사 그리고 참모부·사령관 등의 군정기구를 두었다. 그리고 독판에는 이상룡, 부독판에 여준, 정무청장에 이탁, 참모부장에 김동삼, 사령관에 이청천이 임명되었다.[119]

한족회는 군정부를 서로군정서로 명칭을 고치고 신흥무관학교를 통해 양성한 독립군을 기반으로 압록강 연안지방인 평안북도의 강계·삭주 등지로 진입하여 본격적인 대일 무장 항쟁을 벌였다.

대한독립단은 국내에서 의병을 주도하다가 서간도로 망명했던 박장호朴長浩·조맹선趙孟善·백삼규白三奎·전덕원全德元 등이 1919년 4월 15일부터 3일간 창립총회를 가진 뒤 서간도의 유허현 삼원포 서구西溝 대화사大花斜에서 조직되었다. 국내에서 3·1운동이 일어나자 간도 각지에 흩어져 있던 의병장과 이들이 만주 망명 초기에 조직했던 자치단체 성격의 보약사·향약계·농무계 대표 560여 명이 모여 각 단체를 해산하고 대한독립단을 조직했다.[120] 대한독립단은 창단 초기 도총재都總裁에 박장호, 부총재에 백삼규, 총단장에 조맹선, 총참모에 조병준趙秉俊을 선출하고 그 아래 중앙본부 부서로서 총무부(부장 김평식金平植), 재무부(부장 전덕원), 사법부(부장 이웅해李雄海), 교통부(부장 양기하梁基瑕), 선전부(부장 변창근邊昌根)를 두었다.[121]

---

117 『梨花莊所藏雩南李承晩文書(東文篇) 6』(中央日報社·延世大 現代韓國學研究所), 국학자료원, 1998, 194쪽(이하 『李承晩文書 6』).
118 李相龍, 앞의 책, 1973, 336쪽.
119 이상룡의 유고집에 따르면, 여운형과 군정부 명칭 문제를 협의한 뒤 "軍府를 署로 고치고 督判制를 사용하기로 했다."라고(李相龍, 앞의 책, 1973, 336쪽)한 것으로 미루어 독판부 등은 상해임시정부와 군정부 사이에 합의가 이루어진 뒤에 개편된 기구로 보는 것이 타당할 것이다.
120 『朝鮮獨立運動 Ⅱ』, 923쪽.
121 愛國同志援護會, 『韓國獨立運動史』, 1956, 251~254쪽.

대한독립단은 청장년들을 무장시켜 먼저 만주의 일본관헌을 물리치고 이어서 국내에 진공한다는 설립 취지에 따라 1919년 5월 말까지 1차 군자금 모집 및 장정 모집 활동에 들어갔다. 그 결과 매일 수십 명의 장정이 모여들어 이 기간 동안 약 6백~7백 명의 장정과 군자금 약 3만 원을 모집했다. 5월 말이 지난 이후에도 장정들이 계속 모여들어 8월 중순까지 대한독립단의 독립군이 되려고 국내외에서 모여든 장정이 1,500여 명이나 되었다. 대한독립단의 간부들은 모집된 군자금으로 무기를 구입하고 이들 장정들을 북만주로 보내어 군사훈련을 받게 했다.[122]

대한독립단은 만주와 국내의 지단 조직에도 힘써 1919년 12월경까지 수많은 지단과 지부를 갖게 되었다. 만주지역에는 거류 동포 1백호 이상 지역을 구區로 정하여 구관區管을 두고 10구마다 단장을 임명했다. 그 밑에는 부단장·총무·외교장·참모장·통신장 등의 간부를 둔 지단을 조직했다. 국내에는 특파원을 파견하여 각 도道와 군郡에 지단을 설치해 갔다.[123] 특히 대한독립단은 '왜적의 앞잡이가 되어 종사하는 자', '대한국민으로서 왜적의 응견鷹犬이 되어 정탐으로 종사하는 자', '왜적과 친한 자', '광복사업에 반대적 언동을 하는 자', '광복사업보다 금전을 중히 여기는 자'의 몸과 집을 절멸하라는 토벌령을 내려 친일주구 처단에 강력한 의지를 표명하고 실천했다.[124] 이에 따라 압록강 부근에서 일제에 동조하여 헌병보조원 또는 면서기 등으로 근무하던 친일의 무리들까지 일제의 관복을 벗어버리고 탈주하여 대한독립단의 독립군으로 가입하는 자들이 생겨나기도 했다.

그런데 대한독립단은 1920년 2월경에 이르러 연호年號 사용문제를 계기로 조직이 양분되는 사태가 일어났다.[125] 단기檀紀 또는 대한제국 연호인 융희隆熙 사용을 주장하는 복벽주의 세력과 대한민국 임시정부 연호인 민국民國 사용을 주장하는 공화주

---

122 『朝鮮獨立運動 Ⅱ』, 923쪽.
123 『독립운동사자료집 10』, 978~980쪽.
124 『독립운동사자료집 10』, 301쪽.
125 대한독립단이 민국독립단과 기원독립단으로 분리된 시기에 대해서는 '1919년 12월 설'(朴垣, 「大韓獨立團의 組織과 活動」『한국민족운동사연구』 3, 1989)과 '1920년 2월설'(金承學, 앞의 책, 1965)이 있는데, 1920년 4월 대한청년단연합회 2회 정기총회에 양파가 대한독립단 이름으로 초빙된 사실을 볼 때 양파는 남만의 독립단 통일 문제가 본격 제기된 1920년 2월 '재만임시국민대회'를 계기로 '공화'와 '복벽'의 갈등을 겪다가 4월 이후 분화된 것으로 추정된다.

의 세력 사이에 대립이 있었다. 그 결과 복벽주의 계열은 기원독립단을, 공화주의 계열은 민국독립단을 각각 조직함으로써 대한독립단은 양분되었다. 복벽주의계열은 도총재인 박장호를 비롯하여 백삼규·이웅해·김평식·전덕원 등 유인석 의병장의 문인들로 50·60대의 노인층이었다. 반면 공화주의계열은 조병준·변창근·여순근·김승학 등으로 30·40대의 비교적 젊은 층이었다.[126] 대한독립단의 양 조직 가운데 민국독립단 계열은 1920년 7월 대한청년단연합회·의용단 등의 독립군단들과 통합, 광복군총영을 결성했고, 복벽주의 계열의 인사들은 이후에도 대한독립단을 계속 유지했다.

한편, 대한독립단의 근거지 및 활동 지역이 한족회와 겹쳐 양자는 불편한 관계를 갖지 않을 수 없었다. 대한독립단은 콴톈寬甸·지안·환런현 등이 중심 지역이었으나 삼원포 부근 대화사에 본부가 있어, 대한독립단과 한족회가 같은 지역 한인을 대상으로 군자금을 징수하는 일이 발생하는 등 조직적으로 충돌했다. 그러나 이러한 관계는 항일투쟁을 강화해 가는 과정에서 점차 극복되었다. 한때 대한독립단과 서로군정서는 연합부대를 구성하여 일시에 대부대가 국내로 진공하여 일제를 구축하는 작전을 계획하기도 했다. 연합부대는 1920년 1월 5일을 기하여 국내를 습격하고 만일 목적 달성이 불가능할 때는 다시 같은 해 3월에 재기할 계획이었다. 이 계획은 일제에 동조하는 친일 집단의 방해와 중국군의 탄압으로 실패하고 말았다.[127]

이처럼 대한독립단은 조직이 양분되는 우여곡절에도 불구하고 단원을 국내와 남만 각지에 파견하여 친일파를 응징하고 유격전을 벌이며 적극적으로 지단을 설치하는 한편 독립단원 및 군자금 모집에 노력했다.

대한독립군비단은 3·1운동 직후 백두산 서남지역 압록강 변에 위치한 창바이현에서 결성되었다. 군비단의 결성에는 1913년 이곳에서 조직된 한인 자치단체였던 한교동사회韓僑董事會가 토대가 되었다. 1913년 9월경 창바이현 관내 한인들이 한교동사회 설립 계획을 세우고 10월 20일 190여 명이 모여 총회를 열고, 한인자치와 함께 독립을 위한 교육 및 문화운동, 독립운동의 토대 구축을 목적으로 조직했다. 당시 한교동사회 설립 청원을 발의한 30명 가운데 후일 군비단 임원으로 활약한 이태걸李泰

---

126 金承學, 앞의 책, 1965, 370~371쪽.
127 『독립운동사자료집 10』, 265~266쪽.

杰, 김찬金燦 등이 포함되어 있는 데서도 이 단체가 군비단 조직의 토대가 되었음을 알 수 있다.[128] 대한독립군비단은 "민주공화국의 신기원을 건설하기 위해" 민족적 저항과 이를 조직적으로 전개하려고 군자금 모집 활동을 기치로 1919년 5월경 결성되었다.[129] 대한독립군비단은 인원 구성과 조직 쇄신을 위한 회의를 계속 하다가 1919년 9월 12일 제1차 책임자대회를 열고 다음과 같은 사업 방침을 확정했다.[130]

1. 민주공화국을 건설하는 초기에 있는 우리들은 일본 군벌의 침략주의를 최후 일각까지 투쟁하기를 목적으로 군중적 반동심을 고취하는 동시에 유지 청년을 초모하여 전투적 학술을 교수한다.
2. 중국 관헌의 동정을 상실치 아니하는 정도에서 지방 풍기를 안전하게 하며 민중의 산업향상에 힘쓰자.
3. 사업발전책에 있어서는 외지에 있는 유지 단체 또는 개인까지라도 연락을 취한다.
4. 군자금 모집에 힘쓰며 무기는 되는 대로 구입하자.
5. 의용대를 조직하여 파괴 사업에 전력하자.
6. 경호선을 신장하여 뜻밖의 적우를 예방하자.
7. 아동교육을 장려하여 제2세 혁명군을 완정하자.

그리고 같은 해 10월에는 사업 목적과 방략을 좀 더 구체화한 대한독립군비총단약장을 발표했고 11월에는 이태걸을 단장으로 하는 간부 임명이 완료되었다.[131] 군비단

---

128 김주용, 「중국 長白地域 독립운동단체의 활동과 성격 -大韓獨立軍備團과 光正團의 활동을 중심으로」, 『史學研究』 92, 2008, 112~113쪽.
129 姜宇鍵, 「姜宇鍵遺稿」『獨立軍의 手記』, 국가보훈처, 1995, 19~21쪽. 대한독립군비단의 결성 시기와 관련해서는 1919년 '5월설'(蔡永國, 「3·1운동 이후 서간도지역 독립군단 연구」『尹炳奭敎授華甲紀念 韓國近代史論叢』, 1990), '9월설'(姜宇鍵, 앞의 글, 1995)이 있다. 전자는 군비단에서 1919년 11월 19일 발표한 통첩문 즉 "전국 사업을 최후까지 목적으로 삼고 설립한 지 6개월"이 되었다는 내용을 근거로 역산한 것이며, 후자는 당시 군비단에서 활동했던 강우건의 수기에 근거한 것이다.
130 姜宇鍵, 앞의 글, 1995, 74~75쪽.
131 『朝鮮獨立運動 Ⅱ』, 892~894쪽.

은 약장에서 민주공화국 수립을 최종 목표로 하며 이를 위해 군자금을 모집하고 독립운동을 저해하는 친일적 지주와 관료들을 제거하는 것을 활동 방향으로 삼았다. 군비단이 있던 함경도의 맞은 편 창바이현에는 주로 함경도 출신들이 이주하여 군비단 임원의 대부분을 차지했기 때문에 이곳에 지역적 연고를 가진 임시정부의 국무총리 이동휘와 밀접한 연관이 있었다.[132] 11월에 정비된 군비단은 그 뒤에도 몇 차례 확대 개편을 거듭하면서 체계화된 독립군단으로 발전해 갔고 그 과정은 다음 〈표 7-2〉와 같다.

〈표 7-2〉 대한독립군비단의 조직 변천 및 임원

| 1919.11 | | 1920.2 | | 1921.6 | | 1921.11 | |
|---|---|---|---|---|---|---|---|
| 직위 | 이름 | 직위 | 이름 | 직위 | 이름 | 직위 | 이름 |
| 단장 | 이태걸 | 단장 | 이은향 | 총단장 | 이희삼 | 총단장 | 윤덕보 |
| 부단장 | 김동준 | 부단장 | 이태걸 | 총무 | 박동규 | 총무장 | 한기호 |
| 총무장 | 김찬 | 군사부장 | 이동백 | 군사부장 | 조원창 | 비서부장 | 한동초 |
| 재무장 | 이동백 | 재무부장 | 윤덕보 | 재무부장 | 김장환 | 재무부장 | 이광춘 |
| 경무부장 | 이광납(이작) | 참모부장 | 김찬 | 참모부장 | 강흥 | 통신부장 | 이현인 |
| 참모장 | 서병호 | 경찰부장 | 정삼성 | 법무부장 | 박경신 | 향군부장 | 이재화 |
| | | 문사부장 | 김종기 | 통신부장 | 이진 | 소집부장 | 장기선 |
| | | 외교부장 | 조훈 | 훈련부교장 | 이한호 | 의용부장 | 임극렬 |
| | | 소집부장 | 김정익 | 무기감수 | 김탁 | 경호부장 | 임병극 |
| | | 공창부장 | 김진무 | 주찰부장 | 이승태 | | |
| | | | | 통신사무국장 | 이동백 | | |

※ 출처 : 국가보훈처, 『獨立軍의 手記』, 1995, 『解題』 참조.

군비단은 본단의 발전적 개편과 아울러 창바이현을 비롯해 남북만주 여러 지역과 국내에 지단을 설치했다. 창바이현에는 8도구 남강성리南江城里에 제1구 지단, 13도구 동흥리東興里에 제1구 지단 지부, 17도구 대이치大利峙에 제2구 지단, 15도구 여

---
132 김주용, 앞의 논문, 2008, 116~117쪽.

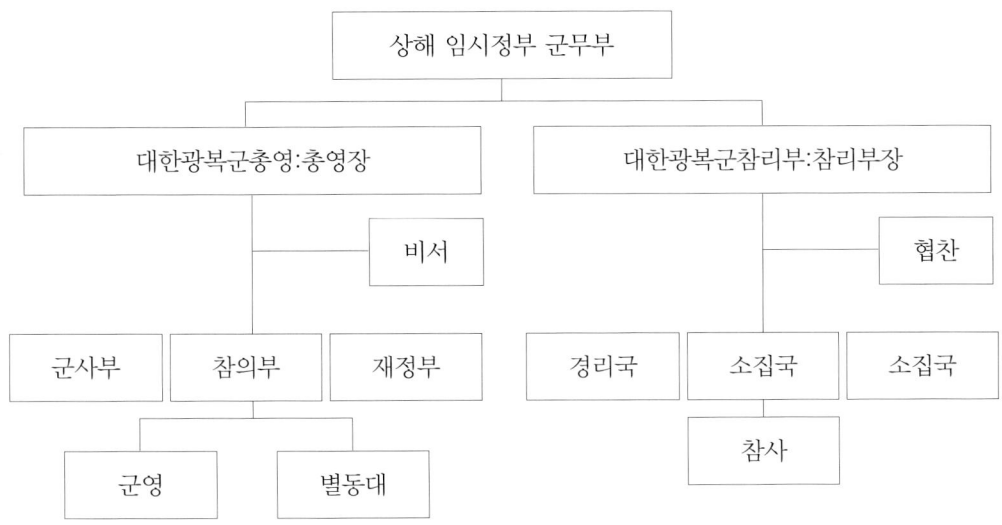

〈그림 7-2〉 대한광복군총영의 조직

10일 안동에 있던 상해 임시정부의 임시교통국이 일제의 침탈을 받아 파괴되고 뒤이어 10월에는 일제의 간도침략이 본격화하면서 상하이와 단둥 사이에 대한광복군사령부 조직에 대한 원활한 정보 교환이 이루어지지 못했다. 이런 사정으로 상해 임시정부의 대한광복군사령부안이 실제 관철되지 못한 채 대한광복군총영이 실질적인 지방사령부 역할을 하게 되었다.[151] 이런 대한광복군총영의 조직은 〈그림 7-2〉와 같다.

창립 당시 오동진과 조병준이 지휘한 광복군총영은 1922년 7월 제2차 정기총회를 열고 총영장 오동진, 군사부장겸 참리부장 백남준白南俊, 경리부장 이관린李寬麟, 철마鐵馬(천마天摩)별영장 최시흥崔時興, 벽파碧波별영장 김영화 등으로 임원을 개선했다.[152] 대한광복군총영은 이러한 조직 체계를 바탕으로 활발한 항일전을 벌였다. 광복군총영이 성립된 1920년 한 해 동안 일본군경과 교전 78차, 일제주재소 습격 56개소, 면사무소 및 영림창營林廠 소각이 20개소, 일제 경찰 사살이 95명이라는 전과를 올렸다.[153] 또한 국내에 천마별영대와 벽파별영대를 조직하여 끊임없는 유격활동을 벌

---

151 윤대원, 앞의 논문, 2006, 126~127쪽.
152 「光復軍總營 第2會 定期大會」『독립신문』, 1922년 9월 20일.
153 愛國同志後援會, 앞의 책, 1956, 291~292쪽.

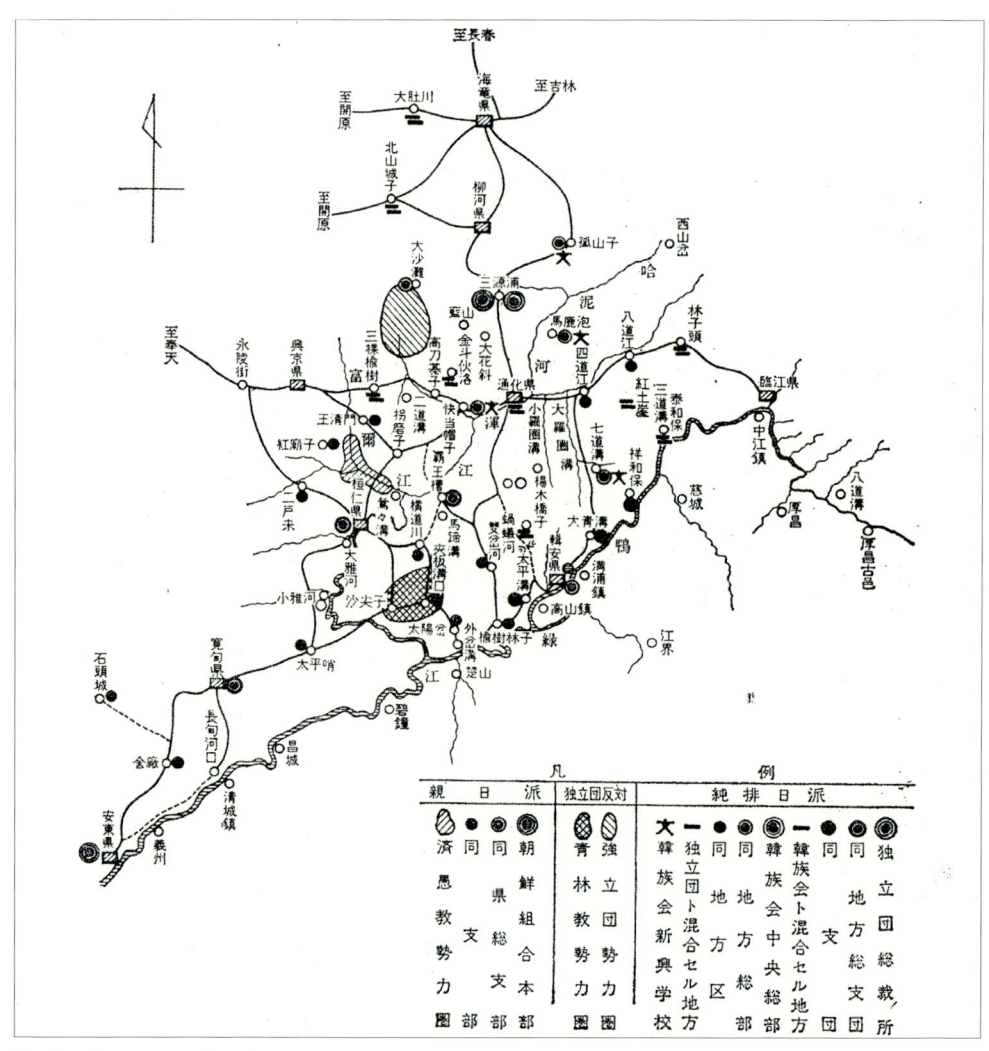

〈그림 7-3〉 1919년 10월 경 압록강 대안 남만지역 독립군 각파의 분포도
金正明, 『朝鮮獨立運動 II』, 原書房, 1967, 927쪽

였다.

　이밖에도 남만지역에는 1920년 2월 서로군정서 내의 소장파인 이시열李時說, 현익철玄益哲 등이 실질적인 무장투쟁을 위해 콴뎬현 향노구에서 조직한 광한단光韓團, 김중량金仲亮 등이 콴뎬현을 중심으로 조직한 보합단普合團, 1920년 편강렬片康烈 등이 회덕현懷德縣 오가자五家子를 중심으로 조직한 의성단義成團, 이천민李天民 등이 환런현 횡도천橫道川에서 조직한 한교공회韓僑公會 등의 크고 작은 무장단체가 일제 관공

서 파괴와 친일세력 응징 등의 무장투쟁을 벌이며 세력을 확장하고 있었다.

## 2) 대한군정서와 북간도의 독립군단

3·1운동은 1910년대 이래 독립군기지건설 운동을 벌여 왔던 북간도에서도 본격적인의 항일전을 벌이는 계기가 되었다. 3·1운동과 같은 평화적인 만세시위 운동이 인적 희생만을 초래할 뿐 일제로부터의 해방 쟁취에는 별다른 효과가 없음을 깨닫게 되었다. 그리하여 이들은 더욱 조직적이고 강력한 무력항쟁만이 일제로부터 독립을 쟁취할 수 있는 유일한 방략임을 절감했다.[154] 또한 1918년 파리강화회의 이후 국제정세의 변화도 영향을 미쳤다. 특히, 파리강화회의 이후 산둥반도 문제를 두고 벌어진 미국과 일본의 외교적 갈등과 일본군의 시베리아 간섭군 파견으로 깊어진 러시아와 일본과의 군사적 충돌도 독립군의 항일투쟁에 유리한 정세로 작용했다.

이러한 정세 변화 속에서 조직된 대표적인 독립군 단체가 대한군정서다.[155] 대한군정서는 1910년 국권 상실 직후 조직된 대종교의 중광단重光團이 발전한 것이다. 북간도 일대에서 활동하던 김일金一 등의 대종교 인사들은 국망 전후 북상도강을 단행했던 의병을 규합하여 1911년 3월 왕칭현에 본영을 둔 중광단을 조직했다.[156] 중광단의 핵심 인물로는 단장인 서일徐一을 비롯하여 현천묵玄天黙, 백순白純, 박찬익朴贊翊, 계화桂和, 김병덕金秉德, 채오蔡五, 양현梁玄, 서상용徐相庸 등이었다. 다수가 함경도 출신인 이들은 근대적인 교육을 받았으며 대종교도라는 공통점을 가지고 있었다.

중광단은 기본적으로 무장노선을 견지했으나 무기를 확보하지 못했기 때문에 실제 군사훈련을 할 수 없었다. 그리하여 중광단에서는 대종교 포교를 통하여 동포들의 민족의식을 함양하는데 노력했다. 1911년 6월경에는 이정완李貞完이 허룽현 학성촌鶴城村을 거점으로 포교 활동을 벌였고, 같은 해 7월에는 나철羅喆이 중광단원인 백순·

---

[154] 한국독립유공자협회, 앞의 책, 1997, 93~94쪽.
[155] 대한군정서는 공식 명칭이고 서로군정서와 구별하기 위해 북로군정서라고도 했다. 여기서는 공식 명칭인 대한군정서로 통일하여 사용한다.
[156] 蔡根植, 앞의 책, 1949, 78쪽.

서일 어록비(독립기념관)

박찬익·계화 등과 함께 허룽현 청파호靑波湖 등지에서 포교 활동에 온 힘을 쏟았다. 이런 노력의 결과 1914년 5월 13일에는 청파호에 대종교의 총본부인 총본사를 설치하기에 이르렀다. 아울러 각처에 설치된 시교당施敎堂에서 포교에 심혈을 기울여 수천 명의 신자를 확보했다. 또 중광단에서는 한인 자제들의 교육을 위해 옌지·허룽·왕칭현 각지에 학교를 건립했다.[157]

중광단은 1919년 3·1운동이 일어나자 이를 무장항일전을 위한 좋은 기회로 판단하고 각지의 대종교도와 북상의병 및 공교회원孔敎會員 등을 규합하여 정의단正義團으로 확대 발전되었다. 정의단은 독립군을 긴급히 편성하여 훈련시키는 한편 〈일민보一民報〉, 〈한국보韓國報〉 등을 발간하여 독립전쟁을 위한 민족의 혈전을 강조했다. 정의단은 1919년 8월 군정회軍政會로 명칭을 변경하고 왕칭현 청명향靑明鄕 서대파구西大坡溝에 본영을 두었다. 본영 밑에는 북간도 각지에 5분단分團 70여 지단을 설치하여 군자금·군량미 등의 모집과 무기구입에 주력하여 북간도 내에서 유력한 독립군단으

---

[157] 朴桓, 『滿洲韓人民族運動史硏究』, 一潮閣, 1991, 91~92쪽.

로 발전했다. 이어 군정회는 같은 해 10월 군정부軍政府로 명칭을 바꾸어 군사정부를 자부했다.[158]

그러나 정부라는 명칭은 서로군정서와 마찬가지로 상해 임시정부와 충돌했다. 그리하여 임시정부는 1919년 12월 1일 정례 국무회의에서 '북간도군정부안'을 협의, "그 뜻은 기쁘게 받아들일 수 있으나 명의로는 한 나라에 두 개의 정부가 부당한 즉 정부 명의를 고쳐 서署라 명命하고 특히 비서장 공문으로

대한군정서(김좌진기념사업회)

군정회장에게 그 이유를 진술"하기로 결정했다.[159] 군정부는 12월 임시정부 국무원령 205호에 의하여 대한군정서로 개칭하여 임정 산하의 중요 전투군단이 되었다.[160] 이 무렵 대한군정서에서는 김좌진과 같은 유능한 무장을 군사령관으로 맞이했고 사관양성을 위한 무관학교인 사관연성소士官練成所까지 설치하면서 그 군사력이 북간도에서 단연 두각을 나타냈다.[161] 대한군정서의 전력은 청산리전투 직전인 1920년 8월 중순 현재 독립군 약 1200명에, 소총 1200정, 탄약 24만 발, 권총 150정, 수류탄 780발, 기관총 7문의 무기를 보유하고 있었다.[162]

대한군정서는 중광단 시절부터 근거지로 삼아 온 왕칭현 청명향 유수천楡樹川에 총본부격인 총재부를 두었으며, 서대파구에는 군사령부를 두었다. 1920년 초 중요 임원은 최고 통솔자인 총재에 서일을 비롯하여 모연국장募捐局長에 계화, 재무 및 검사국장에 김덕현金德賢, 군사교육부장에 김일, 외교부장에 김병덕, 의군단장에 허근許瑾, 의용단장에 허재명許在明, 군정회의원에 고평高平·김덕현·손범철孫範哲·김희金熙·김

---

158 國家報勳處, 『北間島지역 獨立軍團名簿』, 1997, 20쪽.
159 『李承晩文書 6』, 216쪽.
160 國家報勳處, 앞의 책, 1997, 20~21쪽.
161 姜德相, 『現代史資料 27』, みすず書房, 1967, 371쪽(이하 『現代史資料 27』).
162 國家報勳處, 앞의 책, 1997, 20쪽.

김좌진 생가(충남 홍성)

근우金根禹·신원균申元均, 모연대감시募捐隊監視에 정신鄭信, 제1대장에 최한崔漢, 제2대장에 현갑玄甲, 제3대장에 김한金漢(金相元), 제4대장에 이홍래李鴻來, 제5대장에 현우玄禹, 제6대장에 황희黃熙, 제7대장에 이간李干, 제8대장에 조춘선趙春順 등이었다. 대한군정서의 이와 같은 부서와 임원은 그 뒤 청산리전투 직전인 1920년 8월 현재 다음과 같이 바뀌었다. 최고통솔자인 총재는 서일이 맡고 부총재는 현천묵이 담당했으며 그 휘하에 서무부장 임도준任度準, 재무부장 계화, 참모부장 이장녕, 사령관 겸 사관연성소 소장 김좌진, 사관연성소 교수부장 나중소羅仲昭, 교관 이범석 등과 그 예하의 구장, 과장, 대장, 대대장, 중대장, 소대장 등 중요 임원이 125명에 이르는 대규모였다.[163]

대한군정서의 독립군 양성소인 사관연성소는 1920년 3월 왕칭현 십리평에서 정식으로 개교했다. 사관연성소의 설립에는 서로군정서와의 협력이 크게 작용했다. 신흥무관학교 교관 이범석을 비롯하여 졸업생 김춘식, 오상세, 박영희, 백종렬, 강화린, 최

---

[163] 國家報勳處, 앞의 책, 1997, 22~34쪽.

해 등은 김좌진의 초빙으로 사관연성소의 교관 내지 학도대장이 되었다.[164] 개교 당시 생도수는 60여 명에 지나지 않았으나 점차 생도가 늘어나 같은 해 9월 제1회 졸업식 때는 289명의 졸업생을 배출했다. 대한군정서의 사령관인 김좌진이 연성소소장을 겸하고 그 아래에 사령관 부관 박영희朴寧熙가 학도단장을 겸했다. 교관으로는 이장녕, 이범석, 김규식金奎植,[165] 김홍국金弘國, 최상운崔尙云 등이 생도훈련을 담당했다. 교과목으로는 군사학과 총검술을 교수과목으로 가르쳤으며 실제 전투훈련을 받았다. 또한 대한제국 시기 병서인 『보병조전步兵操典』, 『축성교범築城敎範』, 『군대내무서軍隊內務書』, 『야외요무령野外要務令』 등을 인쇄하여 교재로 사용했다.[166] 사관연성소 생도들은 1920년 6월 무렵 서일과 계화가 인솔한 무장경비대가 무기운반대원 200명과 함께 러시아 연해주로 가 무기를 운반해 오는데 성공함으로써 무장을 할 수 있었다.

한편 대한군정서는 1920년 1월 "한인이 거주하는 각 구區에 경신분국警信分局을 설치하여 각 구의 군사상 경사警査 또는 통신에 관한 사무를 담임"하게 했고, 북간도 전역에 설치 순서에 따라 제1분국에서 제39분국까지 두고, 중앙의 서무부에서 총괄했다.[167] 이밖에도 대한군정서는 관할 한인 촌락마다 소학교와 강습소 등을 설립하여 한인들의 민족의식 고취와 산업진흥에도 많은 노력을 기울였다.

이렇게 중앙과 지방 조직을 통해 발전해 간 대한군정서는 독자적인 무력항쟁을 벌이는 한편, 효과적인 항일전의 수행을 위하여 서북간도 및 노령의 여러 항일단체와도 항상 제휴하고자 노력했다.

대한국민회는 지방조직이 북간도 전역에 걸쳐 가장 잘 정비된 한인 민정기관이었다. 대한국민회의 결성은 북간도에서 최대 규모의 만세시위였던 1919년 3·13 룽징 만세시위가 계기가 되었다. 1919년 3월 13일 이날 룽징에서는 '조선독립축하회'란

---

164 元秉常, 앞의 글, 1976, 30~31쪽.
165 대한군정서에서 활동했던 김규식에 대해서는 상해 임시정부의 외무총장을 역임했던 김규식과 혼동하는 경우가 있는데 두 사람은 동명이인이며, 대한군정서의 김규식은 대한제국 육군무관학교 출신이다.
166 한웅, 「민국초기 왕청현 조선인의 교육개황」, 『연변문사자료 제5집』, 170쪽(한국독립유공자협회, 앞의 책, 1997, 98~99쪽에서 재인용).
167 國家報勳處, 앞의 책, 1997, 61쪽.

이름으로 독립선언과 만세시위가 있었다. 시위 직후 이 운동을 주도했던 북간도 각 지방 대표가 모여 '조선독립기성회朝鮮獨立期成會'를 결성했다. 회의에 참가한 중요 인물들의 대부분은 3·1운동 이전에 간민회를 통하여 북간도 한인사회의 자치와 민족교육 그리고 독립운동에 참여해 온 전력을 가지고 있었다.[168]

조선독립기성회는 상하이에 임시정부가 수립되고 헌법이 공포되자 임시정부를 지지하기로 결정했다. 이에 따라 조선독립기성회는 대한국민회로 이름을 바꾸고 그 규칙에 "본회는 임시정부 법령 범위 내에서 독립사업 완성을 기도함을 목적으로 한다."라고 명기함으로써 임시정부 직할의 독립운동 결사임을 명확히 했다.[169]

대한국민회는 성립 초기에 본부를 옌지현 춘양향春陽鄕 하마탕蛤蟆塘에 두고 그 아래 동·서·남·북·중의 5개 지방회와 70여 개의 지회를 두었다. 1920년경 대한국민회는 본부인 총부總部를 옌지현 하마탕뿐만 아니라 의란구 즈란샹志仁縣에도 두고 그 아래 민정기관으로 8개의 지방회와 그 산하에 130여 개의 방대한 지회를 설치하게 되었다. 이로써 대한국민회는 한인의 자치와 독립군 활동 그리고 군자금 모집을 비롯한 재정문제 등 모든 항일운동을 일원화하여 추진할 수 있었다. 대한국민회의 회원은 대부분 기독교 신자였으나 후에는 불교·천주교·공교회 계통의 인물도 가담했다. 회장은 한때 마진馬쯥이 선임되기도 했으나 간민회 이래로 정력적인 항일활동을 해 오던 구춘선具春先이 창립 때부터 연임되었다.

대한국민회도 민정기관과 함께 군무위원인 안무安武를 사령관으로 하는 대한국민회 산하의 독립군부대인 대한국민군을 편성했다.[170] 일제의

안무

---

168 國家報勳處, 앞의 책, 1997, 10쪽.
169 國家報勳處, 앞의 책, 1997, 186쪽.
170 宋友惠, 「北間島 大韓國民會의 조직형태에 관한 연구」『한국민족운동사연구』1, 1986, 131~132

정보 기록에 따르면 1920년 8월 현재 병력 약 450명에 소총 600정, 권총 160정, 탄약 7000발, 수류탄 120개 등의 무력을 보유하고 있었다.[171] 대한국민군은 사령관 안무를 비롯하여 부관에 최익룡崔翊龍, 제1중대장에 조권식曺權植, 제2중대장에 임병극林炳極, 향관에 김석두金碩斗·허동규許東奎가 임명되었다.[172]

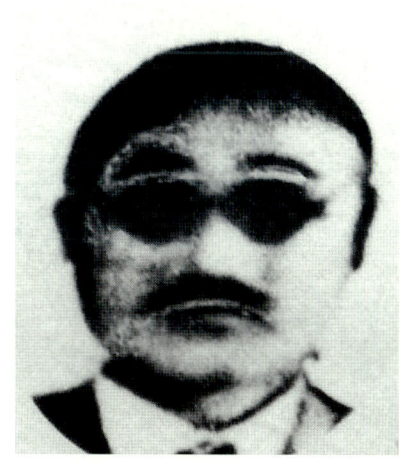

최진동

대한국민군은 일제와 항전시 주로 홍범도의 대한독립군이나 최진동의 대한군무도독부군과 제휴하면서 연합항전을 벌이며 전과를 올렸다.

대한군무도독부는 최진동崔振東(최명록崔明錄)이 거느린 독립군단으로 왕칭현 춘화향 봉오동에 본부가 있었다. 간부 중에는 공교회원과 의병 출신이 많았으며 강력한 국내진공작전을 주장하고 실천했다. 1920년 3월부터 6월 사이에 활발히 벌인 국내진공작전은 거의 모두 군무도독부 소속의 독립군에 의해 이루어졌으나 때로는 홍범도의 대한독립군 및 안무의 대한국민군과 연합작전으로 수행한 경우도 있었다.

1920년 8월 현재 이 부대의 병력은 약 600명이고 무기는 소총 400정, 권총 50정, 수류탄 20개와 기관총 2문을 보유하고 있었다. 그리고 부장府長 최진동 외에 중요 임원은 다음 〈그림 7-4〉과 같다.[173]

---

쪽 참조.
171 國家報勳處, 앞의 책, 1997, 68쪽.
172 國家報勳處, 앞의 책, 1997, 79~80쪽.
173 國家報勳處, 앞의 책, 1997, 238~239쪽. 자료에 따라서는 임원 구성에 다소 차이를 보여 참모장에 박영(朴英), 대대장에 이춘승(李春承), 중대장에 이동춘(李同春), 소대장에 최문인(崔文仁) 등으로 조사된 경우도 있다(국사편찬위원회, 『韓國獨立運動史 3』, 1967, 631쪽).

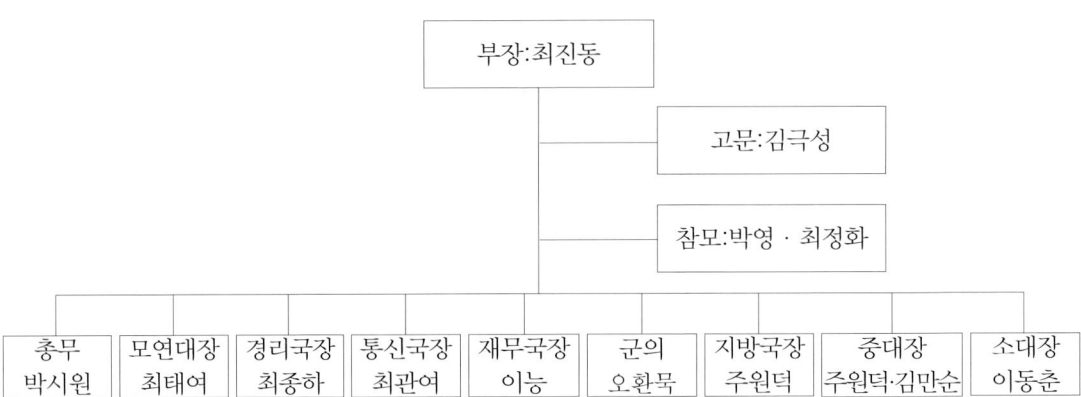

〈그림 7-4〉 대한군무도독부의 조직과 임원

    1907~8년경 북청·삼수·갑산 일대에 명성을 날렸던 의병장 홍범도는 강제 병합 직전 러시아 연해주로 건너가 국외 의병에 합류했으며, 1910년 중반에는 한 때 북만 밀산부密山府로 들어가 재기 항일전을 구상하기도 했다. 홍범도는 러시아혁명으로 연해주에서 직접적인 항일전을 수행하기 어렵게 되자 150여 명의 군인을 거느리고 북간도로 건너와 항일전을 개시했다.[174] 홍범도 휘하의 대한독립군은 〈유고문諭告文〉에서 "당당한 독립군으로 몸을 비 오듯 쏟아지는 포탄 속에 던져 반만 년 역사를 광영케 하며 국토를 회복하여 자손만대에 행복을 줌이 우리 독립군의 목적이요 또한 민족을 위하는 본의라"라고 했듯이[175] 그 기개가 하늘을 찌를 듯 했다.

    대한독립군은 1919년 8월부터 국내진공작전을 벌이는 한편 독립군단의 통합운동과 중요 항일전에서 연합작전을 벌였다. 우선 나자구와 하마탕 등지에서 대한국민회와 상의한 끝에 두 독립군단은 연합전선을 구축하기로 합의했다. 행정과 재정은 대한국민회가 담당하고 군무의 경우는 대한독립군을 홍범도가, 대한국민군을 안무가 각각 분담해 통솔하기로 약정했다. 하지만 직접 대일 항전을 수행하게 되는 경우에는 홍범도가 '북로정일제일군사령부장北路征日第一軍司令部長'의 직함으로 전군을 지휘토록

---

174 國家報勳處, 앞의 책, 1997, 15쪽.
175 「諭告文」『독립신문』, 1920년 1월 13일.

했다.[176]

북로정일제일군은 1920년 5월 19일 최진동의 대한군무도독부와의 군사통일도 추진하여 '대한북로독군부 大韓北路督軍府'를 편성하고, 통합된 군단의 전력을 봉오동에 집결시켜 국내진공작전을 계속적으로 수행했다. 한편 대한북로독군부를 결성할 때 군무도독부와 대한국민회 대표는 "우리 양 기관은 민족정신의 통일과 군무세력의 확장을 꾀하기 위해 영구 합일할 것"을 약속하는 '서약서'를 작성했다.[177]

대한북로독군부는 부장 최진동, 부관 안무를 필두로 북로정일제일군사령부 사령부장에 홍범도, 부관에 주건朱建, 참모에 이병채李秉埰·오주혁吳周爀 등이 선임되었는데 그 조직과 임원은 〈그림 7-5〉와 같다.[178]

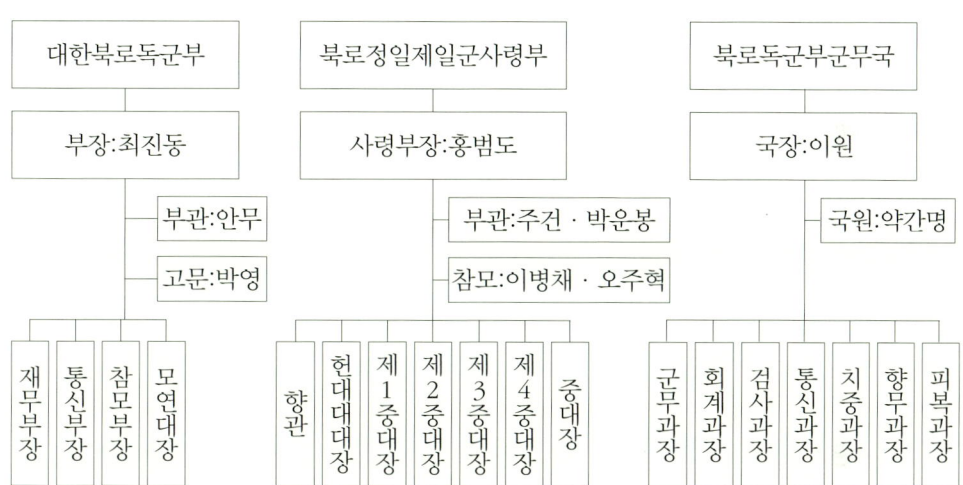

〈그림 7-5〉 대한북로독군부의 조직과 임원

---

[176] 『現代史資料 27』, 80~81·368~369쪽.
[177] 서약서는 "-.국민회의 군무위원회와 군무도독부의 명칭을 취소하고 기관을 통합하여 대한북로독군부로 개칭한다. -.국민회는 행정기관, 대한북로독군부는 군사기관으로써 사무를 각각 집행하고 국민회는 북로독군부를 보조하여 일체 군무를 주비할 것. -.전(前)대한군무도독부의 지방기관인 지방국은 국민회에 귀속할 것. -.본 서약은 양 기관 대표 날인 일부터 시행한다."라는 4개항으로 되었다(國家報勳處, 앞의 책, 1997, 259~260쪽).
[178] 國家報勳處, 앞의 책, 1997, 255~268쪽 참조.

봉오동에 집결한 대한북로독군부는 1920년 6월 이후 국내에 진격한 독립군을 추격하여 중국 영토를 불법으로 침범한 일본군을 봉오동에서 격퇴시킨 봉오동전투를 승리로 이끌고, 이후 일제의 대규모 군사 침략에 대비하여 백두산 쪽으로 이동하면서 최진동의 대한군무도독부가 이탈했다.

이밖에도 북간도에는 대한의군부 大韓義軍府, 훈춘한민회 琿春韓民會, 대한광복단 大韓光復團, 대한신민단 大韓新民團, 의민단 義民團 등의 크고 작은 독립군단이 조직되어 활동하고 있었다. 의군단 혹은 독립의군단도독부라고도 불린 대한의군부는, 간도관리사 이래 북간도와 연해주에서 의병을 주도했던 이범윤을 총재로 추대, 러시아혁명 이후 러시아에서 직접 항일활동이 어렵게 되자 1920년 중반 연해주에서 북간도의 명월구에 집결하여 항일전을 벌였다.[179] 의군부의 독립군 부대는 허근 許瑾을 대장으로 하는 약 100명의 '대한의군 전위대 前衛隊'와 160명으로 구성된 '대한의군 산포대 山砲隊'로 구성되었다. 특히 산포대는 일반 독립군과는 달리 "산포를 가진 포병 砲兵이란 뜻이 아니고 산과 들을 가벼운 무장으로 달리며 유력한 사격으로 기습을 목적으로 하는 별동대"로서 사격에 뛰어난 포수들로 편성된 일종의 저격대였다.[180]

훈춘신민회는 훈춘대한국민회 또는 훈춘대한국민의회 혹은 대한국민회훈춘지부 등의 이름으로 불린 항일단체로서 1920년에 들어 훈춘신민회로 개칭된 것으로 추정된다. 훈춘신민회는 이동휘 계열의 기독교인들이 중심이 되어 조직, 대한신민단과 함께 훈춘 지방 항일운동의 대표적 기관이었다. 중심인물은 황병길을 비롯하여 이명순 李明順·윤동철 尹東喆 등으로 본부는 훈춘현 사도구 四道溝 소황구 小黃溝에 두었다. 1920년 6월 회장에 윤동철 尹東喆, 사령관에 최덕준 崔德俊 등이며 8월 현재 병력 250명에 군총 300정, 기관총 3문을 보유하고 있었다.[181]

대한광복단은 춘명향 대감자 大坎子와 의란구 등지에서 연해주에 있던 이범윤을 단장으로 추대하고 김성극 金星極과 김성륜 金聖倫이 공교회 교도들을 중심으로 조직한 독립군단이었다. 이념적으로 광복단은 공화제를 반대하는 복벽주의 단체로서 이범윤

---

179 國家報勳處, 앞의 책, 1997, 12쪽.
180 國家報勳處, 앞의 책, 1997, 228~231쪽.
181 國家報勳處, 앞의 책, 1997, 310~313쪽.

이범윤 묘(동작 국립현충원)

은 명의상 단장이었고 실질적인 통솔자는 김성륜이었다. 1920년 8월 현재 광복단은 병력 200명에 군총 400정, 탄약 1만 1천발, 권총 30정 등의 화력을 보유하고 있었다.[182]

대한신민회 또는 신민회 등으로 불린 대한신민단은 3·1운동 후 김규면이 기독교 성리교인聖理敎人을 중심으로 옌지현 춘화향 등지에서 조직한 독립군 단체이다. 단장 김규면은 얼마 뒤 연해주로 건너가 이동휘의 한인사회당과 연결되어 공산주의운동에 투신했다. 이에 북간도에서는 지단장 김준근金準根이 춘화향 상석현上石峴에 지단 본부를 두고 활동을 계속했다. 당시 병력 200명에 군총 160정, 탄약 4만 발, 권총 30정, 수류탄 48개를 보유하고 있었다.[183] 그리고 의민단은 1920년 4~5월경 옌지현 숭례향 묘구廟溝에서 천주교도와 북상의병을 중심으로 조직된 독립군 단체로서 단장은 방우용方雨龍이었다.[184] 이밖에도 북간도에는 1915년 나자구에서 결성된 대한의사부

---

182 國家報勳處, 앞의 책, 1997, 269~273쪽.
183 國家報勳處, 앞의 책, 1997, 279~285쪽.
184 國家報勳處, 앞의 책, 1997, 274~278쪽.

大韓議事部, 춘명향 이차자二岔子에 본부를 둔 대한공의단大韓公義團, 구국단, 야단野團, 학생광복단 등 크고 작은 독립군단이 조직되어 활동했다.

### 3) 1920년대 초 국내진공작전

독립군이 독립전쟁에서 임하려면 무엇보다도 독립군과 군자금, 무기가 절대적으로 필요했다. 만주 독립군이 초기에 사용하던 무기는 대부분 제1차 세계대전 중 시베리아에 출병한 체코 군대의 무기를 구입하여 사용했다. 이후 독립군은 보다 우수한 대량의 무기를 주로 러시아에서 구입했다. 이때 연해주에서 구입한 무기를 서북간도 등지의 독립군영까지 운반하는 과정은 실로 쉬운 일이 아니었다. 러시아에서 구입한 무기는 대개 3개의 경로를 이용했다. 즉 노령의 오소리烏蘇里 방면에서 왕칭현 오지로 오는 경로, 추풍秋風 방면에서 왕칭현 오지로 오는 경로 그리고 남부 연해주 지방에서 훈춘 지방으로 오는 경로가 그것이다.

무기 수송은 중·소 관리의 엄중한 감시를 피해 비밀리에 이루어졌다. 독립군에게는 무기 운송 역시 생명을 건 중요한 작전이나 마찬가지였다. 무기 운송 작전에는 구입무기의 종류와 수량에 따라 다르지만 대개의 경우 수십 명에서 3~400명에 이르는 체력이 강건한 독립군이 선발 투입되었다. 지휘관의 인솔 아래 무기 운반대는 보통 2~3정의 무기와 탄약을 분담한 채 삼삼오오 열을 지어 앞뒤 연락이 끊기지 않도록 일정한 거리를 두었다. 국경을 통과할 때 소련이나 중국 관헌이 있는 곳은 우회하거나 아니면 뇌물로 관헌을 매수하여 통과했다. 부득이한 경우에는 죽음을 무릅쓴 운반 작전을 벌일 수밖에 없었다.[185]

청산리전투 당시 무기(김좌진기념사업회)

---

[185] 『現代史資料 27』, 375~376쪽.

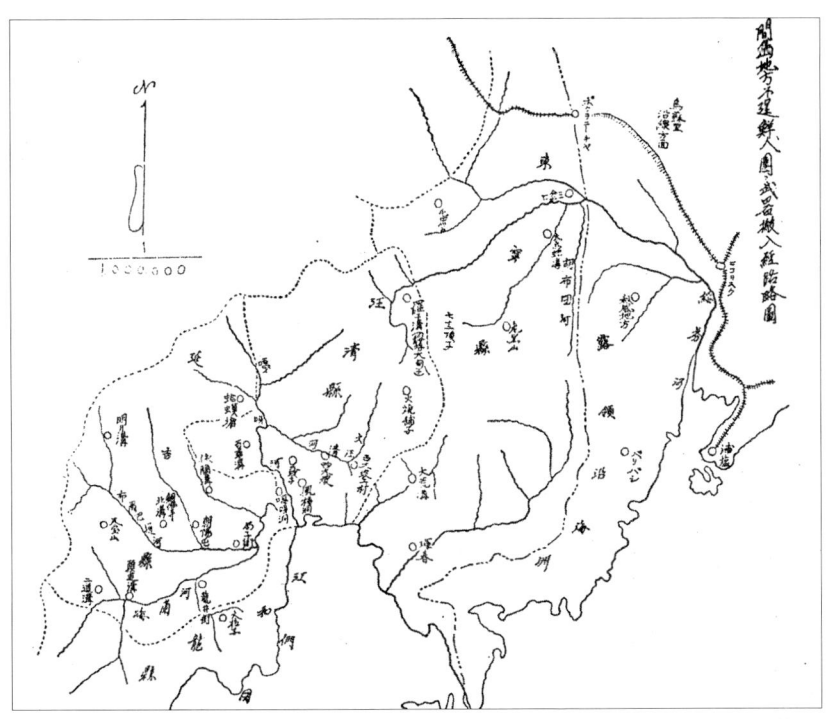

〈그림 7-6〉 일제가 파악한 간도지방 독립군의 무기 구입 경략도
간도 지방 독립군단의 무기는 일부 동청연선에서 반입되는 것을 제외하고 대부분은 노령방면에서 세 가지 경로를 통해 반입되었는데 '1.오소리 연선 방면에서 왕칭현 오지 지방(코리스크 또는 스베이스카(철로)→ 국경→三岔口→왕칭현 나자구 방면) 2. 秋嶺 방면에서 왕칭현 오지 지방(둥닝현 국경(胡布圖河 연선 또는 三岔口→국경→大烏蛇溝→老黑山→나자구→훈춘현 대황구 또는 왕칭현 서대파구 방면), 3. 남부 연해주에서 훈춘현(紅旗河 상류 삼림지대 또는 하파라팡 방면→국경→훈춘 오지 지방) 등이었다(姜德相, 『現代史資料 27』, みすず書房, 1967, 375쪽)

이렇게 하여 무장한 독립군의 무기는 매우 다양했다. 일반 군총으로는 러시아제 5연발식과 단발식 총이 대부분을 차지했다. 그밖에도 미국제나 독일제, 심지어는 일본군의 총인 30연식 또는 38연식 보병총까지 섞여 있었다. 기관총과 속사포와 같은 중무기는 물론 폭탄이라 부르는 수류탄을 구입하는 경우도 많았다. 서로군정서의 경우 청산리전투 직전에 약 4백 명의 무기 운반대원을 중·러 국경의 삼차구 방면으로 파견해 1인당 각각 총기 4정씩을 휴대하여 모두 1,600정의 총기를 반입함으로서 화력 증강을 꾀했다.[186] 전체적으로 독립군이 확보한 무기의 종류와 양이 얼마나 되었는지

---

186 『독립운동사자료집 10』, 193~194쪽.

홍범도

정확히 알 수 없지만 1920년 8월 경 일제는 독립군이 군총 3,300정, 탄약 19만 5,300발, 권총 730정, 수류탄 1550개, 기관총 9문 등을 확보한 것으로 파악했다.[187]

무장을 강화한 서북간도의 독립군은 압록강·두만강 국경 부근으로 접근하여 국내진공작전에 돌입했다. 국내진공작전은 1919년 8월 무렵부터 본격화되었고, 이를 선도한 인물은 홍범도였다. 그가 인솔하던 대한독립군은 일제의 삼엄한 국경수비망을 뚫고 8월 국내로 진입, 압록강변의 혜산을 점령하고 갑산 공략을 계획하기도 했다.[188] 이어 9월에는 갑산군 동인면의 금정金井주재소 등지를 공격했다.

홍범도는 1919년 9월에 이범윤, 황병길 등의 독립군 지도자들과 서로 연락을 취하며 백두산 부근에 근거지를 두고, 결사대 2000명을 이끌고 무산茂山을 통해 국내에 진공하는 대규모 국내진공작전을 벌일 계획을 세워 놓고 이를 상해 임시정부에 보고했다. 당시 임시정부의 국무총리대리 안창호는 이에 대해 시기상조를 이유로 11월까지 계획을 연기하라는 회신을 보냈다.[189] 그러나 홍범도는 그의 권고를 따르지 않고 10월, 압록강을 건너 강계와 만포진을 점령했고 자성에서는 일본군과 격전 끝에 70여 명을 살상하는 큰 전과를 올렸다.[190]

독립군의 국내진공작전은 1920년에 들어 더욱 활발해졌다. 상해 임시정부는 "독립운동의 최후수단인 전쟁을 대대적으로 개시하여 규율적으로 진행하고 최후 승리를 지시하기 위하여" 1920년을 '독립전쟁의 원년'으로 선포했다.[191] 1920년 1월에는 '국무원 포고 제1호'와 '군무부 포고 제1호'를 공포하여 독립전쟁을 위한 군사 모집과

---

187 『現代史資料 27』, 375~376쪽.
188 「風滿樓 甲山의 獨立軍」『독립신문』, 1919년 9월 25일.
189 『現代史資料 27』, 275쪽 ; 『독립운동사자료집 10』, 252쪽.
190 『朝鮮獨立運動 Ⅱ』, 208쪽.
191 국사편찬위원회, 『韓國獨立運動史 3』, 1967, 631쪽.

일본 주재소(함북 보천보)

무기 구입 등을 독려했다. 상해 임시정부의 독립전쟁 방침은 서북간도의 독립군의 사기를 더욱 높였고 만주 벌판에는 항일투쟁에 나서는 독립군의 우렁찬 독립군가가 퍼져나갔다.

> 나아가세 독립군아 어서 나가세 기다리던 독립전쟁 돌아왔다네
> 이때를 기다리고 10년 동안에 갈았던 날랜 칼을 시험할 날이
> 나아가세 대한민국 독립군사야 자유 독립 광복할 날 오늘이로다.
> 정의의 태극깃발 날리는 곳에 적의 군세軍勢 낙엽같이 쓰러지리라.[192]

1920년 3월에 작성된 일제 측의 정보자료에 의하면 그 해 1월부터 3월까지 3개월간 독립군이 수행한 국내진공작전은 총 24회에 이르렀다.[193] 또 임시정부 군무부는 3월부터 6월 초까지 독립군이 전후 32차례의 유격전을 벌였고 일제 관공서를 파괴한

---

192 「獨立軍歌」『독립신문』, 1920년 2월 17일.
193 『現代史資料 27』, 647~648쪽.

것이 34개에 이른다고 발표했다.[194]

독립군이 수행한 수많은 작전 가운데 1920년 3월 벌어진 온성전투는 독립군의 탁월한 전략을 보여준 대표적 전투였다. 3월 15일 독립군 200여 명이 두만강을 건너 온성군 유포면柔浦面 풍리동豊里洞 주재소를 공격하면서 시작된 온성전투는 거의 3월 말까지 반복 수행되었다. 특히 18일에 벌어진 온성군의 미산美山 헌병감시소 기습전은 독립군의 조직적 작전능력을 과시한 전투였다. 이날 새벽 소부대로 분산한 독립군은 두만강을 건너 온성군 미포면의 장덕동長德洞과 월파동月坡洞·풍교동豊橋洞 등지를 공격하여 적을 교란시킨 뒤 다시 50명씩 합세하여 미산 헌병감시소 전방 고지를 동·서·남·북 사면에서 포위 공격했다. 전방 고지 성벽을 점거한 독립군은 일제 헌병 및 경찰과 50분 동안 치열한 교전을 벌인 끝에 이들을 섬멸시켰다. 이들 독립군은 부근에 주둔해 있던 일본군 본대와 온성경찰서 경찰대가 도착하기 전에 무사히 강을 건너 돌아왔다.[195] 미산 헌병감시소를 공격하던 18일에 또 다른 독립군 2백 명은 온성읍을 공격하려고 새벽 5시 경 온성 대안의 양수천자凉水泉子에서 두만강을 건너려 했으나 일제 군경에게 탐지되어 작전을 중단했다. 같은 날 오전에는 독립군 30명이 일제 경찰대와 교전을 벌이기도 하는 등 온성 일대에서 독립군의 활약이 크게 두드러졌다.

1921년 7월에서 8월에는 대한독립군 유격대장 이영식李永植 부대가 평안북도 후창군과 함경남도 장진·풍산·갑산 등지에서 총 7회에 걸친 유격전을 펼치며 연전연승을 거두었다. 그 결과 일본군 및 경찰 170여 명을 사살하고 다수의 군비를 노획하는 큰 전과를 올렸다.[196]

독립군의 국내진공작전은 국경지역에만 머물지 않았다. 이미 국내에 조직된 지단과 연합하여 국내 깊숙한 곳에서도 유격전을 벌였다. 대한독립단은 국내특파대를 조직, 이들을 황해도에 침투시켜 구월산대를 조직했다. 황해도 장연군 출신의 구월산대 대장 이명서李明瑞는 단원 주의환朱義煥, 박기수朴基洙 등 6명과 함께 황해도 구월산

---

194 「北墾島에 在한 我獨立軍의 戰勝捷報」 『독립신문』, 1920년 12월 25일.
195 『現代史資料 27』, 619~624쪽.
196 「北路獨立軍의 捷報」 『독립신문』, 1921년 10월 28일.

을 근거지로 유격전을 벌이려고 1920년 7월 유허현에 있는 대한독립단의 본부를 출발했다. 황해도 은율군에 잠입한 파견대원들은 그 지역의 김난섭金蘭燮, 홍원택洪元澤 등을 포섭하여 대원으로 가입시키고 평안도와 황해도의 지단원을 소집하여 유격전을 전개할 수 있는 구월산대를 조직했다. 구월산대는 대원 전원을 4대로 나누어 각 대마다 역할을 분담했다. 이지표李芝杓와 홍원택은 친일 은율군수인 최병혁崔丙赫의 집을 기습하고, 원사현元士鉉과 고두환高斗煥은 친일분자인 고학륜高學倫의 집을 침입하고 대장 이명서가 이끄는 일단은 최병학과 고학륜의 집에서 울리는 총성을 듣고 주재소에서 일경들이 뛰쳐나올 경우 이들을 맡아 처단하기로 했다. 그리고 나머지 단원들은 마을 앞의 산속에 숨어 있다가 작전을 마치고 철수하는 대원을 엄호해 주는 임무를 맡았다.

작전계획에 따라 구월산대는 1920년 8월 15일 야음을 틈타 먼저 최병혁의 집을 습격하여 그를 처단했다. 이어 친일파 고학륜의 집을 침입했다. 그러나 이를 눈치 챈 고학륜이 재빨리 도주하여 실패하고 말았다. 이 작전으로 총성이 울리자 주재소에서 일경들이 뛰쳐나왔다. 이에 이명서 등은 일제히 사격을 가해 양측은 일대 접전을 벌였다. 그리고 산속에 대기하던 단원들이 작전을 마치고 철수하는 대원들을 엄호하려고 합세하여 사격을 가하자 일경들은 역부족으로 사상자만 내고 도주했다. 무사히 기습작전을 끝낸 구월산대는 황해도 내 각 지단원의 집으로 이동하면서 재차 유격작전의 기회를 엿보고 있었다. 그러나 구월산대는 신천군 도리면道里面에 있는 단원 노성우盧聖祐의 집에서 일제 경찰대와 접전, 대장 이명서를 비롯해 단원 박기수, 주의환, 원사현, 이지표 등이 피살되고 나머지 대원은 피체되고 말았다.[197]

한편, 서북간도의 독립군은 이러한 단독작전 외에도 때로는 인근의 독립군단과 함께 연합작전을 벌이기도 했다. 창바이현의 대한독립군비단은 서간도지역에서 함께 무장투쟁을 벌이고 있던 홍업단·대진단·태극단·광복단 및 북간도의 대한군정서와 협조체제를 구축한 대규모 연합작전을 계획했다. 이 계획은 1921년 11월 미국 워싱턴에서 열릴 태평양회의 결과 한국의 독립이 이룩되지 않으면 각 독립군단을 연합하

---

197 『독립운동사자료집 10』, 1226~1239쪽 ; 「大韓獨立團의 略歷(續)」『독립신문』, 1921년 4월 9일.

여 강대한 힘으로 일시에 국내진공작전을 전개한다는 것이었다. 군비단에서는 흥업단·대진단·태극단·백산무사단·광복단 등의 영수들을 창바이현 봉밀산자峰密山子로 소집하여 협의를 했다. 그 결과 혜산진의 하류는 군비단·대진단·태극단의 혼성부대 400여 명이, 혜산진의 상류는 흥업단·광복단의 혼성부대 400여 명이, 혜산진은 암살대 및 백산대白山隊의 혼성부대 300여 명이 담당하는 국내진공 부대를 조직했다.

그리고 이 세 부대는 대한군정서와 합세하여 혜산, 보전, 신갈파 등 3곳의 국경지방으로 돌격하여 국내로 진공한다는 계획을 세웠다.[198] 하지만 이 계획은 사전에 정보를 입수한 일제가 정찰대를 파견하여 방해공작을 펼치고, 청산리전투 이후 노령까지 북정했다가 돌아와 북만에 새로운 근거지를 구축한 대한군정서가 아직 진영을 정비하지 못한 관계로 실행에 옮기지 못했다.

서간도의 대한독립단도 서로군정서와 연합부대를 구성하여 일시에 대부대가 국내로 진공하여 일제를 구축하는 작전을 계획하기도 했다. 두 군단은 1920년 1월 5일을 기해 국내에 진입, 기습전을 벌이고 만약 목적을 달성하지 못할 때는 다시 같은 해 3월 재기할 것을 결의했다. 그러나 이 계획은 일제에 동조하는 친일파의 방해와 중국군의 탄압으로 실패했다.[199]

서북간도 독립군의 국내진공작전은 한국을 영구 식민지화하려던 일제에게 가장 큰 장애물이었다. 그래서 일제는 국경수비를 한층 강화하는 한편 서북간도에 대규모 일본군을 투입하여 독립군을 토벌하려고 했다. 그러나 일제의 이러한 의도는 뒤이은 독립군의 봉오동·청산리전투의 승리에 의해 뜻을 이루지 못했다.

---

198 국사편찬위원회, 『韓國獨立運動史 4』, 1968, 917~918쪽.
199 『독립운동사자료집 10』, 265~266쪽.

## 3. 봉오동전투와 청산리전투

### 1) 봉오동전투

봉오동전투는 3·1운동 이후 서·북간도 및 연해주 일대의 독립군들이 활발히 벌였던 소규모 국내진공작전에서 비롯되었다. 1920년 5월 무렵 대대적인 국내진공작전을 위해 봉오동으로 군영을 옮긴 대한북로독군부의 병력은 최진동의 군무도독부계가 약 670명, 홍범도와 안무계의 국민회계가 약 550명으로 총 1,200여 명 정도였고, 무기로는 기관총 2문, 소총 약 900정, 폭탄(수류탄)

봉오동 반일 전적지

약 1백여 개, 망원경 7개, 권총 약 200정, 소총 1정당 탄약 150발 정도였다.[200]

봉오동은 협착한 골짜기와 삼면이 모두 높은 산봉우리로 둘러싸인 곳으로 북로정일제일군의 사령부가 설치된 상촌은 서쪽으로는 석현石峴 일대로, 동쪽으로는 비파동琵琶洞 일대로, 북쪽으로는 대감자大坎子 일대로 빠져나갈 수 있는 세 갈래의 골짜기가 있는 요새지였다. 또한 봉오동은 남으로는 고려촌, 안산촌安山村, 삼둔자三屯子 등 독립군의 활동 거점과 연계되었고, 서북쪽으로 약 40리 떨어진 곳에 대한군정서 소재지인 서대파西大坡가 있고, 서남쪽으로 약 16리 떨어진 곳에 신민단의 근거지인 석현이 있으며 북쪽으로 약 40리 떨어진 곳에 광복단의 근거지였던 대감자가 있어 봉오동은 실로 독립군들의 활동 중심지였다.[201]

1920년 6월 7일에 벌어진 봉오동전투는 국내진공작전을 수행하던 독립군의 삼둔자전투가 발단이 되었다. 6월 4일 새벽 박승길이 인솔하는 30여 명의 신민단의 한 소부대가 흔히 벌이던 소규모 국내진공작전의 일환으로 삼둔자에서 두만강을 건너 종

---

200 『現代史資料 27』, 367~374쪽.
201 金春善, 「발로 쓴 청산리전쟁의 역사적 진실」 『역사비평』 2000년 가을호(통권 52호), 261쪽.

왕청현 봉오동 저수지 위의 전투지

성 북방 5리 지점에 있는 강양동江陽洞으로 진격했다. 독립군은 이곳에서 일본 헌병 군조軍曹 후쿠에 상타로福江三太郞가 인솔하는 헌병 순찰소대를 격파한 후 날이 저물자 두만강을 다시 건너 귀환했다. 그러나 곧이어 아라미 치로新美二郞 보병 중위가 이끄는 남양수비대 병력 1개 중대와 헌병경찰 병력이 두만강을 건너 추격해 왔다. 이들의 추격 사실을 통보받은 최진동은 독립군을 삼둔자 서북쪽의 봉화리 즉 일광산 기슭 요지에 잠복시켜 이들을 공격하여 섬멸시켜 버렸다. 이것이 봉오동전투의 발단이 된 삼둔자전투로서 일본군이 두만강을 건너 중국 영토를 불법 침공한 뒤 처음으로 독립군과 벌인 전투였다. 일제 측은 전투보고에서 일본군의 손해는 없고 독립군 2명 생포, 민간인 사망 2명, 부상 3명이라고 하여 삼둔자전투에서의 참패와 양민학살 사실을 은폐했다.[202]

함경북도 경성군 나남에 사령부를 두고 두만강을 수비하던 일본군 제19사단은 삼둔자전투의 패배를 보고받고 곧바로 야쓰카와安川 소좌가 인솔하는 '월강추격대대越

---

[202] 「北墾島에 在한 我獨立軍의 戰鬪詳報」 『독립신문』, 1920년 12월 25일 ; 『現代史資料 27』, 631~632쪽.

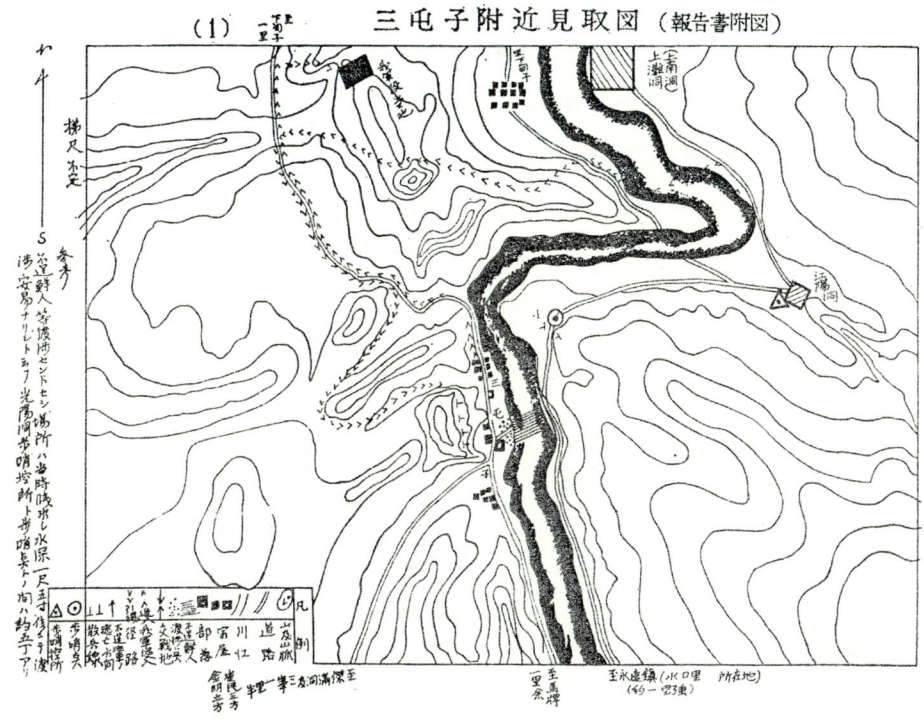

〈그림 7-7〉 삼둔자전투 상황도
姜德相, 『現代史資料 27』, みすず書房, 1967, 640쪽

江追擊大隊'를 편성했다. 야쓰카와가 인솔하는 월강추격대대는 보병 제73연대 제10중대(카미야神谷 대위 휘하 70명의 혼성부대), 동연대 기관총 1소대(씨야마紫山 준위 이하 27명), 보병 제75연대 제2중대(모리森 대위 이하 123명), 헌병대(오하라小原 대위 이하 11명), 경찰대(가츠하기葛城 경시 이하 11명) 등으로 편성되었다.[203]

월강추격대대는 6월 6일 두만강 변 온성군 하탄동下灘洞에 집결하여 오후 9시부터 두만강을 건너기 시작했다. 같은 날 삼둔자전투에서 패배한 아라이 부대도 봉오동으로 진격하라는 명령을 받고 후안산 방향으로 이동하여 월강추격대대와 합류했다. 도강을 완료한 7일 새벽 3시 30분에 월강추격대대는 독립군의 근거지인 봉오동을 단번에 토벌하려고 안산에서 동북쪽으로 멀지 않은 곳에 있는 후안산으로 침입했다. 이곳

---

203 「安川追擊隊ノ鳳梧洞附近戰鬪詳報」(독립기념관 소장 문서).

에는 약 14~15명의 신민단 모연대가 한 대원의 집에서 새벽 조반을 시켜놓고 휴식을 취하고 있었다. 이때 길 안내를 찾으려고 추격대의 병사 1명이 찾아왔고 이로 인해 휴식을 취하고 있던 신민단원이 발각되었다. 신민단원은 즉각 일본군을 발포하여 쓰러뜨리고 이 사이 대원들은 뒷문을 통해 빠져나갔다. 이후 쌍방은 한 밤중에 미처 준비할 겨를도 없이 약 2시간 가량 교전했다(후안산전투).[204] 월강추격대대는 이어 봉오동 입구를 향하여 고려령 서편으로 진입해 갔다.

사령관 홍범도는 일본군과의 교전에 앞서 주민들을 산 속으로 대피시켜 마을을 비우고 전군을 봉오동 상촌 부근에 있는 연병장에 집합시켜 각 부대의 전투 구역 및 그 임무를 정한 작전계획을 시달했다. 봉오동은 봉오골로도 불리는 긴 골짜기로 삼면이 야산으로 둘러싸여 마치 삿갓을 뒤집어놓은 듯한 지형의 천연 요새지였다. 거리가 25리인 골짜기 입구로부터 하·중·상촌의 세 개의 큰 마을이 30~60호씩 모여 있었다.[205] 삼면이 높은 산으로 둘러싸인 봉오동은 매복진을 펼치기에 매우 유리한 지형이었다. 이에 따라 홍범도는 제1중대장 이천오는 부하 중대를 인솔하고 봉오동 상촌 서북단에, 제2중대장 강상모는 동산東山에, 제3중대장 강시범은 북산北山에, 제4중대장 조권식은 서산西山 남단에, 홍범도는 2개 중대를 인솔하고 서산 중북단에 매복해 있다가 적이 오면 그 전위부대를 통과시킨 뒤 적의 본대가 아군의 포위망에 들어올 때 호령과 함께 일제 사격을 하게 했다. 그리고 연대부장교 이원은 본부 및 잔여 중대를 인솔하고 서북 산간에 위치하여 병력 증원과 탄약보충, 식량보급에 임하게 했다. 특히 홍범도는 제2중대 3소대 제1분대장 이화일李化日로 하여금 부하 1분대를 인솔하고 고려령 북편 약 1200m 되는 고지와 그 동북편 촌락 앞에 약간의 병력을 나누어 잠복했다가 적이 도착하면 전진을 지체케 하다가 봉오동 방면으로 거짓 퇴각케 하여 적을 유인하도록 했다.[206]

홍범도가 인솔하는 독립군은 일본군의 공격 경로를 정확히 예측하고 이들을 섬멸할 완벽한 매복진을 펼쳐놓고 일본군의 접근을 기다렸다. 적을 봉오동 골짜기로 유인

---

204 『現代史資料』 27, 636쪽.
205 洪相杓, 『間島獨立運動小史』, 韓光中高等學校, 1966, 49쪽.
206 「北墾島에 在한 我獨立軍의 戰鬪詳報」 『독립신문』, 1920년 12월 25일.

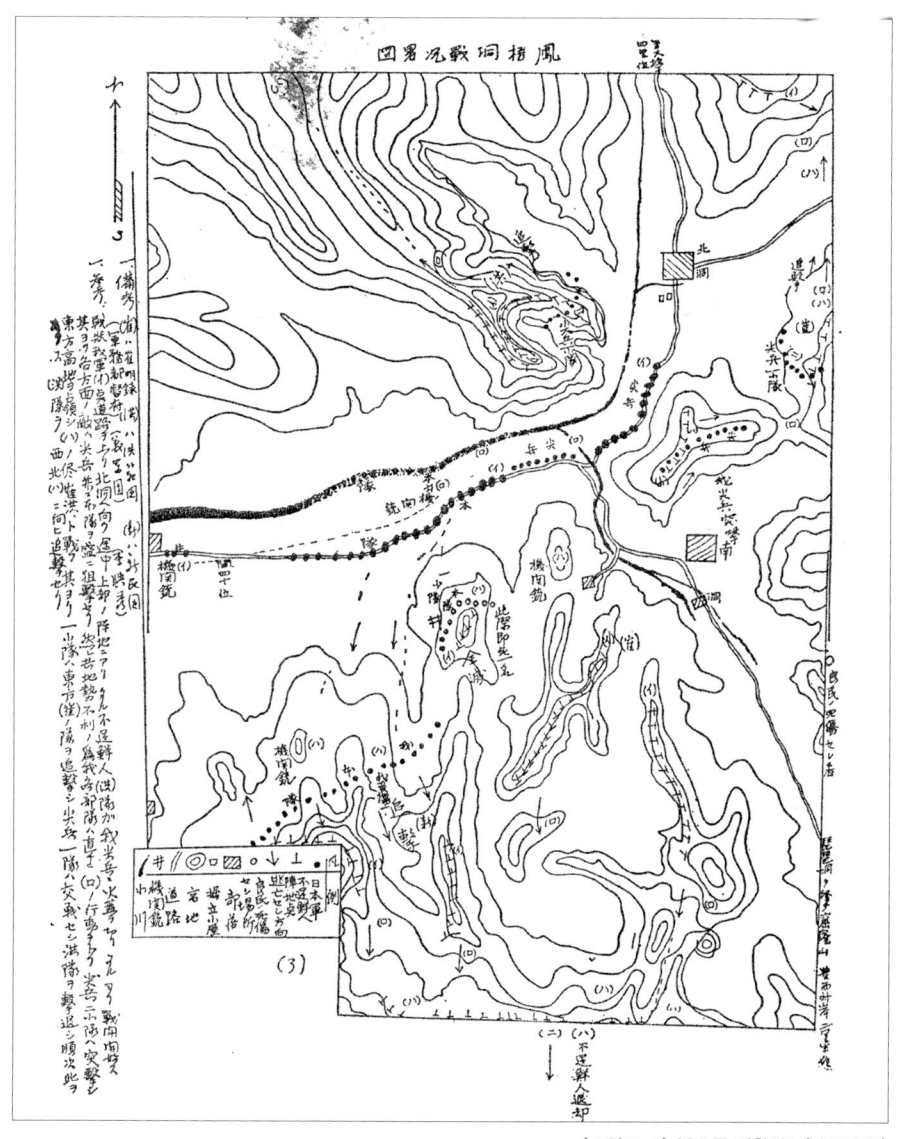

〈그림 7-8〉 봉오동 전황약도(戰況略圖)
姜德相, 『現代史資料 27』, みすず書房, 1967, 639쪽

할 임무를 띤 이화일 부대는 미리 봉오동 밖의 고려령 북편 1,200m 고지와 그 부근 일대에 출동하여 작전을 수행하고 있었다. 이 유인작전은 새벽 3시 50분부터 시작되어 새벽어둠이 밝아지기 시작한 5시경까지 계속되었다. 7일 새벽 남봉오동에서 이화일 부대의 습격을 받은 월강추격대대는 이화일 부대의 퇴각로를 따라 북봉오동으로

추격을 개시했으나 곧 독립군의 유인전술에 걸려들었다.207

일본군추격대는 부근 촌락을 수색하며 봉오동 입구로 전진해 왔다. 아침 8시 30분경에 일본군 첨병은 봉오동 입구에 도달할 때까지 인적을 거의 발견하지 못했다. 추격대는 봉오동 입구 고지에서 하촌을 정찰한 결과 독립군이 이미 겁을 먹고 북쪽으로 도망한 것으로 판단하고 전위부대를 선두로 봉오동 하촌으로 들어와 마을을 유린한 다음 오전 11시 30분에 다시 전열을 정비하여 중촌·상촌을 향하여 골짜기 안으로 진군해 왔다. 오후 1시경에는 일본군 전위부대가 사방 고지로 둘러싸인 상촌 남쪽 3백m 지점의 비파동 방면으로 가는 갈림길까지 진출하여 완전히 독립군 포위망 속으로 들어왔다. 그러나 이들은 독립군의 매복사실을 전혀 눈치 채지 못했다. 얼마 후 이들을 따라 주력부대도 기관총대를 앞세우고 역시 독립군의 포위망 속으로 깊숙이 들어왔다.

이때 사령관 홍범도의 일제 사격을 알리는 총탄이 발사되었다. 삼면 고지에 매복해 있던 독립군의 총구에서 일본군을 향하여 일제히 불을 뿜기 시작했다. 불의의 기습공격을 당한 일본군 추격대는 카미야 중대와 나카니시中西 중대를 전방에 내세워 돌격을 시도하는 한편 기관총대를 앞세워 필사적으로 응전했다. 그러나 유리한 지형을 먼저 점령한 독립군의 맹렬한 공격으로 일본군은 사상자만 속출할 뿐이었다. 일본군 추격대는 삼면 고지로부터 집중사격을 받으면서 4시간을 버티며 응전했으나 이미 작전상 허를 찔러 사상자만 늘어났다.208 오후 4시 20분경 하늘에서 갑자기 번개가 치고 우뢰소리와 함께 폭우가 쏟아내려 지척을 분간하기조차 어려워졌다. 독립군은 이때를 이용하여 퇴각하기 시작했다. 총소리가 잦아들자 일본군은 사상자를 수습하고 비파동으로 황망히 퇴각했다.209 일본군조차도 이날 전투에 대해 독립군은 "교묘하게 지형을 이용, 그 위치가 명확치 않고 탄환은 사면에서 날아와 전황 불리의 상태에 빠졌다." 라고 고백할 정도로 고전을 면치 못한 전투였다.210

---

207 金春善, 앞의 논문, 2000, 262쪽.
208 「北墾島에 在한 我獨立軍의 戰鬪詳報」『독립신문』, 1920년 12월 25일.
209 朴昌昱, 「봉오동전투와 청산리전투연구-庚申年反討伐戰을 再論함-」『韓國史硏究』 111, 2000, 115쪽.
210 「安川追擊隊/鳳梧洞附近戰鬪詳報」(독립기념관 소장문서).

상해 임시정부는 봉오동전투에 대한 최진동의 보고를 받고 『독립신문』을 통해 이 날의 전과를 '일본군 사살 157명, 중상 200여 명, 경상 100여 명'이며 이에 비해 '독립군은 전사 4명, 중상 2명'이라고 선전했다.[211] 물론 보도내용은 다소 과장되었지만 일본군 추

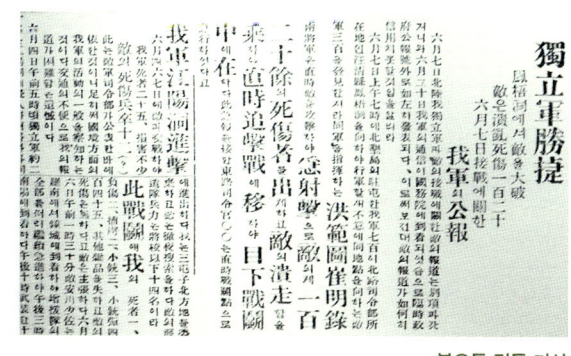

봉오동 전투 기사

격대 거의 전원을 살상할 정도로 대승을 거둔 것은 분명했다.[212]

1910년 병합 이래 10년래 숙원이었던 '독립전쟁의 제1회전'인 봉오동전투는 먼저 일본군에게 큰 충격을 주었다. 봉오동에서 참패하자 조선군사령관은 일본 육군대신에게 "이번에 다음 사실을 확인했다. 대안對岸의 독립군은 정식의 군복을 사용하고 그 임명 등에 사령辭令을 쓰며 예식禮式을 정하고 있는 등 전적으로 통일된 군대조직을 이루고 있다. 그러나 중국 측은 이를 묵인하고 있는 상황이므로 이제 경고를 줄 필요가 있다."[213]라고 하며 그 대책을 강구토록 했다. 이에 일제는 서북간도의 독립군을 근본적으로 소멸시키려고 '간도지방불령선인초토계획'을 서둘러 마련했다.

한편, 일본군 추격대가 물러난 뒤 독립군 단체들은 봉오동전투에서의 승리 사실을 크게 선전했다. 군무도독부는 군정보신보軍情報新報 호외를 발행하고 대한국민회도 인쇄물로서 독립군이 일본군과의 교전 결과 적 150명을 죽이고 적을 조선으로 격퇴하여 대승을 거두었다고 선전했다. 그리고 독립군 각 단체는 계속될 교전을 예상하고 군사 행동에 대한 각단의 연락 방법 및 식량, 장정 모집 등 준비를 신속히 행했고 각지 장정들이 속속 독립군에 편입되었다.[214] 봉오동전투의 승리는 항일무장투쟁을 새로운 단계로 발전시키는 전기가 되었다.

---

211 「北墾島에 在한 我獨立軍의 戰勳情報」 『독립신문』, 1920년 12월 25일.
212 일제는 이날 전투에 대해 '아군(일본군)은 전사 병졸 1명, 부상 병졸 1명 및 순사 1명, 적군(독립군)은 전사 33명, 사상 다수'라고 하여 봉오동전투에서의 패전 사실을 축소 은폐했다.
213 『現代史資料 27』, 584~585쪽.
214 『現代史資料 27』, 584쪽.

## 2) 청산리전투[215]

서북간도 독립군의 국내진공작전에 위기를 느낀 일제는 중국 국경을 불법으로 침략하더라도 서북간도 독립군을 토벌하려고 온갖 수단과 방법을 강구했다. 일제는 중국 당국을 협박 내지 회유하여 중국 관헌에게 간도 한인 및 독립군의 단속과 탄압을 강요하는 한편, 간도 영사관에 일본 경찰을 증파하여 한인 및 독립단체를 단속했으나 성과를 거두지 못했다. 이에 펑톈일본총영사 아카츠카 쇼스케赤塚正助는 1920년 4월 28일, 동삼성의 순열사巡閱使 장쭤린에게 서북간도에 중국 군대를 증파하는 등 유력한 수단으로 '불령선인 단체'를 단속할 것을 요구했다. 이어 5월부터 8월 사이에는 조선총독부, 조선군사령부, 관동군사령부, 시베리아파견군, 펑톈총영사관 책임자 또는 참모들이 중국 당국과 3회에 걸쳐 펑톈회의를 열고 한인 및 독립군에 대한 단속과 탄압을 강요했다.

1920년 5월 상순에 열린 제1회 펑톈회의에서는 장쭤린이 일제의 강압에 굴복하여 중일협동수사반을 편성하여 독립군을 토벌하기로 약속했다.[216] 이에 따라 서간도를 중심으로 하는 펑톈성 일대에서는 중일협동수색대가 편성되어 4개월에 걸쳐 독립군 및 항일단체에 대한 일대 수색작전이 이루어졌다. 이 과정에서 한족회와 대한독립단 등 서간도의 많은 독립군과 항일운동가들이 사살 혹은 체포되었다.

그러나 북간도는 서간도와 사정이 달랐다. 당시 지린성장 서정림徐鼎霖을 비롯하여 옌지도윤 장세전張世銓, 보병 제1단장 맹부덕孟富德 등은 중일협동수색을 반대했다. 서정림 지린성장은 제1회 펑톈회의에서 일본 측 강요에 대해 "독립군은 모두 정치범이므로 중국으로서는 이를 토벌할 이유가 없다." "특히 이들에 대한 단속은 이미 규

---

215 일반적으로 '청산리전투'하면 1920년 10월 21일 김좌진이 지휘한 대한군정서 독립군이 허룽현 삼도구 청산리 백운평 계곡에서 일본군 동지대 소속의 야마다(山田)연대를 크게 물리친 전투로 알려져 왔다. 그러나 청산리전투는 대한군정서와 이도구 어랑촌 부근의 산림지대에 집결한 홍범도의 연합부대(대한독립군·대한국민군·훈춘한민회·의민단·대한신민단 등)가 10월 21일부터 26일 사이 벌인 청산리 백운평전투를 시작으로 완루구·어랑촌·천수평·고동하 등 이도구, 삼도구 서북편의 밀림 계곡에서 벌인 크고 작은 10여 회의 전투를 통칭하는 것이다.
216 『現代史資料 28』, 67~68쪽.

청산리항일대첩기념비(허룽현 청산리 林場 입구)

정을 만들어 도윤道尹 이하의 관헌들도 실시하게 하고 있다."라며 일본 측의 요구를 거절했다.[217] 북간도의 중국 관헌 중에는 한인들의 독립운동을 지지하거나 동정하는 경향이 있어서 북간도에서는 서간도와 달리 중일협동수색이 행해질 수 없었다.

일제는 중국 측의 비협조로 독립군 단속이 크게 효과를 거두지 못하자 1920년 5월 29일과 7월 16일 제2, 3회 펑톈회의를 열고, 압록강과 두만강 일대 접경 지방에서의 중일합동수색 실시, 일정한 기간 내에 중일합동 명분 아래 일본군대에 의한 독립군 소탕의 승낙을 요구하며 중국을 압박했다. 중국 측은 일본의 강압에 못 이겨 일본군 사이토齋藤 대좌 등이 고문으로 감시하는 형식으로 맹부덕의 중국군이 독립군을 토벌하기로 약속했다.[218] 하지만 옌지도윤 장세전, 중국군단장 맹부덕은 이런 밀약 내용을 은밀히 독립군 측에 통보했고 독립군 측은 이들과 교섭을 벌여, 중국군은 형식상의 토벌을 취하고 독립군은 이미 노출된 독립기지를 떠나 다른 지역으로 이동하여

---

217 金正柱, 「間島出兵事 上」 『朝鮮統治史料 2』, 韓國史料研究所, 1970, 7쪽(이하 『間島出兵事 上』).
218 『間島出兵史 上』, 8~9쪽.

청산리 전투에서 사용한 무기류

새로운 기지를 확보하기로 했다.[219] 이에 따라 북간도의 독립군 단체들은 1920년 8월 이후 근거지 대이동을 시작했다.

서정림을 비롯한 지린지역 중국 관헌들의 형식적인 토벌과 독립군과의 밀약으로 독립군 토벌이 아무런 효과를 거두지 못하자 일제는 직접 일본군을 간도에 투입하여 독립군과 항일단체를 뿌리째 뽑으려고 획책했다. 1920년 8월 15일 일제는 서울에서 조선군 참모장, 경무국장 등 관계자들이 조선총독부에서 회동, 중일협동토벌을 적극 추진하는 한편 강제적으로 일본군을 직접 투입하는 방안을 강구하기로 했다.[220] 이렇게 하여 일제는 8월까지 '간도지방불령선인초토계획'을 완성하고 대규모의 일본군 투입을 서둘렀다.

그러나 문제는 중국 영토인 간도에 일본군을 출병시킬 구실이 필요했다. 일제는 이를 위해 1920년 10월 2일의 '훈춘사건'을 조작했다. 일본군은 장강호長江好라는 중국 마적을 돈으로 매수하고 이들에게 무기를 대여한 뒤 이들로 하여금 훈춘 일본영사관

---

219 『間島出兵史 上』, 12쪽. 한 연구에 의하면 이때 독립군 측과 중국 측이 합의한 내용은 " 1. 중국군은 일본군의 간도 침입의 구실을 막기 위해 부득이 독립군 토벌을 위해 충돌하지 않을 수 없으므로 독립군은 이러한 중국 측의 입장을 고려하여 대책을 세워 상호 타협 행동한다. 2. 독립군은 시가지나 국도 상에서 군인의 복장이나 무기를 휴대하고 대오를 지어 행동함으로써 중국 측을 난처하게 만들지 않는다. 3. 중국군은 토벌을 위한 출동 전에 독립군에게 그 내용을 사전에 통보하여 독립군의 근거지 이동에 필요한 준비와 시간을 갖게 한다. 4. 중국인과 독립군은 서로 피전을 약속하고 중국군은 출동해도 독립군을 공격하지 않고 독립군의 이동과 산림지대 등지에서의 새 기지 건설 등을 방해하지 않는다."는 것이었다고 한다(愼鏞廈, 『韓國民族獨立運動史硏究』, 乙酉文化社, 1985, 403~404쪽) 그러나 장줘린은 지린성장 서정림과 옌지도윤 장세전을 1920년 9월 독립군 단체의 단속을 불철저하게 한다는 이유로 파직시키고 지린성장에 지린독군 포귀경을, 옌지도윤에 도빈을 임명함으로써 사실상 일본군의 '간도출병'에 유리한 조건을 마련해 주었다(金春善, 앞의 논문, 2000, 145쪽).
220 『間島出兵史 上』, 8~9쪽.

분관을 습격하게 하여 일본군이 간도에 출병할 수 있는 명분을 만들게 했다.

1920년 9월 25일 일본군의 사주를 받은 장강호가 이끄는 일단의 중국 마적단은 훈춘 북방에 출현, 10월 2일 새벽 5시 무렵 훈춘성을 공격했다. 훈춘 일본영사관 분관을 지키던 경찰 50여 명은 사전 약속대로 성문을 열어주었고 오전 9시까지 4시간 동안 마적들의 약탈과 살육이 진행되었다. 이들의 기습 공격으로 중국인 70여 명과 한인 7명이 살해당했고 이미 영사관원들이 피난하여 비어있던 훈춘 일본영사관 분관이 불탔다. 이때 일본 경찰과 그 일가족 9명도 함께 살해되었다.[221]

일제는 훈춘사건이 일어나자 기다렸다는 듯이 일본군을 만주 지역에 곧바로 투입했다. 이것은 중국 당국에 아무런 통고도 없이 저지른 명백한 영토 침략이었다. 간도로 출병한 일본군은 1단계에서는 서북간도의 반일무장단체를 주요 공격 대상으로 설정했고, 제2단계에서는 '잔당'이라는 미명 아래 반일단체에 동조했거나 관계되는 일반 한인들을 '소탕' 대상으로 했다.[222]

토벌대의 주력부대는 주차조선군 소속의 일본군 제19사단이었고 여기에 여러 침략군이 합동 작전을 펼치는 방식이었다. 즉 러시아혁명을 저지할 목적으로 연해주를 침략한 '간섭군'인 블라디보스토크군의 제28여단이 중소 국경을 동·북 각 방면으로 침략하여 토문자·삼차구·나자구 등지와 훈춘·국자가 등지로 진출, 작전상황에 따라 분산 혹은 집중 증원토록 했다.[223] 또 남만주 주둔 관동군의 제19연대와 제20연대 소속 부대를 두 부대로 편제하여 투입했다. 조선군의 제20사단과 조선헌병대 및 조선총독부 소속 경찰대의 일부 병력도 압록강과 두만강 양안兩岸을 중심으로 출동했다.[224] 이처럼 토벌대는 남만주에 진주한 관동군을 제외하고는 독립군의 중심지인 북간도에 집결되었다.[225] 이들 토벌대 가운데 청산리전투의 주력부대는 제19사단의 동지대東支

---

221 『現代史資料 28』, 146~148쪽.
222 金春善, 앞의 논문, 2000, 145쪽.
223 『間島出兵史 上』, 80~85쪽.
224 『現代史資料 28』, 471~481쪽.
225 일제가 이때 얼마의 병력을 투입했는지는 확실한 자료가 없어 불분명하며 연구자에 따라서 약간의 차이가 있다. 즉 '조선군 제19사단 9천 명, 20사단 700명, 제11·14사단의 블라디보스토크군 5천 명, 제19사단 1천 명, 북만주파견대 1천 명, 관동군 1200명 등 총 1만 8천명에서 2만 명이라는 설'(金靜美, 「朝鮮獨立運動史上에 있어서의 1920년 10월-靑山里戰鬪의 意味를 求하여」 『朝

隊로서 지대장 아즈마 마사히코東正彦 소장, 보병 제37여단 사령부, 보병 제73연대, 보병 74연대, 기병 제27연대, 야포병 제25연대, 공병 제19연대로 편성되었다.²²⁶

이 무렵 북간도 각지에 본영을 둔 여러 독립군은 이미 중국 측과 한 타협을 바탕으로 새로운 근거지를 찾아 1920년 8월 하순부터 대이동을 시작했다. 이들 가운데 가장 먼저 이동을 시작한 것은 홍범도의 대한독립군이었다. 대한독립군은 사관학교까지 건립했던 명월구明月溝 본영을 떠나 백두산을 향하여 서남방으로 이동,²²⁷ 한 달 만인 9월 20일경 안투현과 접경지대인 허룽현 이도구 어랑촌漁郞村 부근에 도착했다. 대한독립군의 뒤를 이어 안무의 대한국민군도 8월 31일 의란구의 근거지를 떠나 안투현 방면을 향하여 이동한 뒤 9월 말경 역시 이도구 지방에 도착했다. 이때 홍범도는 근거지 이동과 관련하여 "금일로 1, 2개월 이내에 반드시 일본군의 출동을 보게 될 것이다. 우리는 일본군과의 교전을 두려워하는 것이 아니다. 이곳에서 전사한다면 개죽음과 같다. 일시 백두산 지방으로 이동, 강이 어는 계절을 기다려 한 발자국이라도 고국 땅에 매진하여 의의 있는 희생이 되기 위함이다."라며²²⁸ 대이동이 조만간 있을 일본군의 간도 출병에 대비하여 백두산으로 이동, 국내진공작전을 위함임을 분명히 했다.

홍범도의 대한독립군과 연합하여 정일군을 편성했던 최진동의 군무도독부는 군사통일과 새로운 근거지 등의 문제로 홍범도·안무 등과 의견이 갈렸다. 그리하여 이들은 백두산으로 향하지 않고 초모정자와 탁반구托般溝를 거쳐 동북으로 향하여 9월 말경 나자구에 도착했다. 그 밖의 대한의군부, 대한신민단, 대한광복단, 의민단 등도 9월경 대한독립군이 향한 안투현 방면의 서남방으로 이동하거나 혹은 군무도독부를 따라 동북방의 나자구로 이동했다.²²⁹ 10월 16일경 연합부대는 다시 북상하여 이도구

---
　　鮮民族運動史硏究 3』, 1986), '후방 경계 병력을 포함한 실제 투입병력은 2만 5천명이라는 설' (愼鏞廈, 앞의 책, 1985)이 있다.
226 『間島出兵史 上』, 42~43쪽.
227 『現代史資料 28』, 350~351쪽.
228 『現代史資料 28』, 351쪽.
229 『現代史資料 28』, 384·391~408쪽. 일제가 탐지한 자료에 따르면 10월 10일경 홍범도 부대와 함께 이도구 부근에 도착한 병력은 홍범도부대 약 3백 명, 안무의 대한국민군 250명 가량, 한민회 2백 명 가량, 의군단 1백 명 가량, 신민단 1,100명 가량 하여 합계 약 1950명에 이른다고 했

어랑촌으로 행군, 이곳에서 토벌대와의 일전을 준비하며 훈련을 계속했다.

가장 늦게 이동에 나선 부대는 왕칭현 십리평十里坪에 본영을 둔 김좌진의 대한군정서였다. 대한군정서의 이동이 늦어진 데는 연해주에서의 무기구입과 사관연성소士官練成所의 졸업식 때문이었다. 1920년 6월에 블라디보스토크에 파견했던 200여명의 무기구입 운반대가 8월 말경 무기와 탄약을 가지고 무사히 도착했다. 또 9월 9일에는 6개월간의 훈련을 이수한 289명의 사관생도들의 성대한 졸업식이 거행되었다.[230] 이런 사정으로 이동이 늦어지자 9월 6일 맹부덕 휘하의 중국군 2백 명이 본영에 출동하여 근거지 이동을 재촉했지만 사령관과 원만한 교섭을 마치고 돌아갔다.[231]

대한군정서는 사관연성소 졸업 생도를 중심으로 하는 교성대敎成隊와 150여 명의 사관생도로 구성한 사령부 경비대, 그 밖의 대한군정서 본대를 편성, 9월 12일까지 이동 준비를 마무리했다. 드디어 9월 17일 교성대를 선두로 대한군정서의 대이동이 시작되었다. 목적지는 서남쪽의 허룽현 삼도구 청산리였다.[232] 대한군정서는 중국군과의 약속에 따라 편리한 국도를 이용할 수 없었다. 주로 밤을 틈타 이루어진 이동은 대황구大荒溝를 거쳐 왕칭현 이북으로 수십 리 떨어진 험산준령을 넘고 옌지현 의란구의 깊은 산길을 따라 행군하여 노두구령老頭溝嶺을 넘은 후 서구西溝 앞으로 내려가 장인강長仁崗·이도구를 돌아서 청산리에 이르는 무려 450리의 강행군이었다. 그리하여 거의 한달 만인 10월 12일과 13일 무렵 대한군정서 부대는 삼도구의 회전장 부근에 도착했다.[233] 김좌진이 직접 인솔한 대한군정서의 병력은 6백여 명의 정예 병력과 100여 명의 보충대 병력이 있었고,[234] 무기로는 기관총 4정, 신식군총 5백 정, 수류탄 1천 개 그리고 우마차 20량 분량의 탄약 등을 보유하고 있었다.[235]

---

다(『現代史資料 28』, 393쪽). 반면 상해 임시정부의 파견원인 安定根과 王三德의 보고에 따르면 대한독립군 5백 명을 중심으로 안무의 대한국민군 4백 명, 한민회 5백 명, 광복단 2백 명 등 총 1,700명으로 추정하고 있다(『朝鮮獨立運動 Ⅱ』, 126쪽).

230 「大韓軍政署報告」『독립신문』, 1921년 2월 25일.
231 『現代史資料 27』, 239·387쪽.
232 『現代史資料 27』, 239~240쪽.
233 洪相杓, 앞의 책, 1966, 64~65쪽.
234 『現代史資料 28』, 361·396쪽.
235 『現代史資料 28』, 358쪽.

북간도 일대의 독립군 대부분이 백두산록이 자리를 잡은 안투현과의 접경지대인 이도구와 삼도구 방면의 험준한 밀림지대로 모여 든 것은 이곳이 국경과 가까워 국내진공작전을 펼치기 쉬울 뿐만 아니라 일본군의 공격을 효과적으로 막아내고 또 사방으로 쉽게 이동할 수 있는 천연의 요새지라는 지리적 조건 때문이었다. 예컨대 이도구와 삼도구 서편의 밀림지대 가운데서도 청산리에는 함경북도 무산 북쪽에 자리를 잡은 충신장忠信場에서 시작되는 장장 60리의 깊은 골짜기가 있고, 그 안에는 대진창大進昌, 송리평松里坪, 평양촌, 싸리밭 등의 여러 한인 마을이 있었다. 또 청산리 북쪽에 있는 이도구 방면의 밀림지대는 룽징촌에서 서쪽으로 두도구와 이도구를 거쳐 100여리 지점에 위치한 어랑촌을 비롯하여 갑산촌甲山村, 천수평泉水坪, 봉밀구蜂密溝 등의 여러 마을이 있는 심산의 깊은 계곡이었다.[236]

삼도구 청산리 일대와 이도구 어랑촌 일대에 주둔한 김좌진의 대한군정서와 홍범도 휘하의 독립군 연합부대는 일본군 토벌대와의 일전에 대비하여 부대를 재정비하고 연합작전을 모색했다. 일본군 토벌대가 삼도구 충신장 상촌에 이르기 전날인 10월 10일 묘령廟嶺에서 대한군정서와 홍범도의 독립군 연합부대와 작전회의를 가졌다. 회의에서는 군정서의 부총재 현천묵玄天黙 등이 제안한 '피전책避戰策' 즉 독립군이 일본군과 교전하면 승패를 알 수 없으나 한편으론 중국 측의 감정을 해치고 다른 한편으로는 일본군의 증파를 초래하게 되어 '있는 힘을 다해 싸울 좋은 기회'가 못되니 은인자중하자는 안을 격론 끝에 채택했다.[237] 이것은 여러 불리한 정세를 감안하여 작전상 일본 토벌대와의 전면적 대결을 가능한 자중하자는 것이지 결코 일본군과의 대전을 회피하려는 전략은 아니었다.

또한 10월 13일 이도구 북하마탕에서 대한독립군의 연합부대인 대한국민회·대한신민단·의민단·훈춘한민회 등도 대표자회의를 열고 홍범도의 지휘 아래, "1. 4단의 무력으로써 군사행동의 통일을 꾀할 것, 2. 국민회 군적자軍籍者를 총동원하여 예정된 부서에 취임케 할 것, 3. 군량·군수품의 긴급 징집에 착수할 것, 4. 경찰대를 조직하여 각 방면에 밀행시켜 일본 군대의 동정을 탐사할 것, 5. 일본 군대와의 응전은 그

---

236 「北路我軍實戰記 二」 『독립신문』, 1921년 3월 13일.
237 『現代史資料 28』, 381쪽.

허를 찌르거나 혹은 산간에 유인하여 필승을 기할 경우 이에는 전투를 개시하지 않을 것"을 결의했다.[238]

한편, 청산리일대를 침공한 동지대는 천보산 방면의 토벌을 실시하려고 10월 17일 밤 행동을 시작했다. 그런데 삼도구에서 안투에 이르는 도로상 일대 지역을 총칭하는 청산리에 김좌진 부대가 주둔하고 있다는 첩보를 입수한 토벌대는 동지대의 주력부대로 토벌하기로 하고 작전 계획을 다음과 같이 변경했다.[239]

1. 국자가 천보산에는 각 대대장이 지휘하는 2개 중대와 기관총 1개 소대를 두어 이후의 행동을 준비시킬 것.
2. 기병연대의 주력은 천보산 방면에서 서쪽으로 진격하여 오도구를 거쳐서 승평령升平嶺 부근에 진출해서 (독립군의) 퇴로를 차단할 것.
3. 보병 제73연대 제3대대의 주력은 삼도구 방면에서 서남방 약 8리의 노령老嶺을 향하여 전진하여 퇴로를 차단할 것.
4. 야마타山田 대좌는 보병 3개 중대, 기관총 1개 소대, 포병 1개 중대로서 18일 두도구 남방 팔가자八家子에 숙영하고 적정을 정찰하면서 차례차례 전진해서 20일을 기하여 토벌을 실시할 것.
5. 이 토벌에 책응하기 위하여 무산수비대에서 일부를 차출하여 석인구石人溝를 거쳐 노령을 향하여 전진시킬 것.

동지대의 작전은 이도구와 삼도구 서북편의 독립군이 안투현이나 그 북쪽의 둔화현으로 이동하는 것을 저지하면서 이들을 초토화한다는 것이었다.[240] 이 계획에 따라 동지대 소속의 야마타부대는 2대로 나뉘어 삼도구에서 그리고 이도구 봉밀구에서부터 각각 노령 방면으로 진출하고, 무산수비대 역시 석인구를 거쳐 노령 방면으로 진출, 김좌진의 대한군정서를 포위, 공격하기로 했다. 또한 아즈마 소장이 직접 인솔하

---

238 『現代史資料 28』, 402~403쪽.
239 『現代史資料 28』, 216~217쪽.
240 『間島出兵史 上』, 44쪽.

는 주력부대는 이도구 서북지방에 있던 홍범도의 연합부대를 공격하려고 한 부대를 천보산 방면으로 진출시켜 남하하게 하고 또 다른 일부를 이도구에서 서쪽으로 향하게 하여 앞뒤 협공으로 독립군을 포위 공격할 계획이었다.

중무장한 일본군 토벌대가 사방을 포위하여 공격해 오자 지난 작전 회의에서 '피전책'을 결의했던 독립군은, 일본군과의 전투를 회피하는 것이 오히려 불리할 수 있다고 판단하고, 지형적으로 전투하기에 유리한 곳으로 일본군을 유인, 선제 기습공격으로 일본군을 격퇴하기로 했다. 청산리전투의 첫 전투인 백운평전투는 바로 이런 작전이 거둔 승리였다.

10월 20일 드디어 청산리 일대의 독립군을 포위 토벌하라는 명령을 받은 야마다부대가 청산리 골짜기로 침입해 오기 시작했다. 김좌진의 대한군정서군은 이미 일본군과 싸우기에 가장 유리한 지형이라고 판단한 백운평 일대의 주요 고지마다 독립군을 이중 매복시켜 일본군을 유인했다.[241]

김좌진은 먼저 평소 훈련이 적은 보병 일부와 비전투원으로 제1제대를 편성한 뒤 자신의 지휘 아래 후방에 배치하고, 사관연성소 졸업생으로 편성된 연성대와 박격포·기관총을 포함하는 정예병으로 제2제대를 편성, 연성대장 이범석의 지휘 아래 최전선에 배치했다. 격전지가 된 백운평은 청산리 골짜기 가운데서도 폭이 가장 좁고 좌우 양편으로 깎아지른 듯한 절벽이 솟아 있고 그 가운데 빈터가 있어 청산리 골짜기를 지나려면 이곳에 있는 단 하나뿐인 오솔길을 반드시 지나야 했다. 독립군은 바로 이 빈터가 발아래로 내려다보이는 경사 60~90도의 깎아지른 절벽 위에 매복했다. 즉 독립군은 백운평 빈터를 바라보며 우측 산허리에는 이민화 중대를, 좌측 산허리에는 한근원 중대를, 정면 우측에는 김훈 중대를, 좌측에는 이교성 중대를 그리고 정면 중앙에는 이범석이 직접 지휘하는 연성대가 맡아, 백운평으로 들어오는 일본군을 향하여 정면, 좌우 산허리에 매복 대기했다.[242]

드디어 21일 아침 9시경 야마타부대의 전위대인 야쓰카와 소좌가 인솔하는 1개 중대병력이 독립군의 매복 사실을 전혀 감지하지 못한 채 백운평을 지나 매복 지점으

---

241 「大韓軍政署報告」『독립신문』, 1921년 2월 25일.
242 李範奭, 『우둥불』, 三育出版社, 1986, 25·30쪽.

로 진입했다. 일본군이 불과 10여 보에 앞에 왔을 때 김좌진의 공격 명령이 떨어졌다. 숨을 죽이고 매복해 있던 독립군은 일본군을 향하여 일제히 집중 사격을 시작했다.

약 30여 분 동안 집중 사격을 받은 야쓰카와 부대 2백여 명은 독립군의 매복 장소조차 파악하지 못하고 미처 대항할 사이도 없이 전멸했다. 한편 전위부대의 뒤를 따라 오던 야마타부대는 기관총 등 중무기를 앞세우고 백운평을 향해 용감히 돌진해 왔다. 그러나 절대적으로 유리한 지형을

**청산리로 향하는 일본군(김좌진기념사업회)**

이용한 독립군의 매복 공격에 일본군은 속수무책이었다. 야마타부대는 보병과 기병으로 다시 중대를 재편성하고 독립군을 협공할 목적으로 고지를 따라 돌격하면서 우회했으나 절벽 위에서 사격하는 독립군을 당해낼 수 없었다. 이에 야마타부대는 최후 수단으로 일단 부대를 4, 5백 미터 뒤로 물린 뒤 전열을 재정비하여 산포와 기관총의 엄호 아래 정면과 측면에서 최후 공격을 시도했다. 그러나 은폐된 유리한 고지 위에서 쏟아지는 독립군의 집중 사격을 견딜 수 없었다. 결국 야마타부대는 날도 저물고 하여 백운평에 많은 일본군 시체를 남겨둔 채 퇴각했다.[243]

매복 기습공격으로 야마타부대를 격퇴하고 첫 승리를 거둔 독립군은 퇴각하는 일본군을 추격하지 않고 즉시 이도구 봉밀구 갑산촌으로 이동했다.

야마타부대가 백운평을 공격한데 이어 10월 22일 동지대의 주력은 2대로 나뉘어 홍범도의 연합부대를 초멸하려고 이도구에서 주력부대인 예비대를 남완루구南完樓溝 戰鬪로, 그리고 남양촌南陽村에 주둔하고 있던 이이노飯野부대를 북완루구로 각각 출

---

243 「北墾島에 在한 我獨立軍의 戰鬪詳情報」, 『독립신문』, 1920년 12월 25일.

동시켜 남북 양 방면에서 포위망을 좁혀왔다. 그러나 완루구의 천리봉에 지휘부를 설치한 홍범도는 예정된 저지선에서 그들을 맞아 전투를 개시하는 한편, 예비대로 하여금 중간 사이 길로 돌아서 공격해 오는 동지대 일대의 측면을 공격한 뒤 퇴각하는 척하며 그곳을 빠져나오게 했다. 독립군의 예비대가 빠져나간 그 사이 길 고지에 동지대의 다른 일대가 들어왔다. 그런데 북완루구로 진격하던 동지대의 일대는 이런 예비대의 작전을 알지 못했다. 이들은 홍범도의 예비대가 빠져나간 뒤 그 중간 사이 길 고지로 들어온 동지대의 일대를 독립군으로 잘못 알고, 맹렬한 공격을 퍼부었다. 이렇게 하여 중앙 고지에 들어선 동지대의 일대는 한쪽에서는 독립군으로부터, 다른 한쪽에서는 같은 일본군으로부터 집중 공격을 받아 거의 절멸하고 말았다.[244] 홍범도의 뛰어난 '자군자상自軍自傷'의 유인 작전에 휘말린 동지대의 일본군은 사실상 자멸했다.

백운평전투를 치른 직후 대한군정서군은 밤새 행군을 재촉하여 이튿날인 22일 새벽 2시 30분경 이도구 봉밀구 갑산촌(어랑촌에서 서남쪽으로 약 40리 지점)에 이르렀다. 이때 그곳 주민들이 인근 천수평泉水坪에 일본군 기병 부대가 주둔해 있다는 귀중한 정보를 알려주었다. 대한군정서군은 휴식도 취하지 못하고 다시 연성대를 앞세우고 강행군을 재촉하여 새벽 4시경 천수평 남산에 도착했다. 다행히 이곳에 먼저 와 주둔해 있던 일본군 1개 소대 40여 명의 기병은 독립군이 접근해 온 사실을 전혀 눈치 채지 못한 채 깊은 잠에 빠져 있었다.

5시 30분경 곤히 잠든 일본군을 완전히 포위한 대한군정서군은 일제히 공격을 시작했다. 불의의 습격을 당한 일본군은 미처 잠도 깨지 못한 상태에서 허둥댈 뿐이었다. 결국 일본군 기병대는 제대로 싸울 틈도 없이 어랑촌 본대로 간신히 탈출한 4명을 제외한 전원이 몰사했다. 천수평전투에서 독립군은 전사 2명, 부상 17명의 피해를 입었을 뿐이었다.[245]

김좌진의 대한군정서군은 10월 22일 새벽 천수평전투를 완료한 후에야 비로소 어랑촌에 동지대의 주력부대가 집결해 있다는 사실을 알았다. 이제 동지대 주력부대와의 대격전은 피할 수 없는 상황이었고 누가 먼저 유리한 고지를 차지하는가가 전투의

---

244 위와 같음.
245 李範奭, 앞의 책, 1986, 40~45쪽.

승패를 결정하는 문제였다. 김좌진은 즉시 부대를 거느리고 천수평 입구에 있는 야계 野鷄 양측의 고지를 먼저 점령했다. 천리봉의 남쪽 기슭인 이 지역의 서북쪽에는 홍범도의 연합부대가 주둔하고 있었다.[246] 한편 천수평전투에서 겨우 목숨을 건진 4명의 일본군은 어랑촌 앞 이도하二道河 부근에 주둔해 있던 동지대의 주력부대에 참패 사실을 알렸다. 이에 카노加納 기병연대를 비롯한 일본군 대부대가 독립군 토벌을 목적으로 급히 출동함으로써 어랑촌전투가 시작되었다. 즉 22일 홍범도가 천리봉 서북쪽의 완루구에서 일본군과 싸우고 있을 때 그 반대편인 야계골에서는 김좌진의 대한군정서군이 일본군 카노 기병연대와 전투를 벌이고 있었던 것이다. 이런 상황에서 완루구전투를 끝내고 봉밀구로 이동하던 홍범도 부대와 김좌진 부대는 자연히 어랑촌에서 일본군 토벌대를 상대로 연합작전을 벌이게 되었다.

이날 어랑촌전투는 독립군과 일본군 양측 모두 모든 전력을 투입한 대격전이었고, 청산리전투 가운데 가장 규모가 크고 가장 오랜 시간 격전을 벌인 전투였다. 독립군 측에서는 백운평·천수평전투에서 연승을 거둔 대한군정서 6백 명과 완루구에서 승리한 뒤 이곳으로 이동해 온 홍범도의 연합부대 1,500여 명이 총동원되었다. 일본군 역시 그 정확한 규모는 확인되지 않으나 어랑촌 부근에 임시 본대를 두고 이도구, 삼도구 일대에 주둔하던 동지대 소속의 보병·기병·포병 등 5천여 명의 주력부대가 참전했다. 일본군은 병력 수와 화력 면에서 독립군에 비해 월등히 우세했지만 유리한 지형을 이용한 교묘한 작전과 무엇보다도 불굴의 항일의지로 무장한 독립군을 당해낼 수 없었다.

일본군은 월등히 우세한 병력과 화력만을 믿고 공격해 왔다. 이미 유리한 높은 고지에 매복해 있던 독립군은 고지를 향해 돌격해 오는 일본군을 내려다보며 사격을 가했다. 일본군은 첫 20여 분의 공격에서 3백여 명이 사살되는 피해를 입었다. 한 차례 공격에 큰 피해를 입은 일본군은 다시 전열을 정비, 기병대는 천수평의 서방 고지를 따라 독립군의 측면을 공격해 왔고, 포병과 보병은 독립군 진영의 정면을 향해 맹렬히 공격해 왔다. 아침 9시부터 다시 시작된 일본군의 공세는 저녁 7시 날이 어두워

---

[246] 金春善, 앞의 논문, 2000, 276쪽.

질 때까지 계속되었다. 독립군들은 왕성한 기세로 일본의 공세를 차단하면서 효과적인 반격을 가하고 전세를 유리하게 이끌었다.[247] 어둠이 깃들면서 일본군의 공격이 잠시 멈춘 기회를 이용하여 독립군은 대오를 소분대로 나누어 전투지에서 빠져나와 안전한 곳으로 이동하기 시작했다. 이로써 청산리전투 가운데 가장 규모가 컸던 어랑촌전투도 종결되었다.

10월 22~23일 어랑촌전투를 승리로 이끈 김좌진의 대한군정서군은 이후 가능한 일본군과의 전투를 피하며 밀산密山을 향해 이동하기 시작했다. 이 과정에서 23일 이도구 서북방 산골에서 벌어진 맹개골전투와 만록구萬鹿溝전투, 24일의 서구西溝전투, 24~25일의 천보산 부근 전투 등 크고 작은 전투들이 이어졌다. 한편 홍범도의 독립군 연합부대도 25~26일 고동하古洞河전투에서 일본군 토벌대를 마지막으로 격퇴하고 청산리전투를 마무리한 뒤 밀산을 향한 북정을 시작했다.

이처럼 청산리전투는 김좌진의 대한군정서군과 홍범도 휘하의 독립군 연합부대가 병력과 화력이 월등히 우세한 일본군 5,000여 명을 상대로 거둔 값진 승리였다. 안무가 상해 임시정부에 보낸 보고서에서 '아군의 전승 이유'로 '생명을 불구한 독립에 대한 군인정신', '유리한 지형의 선점과 완전한 준비' 그리고 '임기응변의 전술과 예민 신속한 활동' 등을 들었듯이[248] 무엇보다도 굶주림과 추위 속에서도 생명을 돌보지 않은 독립군의 굳은 항일의지가 일본군을 압도한 것이 승리의 제일 요인이었다.

또한 주변 한인 마을 사람들의 열렬한 협조도 독립군의 대승리에 빠뜨릴 수 없는 중요한 요인 가운데 하나였다. 천수평전투에서 승리가 가능했던 것은 갑산촌 주민들이 제공한 정보 덕분이었듯이 그 지역 한인들은 일본군의 배치 상황이나 병력 이동 등의 정보를 제공하는 중요한 정보원이자 통신연락책이나 마찬가지였다. 뿐만 아니라 이들은 평소 군자금을 내어 독립군의 무기와 군수물자를 마련케 했고, 독립군의 식량 등을 거의 전담하다시피 했다. 심지어 청산리전투가 한창이던 24일, 두도구·어노촌漁老村 사이 토벌대의 군용전화선 20개소가 절단되었듯이[249] 전투가 있던 마을 곳곳에

---

247 「北墾島에 在한 我獨立軍의 戰勝詳情報」『독립신문』, 1920년 12월 25일.
248 「大韓軍政署報告」『독립신문』, 1921년 2월 25일.
249 『現代史資料 28』, 226쪽.

서 한인들은 일본군의 군용전선을 찾아 절단하여 일본군의 통신연락을 마비시키는 방식으로 독립군을 돕기도 했다.

더구나 별도의 보급대를 갖지 못한 채 근거지를 떠난 독립군부대의 식사는 거의 지나는 한인마을의 자발적인 음식물 제공에 의존했다. 청산리전투에 참여했던 대한군정서군의 중대장 김훈은 "아군은 본래 불우不虞의 전투

청산리전투 승전기념(김좌진기념사업회)

를 행한 때문에 급양의 준비가 없었으므로 연 3일 대전에 다만 사탕수수 몇 개밖에 식량이 없었다. 3일을 전혀 빈속이다 시피 되어 군인은 모두 병자같이 되어 기력을 추스르지 못했다."라고[250] 할 정도로 독립군은 전투 중에도 굶주림의 고통을 받았다. 이런 독립군의 어려움은 옌볜 일대 한인 민중과 부녀자들의 생명의 위험을 무릅쓴 헌신적인 지원으로 극복할 수 있었다.[251] 약간은 과장된 기사이지만 『독립신문』에는 당시의 이런 상황을 다음과 같이 전하고 있다.[252]

> 그런데 그 지방에 있는 부인들은 애국하는 일편의 적성赤誠으로서 음식을 준비하여 가지고 위험을 무릅쓰고 총알이 빗 발치 듯 하는 전선에 용감히 뛰어들어 전투에 지친 군인들에게 음식을 제공하며 위로했다. 어떤 부인들은 전투에 열중하여 먹는 것을 잊고 진작 제공한 음식을 먹지 않으면 우리는 죽음으로써 돌아가지 않겠노라 하며 기어이 취식하도록 하여 일반 군인으로 하여금 큰 위안을 받게 했다.

봉오동전투와 청산리전투의 대승리는 3·1운동에서 분출된 우리 민족의 독립의지를 무장투쟁으로 한 차원 발전시키고 국내외 과시함으로써 향후 민족운동의 발전에

---

250 「北路我軍實記(二) 經戰將校 金勳談」『독립신문』, 1921년 3월 12일.
251 장세윤, 「만주지역 한인 항일무장투쟁 세력의 식생활과 보건위생」『중국동북지역 민족운동과 한국현대사』, 명지사, 2005, 344쪽.
252 「女子의 一片丹誠」『독립신문』, 1920년 12월 28일.

청산리 전투의 영웅들(이범석, 홍범도, 김좌진, 서일)

커다란 영향을 미쳤다. 특히 한민족의 무장투쟁 역량을 뿌리째 뽑겠다고 만주를 불법으로 침공한 일본군 대부대의 포위작전을 파탄시켜 간도와 연해주 일대의 독립운동 역량을 보위하고 추후 각종 민족운동 고양에 크게 공헌했다.

## 4. 독립군 단체들의 기지이동과 '자유시사변'

### 1) 경신참변과 독립군 단체들의 기지이동과 재정비

일제는 간도지역의 독립군을 토벌할 목적으로 '간도지역불령선인초토계획'을 세우고 마침내는 훈춘사건을 조작하여 이를 구실로 대규모 병력을 불법으로 간도에 침입시켰다. 일제는 10월 12일 조선군 제19사단을 중심으로 2만여 명의 대병력을 사면을 포위하듯 밀고 들어왔다. 그러나 청산리전투에서 큰 패배를 당하는 등 일본군의 초토계획은 별다른 성과를 거두지 못했다. 이에 일본군들은 보복행위로 독립군 근거지를 뿌리 뽑고자 독립군의 인적·물적 토대인 한인사회와 단체, 학교, 교회 등을 대상으로 초토화 작전을 실시하여 '경신참변'의 대참상을 야기했다.[253]

일본군들은 간도의 전 지역 한인부락을 구석구석까지 습격하여 한인을 마치 토끼 사냥하듯이 수색하여 남녀노소를 가리지 않고 학살했다. 이 기간에 일제가 간도 한

---

253 蔡永國, 「'庚申慘變'(1920)後 독립군의 再起와 抗戰」『한국독립운동사연구』 7, 1993, 325쪽.

인을 대상으로 저지른 죄악상은 차마 눈뜨고 볼 수없는 참혹한 광경이었다. 박은식은 이런 일제의 야수적 죄악상을 『한국독립운동지혈사』에서 적나라하게 기술, 고발했다.[254]

> 저 왜적이 우리 서북간도의 양민 동포를 학살한 일 같은 것이야 어찌 역사상에 있었던 일이겠는가.……각지 촌락의 민가·교회·학교 및 양곡 수 만석을 모두 불태웠다. 남녀노소를 총으로 쏴 죽이고, 칼로 찔러 죽이고, 매질하여 죽이고, 포박하여 죽이고, 주먹으로 때려죽이고, 발로 차서 죽이고, 찢어 죽이고, 생매장하고 불로 태우고, 가마에 삶고, 해부하고, 코를 꿰고, 옆구리를 뚫고, 배를 가르고, 머리를 베고, 눈을 파내고, 가죽을 벗기고, 허리를 베고, 사지를 못 박고, 손발을 잘라서 인류로서 차마 볼 수 없는 일을 저들은 오락으로 삼아 했다.

1920년 10월 초부터 11월 말까지 채 두 달도 안 된 사이에 일본군의 만행에 의한 한인의 피해는 피살인원 3469명, 체포된 인원 170명, 부녀 강간 71명이었고, 재산 피해는 민가 3209동, 학교 36개교, 교회당 14개소, 곡물 54,045섬이 불에 탔다.[255] 이 같은 일제의 만행은 그해 12월 말까지 계속되었다. 간도지역에서 항일운동의 뿌리를 뽑았다고 판단한 일제는 12월 말 약 1개 여단의 병력을 남기고 나머지 부대를 철수했다.[256]

일제가 간도 침략 이후 간도의 주요 지역에 더욱 촘촘히 경찰력을 배치하여 탄압을 강화하면서 독립군 단체의 활동도 그만큼 어려워졌다. 그리하여 일본군의 토벌을 피해 북만으로 이동하여 후일을 기약한 독립군단들이 있었는가 하면 한편으로는 남만주로 이동하여 일제와 항전을 계속한 독립군단들도 많았다. 일제의 간도 침략 이후 독립군기지가 드러났거나 파괴된 독립군단들은 산간오지가 많은 백두산록 서쪽의 서

---

254 박은식, 『韓國獨立運動之血史』, 維新社, 1920, 165~166쪽.
255 「西北間島 同胞의 慘狀血報」『독립신문』, 1920년 12월 28일. '경신참변'으로 인한 한인 피해에 대해 일제는 만행 사실을 극도로 축소하여 한인 살해 494명, 민가 531동, 학교 25개교를 불 태웠다고 했다(『間島出兵史 上』, 108쪽).
256 『間島出兵史 上』, 502~503쪽.

간도참변으로 폐허가 된 농가

간도를 포함한 남만지역으로 이동했다. 그리고 이들은 일제 군경의 경계망을 피해 흩어진 독립군 병사를 모으고 새로이 군단을 조직하거나 기존의 조직을 정비했다. 대한독립군비단, 대진단大震團, 백산무사단, 흥업단, 광한단 등과 서로군정서, 광복단의 일부 병력들이 콴뎬·창바이·안투·단둥·지안·퉁화현 등지를 새로운 근거지로 삼아 활동을 재개했다.[257]

대진단은 일제가 간도를 침략, 독립군 토벌이 한창이던 1920년 11월에 안투현 흥도자興道子에서 조직되었다. 단장은 원종교元倧敎를 창시하여 종교를 통한 배일운동을 벌였던 김중건金中建이었다. 대진단은 본부가 있는 흥도자에 러시아식 보병총으로 무장한 약 200명의 단원이 있었으며, 창바이현 16도구 대덕수서곡大德水西谷에는 약 200명으로 구성된 지단을 설치했다.[258] 이처럼 일제가 대병력을 침입시켜 무자비한 토벌을 벌이는 가운데서도 새로운 독립군단이 결성되는 등 백두산 산록과 남만으로 이동한 독립군단들은 또다시 일제와 맞서 싸울 준비를 했다.

한편, 창바이현에서 활동하던 여러 독립군단은 일제와 효과적인 무장투쟁을 전개할 목적으로 독립군연합회를 결성했다. 1921년 1월 15일 창바이현에 근거지를 둔 대진단 지단, 군비총단(대한독립군비단), 태극단, 흥업단 지단, 광복단 제1결사대, 광복단

---

257 蔡永國, 앞의 논문, 1993, 331쪽.
258 『朝鮮獨立運動 Ⅱ』, 956~966쪽.

제2결사대 등의 독립군단 대표자 58명은 대진단 지단 사무실에 모여 연합회를 결성했다. 이날 결성회의에서는 '압록강 안 각 도구에 있는 각 단체는 연락의 통일을 꾀할 것', '각단에서는 매월 15일 통상회通相會를 개최하여 연락을 꾀할 것', '각 단원 중 신체 건장한 자로 암살대를 편성하여 실력 배양에 노력할 것', '모집한 군자금을 군자부장軍資部長에게 보내어 다시 장로사령부군정서壯路司令部軍政署에 납부하여 무기를 구입할 것', '각 단 모두 30세 이하인 자를 장로사령부에 보내어 군정서에서 1개월 군사훈련을 하고 사령부의 명령을 기다려 압록강 안에 출동시킬 것' 등 10개조의 규약을 결의했다.[259]

창바이현의 독립군단들은 각 군단을 통일하여 동일 계통 아래 행동할 것을 지향했지만 각 군단을 그대로 유지하는 느슨한 연합회 조직으로는 결속력이 약하여 효과적인 항일투쟁에는 한계가 있었다. 그리하여 태극단은 광복단에, 대진단 지단은 흥업단에 병합되어[260] 창바이현에는 병합된 2개의 독립군단과 대한독립군비단을 합해 3개의 독립군단으로 정비되었다.

창바이현 내 3개의 독립군단은 지역을 나누어 지단을 설치하여 관할했다. 광복단은 8·17·20도구 등 세 지역에 분단을 설치했고,[261] 12도구에는 교육청년단(단장:우재문禹在文)을 설치하여 20세 이상 35세까지의 청장년들을 모집, 훈련시켜 독립군을 양성했다.[262] 흥업단은 16도구 서곡리西谷里에 지단 본부를 두고 18도구 및 그 주변 지역에 제1·2지부를 두었다. 처음부터 창바이현을 근거지로 조직되었던 대한독립군비단은 본부를 8도구 독암리獨岩里에 두고 13·15·16·17·18도구 등지에 통신사무국·지단을 설치하여 무장투쟁에 진력했다.[263]

---

259 『朝鮮獨立運動 Ⅱ』, 978~979쪽. 여기서 언급한 장로사령부군정서가 정확히 어느 독립군단을 뜻하는지는 알 수 없으나 지역적 연고나 군정서 명칭 특히 군사훈련 등을 감안할 때 서로군정서로 추정된다.
260 『朝鮮獨立運動 Ⅱ』, 1004쪽.
261 『朝鮮獨立運動 Ⅱ』, 1005쪽. 광복단은 청산리전투 당시 홍범도 연합부대에 가담하여 전투에 참가했던 군단이다. 임설우·김석태·한철전 등의 지휘로 창바이현에서 활동한 이 군단은 본단에서 나뉘어 애초부터 백두산록 서쪽을 목표로 이동한 것으로 생각된다.
262 『朝鮮獨立運動 Ⅱ』, 1011~1012쪽.
263 『朝鮮獨立運動 Ⅱ』, 1005~1010쪽.

창바이현 내 곳곳에 새롭게 진영을 구축한 세 독립군단은 1921년 6월 1일 연합회를 열고 7개항을 결의, 행동 통일과 결속력을 강화했다. 즉 3개 독립군단은 '독립운동에 관한 사항을 매월 5회 교통하여 상호 통보 연락하고', '3개 군단 중 어느 군단이라도 모험대를 편성하여 국내에 파견할 경우에는 먼저 충분히 협의하고 신체 건강하고 확실한 자를 선발하여 파견할 것' 등을 결의했다.[264]

창바이현 내 기성 단체의 통일을 목적으로 한 연합회 소속 3개 단체의 독립군단 통합 노력은 계속되었지만 완전한 통합에 이르지 못하고 부분적인 통합에 그치고 말았다. 1922년 2월 흥업단은 대한독립군비단의 일부와 통합하여 대한국민단을 편성했다. 같은 해 3, 4월경에는 대한국민단이 다시 대진단, 태극단과 통합하여 광정단光正團을 성립시켰다.[265]

이와 같이 창바이현 내 기성 독립군단의 통합을 강화해 간 독립군단은 압록·두만강 변에 배치되어 있던 일본 국경수비대와 전투를 치렀고 국경 경비가 허술한 곳을 통해 독립군은 국내로 진입하여 유격전을 벌였다.

한편 이청천의 인솔 아래 북만으로 이동한 서로군정서의 일부 병력과는 달리 신재광辛光在이 인솔하여 남만으로 이동한 서로군정서군 150여 명은 3개부대로 나뉘어 지안·퉁화 등지에 진출하여 즉시 무장활동에 들어갔다. 1921년 5월 중순경에는 노령으로부터 장총·단총·탄약 등을 반입하여 더욱 증강된 전력을 갖추었다. 남만의 서로군정서가 일제 군경의 감시가 극심하던 때에 사선을 뚫고 무기를 반입한 이유는 초목이 번성한 때를 이용하여 대대적인 무장 활동을 벌이기 위해서였다.[266]

이밖에 린장현 모아산帽兒山에는 백산무사단(단장:이두성李斗星)이,[267] 콴뎬현 화류두

---

264 『朝鮮獨立運動 Ⅱ』, 1011~1012쪽. 7개 항 가운데 나머지 5개항은, '창바이현 내 기성 단체의 통일을 목적으로 함', '각 단은 앞항의 목적을 위한 모든 사항을 상호 협조할 것', '품행이 부정한 단원은 사법부에서 처분할 것', '단원이 교통 기타 여행할 때는 각 도구의 수비에 임하는 자가 인도 접대할 것', '어느 단체 단원을 막론하고 광복사업에 대해 비밀을 누설한 자를 발견할 때는 사형에 처할 것' 등이었다.
265 『독립운동사자료집 10』, 704~707쪽.
266 『朝鮮獨立運動 Ⅱ』, 1012·1015쪽.
267 『朝鮮獨立運動 Ⅱ』, 995~998쪽.

火流頭에는 광한단光韓團(단장:이시열李時說)²⁶⁸이 조직되어 이 지역의 애국청년들을 수시로 모집, 결사모험대를 조직하여 국내로 파견하는 등 일제와의 투쟁을 이어나갔다. 박절수朴喆洙가 이끄는 의용단의 2백여 명도 북간도에서 장바이현의 이도방자二道房子로 근거지를 옮겨 진영을 갖추었다. 또 오동진 등의 지휘 아래 콴뎬현 향로구와 모전자毛甸子 등지에서 활동했던 광복군총영은 일제의 간도침입에 따라 일시 그 병력을 환런현과 콴뎬현 동부의 태평초太平哨·석주자石柱子·대백채大白菜 부근으로 옮겨 진영을 재정비했다. 그리고 대한독립단의 환런·지안 총지단장인 맹철호孟喆鎬는 지안현 패왕조覇王槽에 독립군 약 2백 명을 군총·권총 등으로 무장시켜 활동하고 있었다.²⁶⁹

경신참변을 전후하여 창바이현의 백두산록 서쪽과 남만 지역으로 이동한 독립군단의 주력은 주로 창바이·린장·지안 3개 현 내에 근거지를 새롭게 마련하고 일부는 콴뎬·환런·안투·싱징현 등지에 진영을 구축하여 항일무장투쟁을 벌였다. 특히 이들 독립군단은 일제의 국경 경비가 허술한 지점을 통해 수시로 독립군을 파견, 국경을 교란시키는 유격전을 벌였다.

한편, 청산리전투를 승리로 이끌었던 독립군단들도 일본군의 집중 공격을 피해 밀산을 향하여 북정을 시작했다. 김좌진의 대한군정서군은 10월 26~27일경 허룽현과 안투현의 경계인 황구령촌黃口嶺村 부근에서 홍범도 연합부대를 기다렸다. 이들은 11월 7일 경 다시 그곳을 출발하여 오도양차五道楊岔에서 천보산 서쪽 삼림계곡을 지나 15일경 왕칭현 춘양향春陽鄕 신선동神仙洞을 거쳐 밀산으로 향했다.²⁷⁰ 이를 전후하여 안무가 인솔하던 200여 명의 대한국민군, 대한의군부, 대한광복단 등도 비슷한 길을 따라 밀산으로 북정했다.²⁷¹

홍범도가 인솔한 대한독립군과 훈춘한민회, 의군단의 연합부대 6백여 명도 고동하에서 청산리전투의 마지막 승리를 거둔 뒤 안투현 삼림지대로 진군하여²⁷² 앞서 서간도 유허현 합니하의 본영을 떠나 단둥현 내두산奶頭山 부근 삼인방三人坊에 주둔하고

---

268 『朝鮮獨立運動 Ⅱ』, 986~989쪽.
269 『朝鮮獨立運動 Ⅱ』, 1013~1016쪽.
270 『現代史資料 28』, 381·414·426쪽 ; 「我軍隊의 活動」『독립신문』, 1921년 1월 21일.
271 『現代史資料 28』, 408쪽.
272 『現代史資料 28』, 441쪽.

있던 이청천이 거느린 400여 명의 서로군정서군과 합류하여 하나의 부대를 편성한 후 총사령관에 홍범도, 부사령관에 이청천이 각각 취임했다.[273] 그 후 이 부대도 밤낮을 가리지 않고 밀산으로 향하는 북정에 올랐다.

봉오동전투 직전 백두산록으로 향하지 않고 처음부터 북쪽의 나자구와 밀산 방면으로 향했던 최진동의 대한군무도독부군과 대한공의단 등도 나자구에 집결하여 이범윤을 명의상 총재로 추대하고 최진동을 부장으로 하는 대한총군부大韓總軍府를 조직하고 연해주 방면에서 기병대의 내원을 받으면서 일본군과 항전할 작전을 세우고 있었다.[274] 그 후 대한총군부도 간도 지방의 상황이 불리하다고 판단하고 다른 독립군과 마찬가지로 밀산으로 향했다.

독립군의 북정 집결지가 된 밀산은 1910년 전후부터 민족운동자들이 국외 독립운동기지의 하나로 경영하기 시작한 곳이지만 한인 촌락이 많지 않고 군량 보급의 어려움도 있어 많은 독립군을 장기간 수용할 수 없는 곳이었다. 그리하여 독립군들은 러시아 연해주로 월경키로 했다.[275] 연해주는 간도 못지않게 1910년 전후부터 국외 항일운동의 중추기지로 터전을 닦아 오던 곳이었고 더욱이 당시는 러시아혁명 직후 볼셰비키들이 피압박 약소민족의 해방을 후원하겠다고 크게 선전하던 때였다.[276]

이 무렵 대한군정서는 밀산에서, "각기 의를 분발 동정하여 현하의 대세를 만회하며 함께 함몰되는 민족을 건져 내어서 대한 광복의 원훈元勳 대업을 빠른 기일 안에 완성"하기 위해 "여럿의 계책, 여럿의 힘을 집중하여 한 마음으로 함께하는 것이 유일의 양책良策이니 우리 독립군 각 단체는 속히 협동 화합할 것"을 호소했다.[277] 밀산에 집결한 여러 독립군단들이 대한군정서의 대동단결 호소에 호응하여 독립군단의 대표들은 회의를 열어 장기항전을 다짐하는 한편, 하나의 독립군단으로 진군하려고 대한독립군단大韓獨立軍團을 편성했다. 대한독립군단은 3개 대대로 구성된 한 여단

---

273 『現代史資料 28』, 415쪽.
274 「墾北通信」 『독립신문』, 1920년 12월 25일 ; 『現代史資料 28』, 361~362 ; 國家報勳處, 앞의 책, 1997, 293~294쪽.
275 「大韓軍政署報告」 『독립신문』, 1921년 1월 17일 ; 『現代史資料 28』, 384쪽.
276 한국독립유공자협회, 앞의 책, 1997, 440쪽.
277 「軍政署檄告文」 『독립신문』, 1921년 2월 25일.

을 두었고, 1개 대대를 3개 중대로, 1개 중대는 3개 소대로 각각 구성했다. 임원은 대한군정서의 지도자였던 서일을 총재로 하고, 부총재에 홍범도와 김좌진·조성환이, 총사령에 김규식이, 참모총장에 이장녕이, 여단장에 서로군정서의 사령관이던 이청천이 각각 선임되었으며, 김창환金昌煥·조동식趙東植·김경천金擎天·오광선吳光鮮 등이 중대장을 맡아 독립군을 지휘케 했다.[278]

서일 묘(중국 길림성)

대한독립군단 조직에 합류한 주요 군단은, 서일을 총재로 한 대한군정서를 비롯하여 홍범도가 지휘하는 대한독립군, 구춘선이 회장인 대한국민회의 대한국민군, 이명순李明順이 지도하는 훈춘한민회, 김성배金聖培가 지도하는 대한신민회, 최진동이 지도하는 군무도독부, 이범윤을 총재로 추대한 대한의군부, 김국초가 지도하는 혈성단血誠團, 김중건이 지도하는 야단, 대한정의군정사大韓正義軍政司 등이었다. 그리하여 대한독립군단은 1921년 1월 초 러시아 이만으로 진군하여 자유시로 향하는 새로운 장정을 시작했다.[279]

## 2) 자유시사변과 독립군단의 분열

만주의 독립군이 노령의 자유시에 이르는 북정의 행군은 그야말로 가시밭길이었다. 살을 에는 북풍한설과 굶주림 속에 이루어진 독립군의 고통스러웠던 행군을 1921년 9월 대한독립군 만주부 통신부 이중설은 다음과 같이 보고했다.[280]

---

278 蔡根植, 앞의 책, 1949, 98~101쪽.
279 尹炳奭, 『獨立軍史』, 지식산업사, 1990, 208~211쪽.
280 『李承晩文書 7』, 561~568쪽.

자유시로 들어가는 입구, 소·만국경지대의 흑하 아이훈 시가지
장세윤, 「봉오동·청산리 전투의 영웅 홍범도」, 역사공간, 2007, 213쪽.

……때는 일기가 혹독히 추운 겨울이라 몸에는 솜을 붙이지 못하고 발에는 홋감발에 미투리뿐인 그 모양이 어떠 하오리까. 할 일 없어 중동선으로 북으로 향하여 첫째는 군인의 얼고 줄임을 면코자 하며, 둘째는 여러 군대를 모으고자 하니 먼 데는 수천 리요, 가까운 데는 칠팔백 리 되는 험한 산골 빽빽한 산림을 지나는지라. 이 일이 어찌 쉽소오리까.……

    이만에 도착한 대한독립군단은 곧 철도편으로 자유시로 이동했다. 그런데 자유시로 이동하기 전에 독립군부대들은 무장해제를 요구받았다. 외교상의 이유 때문이었다. 극동공화국은 일본군과의 군사적 충돌을 가능한 방지한다는 외교정책을 썼다. 따라서 일본에 적대하는 완전무장한 독립군을 중립지대로 통과시키는 것은 큰 부담이었다. 그러나 독립군에게 무장해제는 굴욕이었다. 이를 받아들일 수 없었다.[281] 극동공화국의 이런 결정에 대해 홍범도·김좌진·이청천·나중소 등 대한독립군단 간부들은 대책을 협의했다. 그 결과 홍범도와 이청천 등은 자유시로 이동하여 무기를 지급받고 만주·노령의 무장부대와 단결하는 것이 유리하다는 결정을 내렸다. 그러나 서일·김좌진·이범석·나중소 등 대한군정서 지도부는 다시 만주로 나갈 것을 결정하고 1921년 3월 경 우수리 강을 건너 다시 북만주로 돌아와 둥닝현東寧縣 춘풍령春風嶺 지방에 근거지를 마련했다.[282]

    그러나 대다수 대한독립군단은 무기를 극동공화국 정부에 맡기고 기차를 이용하여 1921년 3월 초 이만을 출발하여 같은 달 중순 무렵 자유시에 도착했다. 자유시에 도착한 대한독립군단은 최진동의 대한총군부, 안무의 대한국민군, 홍범도의 대한독립군 등으로써 총병력은 1900명 정도였다. 그리고 이보다 앞선 1921년 1월에서 3월 사이

---
281 임경석, 『한국 사회주의의 기원』, 역사비평사, 2003, 323쪽.
282 『朝鮮獨立運動 Ⅴ』, 102쪽.

이미 자유시에는 노령에서 빨치산 활동을 하던 이만군대·다반군대·독립단군대·니항군대·자유대대·사할린대대 등이 도착해 있었다.[283]

자유시 일대에 도착한 만주 독립군과 노령의 빨치산부대는 통합하여 대한의용군총사령부大韓義勇軍總司令部를 편성했다. 대한의용군총사령부 총인원은 3천여 명의 대규모 부대로서[284] 자유시 부근 마자노프로 이동하여 부대를 편제하고 군사훈련에 돌입했다. 이청천은 연대장 겸 총교관으로서 의용군 3천여 명에 대한 일체의 군사교육과 훈련을 총괄했고,[285] 한운룡韓雲龍·이용·채영 등은 새로 설립한 한인사관학교의 교관으로 활약했다.[286]

대한의용군총사령부 지휘부는 의용군을 정규부대로 편제하는 문제를 놓고 논의를 진행하는 가운데 독립군의 통수권 문제 때문에 갈등이 야기되었다. 갈등의 배경에는 초기 한인공산주의의 두 주요 분파인 상하이파와 이르쿠츠크파 사이의 주도권 갈등,[287] 상해 임시정부와 대한국민의회의 갈등 그리고 이런 갈등에 대한 만주 독립군과

---

283 『韓國共産主義運動史 -資料編 2-』(김준엽·김창순 편), 고려대학교 아세아문제연구소, 1980, 13쪽. 1918년 4월 일본군 간섭군이 블라디보스토크를 통해 시베리아를 침략한 직후 볼셰비키 즉 혁명군인 적군에 가담했던 노령의 한인들은 빨치산부대를 편성하여 적군과 함께 항일전에 참여했다. 자유대대는 1920년 3월 자유시에서 한인 400명으로 1개 대대를 편성, 극동공화국의 제2군단 산하의 특별부대로 배치되어 한인보병자유대대로 불렸고 총지휘관인 대대장은 오하묵, 정치문화 담당인 군정위원장은 최고려였다. 니항군대는 박병길이 지휘한 380여 명의 부대로 1920년 3월 니항 민족연합부대를 형성, 니항을 공격할 때 참전했던 한인부대 가운데 하나였다. 자유대대는 러시아 한인사회의 '정부'를 자처했던 대한국민의회를 봉대했던 이르쿠츠크파가 장악하고 있었고, 반면 니항군대는 노령에서 상해 임시정부를 대표하던 이동휘의 상하이파였다. 그밖에 다반군대는 이동휘의 한인사회당 창립 시기에 조직된 부대로서 '청룡부대'라고도 불렸다. 독립단부대는 서간도에서 활동했던 조맹선부대의 후신으로 연해주로 이동한 뒤 한인사회당 군사부의 지휘를 받았다. 사할린대대는 1920년대 초 사할린의 수도인 니항 탈환을 위해 조직된 러시아, 한국인, 중국인 빨치산연합부대 중 박일리야가 지휘하던 한인부대로서 니항에서 자유시로 이동해 온 군대라 하여 사할린대대라 불렸다.
284 『朝鮮獨立運動 Ⅲ』, 519쪽.
285 김세일, 『홍범도 4』, 제3문학사, 1989, 61쪽.
286 金正柱, 『朝鮮統治史料 8』, 韓國史料硏究所, 1970, 89쪽.
287 러시아에서 볼셰비키혁명이 진행되는 동안 노령 한인사회에서는 통상 민족좌익운동으로 불리는 방편적인 공산주의운동의 조직과, 처음부터 볼셰비키와 직결된 한인공산주의 조직이 출현했다. 전자는 1918년 6월 하바로프스크에서 결성된 이동휘·김립·박진순 등의 한인사회당을 말하고, 후자는 1919년 1월 이르쿠츠크에서 김철훈·오하우 등이 결성한 이르쿠츠크 러시아공산당 한인지부를 말한다. 양파는 뒷날 상하이파와 이르쿠츠크파 두 개의 고려공산당으로 대립하면서 초기

노령 빨치산부대의 대응 등이 영향을 미쳤다. 여기에다 장차 한인부대의 문제를 놓고 대립한 치타 극동공화국과 코민테른 극동비서부의 갈등 즉 극동공화국은 일본군의 시베리아 철수 협상을 고려, 일본군을 적대시하는 한인부대를 통합하여 장차 해산시킬 계획이었으나 코민테른은 한국혁명을 동양혁명의 도화선으로 평가하고 한인부대의 해산을 반대했다.[288]

그러나 이런 갈등은 상하이파와 이르쿠츠크파 두 계파간의 대립과 갈등 양상으로 표면화되었다. 그리하여 1921년 3월 친상하이파인 이용, 채영 등이 전한군사위원회 全韓軍事委員會를 결성하여 극동공화국과 교섭, 군권장악에 나서자, 이르쿠츠크파도 이에 대응하여 코민테른 극동비서부의 주도 아래 최고 군사기관인 고려혁명군정의회를 조직함으로써[289] 두 개의 군사기관이 출현하게 되었다.

그런데 1921년 4월 이후 한인부대의 정규군 편제 및 통수권 문제는 코민테른 극동비서부의 지지를 받던 고려혁명군정의회 쪽으로 기울었다. 왜냐하면 이 무렵 재러시아 한인부대의 관할권이 극동공화국에서 코민테른으로 이관되었고, 1921년 3월 이후 극동공화국 한인부와 아무르주 한인공산당이 해산되어 상하이파의 영향력이 급격히 줄었기 때문이다.[290] 이후 한인부대의 통합과 통수권 문제에 고려혁명군정의회가 주도권을 행사하며 군권 장악에 적극 나서면서 갈등이 표면화했다. 특히 군정의회를 러시아 한인사회의 '정부'를 자처하는 대한국민의회파인 오하묵, 김하석, 최고려 등이 주도하여, 상해 임시정부를 옹호하는 대한의용군이 크게 반발했다. 이후 한인부대의 통합 문제는 오하묵, 김하석, 최고려 세 사람의 '제명' 문제로 비화했다.

고려혁명군정의회의 지도부가 자유시에 오기 직전 대한의용군사령부 지도부는 이 문제를 해결하려고 코민테른 극동비서부의 영향력이 미치지 않는 곳으로 이동할 것을 진지하게 검토했다. 그러나 홍범도와 안무 그리고 최진동부대의 일부 부대는 대한

---

한국공산주의운동의 주도권 쟁탈전을 벌였다(김창순, 「자유시사변」 『한민족독립운동사 4』, 국사편찬위원회, 1988, 142쪽).
288 임경석, 앞의 책, 2003, 338~339쪽.
289 「在魯高麗革命軍隊沿革」 『韓國共産主義運動史 -資料篇2-』(김준엽·김창순 편), 고려대학교 아세아문제연구소, 1980, 28쪽(이하 「在魯高麗革命軍隊沿革」).
290 임경석, 앞의 책, 2003, 342~343쪽 참조.

<표 7-3> 대한의용군과 고려혁명군의 정치적 차이

| | 대한의용군 | 고려혁명군 |
|---|---|---|
| 관련단체 | 아무르주 한인공산당<br>러시아공산당 극동부 한인부<br>재상하이 한인사회당(상하이파) | 이르쿠츠크 전로한인공산당<br>중앙총회, 대한국민의회 내<br>공산야체이카(이르쿠츠크파) |
| 후원세력 | 러시아공산당 극동국 | 코민테른 극동비서부 |
| 민족운동 인식 | 상해 임시정부 봉대<br>(1921년 3월까지) | 대한국민의회 봉대 |
| 군사지도 기관 | 전한군사위원회 | 고려혁명군정의회 |

※ 출처 : 임경석, 『한국공산주의의 기원』, 역사비평사, 2003, 342쪽.

국민의회를 지지하며 한인부대의 평화적 통일을 주장했다. 결국 6월 2일 홍범도의 대한독립군이, 6월 9일 안무의 대한국민군이 자유대대가 주둔해 있던 자유시로 넘어갔고, 이어 최진동부대의 일부도 자유시로 이동했다.[291] 이에 따라 고려혁명군정의회가 관할하는 자유시에는 자유대대, 이르쿠츠크 합동민족군대, 홍범도군대, 안무군대 등이 주둔해 있었다. 이들은 고려혁명군으로 통합되었다. 니항군대, 총군부군대, 독립단군대, 다반군대, 이만군대 등은 대한의용군 이름 아래 전한군사위원회 관할인 마사노프에 주둔하여 있었다. 이들 고려혁명군과 대한의용군의 정치적 차이를 간단히 도식화하면 〈표 7-3〉과 같다.

고려혁명군정의회는 6월 9일 마자노프에 주둔중인 대한의용군 각 부대에게 자유시로 이동할 것을 명령했다. 대한의용군은 양 군대의 통합의 전제로 군정의회 간부 중 대한국민의회 관계자의 해임 등을 요구했지만 거부되었다. 이에 대한의용군 전군이 한 자리에 모인 '군회軍會'를 열고 코민테른 극동비서부의 힘이 미치지 않는 북간도로 돌아가기로 결정하고 1921년 6월 12일 마자노프를 떠나 산악지대로 행군을 시작했다. 이 소식을 접한 고려혁명군정의회는 긴급회의를 열고 북간도로 이동하려는 대한의용군을 강제로 무장 해제시키기로 결정함으로써[292] 양측 사이에 무력 충돌의 위기가 고조되었다.

---

291 「在魯高麗革命軍隊沿革」, 28쪽.
292 「在魯高麗革命軍隊沿革」, 34쪽.

일촉즉발의 상황에서 6월 19일 양측은 통합장교회의를 열고 '군정의회가 대한의용군 지도부의 생명 안전을 보장하고 대한의용군은 자유시로 이동한다'는 약정을 맺었다. 그러나 이 약정은 6월 21일 대한의용군 지휘관 7명이 혈서로 요구한 대한국민의회 관계자인 오하묵, 김하석, 최고려 3명의 제명을 군정의회측에서 거부함으로써 6월 21일 깨어졌다. 또한 6월 26일 군정의회가 발부한 고려혁명군 편제 명령서도 대한의용군의 축소를 핵심으로 한 것이었기 때문에 크게 반발을 샀다. 이에 따라 6월 27일 고려혁명군정의회는 평화적인 수단으로 한인부대를 통일하는 것은 불가능하다고 판단하고 즉시 강제 무장해제를 위한 작전에 착수했다.[293]

한편, 대한의용군 측도 6월 27일 밤 즉시 긴급회의를 열고, 군정의회에 절대 복종하지 않을 것이며 만약 강제로 무장해제할 경우에는 "최후의 피 한방울이 다할 때까지 무기를 놓지 않겠다."라는 단호한 결의를 채택했다.[294] 그러나 고려혁명군은 장갑차를 비롯한 중화기까지 동원하여 28일 새벽 5시경 대한의용군을 완전 포위한 뒤 무장해제를 위해 공격을 개시했다.

아침 6시에 시작된 전투는 저녁 6시까지 계속되었다. 전투가 계속되는 동안 많은 의용군 병사들이 강에 투신했다. 이들은 얼마 전까지 혁명동지였던 이들에게 총 맞아 죽느니보다 차라리 물에 빠져 죽겠다고 결심했다. 이들은 "무기를 가슴에 꼭 끌어안고 만주 산악 쪽을 마지막으로 응시한 뒤에 강물 속으로 몸을 던졌다."[295] 전투는 고려혁명군 측의 승리로 끝났고 대한의용군은 무장을 해제당하고 소속 군인들은 명령불복종 혐의로 체포되었다.[296]

자유시사변을 거치면서 상하이파와 이르쿠츠크파 두 고려공산당의 분열은 화해할

---

293 「黑河事變의 眞相 續」『독립신문』, 1922년 5월 27일.
294 「黑河事變의 眞相 續」『독립신문』, 1922년 6월 3일.
295 임경석, 앞의 책, 2003, 408쪽.
296 '자유시사변' 당시 사상자 피해가 얼마인지, 전하는 기록에 따라 달라 정확히 알 수 없다. 사변 직후 재북간도 11개 반일단체의 연서로 발표한 '성토문'에는 '적탄에 맞아 사망한 자 72명, 익사자 37명, 적의 추격으로 사망한 자 2백여 명, 행방불명자 250여 명'으로 대략 6백여 명이 사망했고 917명이 포로로 체포된 것으로 파악했다(朝鮮總督府 警務局, 『大正11年朝鮮治安狀況』, 52쪽). 반면 가해자측인 고려혁명군정의회는 '사망자 37명, 부상 4명, 도망 50여 명, 포로 9백여 명'이라 발표했다(朝鮮總督府 警務局, 앞의 책, 67쪽).

수 없는 상태로 악화되었음은 물론 재만 독립군의 전력에 막대한 타격을 주었다. 자유시사변으로 수많은 인명을 잃은 독립군 가운데 일부는 소련 적군에 협력하거나 또는 포로가 되어 그곳에 억류되는 한편, 나머지는 병력을 수습하여 북만으로 탈출했다.

# 제3절

# 독립군 단체들의 재편과 통합운동

## 1. 참의부·정의부·신민부 삼부의 정립과 군정 활동

### 1) 참의부와 군정 활동

경신참변 후 새로운 근거지를 구축하여 진영을 정비한 남북만의 독립군단 사이에 통합 논의가 활발히 이루어졌다. 강화된 일제의 탄압 공세에 효율적으로 맞서려면 소규모 병력에 의한 개별 분산적인 항쟁보다는 통합된 독립군단의 결성이 필요했다.

독립군단의 통합 요구는 이런 객관적 정세뿐만 아니라 독립군단 안에서도 요구되고 있었다. 1921년 4, 5월 베이징에서는 남북만주를 비롯하여 연해주의 독립군단 통일을 위한 군사통일회의가 열렸다. 회의는 임시정부의 개조 문제에 대한 입장 차이로 결실을 보진 못했다. 다만 그 정신은 1922년 초 남만지역 독립군단의 통합운동으로 이어졌다. 베이징군사통일회의에 파견되었던 서간도 대표들은 비록 전민족적인 군사통일의 꿈은 이루지 못했지만 자신의 활동 지역만이라도 통일된 항일전선을 구축하려고 노력했다. 남만의 독립군단

김동삼

대표들이 상호 연락을 하며 통합 논의를 벌인 결과, 1922년 1월 통합군단 결성을 위한 준비기관으로 '남만통일회南滿統一會'를 결성했다. 이어 서로군정서를 비롯한 대한독립단, 광한단 등의 대표들이 회의를 거듭하여 1922년 봄 군정부인 대한통군부大韓統軍府를 결성했다.[297]

대한통군부는 1922년 6월 3일 중앙위원회를 열어 원만한 통일방침을 논의한 결과, "통군부를 대개방하여 다른 독립군 단체들과 무조건으로 통일을 하되 일체 공결公決에 복종하자"는 결의를 한 뒤 통군부에 가담하지 않은 나머지 다른 독립군단에 위원을 파견하여 통일방안의 주지를 관철시키기로 했다.[298] 이러한 노력의 결과 8월 23일 환런현 마권자馬圈子에서 '남만한족통일회의'가 열렸다. 이 회의에는 서로군정서와 대한독립단을 비롯하여 콴뎬동로한교민단寬甸東路韓僑民團·대한광복군영·대한정의군영大韓正義軍營·대한광복군총영·평안북도독판부平安北道督辦府 등 통군부 설립 때 참여하지 않은 항일 단체와 독립군단을 포함하여 각 단체 대표 71명이 참가했다.

7일간에 걸친 통일회의 결과 8월 30일, 각 단체는 각자의 조직을 해체하여 통합 독립군단인 대한통의부를 조직하기로 합의하고, "첫째, 각 단체 각 기관의 명의를 취소하고 구역·인물 및 재정을 일제 통일하는 제도, 인선 및 제반 처리사항을 무조건적으로 공결公決 복종할 것을 서명 날인하고 서약함. 둘째, 남만한족통일기관명을 통의부로 결정함. 셋째, 통의부 군대 명칭은 의용군으로 결정함. 넷째, 제도는 총장제로 결정함. 다섯째, 헌장 9장 63조를 통과함. 여섯째, 직원은 아래와 같이 선거함" 등의 6개 항을 결의하고 중앙부서와 직원을 〈그림 7-9〉와 같이 선출했다.[299]

통의부 초기 중앙조직의 직제는 총장 밑에 민사·교섭·군사·재무·학무·법무·교통·실업 등의 부서를 두어 군정부의 형태를 갖추었다. 법무부 소속의 사판소는 사법부의 기능을 가진 기관이었고, 입법기관인 중앙의회는 각종 법률을 제정하여 입법화했다.[300] 이같이 통의부는 남만한인을 대상으로 한 한인자치와 독립운동을 위한 군정

---

297 「南滿統一會와 밋 그 後援隊에 對하야」『독립신문』, 1922년 6월 24일.
298 「大韓統軍府消息」『독립신문』, 1922년 7월 22일.
299 「南滿各團體大統一別報」『독립신문』, 1922년 9월 30일:국사편찬위원회, 『韓國獨立運動史 4』, 1968, 761~763쪽.
300 통의부 헌장은 두 차례 중앙의회에서 개정되었는데 첫 번째는 1922년 12월에서 1923년 1월 사

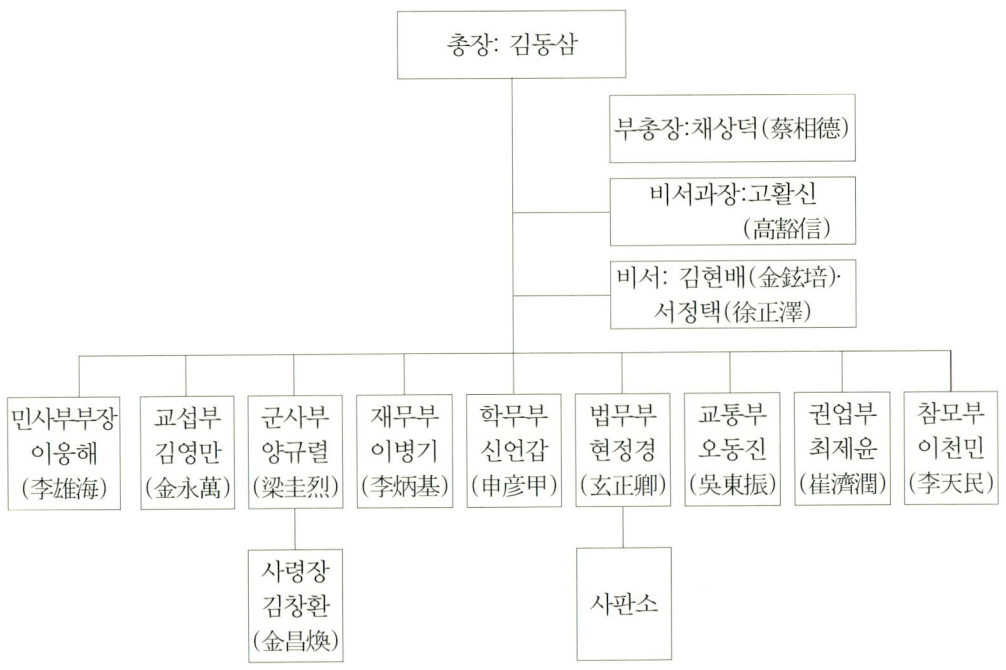

〈그림 7-9〉 대한통의부 결성 초기 중앙 부서 조직과 임원

부였다.

콴뎬현 하루하下漏河에 본부를 둔 통의부는 남만 여러 지역의 한인 촌락을 바탕으로 지방조직을 점차 확대했다. 한인이 많이 사는 각 현에 총관사무소를 설치하여 총관은 1천호의 장이 되었으며 각 지방의 실정에 따라 100호 또는 200호로 1구區를 조직했고 관할 구역을 4, 5개 구역으로 나누어 구장을 두었다. 이 같은 방식에 의해 통의부는 1923년 12월 현재 퉁화현의 퉁화·퉁난通南, 환런현의 환서·환남·환동, 지안현의 집안·집서·집남, 콴뎬현의 관동·관남·관북을 비롯하여 싱징·유허·이망·창바이현 등 각 현의 주요 지역 26개소에 총관사무소를 설치했다. 최 말단 지방기구인 구장은 의무금 3원元, 군량전 2원 5각角, 교육비 3각, 경종보대警鐘報代 1각, 독립신문

---

이의 제1회 중앙의회에서 '9장 63조'를 '7장 53조'로 개정했고(「大韓統義府의 第一回 中央議會經過」『독립신문』, 1923년 3월 1일), 두 번째는 1924년 1월 8일 열린 중앙의회에서 다시 5장 38조로 개정되었다(「統義府議會議決」『독립신문』, 1924년 3월 1일). 이들 기사를 미루어보아 헌장적 기관으로 중앙의회의 존재와 활동을 알 수 있다.

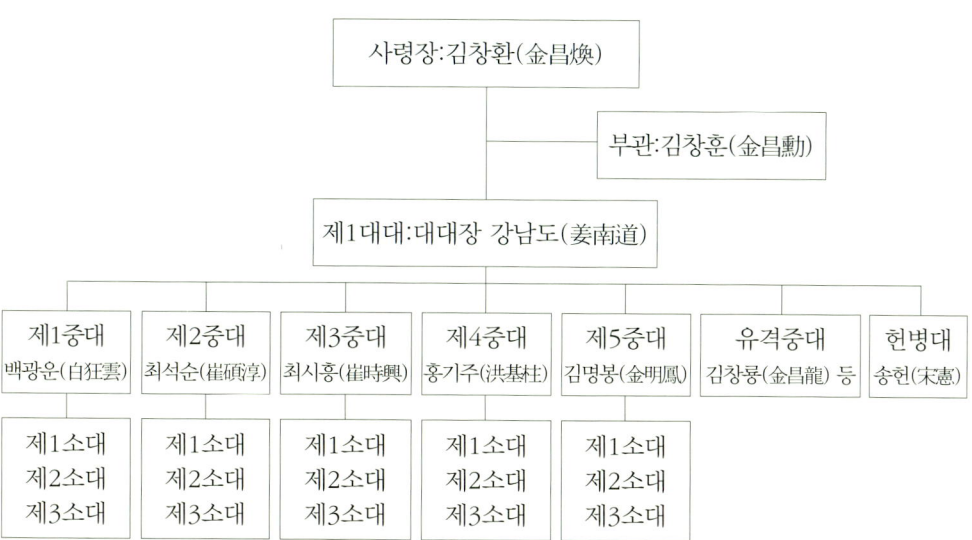

〈그림 7-10〉 대한통의부 성립 초기 의용군 편제

유지비 5각, 군비 7각, 군용신발 2족足 등 매년 매호당 7원 안팎의 부과금을 징수했다.[301]

또한 통의부는 각 독립군단의 대원들을 통합, 의용군을 편성했다. 의용군은 초기에는 1개 대대 산하에 5개 중대와 독립중대인 유격대 및 헌병대의 7개 중대로 편제되었고, 각 중대는 3개 소대로 편성되었다. 이 같은 의용군의 조직체계는 〈그림 7-10〉과 같다.[302]

의용군은 효과적인 임무수행을 위해 중대별로 각자의 관할구역과 특수임무를 분담했다. 5개 중대와 예하의 각 소대 그리고 유격중대 및 헌병분대는 통의부 중앙본부가 있는 콴뎬현 하루하를 비롯하여 퉁화·린장·지안·환런·유허·하이룽海龍·싱징현 등지의 여러 지역에 배치되어 통의부의 통치권을 수호하는 한편, 만주와 국내를 무대로 항일전을 벌였다. 의용군 대원의 계급은 장사將士·정사正士·부사副士·참사參士의 등급을 두었고, 소대장과 중대장은 중국군 장교 복장과 비슷한 다갈색 군복을 착용했다. 군모와 휘장은 대한제국의 태극기 모양으로 가운데 부분은 은과 구리를 섞어 만

---

301 국사편찬위원회, 『韓國獨立運動史 4』, 1968, 778쪽.
302 국사편찬위원회, 『韓國獨立運動史 4』, 1968, 777쪽.

들었다.³⁰³ 간부가 아닌 병사의 경우는 정식의 복제는 없었으나 중국 민병복과 비슷한 누르스름한 복장에 모자를 착용했다.³⁰⁴

의용군은 국내와 만주에서 일제를 상대로 항일전을 벌이는 한편 일제의 주구인 친일파들까지 척결했다. 1922년 12월 일제의 주구가 되어 독립군의 항일투쟁을 방해하는 친일 무리들을 일거에 척결하려고 의용군 소속의 대원을 3대로 나누어 파견했다. 제1대는 창춘-영고탑, 제2대는 창춘-다롄, 제3대는 펑톈-단둥 사이의 구역을 정하여 이 지역 내의 친일파들을 일거에 척결하기로 작전계획을 세웠다. 임무를 완수치 못할 경우 죽음에 임하겠다는 서명까지 한 파견대원들이 각지에서 수많은 친일파들을 척결했다.³⁰⁵ 친일파 척결작전은 이후에도 계속되었다. 1924년 6월 7일에는 창춘철도 연변에 있는 적의 행정기관 파괴 및 친일주구 처단을 전담한 5중대원 김광추金光秋, 김병헌金炳憲, 박상만朴相萬은 친일기구인 전 펑톈보민회장이자 일본 외무성 촉탁인 만주지역의 대표적인 친일파 최정규를 처단했다.³⁰⁶

친일무리의 척결과 함께 의용군은 수시로 국내에 진입하여 수많은 일제 기관을 습격하는 등 많은 전과를 올렸다. 1923년 6월 20일 오후 9시경 신의주 고녕삭면古寧朔面 영산시주재소永山市駐在所를 습격, 주재소를 불태우고 격전을 벌였다.³⁰⁷ 같은 해 8월 6일 밤에는 평안북도 맞은 편 콴뎬현에서 김승렬金承烈이 거느린 30여 명의 의용군이 강을 건너 부대를 2대로 나누어 7일 새벽 4시경에 1대는 청성진淸城鎭주재소를, 나머지 1대는 우편소를 습격하여 불을 지른 뒤 세관출장소와 면사무소를 습격하는 등의 활동을 벌였다.³⁰⁸

그리고 통의부는 1923년 12월 20일부터 군사통일회의를 열고 이 회의를 마친 뒤 곧바로 1924년 1월 1일 총부 및 지방총판 대리원 60여 명을 회합하여 5일간에 걸쳐

---

303 국사편찬위원회,『韓國獨立運動史 4』, 1968, 780쪽.
304 朴杰淳,「대한통의부 연구」,『한국독립운동사연구』 4, 1990, 243쪽.
305 朴杰淳, 앞의 논문, 1990, 244쪽.
306 「三壯士의 勇敢」『독립신문』, 1924년 7월 26일 ;「撫順·奉天等地에 잇난 親倭輩를 ○伐」『독립신문』, 1924년 7월 26일 ; http//db.history.go.kt/국내외항일운동문서/不逞團關係雜件-朝鮮人의 部-在滿洲의 部(39)/崔晶圭를 襲擊한 不逞鮮人에 關한 件.
307 「多數武裝獨立團 駐在所를 襲擊하야 二時間 大激戰」『東亞日報』, 1923년 6월 23일.
308 「通信과 交通을 斷絕하고 猛烈한 攻擊을 開始」『東亞日報』, 1923년 8월 10일.

회의를 한 결과, 서간도의 독립군을 완전히 통일하고 군사교육기관을 설립하며, 국내 진입작전을 벌이기로 하는 등 군사통일과 적극적 국내진공작전을 결의했다.[309]

이를 반영이라도 하듯이 이후 의용군의 국내 진입이 더욱 활발했다. 1924년 2월 2일에는 의용군 1중대 이화주李化周 부대가 강계군 문흥경찰서 문악출장소를 습격했고,[310] 6월 10일에는 3중대원 이진영李振永이 강계서를 습격하다가 격전 중에 붙잡혔다.[311] 이어 6월 16일에는 5중대 홍학순洪學淳 부대가 삭주군 수풍면에서 일본 경찰대와 교전을 벌이는 등 의용군의 국내 진입이 잇달았다.[312] 『독립신문』에 따르면 의용군은 1924년 4월 26일부터 6월 29일까지 약 2개월 사이에 평안북도 일대에서 무려 29회의 국내진공작전을 벌였다.[313] 그러나 국내진입전에 투입될 병사들을 싱징현 왕칭문에서 훈련시키던 군사부장 신팔균申八均이 7월 2일 일제의 사주를 받은 중국 경찰대의 습격을 받아 접전 끝에 순국하기도 했다.[314]

그러나 통의부는 조직된 지 얼마 되지 않아 구성원들 사이에 갈등이 일어나 분열의 위기를 맞았다. 통의부 결성 초기 간부진 사이에 있었던 공화주의와 복벽주의 등의 이념적 갈등, 군권을 둘러싼 인선 및 조직상의 이견 등이 내부 갈등으로 불거졌다. 이 갈등은 통의부 성립에 큰 역할을 했던 전덕원과 양기탁의 불화로 표면화했다. 1906년 평안북도 용천에서 의병을 일으켰던 전덕원은 강제 병합 뒤 만주로 망명하여 대한독립단(기원파)의 간부로 활약하는 등 대표적인 복벽주의자였다. 반면에 한말 계몽운동을 주도한 양기탁은 1920년 말 만주로 망명한 뒤 통의부 결성에 중요한 역할을 했고 이후에는 정신품행연설단精神品行演說團을 조직하여 통의부 관할하의 한인사회를 대상으로 계몽활동을 벌이며 영향력을 확대해 왔다.[315] 이같이 전덕원은 복벽주의자였으며 양기탁은 공화주의자였다. 두 지도자 사이에는 통의부 성립 초부터 반목의 요소

---

309 「統義府의 統一會議」『東亞日報』, 1924년 1월 26일.
310 「戰報와 殉國諸賢」『독립신문』, 1924년 5월 31일.
311 「統義府員被捉」『東亞日報』, 1924년 6월 13일.
312 http://db.history.go.kr/한국사데이타베이스/편년자료/일제침략하한국36년사 7권/1924년 6월 16일.
313 「我獨立軍의 活動」『독립신문』, 1924년 7월 26일.
314 「興京事變」『독립신문』, 1924년 7월 26일.
315 한상도, 「통의부」『한민족독립운동사 4』, 국사편찬위원회, 1988, 175쪽.

양기탁 어록비(독립기념관)

가 잠재되어 있었다.³¹⁶ 여기에다가 통의부 창설 초기 주요직을 공화계 인사들이 모두 담당하고 재만 독립군의 지도급 인사로 자처하던 전덕원에게는 검무국장檢務局長이라는 한직이 주어진 것도 불만의 한 요소였다.³¹⁷

통의부 지도부 사이의 이념과 인선 등을 둘러싼 갈등과 불만은 급기야 무력충돌로 발전했다. 1922년 10월 14일 콴뎬현에 있던 양기탁 일행을 전덕원계의 군인이 습격하여 선전국장 김창선을 사살하고 양기탁·현정경·고활신 등 주요 간부를 포박하고 구타한 사건이 일어났다.³¹⁸ 이 사건 이후 복벽주의계와 공화주의계의 대립은 더욱 악화되었고, 급기야 1923년 1월에는 홍묘자紅廟子 방면에서 동족상잔의 대규모 유혈사태에까지 이르렀다.

이런 가운데 통의부는 제1회 중앙의회를 소집, 1922년 12월 29일부터 이듬해 1월 8일까지 11일간 환서桓西에서 회의를 열고 1월 15일 중앙의회 의장 명의로 결의사항

---

316 채영국, 『韓民族의 滿洲獨立運動과 正義府』, 國學資料院, 2000, 63쪽.
317 국가보훈처, 『雙公 鄭伊衡 回顧錄』, 1996, 70~71쪽.
318 「慘憺한 西墾島事變」, 『독립신문』, 1922년 11월 8일. 양기탁은 이 사건 후 북만의 지린으로 가서 편강열이 단장인 의성단의 고문으로 활동했다(국가보훈처, 앞의 책, 1996, 62~63쪽).

을 공포했다. 결의사항에는 9장 63조의 헌장을 7장 53조로 수정하고, 지방조직도 16개 총관구와 5개 독립구로 정비했다. 그리고 중앙 직제도 개편하여 총장 김동삼, 민사부장 이웅해, 군사부장 이천민, 재무부장 오동진, 학무부장 이병기李炳基, 고등사판장 현정경, 참모부장 이천민, 의용군사령장 김창환 등이 선임되었다.[319] 법무부와 교통부는 공석인 채 주요 간부를 공화주의계열이 차지했다.

전덕원을 비롯한 복벽주의 계통의 인사들은 일련의 유혈사태와 함께 인선에 불만을 품고 1923년 2월 통의부에서 이탈하여 새로이 의군부義軍府를 설립했다. 의군부는 유인석의 충의를 계승함을 천명하고 융희연호를 사용하는 등 복벽적인 의식이 확고했다.[320]

대한통의부에서 전덕원 등 복벽주의계가 이탈하여 의군부를 조직한 뒤 양부의 갈등과 대립은 더욱 악화되었다. 서로 상대를 비난하는 성명을 발표하는가 하면 때로는 상대 부원을 납치하고 살상하는 등 동족상잔의 유혈 사태까지 벌어지기도 했다.[321] 이같은 사태는 통의부 내에 또 다른 갈등과 분열을 가져왔다. 1923년 12월 의용군 제1중대장 채찬(일명 백광운)을 비롯한 김원상金元常 등 의용군인들이 상하이의 임시정부를 찾아갔다. 이들은 통의부 내의 일련의 사태에 대한 전말을 설명하고 임시정부가 남만 독립군단 통일의 구심점이 되어 줄 것을 요청하며[322] 통의부와 관계를 끊고 새로운 군단조직에 착수했다.

그리하여 1924년 4월 1일 채찬을 비롯한 남만의 군인 대표 78명이 서명한 대한민국 임시정부하의 통일을 주장하는 '선언문'과 함께 의용군 제1·2·3중대 및 유격대·독립소대가 참여한 '육군군사의회'의 이름으로 '경고 남만군민'을 동시에 발포했다. 선언문에는 통일의 원칙으로 "우리는 대한민국임시정부의 직할임을 적극적으로 인정한다." "우리는 대동통일의 선봉이 되어 내외를 물론하고 대한민국 임시정부의 기치

---

319 「大韓統義府의 第一回 中央議會經過」『독립신문』, 1923년 3월 1일.
320 분립된 의군부의 직제는 총재 박장호, 부총재 채상덕, 사판장 박홍제, 정무부장 김유성, 군무부장 전덕원, 교통국장 한정윤, 재무부장 이병규, 경무국장 계빙, 종교부장 성보원, 경리부장 조대능, 참모부장 박일초 등이었다(「統義府의 分立 西墾島의 義軍府」『독립신문』, 1923년 5월 2일).
321 「其後西間島事情」『독립신문』, 1923년 12월 26일.
322 「蔡·金 兩氏의 談」『독립신문』, 1923년 12월 26일.

하에 통일이 되도록 적극적으로 노력한다." "우리는 대한민국 육군으로서 내외 무장 각단의 가입을 권유하고 또한 이에 가입시킨다."라는 '맹약 3장'을 천명했다.[323]

대한민국 임시정부 군무부의 직할 독립부대이자 대한민국의 '육군'임을 선언한 의용군 제1·2·3중대, 유격대 및 독립소대는 1924년 5월 '대한통의부를 개인의 야욕과 독립 군단 간의 당쟁으로 인민을 희생시키고 있다'고 비난하고 임시정부 군무부 직할의 남만군정부로서 '대한민국임시정부 육군주만참의부陸軍駐滿參義府'를 조직했다.[324] 참의부가 성립되자 의용군 제5중대도 참여했다.[325] 이로써 남만에는 임시정부 군무부 산하의 직할 군대인 참의부와 대한통의부가 양립하게 되었다.

참의부의 관할 구역은 창바이산 아래 지안현을 중심으로 푸쑹·창바이·안투·통화·유허 등 여러 현을 포괄하는 압록강 연안 지역이었다. 행정조직은 위원제로 정비되어 중앙에는 중앙집행위원장이 최고기관으로서 행정을 담당할 여러 부서를 설치, 행정을 분담했다.[326] 관할 부민府民 1만 5천여 호를 대상으로 한인 100호를 단위로 하여 백가장百家長을 두고 그 아래 십가장을 임명했다. 참의부는 민사조직인 백가장 아래 보험대保險隊라는 특수한 조직을 편성했다. 주로 한중 국경지역인 압록강 변에 배치된 의용군인 보험대원은 통신연락은 물론이고 참의군 소속 독립군이 국내진입전을 할 때 안내 역할을 맡기도 했고, 일상적으로는 참의부가 관할 한인들에게 부과하는 의무금 등을 징수하기도 했다.[327]

---

323 http://db.history.go.kr/국내외항일운동문서/不逞團關係雜件-朝鮮人의 部-在滿洲의 部(39)/南滿統義府軍隊의 宣言文 및 警告文 發付의 件.
324 「南滿洲에 잇난 各軍隊代表가 宣言書를 發布」『독립신문』, 1924년 5월 31일. 참의부의 성립 일시에 대해서는 '1923년 8월설', '1924년 5월설'(채영국, 앞의 책, 2000, 65쪽), '1924년 8월설'(尹炳奭, 『國外韓人社會와 民族運動』, 一潮閣, 1995, 134쪽) 등이 있다. 그런데 1924년 4월 공포한 '경고 남만군민'의 주체가 '육군군사의회'이고 의용군 제5중대가 통의부를 탈퇴하여 임시정부 군무부 산하 참여를 선언한 내용 중 '남만의 군인들이 임시정부 군무부 호령' 하에 집결했다는 주장 등을 고려할 때 참의부는 1924년 4월 임시정부 군무부 기치하의 통일을 선언한데 이어 의용군 제1·2·3중대와 유격대 및 독립소대가 통의부를 탈퇴, 임정군무부 호령하의 육군임을 선언한 1924년 5월을 참의부 성립 시기로 보는 것이 타당한 것으로 판단된다.
325 「南滿洲義勇軍 第五中隊에서 宣言書 發布」『독립신문』, 1924년 7월 26일.
326 국사편찬위원회, 『韓國獨立運動史 4』, 1968, 749쪽.
327 한국독립유공자협의회, 앞의 책, 1997, 317쪽.

중앙과 지방 조직을 정비한 참의부는 1925년 1월 참의부에서 진동도독부鎭東都督府로 그리고 4월에는 주만독판부駐滿督辦府로 명칭을 바꾸었다가 그해 6월 열린 임시 중앙의회에서 다시 참의부로 명칭을 환원했다. 참의부가 명칭을 바꾼 데는 임시정부와 관련이 있었다. 통의부 의용대가 임시정부 군무부 직할의 참의부로 결성될 무렵 상하이 정국은 정부 개조와 이승만 임시대통령의 탄핵 문제를 두고 이동녕 내각과 정부 개조를 주장하던 개조파 사이에 극심한 대립이 있던 시기였다. 당시 이동녕 내각의 지지를 받던 참의부는 1924년 12월 이동녕 내각이 총사퇴하고 개조파의 박은식 내각이 들어서는 상하이 정국 변화에 영향을 받아 참의부를 진동도독부로 명칭을 변경했다.³²⁸

이어 진동도독부는 1925년 4월 26일 통남강산通南崗山 이도구에서 중앙의회 의장 백시관의 사회로 중앙의회를 열고 단체명을 대한민국임시정부 주만독판부로 변경하고 9장 44조의 헌장을 제정했다. 이유는 도독부라는 명칭이 군국주의 하에 헌병정치를 실시하는데 적당하지만 민주주의라는 신정부를 봉대하는 공화정치에는 적당하지 않다는 것이었다.³²⁹ 그런데 그해 6월 임시정부에서 독판부라는 명칭이 임시정부의 지방제도와 일치하므로 이 명칭을 취소하고 원래의 명칭인 참의부로 사무를 계속하라는 지시에 따라 6월 26일 임시 중앙의회를 열고, 참의부로 다시 변경했다.³³⁰

참의부 의용군은 결성 초기부터 항일전을 계속하는 한편 내실 있는 군사력을 갖추려고도 노력했다. 참의부에서는 중국원난강무당中國雲南講武堂과 황푸黃埔군관학교 및 모스크바 국제사관학교 출신의 한인 청년장교를 초빙하여 이들에게 군사훈련을 실시하여 전투력을 향상시키고 있었다.³³¹ 특히 호강현濠江縣에 무관학교를 설립하여 일본 육사 출신인 마창덕馬昌德과 원난강무당 출신의 김강金剛·김태문金泰文 등을 초빙, 군

---

328 http://db.history.go.kr/국내외항일운동문서/不逞團關係雜件-朝鮮人의 部-在滿洲의 部(40)/不逞團의 鎭東都督府組織. 1923년 6월 이후 개조파를 중심한 정국쇄신운동에 대해서는 윤대원, 앞의 책, 2006, 235~244쪽 참조.
329 http://db.history.go.kr/국내외항일운동문서/不逞團關係雜件-朝鮮人의 部-在滿洲의 部(42)/獨立不逞鮮人團大韓臨時政府駐滿督辦府中央議會開催에 關한 件.
330 http://db.history.go.kr/국내외항일운동문서/不逞團關係雜件-朝鮮人의 部-在滿洲의 部(41)/鮮匪團督辦府의 改稱과 決議事項에 關한 件.
331 국사편찬위원회, 『韓國獨立運動史 4』, 1968, 759쪽.

황푸군관학교

사위원으로 추대하여 군인 양성에 주력하는 한편, 『정로正路』라는 기관지를 발행하여 선전 활동에도 노력했다.[332] 참의부에는 정규군 외에도 재향군인이 있어 농촌 청년들에게 군사교육을 실시하는 한편, 병역의무제를 택하여 한인 장정이면 모두 독립군의 일원이 될 수 있는 제도를 갖추고 있었다.[333]

참의부는 만주 내에서도 적지 않은 활동을 했지만 의용군을 주로 한중 국경인 압록강 변에 집중 배치하여 국내진입전을 벌이는데 주력했다. 일제조차도 참의부의 국내진입전에 대해 "다른 어떠한 부대보다도 활동 목포를 국내로 하여 침입하고 있으므로 국경 지방에서 발생하는 사건의 3분의 2 이상은 참의부의 소행이다."라고 할 정도로 국내진입전이 활발했다.[334] 국내진입전을 벌일 때에는 의용대원들은 이미 국경 각지의 한인마을에 구축한 통신연락망을 활용하여 미리 이동 지역의 중·일 군사시설 및 동정을 살핀 후 이들의 안내로 압록강 변에서 잠입하여 군복을 벗고 한복으로 갈아입은 다음 계획된 작전을 수행했다.[335]

참의부 소속 의용군이 수행한 국내진입전 가운데 특히 1924년 5월 벌인 '총독저격사건'은 일제의 간담을 서늘하게 한 쾌거였다. 1924년 5월 19일 아침 9시경 참의부의 참의장 겸 제1중대장 채찬의 명령으로 제2중대 제1소대는 장창헌張昌憲의 지휘 아래 제1소대장 참사參士 한권웅韓權雄과 오장伍長 이춘화李春和, 일등병사 김창균金昌均·현성희玄成熙·이명근李明根·김여하金呂河·전창식田昌植 외 8명으로 조직된 부대가 평안북도 위원군 마시탄馬嘶灘 강변에서 국경순찰 차 경비선을 타고 통과하던 조선총독 사이토 일행에게 집중 사격을 가했다.[336] 총독 일행을 태운 경비선은 독립군의

---

332 朝鮮總督府 慶尙北道警務局,『高等警察要史』, 1934, 123쪽(이하『高等警察要史』) ; 국사편찬위원회,『韓國獨立運動史 4』, 1968, 745쪽.
333 국사편찬위원회,『韓國獨立運動史 4』, 1968, 759쪽.
334 국사편찬위원회,『韓國獨立運動史 4』, 1968, 759~760쪽.
335 한국독립유공자협회, 앞의 책, 1997, 318~319쪽.
336 「倭總督襲擊詳報」『독립신문』, 1924.5.31.『東亞日報』가 모처에서 입수한 정보를 가지고 보도한

기습 공격에 혼비백산하여 전속력으로 도주했다. 비록 총독을 총살한다는 원래의 목표는 달성하지 못했지만 이 공격은 독립군의 항일활동을 내외에 널리 알린 계기가 되었다.[337]

참의부 의용군의 항일항쟁은 이런 성공적인 성과만 있는 것은 아니었다. 1925년 3월 16일 일본 경찰대의 기습을 받아 많은 의용군이 참살된 '고마령古馬嶺 참변'과 같은 비통한 일도 있었다. 당시 참의부 제2중대는 국내진입 작전계획을 세우려고 지안현 고마령 산곡山谷에서 군사회의를 열고 있었다. 이 사실을 탐지한 일제는 이날 초산 경찰서에서 65명의 경찰대를 파견하여 이곳을 기습했다. 뜻밖의 습격을 받아 완전 포위된 제2중대는 전멸이 예상되는 불리한 조건 속에서도 굴하지 않고 중대장 최석순 이하 전원이 결사 항전을 벌였다. 그러나 유리한 지점을 선점한 일경의 총탄세례 속에서 4시간에 걸쳐 격렬히 항전했으나 중대장 최석순 이하 22명이 전사하고 3명이 포로가 되는 희생을 치르고 나머지 대원들은 사방으로 흩어져 퇴각했다.[338]

참의부의 항일전은 1926년 이후 점차 줄어들었다. 이 무렵 만주에서 일기 시작한 민족유일당운동 및 삼부통합운동의 영향 때문이었다. 더구나 1928년 10월 재무위원장을 지낸 한의제가 고동호·독고욱 등과 함께 선민부鮮民府라는 친일 단체를 만들어 참의부를 배반하는 등[339] 조직 내부의 분열 역시 항일전에 영향을 미쳤다.

## 2) 정의부와 군정 활동

대한통의부가 결성된 지 얼마 되지도 않아 이념과 노선 문제로 분열이 발생, 급기야 통의부를 탈퇴한 세력이 의군부와 참의부를 결성하면서 통의부는 심각한 위기에 직면했다. 그리하여 이곳 지도자들을 중심으로 재통일을 위한 노력이 여러 곳에서 진

---

총독 저격 의용군 명단은 장창헌·조문욱·김재봉·김진분·한용만·황이혁·김모·김관서·신이순·김응빈·김용준 등 8명이다(「總督을 狙擊한 義勇軍」『東亞日報』, 1924년 6월 13일).
337 金正柱, 『朝鮮統治史料 9』, 韓國史料硏究院, 1991, 598~600쪽.
338 국사편찬위원회, 『韓國獨立運動史 4』, 1968, 213쪽 ; 「義勇隊戰報」『독립신문』, 1925년 5월 5일. 자료에 따라서는 '고마령참변'에서 희생된 의용대원이 22명에서 최대 42명으로 기록되어 있다.
339 『독립운동사자료집 10』, 414~419쪽.

행되었다.

상하이에서 국민대표회의가 결렬된 뒤 남만으로 돌아 온 김동삼과 이곳의 실질적인 지도자로 추앙받던 이상룡 등이 1923년 9월부터 여러 단체들과 통합 문제를 논의했지만 별다른 성과를 얻지 못했다. 이 무렵 의성단의 고문인 양기탁은 국민대표회의의 창조파였던 신숙, 윤해尹海 등과 접촉, 일단 전만주의 독립군단을 하나로 통합한 후 대규모의 토지를 매입하여 둔병제를 실시, 산업을 일으키면서 군사를 양성하기로 계획했다.[340] 이후 양기탁 등은 1924년 1월 '전만통일발기주비회'를 열고 각 단체 대표자 30여 명을 통일회 조직을 위한 교섭위원으로 정했다.[341] 이들은 남만지역의 독립군 지도자인 이장녕, 이청천 등을 설득하여 1924년 3월 '전만통일회의주비회'를 결성했다.

주비회는 이장녕을 회장으로 선출하고 회원들은 약 4개월간에 걸쳐 통합을 위해 노력했다.[342] 그리하여 1924년 7월 10일 지린에서 전만통일의회주비회全滿統一議會籌備會가 개최되었다. 대한통의부 대표 김동삼과 이종건李鍾乾 등을 비롯하여 대한군정서, 지린주민회, 대한광정단, 대한독립단, 노동친목회, 학우회 등 각 대표들이 참여한 주비회에서는 과거의 독립운동은 국부적이었기 때문에 큰 성공을 거두지 못했다고 반성하고 민족자결의 근본 원칙에서 만주만이라도 세력을 통일하여 효과적인 운동을 할 것을 협의한 뒤 9월 25일 지린에서 본 회의의 개최를 결정했다.[343]

9월 25일 개최하기로 한 전만통일회의는 예정보다 늦은 10월 18일 열렸다. 회의에서는 통의부를 비롯한 서로군정서, 의성단. 광정단, 지린주민회, 노동친목회, 변론자치회卞論自治會, 고본계固本契, 대한독립단, 학우회 등 11개 단체 대표 25명이 회합하여 김동삼을 의장으로 선출, 협의를 거듭하여 '지방치안유지를 위하여 무장대를 둔다', '통치구역은 당분간 하얼빈 액목 북간도의 선을 획劃하여 그 이남의 만주 전역으로 한다.', '세입으로서 매호 6원과 따로 소득세를 부과한다.'라고 하는 3개 항을 결정

---

340 한국독립유공자협회, 앞의 책, 1997, 323쪽.
341 http://db.history.go.kr/국내외항일운동문서/不逞團關係雜件-朝鮮人의 部-在滿洲의 部(41)/正義府組織의 內情에 關한 件.
342 「發起會開催」『독립신문』, 1924년 5월 31일.
343 『高等警察要史』, 117쪽 ; 국사편찬위원회, 『韓國獨立運動史 4』, 1968, 737~738쪽.

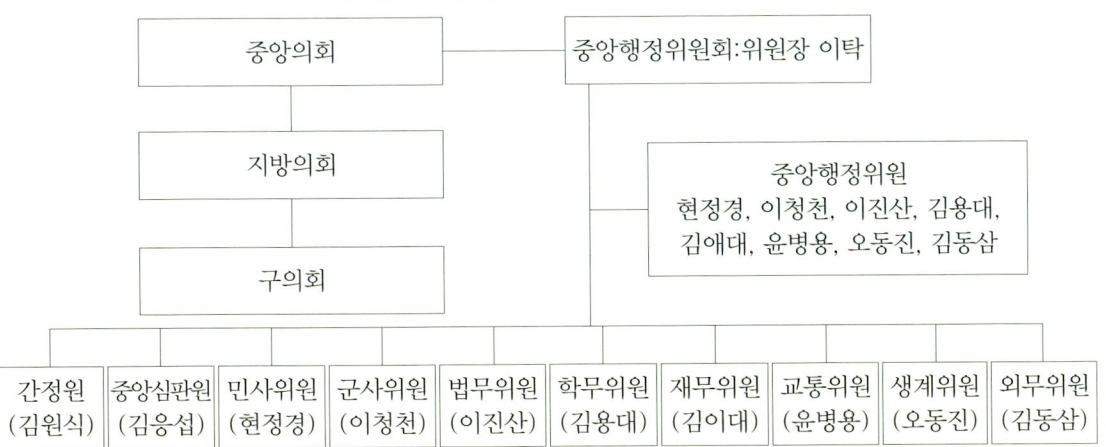

〈그림 7-11〉 정의부 설립 초기 중앙조직

했다. 그런데 대한독립단은 임시정부 옹호 문제로, 학우회는 기존 단체의 명칭 유지 문제로 의견이 달라 회의 도중에 탈퇴했다. 결국 통합에 동의한 8개 단체는 1924년 11월 24일 다시 화뎬樺甸현에서 전만통일회를 갖고 "민중의사에 따라서 재래의 대소 단체를 각자 희생하고 일치한 정신과 엄정한 선경宣警 아래 전만통일기관으로 정의부를 조직"하기로 의결했다.[344]

참여한 8개 단체가 해산하고 잔무정리 등을 진행할 동안 업무추진을 위해 조직된 임시행정집행위원회는 1925년 3월 초 임무를 완료하고 정식 중앙집행위원회를 조직, 본부를 유허현 삼원포에 두었다. 성립 초기 중앙조직의 부서와 간부 명단은 〈그림 7-11〉과 같다.[345]

정의부는 그 내실을 다지기도 전에 일시 혼란에 빠졌다. 1925년 7월에 이상룡이 상해 임시정부의 국무령으로 선임되어 부임하자 중앙행정위원회와 중앙의회 사이에 의견대립이 생겨 서로 불신임결의와 의회해산으로 맞서 일시 혼란이 생겼다.

---

344 『高等警察要史』, 118쪽 ; 국사편찬위원회, 『韓國獨立運動史 4』, 1968, 737~738쪽. 이날 의결된 주요 사항은 '본부의 명칭은 정의부로 한다', '본부의 헌장을 제정하여 공포한다', '본부의 창립 기념일은 1924년 11월 24일로 한다', '본부의 연호는 기원연호를 사용하는 것으로 한다' 등이었다. 연호를 대한민국 연호를 사용하지 않는데서도 당시 정의부와 상해 임시정부와의 불편한 관계를 알 수 있다.
345 채영국, 앞의 책, 2000, 96~97쪽.

이상룡(신흥무관학교 100주년기념사업회)

이 무렵 이승만을 탄핵하고 대통령제 헌법을 국무령제로 개정, 상하이 정국을 수습한 개조파 내각의 최대 급무는 국민대표회의 이후 실추된 임시정부의 권위를 회복하고 각지에 흩어진 독립운동 세력을 임시정부 아래로 통합하는 것이었다. 당시 개조파 내각은 임시정부의 이런 위기 국면을 극복할 국무령으로 이상룡을 결정했다.[346] 이에 따라 상하이에서는 1925년 5월 이유필을 정의부에 파견하여 이상룡의 국무령 취임을 요청했다. 정의부의 중앙행정위원회는 "광복운동 각 단체를 연락 타협할 것", "제도는 위원제로 할 것", "의원은 광복운동의 의무를 이행하는 자에 한해 일 만인 당 1인으로 비례할 것", "정부는 실무지대로 이전할 것"을 조건으로 이상룡의 국무령 취임을 승인했다.[347]

그리하여 이상룡은 그해 9월 상하이로 가서 국무령에 취임하고, 또한 남북만주에서 항일운동을 주도한 이탁, 오동진, 윤병용, 김동삼, 윤세주(이상 정의부), 이유필(이상 참의부), 김좌진, 현천묵, 조성환(이상 신민부) 등으로 국무위원을 구성했다. 이와 같은 조각은 남북만주 삼부의 주요 지도자를 거의 망라한 것이었다.

그러나 삼시협정 체결 이후 중·일의 탄압이 더욱 강해져 항일운동의 조건이 열악한 상황에서 남북만주 삼부의 주요 지도자가 모두 상하이로 갈 경우 오히려 그동안 구축해 놓은 만주 한인사회의 기반이 무너질 수 있었다. 또한 임시정부를 만주로 옮기는 것 역시 간단한 문제가 아니었다. 때문에 이상룡의 임시정부 국무령 취임과 재만 요인의 입각거부 등을 계기로 정의부는 심각한 내분의 위기에 빠졌다. 1925년 말

---

346 상해 임시정부의 개조파 내각이 이상룡을 국무령으로 선택한 과정에 대한 보다 자세한 내용은 윤대원, 앞의 책, 2006, 280~287쪽 참조.
347 http://db.history.go.kr/국내외항일운동문서/不逞團關係雜件-朝鮮人의 部-在滿洲의 部(41)/在滿鮮匪團正義府의 動靜에 關한 件.

제2회 중앙의회에서 이상룡의 국무령 취임이 중앙의회의 의결을 거치지 않았다는 절차상의 문제를 들어 중앙행정위원회에 대한 불신임안을 제출하자 이에 맞서 중앙행정위원회가 중앙의회의 해산을 결정하고 총사퇴하면서 정의부의 중앙조직은 일시에 마비되어 버렸다.[348]

중앙행정위원회와 중앙의회의 대립으로 중앙조직이 일시 혼란에 빠지자 1926년 1월 전 중앙의회의 상임위원장이었던 이해룡李海龍을 중심으로 정국 수습책이 논의되어 비상의회격인 '군민대표회軍民代表會'가 열렸다. 회의에서는 헌장을 개정하고 새로운 중앙의회와 중앙행정위원회가 구성되면서 정의부는 위기를 극복할 수 있었다.[349]

정의부는 설립 초기 행정·입법·사법의 3권이 분립되고, 구·지방·중앙의 3급 조직을 가진 민주정체의 자치정부로서 국민부로 통합될 때까지 중앙조직은 큰 변화 없이 유지되었다.

중앙행정위원회는 부내府內의 일체 행정사무를 의결하는 정의부의 최고 행정기관이었다. 의결된 사항은 중앙의회에 제출되어 입법화된 후 법률로 공포되고 집행되었다. 실제 행정은 민사·군사·법무 등 8개 부서에서 분담하여 집행했다. 입법기관인 중앙의회는 헌장 개정, 예결산, 중앙행정위원 선거 등을 담당했고, 행정부인 중앙행정위원회 위원의 전체 또는 일부를 불신임할 수 있는 권한을 가져 의회 우위의 경향을 띠었다.

정의부는 100호 이상이 사는 지역을 구區, 1천 호 이상이 사는 지역을 지방, 기타 특별지역을 독립구獨立區로 하여 중앙이 통할하는 체제였다. 사법부도 3심제를 택하여 구사판소區査判所·지방사판소·중앙사판소를 설치하고 사판소구성법, 사판장정 등의 법률에 의하여 민형사 사건을 재판했다. 각 사판소에는 지금의 판사에 해당하는 사판과 검사에 해당하는 검리檢理를 배치하고, 그들로 하여금 민형사의 소송을 전담시켜 사법권의 독립성을 유지했다.[350] 또한 관할 지역 한인의 교육과 산업의 향상을 목적으로 도처에 많은 학교를 세우고 농민조합과 농업공사 등을 설치했고, 『대동민보

---

348 『高等警察要史』, 118쪽.
349 국사편찬위원회, 『韓國獨立運動史 4』, 1968, 841~847쪽.
350 국사편찬위원회, 『韓國獨立運動史 4』, 1968, 856~860쪽.

大東民報』와 잡지 『전우』를 발간하여 독립운동의 방향과 한인 계몽을 주도했다.[351]

정의부는 군정부로서 내실을 다져가던 무렵인 1926년 10월 24일부터 11월 9일까지 11일간 판스磐石현에서 제3회 중앙의회를 열었다. 회의에서는 김이대를 의장으로 선출하고 중앙기관에 법무, 군사, 교육, 산업 재무 5부를 설치하고, 군민대회에서 종래 9명에서 5명으로 축소한 중앙행정위원을 11명으로 증원하여 오동진, 김동삼, 고활신, 현익철, 김학선, 이광민, 강제하, 김원식, 김철, 이욱, 김용대를 선출했다. 그동안 중앙에 독립된 기관 없이 중앙행정위원회가 총참모부 역할을 함으로써 군대의 행동통일에 불편함이 있다고 판단하고 군사령부를 설치하여 오동진을 사령장으로 선출했다. 12월 현재의 중요 임원은 중앙의회 의장에 김이대를 비롯하여 중앙행정위원장에 김각선金覺善, 군사위원장에 오동진, 학무위원장에 김동삼, 사판장에 김원석金元錫 등이 선임되었다.[352]

정의부 성립 초기 군사조직은 통의부 의용군의 조직과 병력을 이전하여 조직했고 이후 다른 단체의 군사력과 자발적으로 참여한 의용군을 보충, 무장력을 강화해 나갔다.

정의부는 부민에게 병역의무를 부과했지만 강요하지는 않았다. 대신 의용군 지휘관들을 선정위원으로 삼아 관할 각 현에 파견하여 주로 군사관련 경험이 있는 자를 독립군으로 차출했다.[353] 이들 선정위원들은 국경지방인 함경도·평안도 등과 황해도 및 서울까지 들어가 애국 청년들을 모집하기도 했다.[354] 또한 정의부는 독립군의 무장을 위해 중국 군벌로부터 무기를 구입하는 한편, 1925년 5월 신민부와 '연합군사회의'를 열고 '모험대원 양성기관 설치', '장정 모집 및 무기 구입' 등을 협력하기로 협의했다. 이 날 회의에는 정의부 측에서는 군무위원장 이청천 외 군무위원 3명, 신민부 측에서는 군무위원장 김좌진 외 군무위원 3명이 각각 참석했다.[355] 그 결과 정의부는

---

351 신문과 잡지는 지린에서는 한글인쇄가 불가능했기 때문에 상하이의 독립신문사의 자문을 받아 상하이에서 인쇄, 송부받아 배부했다(국사편찬위원회, 『韓國獨立運動史 4』, 1968, 854~856쪽).
352 국사편찬위원회, 『韓國獨立運動史 4』, 1968, 833~835쪽.
353 「滿洲서 軍人募集」『東亞日報』, 1926년 2월 14일.
354 「正義府員入京?」『東亞日報』, 1926년 2월 18일.
355 http://db.history.go.kr/국내외항일운동문서/不逞團關係雜件-朝鮮人의 部-在滿洲의 部(41)/正

〈표 7-4〉 정의부 군사조직의 변화와 임원

| 결성 초기 | 1925년 5, 6월경 | 1925년 9월경 | 1926년 1월 경 |
|---|---|---|---|
| 군사위원장 이청천 | 군사위원장 이청천 | | |
| 사령장 이청천 | 사령장 오동진 | | |
| 참모 현정경 | | | |
| 제4중대장 홍기주 | 제5중대장 안홍 | 제1중대장 문학빈 | 제1중대장 정이형 |
| 제6중대장 문학빈 | 제6중대장 문학빈 | 제2중대장 안홍 | 제2중대장 이태형 |
| 제7중대장 이규성 | 제7중대장 이규성 | 제3중대장 김석하 | 제3중대장 문학빈 |
| 제8중대장 김석하 | 제8중대장 김창룡 | 제4중대장 김창환 | 제4중대장 이규성 |
| 헌병대장 김창환 | 헌병대장 김창환 | 제5중대장 김강우 | 제5중대장 김석하 |
| | | 헌병대장 김석하 | 제6중대장 안홍 |

| 1926년 12월경 | 1927년 12월 경 | 1927년 12월 이후 | |
|---|---|---|---|
| 사령장 오동진 | 사령장 오동진 | 사령장 이청천 | |
| 제1중대장 이태형 | 제1중대장 이웅 | 제1중대장 이웅 | |
| 제2중대장 장철호 | 제2중대장 장철호 | 제2중대장 장철호 | |
| 제3중대장 문학빈 | 제3중대장 문학빈 | 제3중대장 문학빈 | |
| 제4중대장 이규성 | 제4중대장 양서봉 | 제4중대장 김문거 | |
| 제5중대장 김석하 | 제5중대장 이교연 | 제5중대장 양세봉 | |
| 제6중대장 안 홍 | 제6중대장 장세용 | 제6중대장 김보국 | |
| | 유격대장 최일갑 | 유격대장 이윤환 | |

※ 출처 : 채영국, 『韓民族의 만주독립운동과 正義府』, 國學資料院, 2000, 133~146쪽에서 재구성함.

1926년 3월 신민부와 합동으로 무관학교를 세워 군사훈련을 실시했고, 1927년 5월에는 신민부와 합동으로 러시아 측과 연계를 맺고 무기를 공급받았다.

이렇게 독립군을 보충하고 무장을 강화해간 정의부의 군사조직은 처음에는 5개 중대 1 헌병대 체제였으나 1926년 1월 군민대표회의 이후 무장투쟁을 강화하면서 헌병대가 폐지되고 6개 중대로 편성되었고,[356] 1927년 이후 유격대가 증설되었다. 정의부가 해체되기까지 군사조직의 변천 과정은 〈표 7-4〉와 같다.

정의부는 성립 초기 국내진입전과 같은 항일전을 벌이기도 했지만 교육과 산업에

---

義府及新民府의 聯合軍事會議開催에 關한 件.
[356] 「露人技師雇聘 軍器를 密造」 『朝鮮日報』, 1927년 9월 2일.

치중할 수 있는 기반 마련에 주력했다. 그러나 1926년 1월 군민대표회의 이후 무장활동이 강화되면서부터는 국내진입전과 함께 만주 각지로 출동하여 일제군경과 항전을 벌이기도 하고 일제의 밀정을 숙청하기도 했다.[357]

1925년 3월 18일 오동진의 부하 70명은 직전에 있었던 참의부의 고마령참변의 울분을 설분했다. 오동진은 전군을 3대로 편성하여 제1대는 초산군 성면城面 응암리鷹岩里의 추목동주재소楸木洞駐在所를, 제2대는 같은 면 하단동주재소下端洞駐在所를, 제3대는 벽동군 오북면梧北面 여해동주재소如海洞駐在所를 각각 공격하기로 계획을 세웠다. 일경의 습격으로 의용군 20여 명이 숨진 고마령참변이 있은 지 3일 만인 3월 18일 밤에 출정, 19일 5시경에 목적지에 도달하여 일제히 목표물을 공격하기로 했다. 제1대는 목적대로 추목동주재소를 습격하여 일본 순사부장 이하 2명을 사살하고 주재소를 불태워 버렸다. 또한 응암리주재소鷹岩里駐在所에서 후원하던 일본 경찰대를 맞아 약 1시간 동안 격전 끝에 적 4~5명에게 중상을 입히고 집합지에 도착했다. 제2대는 강을 건너던 중에 적의 보초선과 충돌하여 목적을 달성하지 못하고 부득이 귀환했다. 제3대는 작전을 수행한 제1대와 합세, 예정대로 여해동주재소를 공격하여 일경부 니씨카와 류키치西川隆吉을 사살하고 주재소와 감시막 등을 불태웠다. 그 후 3대는 대낮에 용감히 강을 건너 나자구 산속으로 돌아와 예정 임무를 완수했다.[358]

이처럼 정의부의 국내진입전은 치밀한 계획에 의해 이루어졌다. 사령부로부터 국내 진입을 명령받은 대원들은 같은 조로 묶여진 조원 외 다른 대원은 알지 못한 채 국내에 진입한 후 목적지에서 만나도록 했다. 이것은 만약 1개조가 도중에 발각되더라도 비밀을 보장, 나머지 조가 작전을 수행할 수 있도록 하기 위해서였다.[359] 그리하여 국내진입 작전과 목적 그리고 파견 대원이 정해지면, 대원들이 출발하기에 앞서 이동할 지역의 통신원들에게 연락하여 그 지역의 중·일감시대의 상황을 점검하도록 했다. 그런 다음 이들 통신원의 안내를 받아 안전지역을 골라 압록강 변에 닿게 했다.

---

357 채영국, 앞의 책, 2000, 206쪽.
358 「義勇軍의 戰報」『독립신문』, 1925년 5월 5일 ; 「銃火頻發하는 國境의 慘劇」『東亞日報』, 1925년 3월 21일.
359 「正義府員 八十名特派說入」『朝鮮日報』, 1926년 1월 10일 ; 「正義團의 派遣隊가 重要建物爆破를 計劃」『朝鮮日報』, 1926년 2월 7일.

이런 방법으로 1925년 3월 김경보金敬甫 등 5명은 유격대를 조직하여 평안북도 초산지역으로 진입했다. 유격대원들은 벽동·삭주·구성 등지를 돌아다니며 군자금을 모집한 뒤 태천군에 있는 양화사陽和寺에 잠복했다. 대원들은 이후 이 사찰을 근거지로 하여 각자 혹은 2명, 3명을 1개조로 활동했다. 그러나 단독으로 활동을 하던 김봉金鳳이 평안남도 개천에서 일경에게 체포되었고, 나머지 4명은 박천군 박천면 송덕리에서 일경 15명과 교전하다가 3명은 체포되고 1명은 전사했다.[360]

정의부에서는 순종황제 인산일인 1926년 6월 10일을 기해 국내에서 일련의 무장투쟁을 벌이려고 2개 대의 유격대를 국내에 파견했다. 순종의 인산으로 온 민족이 슬픔과 함께 반일의식을 가지고 있을 때 무장대가 시가전을 펼친다면 민족적인 호응이 일어날 것을 기대했다. 이들은 일제의 감시망을 뚫고 국장이 열리는 서울까지 진출하는데 성공했다. 그러나 순종 인산을 계기로 3·1운동과 같은 대대적인 민족운동이 일어날 것을 우려한 일제의 감시가 철저하여 유격대는 결국 뜻을 이루지 못하고 본대로 철수하고 말았다.[361]

1927년 8월에는 과거 대한광복군총영의 국내 별영이었던 천마별영이 있던 천마산에 유격대를 구축하고 주변 친일부호들이나 의주군의 금융조합 등을 습격하여 군자금을 모으기도 했다. 일제는 9월 5일 천마산에 근거를 둔 유격대를 토벌하려고 공격해 왔으나 이들을 물리친 뒤 다시 천마산의 깊은 밀림 속으로 은신했다.[362]

의용군은 국내진입에 그치지 않고 남만의 관할 곳곳에서도 독립군을 탄압하는 중·일 군경대와 친일 집단을 상대로 무장 항쟁을 벌였다. 1926년 7월 9일 제4중대 백운반白雲班 부대 8명은 통화현 쾌당모자 삼합보三合堡에 조직된 친일기관인 상조계相助契를 습격하여 상조계의 해체를 명령하고 군자금을 각출토록 했다.[363] 9월 6일에는 제6중대 소속 대원 5명이 통화현 쾌당모자快當帽子의 상조계장인 친일파 신한철申漢哲

---

[360] 「武裝團三名 接戰後被殺」『東亞日報』, 1925년 5월 19일 ; 「博川武裝團, 連累者繼續檢擧」『東亞日報』, 1925년 5월 22일.
[361] 「正義府惠隊兵 變裝後分隊潛入」『朝鮮日報』, 1926년 6월 2일 ; 「潛入靑年은 正義府員?」『朝鮮日報』, 1926년 6월 5일.
[362] 「天摩山根據의 正義府員一隊?」『朝鮮日報』, 1927년 8월 21일.
[363] 국사편찬위원회, 『韓國獨立運動史 4』, 1968, 821~822쪽.

의 집을 급습하여 일가족을 처단했다.³⁶⁴ 1927년 3월 11일에는 제1중대장 정이형 등 6명의 대원이 하얼빈에서 일경과 전투 중 체포되었다.³⁶⁵

정의부의 무장 활동은 1927년 12월 19일 사령장 오동진이 밀정 김종원金宗源의 고발로 창춘에서 일본 경찰에게 체포되면서 큰 타격을 입었다. 하지만 오동진과 함께 군사적 실무 경험이 풍부한 이청천이 사령장을 맡아 국민부가 성립될 때까지 무장 활동은 계속되었다.

### 3) 신민부와 군정 활동

자유시사변 이후 북만에는 이만 이동을 거부하고 일찍 북만으로 돌아 온 김좌진 부대를 비롯하여 자유시사변 이후 북만으로 탈출한 독립군 부대가 속속 모여들면서 1921년 8월 이후 독립군의 재편 활동이 활발히 일어났다. 김좌진이 이끄는 대한군정서는 밀산과 닝안현에, 구춘선이 이끄는 대한국민회 계통의 병력은 둔화와 어무현額穆縣에 그리고 신민단·광복단·한민단 등의 독립군도 각기 영고탑·목단강·둥닝현 등지를 중심으로 진용을 갖추었다.³⁶⁶

1921년 봄 둔화현성 부근에 주둔하던 대한군정서 모연대장募捐隊長 이홍래李鴻來와 참모장 나중소, 대한국민회 향관餉官 허동규許東奎 등은 대한군정서 일부와 대한국민회를 연합하여 간민국墾民局을 조직하고 둔화현 지방의 황무지 개간, 무관학교 설립을 통한 독립군 양성 등을 목적으로 동지 규합에 나섰다.³⁶⁷ 간민국은 다시 대한국민회 구춘선의 주도 아래 독립군 총합부總合部로 조직을 확대했다. 독립군 총합부는 이만에서 돌아온 독립군을 50명씩 4대로 편성하고 김성극金星極을 사령관으로 하는 4개의 유격대를 조직, 경성주재소를 습격하는 유격활동과 함께 함경남도 삼수·갑산, 평안북도 등지로 대원을 파견하여 군자금을 모집했고, 1922년 4월에는 안투현 내두

---

364 국사편찬위원회, 『韓國獨立運動史 4』, 1968, 822~823쪽.
365 「正義府員 不當逮捕로 中警, 日警에 抗議」 『東亞日報』, 1927년 3월 22일.
366 高麗書林, 『間島地域韓國民族鬪爭史 4』, 1989, 558쪽.
367 http://db.history.go.kr/국내외항일운동문서/不逞團關係雜件-朝鮮人의 部-在滿洲의 部(29)/不逞鮮人自稱墾民局을 組織함.

산奶頭山에 사관학교를 세워 독립군을 양성했다.368

북만의 독립군단은 보다 효과적인 무력투쟁을 위해 각지에 흩어진 독립군단의 통합이 필요했다. 1922년 8월 4일 대한군정서의 김좌진·이완범을 중심으로 대한독립군단大韓獨立軍團을 결성했다. 여기에는 혈성단, 대한군정서, 의군부, 독립단, 광복단, 대한국민회, 신민단, 의민단, 대진단의 일부 등 당시 북만에 산재하던 9개 단체가 참가했다.369

북만에서 독립군단의 통합부대인 대한독립군단이 조직되었지만 자유시사변의 여파로 그 규모는 이전만 못했다. 그런 가운데 1922년 10월에는 쾌당별快當別에 설치한 자위대가 마적의 습격으로 폐허화되는 참사가 일어나고 이에 큰 충격을 받은 서일이 자결하는 등의 불행한 사태가 겹쳤다. 이런 가운데서도 대한독립군단은 독립군의 군사통일이 항일 무장투쟁의 첩경이라고 보고 1923년 이후에도 군사통일을 위한 노력을 계속했지만 별다른 성과를 얻지 못했다. 그러자 각지에 흩어져 활동하던 대한군정서의 이전 간부들이 다시 모여 군사통일 운동을 계속하기로 하고 1924년 3월 대한군정서를 재조직했다.370 재건된 대한군정서는 1924년 4월 하순경 영고탑의 대종교당에서 연합총회를 열고, 통신기관의 설치, 군인모집과 무기·군복 준비, 재정 확충, 친일 밀정 처단 등을 결의했다.371

1925년 음력 2월 중순 김혁, 정신, 서울에서 만주로 온 최창익崔昌益, 박남신朴南臣 등이 회합하여 "종래와 같은 방식을 답습해서는 독립운동이 소기한 목적을 달성할 수 없다."라고 판단하고 현재 한인 사회의 민력이 피폐한데 초점을 맞추어 먼저 주민의 실업·교육 개선을 수립하여 주민의 생활을 안정시키는 것이 문제 해결의 첩경이라는 데 의견 일치를 보았다. 이후 이들은 김좌진, 조성환 등의 동의를 얻어, 2월 20일 영고탑에서 현천묵玄天黙, 조성환, 김혁, 최호崔灝, 황공삼黃公三, 최정호崔正浩, 정신, 이

---

368 『朝鮮獨立運動 Ⅱ』, 1022~1023쪽.
369 http://db.history.go.kt/국내외항일운동문서/不逞團關係雜件-朝鮮人의 部-在滿洲의 部(33)/不逞鮮人團倂合에 關한 件.
370 재조직된 대한군정서의 초기 간부진은 총재 현천묵, 군사부장 조성환, 서무부장 나중소, 재무부장 계화 등이었다(「北路軍政署總選舉」『독립신문』, 1924년 3월 29일).
371 독립운동사편찬위원회 편, 『독립운동사 5』, 452쪽.

영백 李永伯, 지병항 池丙降, 김좌진, 유현 劉賢 등의 추천으로 부여족통일회발기회를 개최했다.

발기회 역시 기존의 운동 방식을 반성하고 민력 충실에 중점을 두고 기존 단체를 해산, 민중을 기초로 하는 통일기관을 조직하기로 하고 부여족통일회 소집을 결의했다.[372] 그 결과 3월 10일에는 대한군정서의 김혁, 조성환, 정신, 대한독립군단의 김좌진, 남성극, 최호, 박두희, 유현 그밖의 여러 단체의 대표 및 일반 민선 각 지역 대표인 윤우현 尹瑀鉉, 박세면 朴世冕, 김규현 金奎鉉, 최우 崔愚 등이 닝안성에서 부여족통일회의를 열고 3월 15일 통일회를 신민부로 개칭, 신민부를 창립했다. 이때 신민부는 자신의 창립과 진로를 밝힌 다음과 같은 선포문을 공포했다.[373]

> 우리는 민중의 요구에 응하고 이래 단체 의사에 따라 각 단체의 명의를 취소하고 일치된 정신으로 신민부가 조직 성립되었음을 자에 선포한다. 희억라 과거를 생각건대 사회상태가 분열하고 민중의 심리가 사방으로 흩어져 우리의 사업은 날로 위미 萎靡하는 일방이 되었다. 이를 각오한 우리는 만반의 동작에 합일하여 국가의 완전한 건설과 민중의 철저한 해방을 도모하기 위하여 강권 폭력의 침략주의를 근본적으로 제거하고 다시 일보를 전진하여 우리와 동일한 지위에 있는 세계민중과 협동의 동작을 취하지 아니 할 수 없다. 이 새로운 사명을 받은 신민부의 운명 개척은 오직 우리 민중의 희생적 정신에 있다. 오라. 단결하고 일어나 분투하라.

이밖에도 창립대회에서는 '제도는 위원제로 하고 중앙 지방 구區로 정할 것', '필요에 따라 기성의 자치기관은 서로 협조하여 진행시킬 것', '군사는 의무제를 실시하고 둔전제 혹은 기타 방법에 의해 군사교육을 실시하며 사관학교를 설치하여 간부를 양성할 것', '의무금은 토지에 대해 논은 소小항 2원元 대大항 3원으로 하고 밭은 소항

---

372 http://db.history.go.kt/국내외항일운동문서/검찰사무에 관한 기록(1)/新民府幹部崔昌益取調狀況에 關한 件 ; 『高等警察要史』, 119~120쪽.
373 「新民府를 組織」『독립신문』, 1925년 5월 5일 ; 국사편찬위원회, 『韓國獨立運動史 4』, 1968, 807~811쪽.

1원 대항 2원 5각角으로 하며 상업가에 대해서는 소유재산의 20분의 1을 징수할 것', '공농제公農制를 실시하여 공동농지를 경영할 것', '소학교 졸업 연한을 6년, 중학교의 졸업 연한을 4년으로 하고, 단 1백 호 이상의 마을은 1개의 소학교를 둘 것' 등 12개 항을 결의했다.[374]

창립총회에서 선출된 임원은 신민부의 중앙조직을 담당할 중앙집행위원회의 위원으로 위원장 김혁과 위원 조성환, 김좌진, 박성전朴性鐫, 최호, 정신, 이영백, 최정호崔正浩, 허빈許斌, 유현 그리고 보안대 사령 박두희 등이었다. 이밖에 독립운동계 원로로 참의원을 구성하는 한편 검사원을 두어 3권 분립의 민주체제를 확립했다.[375]

신민부는 창립 이후 7개월만인 1925년 10월 14일 제1차 정기총회를 열었다. 회의에서는 위원을 개선, 집행위원장 김혁, 군사부위원 김좌진, 재무부위원 최호, 교육부위원 허백도許白島, 보안대사령 박두희로 개선하고 나머지는 중임했다. 그밖에도 의무금을 종래 3원에서 인두세 6원으로 인상했고, 지방에서는 18세 이상 38세 이하 장정을 대상으로 군사 훈련을 실시했다.[376]

신민부는 발족 직후 지방조직을 확장하는 한편 독립군의 편성과 훈련에 주력했다. 500여 명의 별동대와 보안대를 편성하여 군사부위원장 김좌진의 지휘 〈그림 7-12〉와 같은 편제와 부서를 두었다.[377]

한편, 신민부의 지방조직은 발족 후 제1단계로 닝안 지방을 비롯하여 내빈來濱·주하珠河·무링穆陵·밀산·요하 등 광범한 지역에 행정조직을 정비하고 각 지방마다 총판을 두어 교민 자치행정에 만전을 기했다. 1926년 6월부터는 제2단계로 어무·둔화·안투 지방의 행정조직을 정비하여 총관 소재지가 15개소에 이르렀다.

신민부는 계몽사업의 일환으로 한인 자녀의 의무교육을 목표로 하여 소학교를 50여 개나 설치하고, 각 부락마다 노동야간강습소를 설치하여 8할에 이르는 문맹의 퇴

---

[374] 「新民府를 組織」『독립신문』, 1925년 5월 5일.
[375] http://db.history.go.kt/국내외항일운동문서/검찰사무에 관한 기록(1)/新民府幹部崔昌益取調狀況에 關한 件.
[376] http://db.history.go.kt/국내외항일운동문서/報告書提出의 件.
[377] 「新民府의 略史」『自由公論』, 1982.7, 206~207쪽.

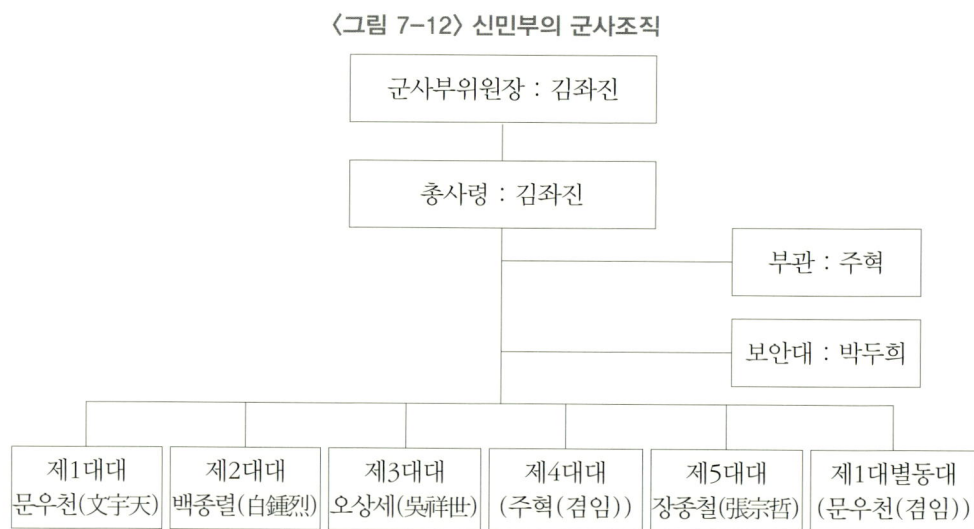

〈그림 7-12〉 신민부의 군사조직

치와 민족독립 정신의 고취에 주력했다.[378] 1925년 4월 1일부터는 『신민보新民報』를 순간旬間으로 간행하여 독립운동의 전략과 이념을 내외에 선전하고, 한인사회의 언론을 주도했다. 또한 신민부는 실업부를 두어 부민의 토지매매와 조세를 지도하고, 식산조합·소비조합을 설치하고 공농제公農制를 실시하여 공동농지를 경영하는 등 실업진흥운동을 벌였다. 특히 1926년 11월에 개최한 총회에서 쑨원孫文의 삼민주의를 일부 수용한 민생회民生會를 조직해서 부민의 경제력 향상을 꾀하고자 했다.[379] 이러한 계획에 따라 11월 28일에는 동빈현에 민생회가 조직되었고 많은 지역에서 공판제共販制가 실시됨으로서 실업 활동이 장려되고 중간상인의 착취가 방지되는 등의 효과를 거두었다.

신민부는 무장투쟁을 위한 군자금 조달을 관할 구역에 거주하는 동포들의 의무금으로 충당하는 외에 자신의 관할 밖인 지역과 국내에 모연대를 파견하여 군자금을 모으기도 했다. 예컨대 1926년 1월 신민부는 관할 한인의 경제적 어려움을 해결할 방안으로 농업경영을 계획하여 한편으로는 영고탑 거주 박찬익을 통해 중국 당국과 협의하여 밀산현의 미개간지를 조차하여 개간 경작을 꾀하고, 다른 한편으로는 필요한

---

378 蔡根植, 앞의 책, 1949, 114쪽.
379 『高等警察要史』, 120쪽.

경비를 조달하려고 국내에 모연대를 파견하기로 했다. 주백완朱白完·최운산崔雲山 등은 훈춘 방면에서 간도와 함경남북도로, 또 표웅대表雄大·김정의金正義 등은 창춘·펑톈·단둥을 거쳐 평안남북도 및 황해도 지방으로 들어가 약 1개월가량 군자금 모금 활동을 한 후 경성에서 양 부대가 만나 함경북도를 통해 월경, 귀환하는 계획을 세우기도 했다.[380] 1926년 12월에는 하얼빈에서 군자금을 모집하던 황일초 등 여러 모연대원이 일제에게 체포되는 일도 있었다.

신민부는 1925년 4월 무링현穆稜縣 소추풍에 교장 김혁, 부교장 김좌진, 교관 오상세, 박두희, 백종렬 등, 고문 이범윤, 조성환으로 하는 성동사관학교城洞士官學校를 설립하여 독립군 양성에도 노력했다. 1년에 2기의 속성반을 운영하여 사관학교를 졸업한 독립군 수는 5백여 명에 이르렀으며 이들의 대부분은 신민부 소속 독립군으로 활동했다.[381] 또 지역 청년에게는 군구제軍區制와 둔전제를 실시하여 신민부 관할 내 장정들에게 군사훈련을 시켜 항일전을 대비한 상비군을 보충했다.

신민부는 1927년 8월부터 국내진입전을 위한 예비공작을 추진했다. 군사부위원장 김좌진은 이중삼 등 특수공작대를 국내에 파견하여 함경도·경상도·전라도 지역의 작전 지도를 작성케 하고 또 헌병주재소의 위치 등을 파악하게 했다.[382]

이와 함께 신민부는 적의 수괴와 친일파에 대한 응징도 행했다. 1925년 3월 김좌진은 신민부 특공 대원에게 수십 개의 폭탄과 권총을 제공하고 조선총독의 암살을 명령했다.[383] 이 계획은 비록 실패했지만 신민부의 활동이 만주에 국한되지 않음을 보여주었다. 이런 신민부의 군사 활동 가운데 특기할만한 것은 북만 일대에서 암약하던 친일파의 처단이었다. 먼저 하이린海林의 초대 조선인민회 회장을 지낸 배두산裵斗山이 신민부원에 의해 처단되었다. 당시 일제는 창춘과 다롄 사이는 물론 국자가·룽징·하얼빈·훈춘·두도구 등지에 독립운동 단체에 관한 정보를 얻으려고 영사관 및

---

380 http://db.history.go.kr/국내외항일운동문서/不逞團關係雜件-朝鮮人의 部-在滿洲의 部(43)/新民府의 農業經營 및 軍資金募集을 위한 鮮內地侵入計劃에 關한 件.
381 蔡根植, 앞의 책, 1949, 108쪽 ; http://db.history.go.kr/국내외항일운동문서/不逞團關係雜件-朝鮮人의 部-在滿洲의 部(41)/不逞鮮人의 學校復興에 關한 件.
382 蔡根植, 앞의 책, 1949, 115~116쪽.
383 「新民府姜某一派 齋藤總督○○을 計劃?」『時代日報』, 1925년 5월 15일.

그 분관을 설치했다. 그리고 자신들의 힘이 직접 미치지 못하는 곳에 조선인민회·보민회·권농회·시천교·청림교 및 제우교 등의 친일단체를 동원했다. 그러나 일제의 이러한 책동은 북만 깊숙이 위치한 신민부의 동태를 파악하기에는 미흡했다. 이에 일제는 하얼빈의 일본 영사관이 중심이 되어 배두산을 하이린 지역의 조선인민회 회장으로 밀파했다. 하이린은 중동선을 중심으로 신민부의 연락기관이 소재한 요충지였다.

그러나 신민부는 1927년 12월 25일에 석두하자에서 열린 임시총회를 계기로 군정파와 민정파로 분화되었다. 이것은 그해 2월 일경과 중국군 1개 중대의 습격을 받아 중앙집행위원장인 김혁과 경리부위원장인 유정근 및 본부 직원 수명이 체포된 사건이 발단이 되었다. 이 사건 뒤 신민부 안에서는 이후 노선에 대해 의견이 분분했다.

군사부위원장인 김좌진을 비롯해 황학수·정신·백종렬·오양세·김종진 등은 이 같은 큰 희생을 계기로 보다 적극적인 무장투쟁을 벌일 것을 주장했다. 반면에 민사부위원장인 최호를 비롯한 김돈·이일세·문우천文宇天·독고악獨孤岳·최학문崔學文 등은 이에 반대하고 교육과 산업에 우선을 두고 시행할 것을 주장했다. 이렇게 하여 분화된 신민부의 군정파와 민정파는 서로 자신의 조직이 유일한 신민부 본체임을 주장하며, 군정파는 닝안현의 밀강密江 신안진新安鎭에, 민정파는 동빈현 소량자하小亮子河 농평農坪에 본부를 두고 활동했다.[384]

군정파는 신민부 창립 당시 군사부위원장 겸 총사령관인 김좌진을 중심으로 하여 주로 신민부 창립 이전 대한독립군단의 김좌진 계열이거나 대한군정서 소속이었다. 반면에 최호 등을 비롯한 민정파의 주요 인물은 신민부 창립 당시 민사부에 속했던 인물들이었다. 즉 박성태와 문우천을 예외로 하면 민정파는 주로 북만 한인의 자치와 경제력 신장에 관심을 기울였다. 김돈, 이일세도 남만주 지역에서 농민조합운동 등 자치 활동을 벌인 인물이었다.

이처럼 군정파와 민정파로 분화된 신민부의 대립은 기본적으로 무력투쟁 우선주의와 교육·실업 우선주의 등 독립운동 노선을 둘러싼 차이에서 비롯되었다. 이 같은 양파의 대립은 1920년대 후반 삼부통합운동까지 영향을 미쳤다.

---

**384** 朝鮮總督府警務局, 『北滿地方思想運動槪況』, 1929, 41~42쪽.

## 2. 민족유일당운동과 삼부통합운동

### 1) 민족유일당운동

1920년대 중반 이후 국내외에서는 '민족해방'을 위한 항일전선의 통일을 요구하는 움직임이 거세게 일어났다. 여기에는 무엇보다도 1920년대 들어 노골화된 일제의 기만적인 문화통치와 이에 영향을 받은 타협적인 개량주의의 등장 등에 대응할 필요가 있었다. 또한 1924년 장제스의 중국국민당과 중국공산당의 제1차 국공합작도 크게 영향을 미쳤다. 그리하여 국내에서는 비타협적 민족주의 세력과 사회주의세력이 '비타협'을 원칙으로 1927년 2월 신간회를 창립했다. 상하이와 베이징을 중심한 중국 관내에서도 분열된 항일전선을 통일하기 위해 민족유일당을 건설할 것을 목표로 민족주의·무정부주의 및 사회주의 세력이 머리를 맞대고 각지에 '대독립당조직촉성회'를 조직했다. 항일전선을 통일하기 위한 움직임은 삼부로 정립된 만주에서도 예외는 아니었다.

중국 관내에서 전 민족의 대동단결을 역설하며 대독립당 건설을 촉구해 온 안창호는 베이징을 거쳐 1927년 초 지린에 도착했다. 그는 그해 2월 재만 한인 약 5백 명이 운집한 지린성 동문 밖 대동공사大東公司에서 민족의 대동단결을 역설했다.[385] 이어 안창호는 정의부를 비롯한 만주 각지의 독립운동 지도자들과 협의한 끝에 대동단결을 실현하기 위한 회의를 개최키로 했다.[386] 그해 4월 15일부터 18일까지 4일간 지린현 신안둔新安屯의 길흥학교吉興學校에서 민족유일당 건립을 위한 전만 독립운동단체 통일회의가 열렸다. 회의에는 안창호를 비롯하여 정의부, 남만청년총동맹, 한족노동당 등의 대표 총 52명이 참가했다.

회의는 만주 전독립운동단체의 통일을 목적으로 한 것이었으나 참가한 단체는 주로 판스와 지린에 본부를 둔 남만지역을 무대로 활동한 단체들이었고 이념적으로는 민족주의계인 정의부와 사회주의계인 남만청년총동맹 및 한족노동당이 중심이었다.

---

385 蔡根植, 앞의 책, 1949, 141~142쪽.
386 「吉林을 中心 安昌浩氏活動」『東亞日報』, 1927년 1월 28일.

안창호 어록비(독립기념관)

이런 이유로 독립운동 단체의 통일에 대한 합의점을 찾지 못한 이들은 전만주의 통일 전선을 구축하려면 서로간의 이념과 노선을 합일시킬 더욱 차분한 준비기간이 필요하다고 판단했다. 이들은 이를 위해 준비기관으로 시사연구회時事硏究會를 조직하고 이탁, 최동욱, 박병희, 이일세, 김응섭 등 5인을 대표위원으로 선출하여 이들의 책임 아래 독립운동 단체의 통일 방안을 강구토록 했다. 이리하여 시사연구회는 만주 내에서 민족유일당 수립에 찬성하는 단체 또는 개인 모두를 수용해 중앙과 지부를 조직하여 그 방침을 연구하는 단체가 되었다.[387]

---

387 전만독립운동단체 통일회의에 참여한 단체와 대표는 정의부의 김동삼, 고활신, 이광민, 김원식, 현정경, 현익철, 김학선, 김이대, 이욱, 이준, 최승일, 최일치 외 4명, 정의부 군대측의 문학빈, 양세봉, 김석하, 이웅 외 8명, 남만청년총동맹의 박병희 외 십수 명, 한족노동당의 김응섭, 중동선 방면의 마용덕, 기타 안창호, 최동욱, 이일세, 이상덕, 박치선, 윤평, 김동훈 등이었다. 그리고 시사연구회는 "- 본회의 목적은 전민족유일당 수립의 방침 및 운동의 발전책을 연구함, - 본회의 조직범위는 만주로 함, - 본회의 회원자격은 본 회의 목적에 찬성하는 각 운동 단체의 대표 또는 개인으로 함, - 중앙기관 및 지부를 설치함, - 중앙에 중앙위원 5명 이상 지부에 지부위원 3명 이상을 둠, - 본 회의 경비는 참가단체에서 부담함" 등의 운영 지침에 따라 활동했다. 이 회의와 시사연구회에 대한 보다 상세한 내용은 채영국, 앞의 책, 2003, 342~345쪽 참조.

한편 시사연구회가 결성되기 전인 1926년 5월 북만의 영고탑에 설치되어 만주 내 한인 사회주의자들을 총괄하던 조선공산당 만주총국에서도 1927년 1월에 민족유일당 운동과 관련하여 "1. 통일적 민족유일당을 전제로 하고 개인 본위로서 전만주의 정예분자를 망라하여 전만 단일기관으로 할 것. 국내외를 통하여 민족유일당이 성립되는 날에는 무조건 이에 참가할 것. 그 조직 방법은 당조직 방법에 준거하여 비밀 조직으로 할 것", "2. 앞항의 민족유일당을 신중히 조직하기 위하여 민족기관 조직위원회를 총국지도 아래에 설치할 것" 등의 활동지침을 발표하여 참여를 표명했다.[388]

이어 1927년 6월 29일 조선공산당도 만주총국에 "협동전선적 단일당을 조직하는 출발점은 시사연구회로 하라"고 지시하면서[389] 만주에서의 민족유일당운동에 사회주의진영이 적극적으로 참여하게 되어 민족·사회주의 양진영의 민족통일전선운동으로 발전했다. 정의부에서도 그해 8월에 제4회 중앙의회를 개최하고 민족유일당 결성을 위해 "1. 만주 운동선의 통일을 위하여 신민부·참의부와의 연합을 적극적으로 도모한다. 2. 전민족운동 통일을 위하여 유일당 촉성을 준비한다."라는 결의문을 채택했다.[390]

만주 내의 이러한 분위기 속에서 민족유일당 결성을 연구하고 준비한 시사연구회의 대표위원 5인은 1927년 12월 중 판스현에서 '남만혁명동지연석회의'를 열기로 결정하고 각지의 항일단체에 이 사실을 통고했다.[391] 그러나 정의부의 경우 의용군 사령관인 오동진이 같은 해 12월 일경에 피체되어 혼란스러웠고 각 단체들의 준비가 부실하여 회의는 개최되지 못했다.[392]

이 무렵 상하이에서 1928년 1월 만주의 통일운동을 촉진시키려고 홍진洪震이 파견되었다. 당시 중국 관내촉성회연합회에서는 "만주·노령·미주 기타 각지에 인원을 파견 또는 공함을 발송하여 촉성회 설립을 실현하는데 노력한다."라는 사업 방침에 따

---

388 김준엽·김창순, 『韓國共産主義運動史 4』, 청계연구소, 1986, 343쪽.
389 김준엽·김창순, 앞의 책, 1986, 345~346쪽.
390 『독립운동사자료집 10』, 405쪽.
391 『高等警察要史』, 125쪽.
392 채영국, 앞의 책, 2003, 346쪽.

홍진

라 홍진을 파견했던 것이다.[393] 홍진은 남만 각지를 순방하면서 민족유일당 성립의 필요성을 역설했다.[394]

홍진의 만주 도착과 함께 정의부와 시사연구회를 중심으로 유일당을 조직하자는 움직임이 활발히 진행됨에 따라 시사연구회에서는 1928년 3월 1일 유일당 조직을 위한 회의를 개최한다는 전제 아래 만주지역 32개 독립운동 단체에 대표 파견을 요청했고, 정의부에서도 2월 영고탑에서 삼부의 간부들과 회합하여 4월 중에 삼부연합회의를 열기로 결의했다.[395]

마침내 만주지역에서 민족유일당을 조직하기 위한 회의가 열렸다. 1928년 5월 12일 화뎬현樺甸縣 성흥학교城興學校에서 '전민족유일당조직촉성회'가 열렸다. 남만·동만·북만 등지의 민족주의계 및 사회주의계 18개 단체 대표 39명이 참가한 대규모 회의였다. 그러나 회의에는 만주 지역의 대표적 단체인 참의부와 신민부는 참여하지 못했다. 참의부에서는 대표자를 선출하여 파견했으나 중국 측의 경비가 삼엄하여 중도에 포기했고, 신민부는 대표로 선출된 신숙申肅이 회의가 종료된 뒤에야 도착했다.[396]

5월 12일부터 26일까지 15일간 대표들은 화뎬현과 판스현 내에서 세 차례나 장소를 옮겨가며 민족유일당 결성을 위한 회의를 진행했다. 참가단체 대표들은 우선 민족유일당을 조직한다는데 합의하고 이를 준비하기 위한 기구로 '재만운동단체협의회'를 조직하고 이관일李寬一(일명 이규동李奎東), 이청천, 이의태李義太, 이광민, 이도李道 등 5명을 회의 진행위원으로 선출하여 회의를 진행토록 했다. 대표들은 먼저 세계정세와 일본제국주의 타도를 위한 방안에 대한 연설을 듣고 서로 의견을 교환했다. 그

---

393 『韓國民族運動史料(中國編)』, 618쪽.
394 『高等警察要史』, 125쪽.
395 黃敏湖, 「만주지역 민족유일당운동과 3부통합운동」 『爭點한국近現代史』, 1994, 43쪽.
396 국사편찬위원회, 『韓國獨立運動史 4』. 1968, 861~862쪽.

리고 판스현 호란집창자呼蘭集廠子로 회의 장소를 옮겨 유일당 조직을 위한 제2차 회의를 열었다. 회의에서는 유일당 조직을 구체화하기 위한 군사·재정·정치·교육·노동 등의 분과를 설치하기로 결의했다. 이어 판스현 남문 밖 대동농장에서 열린 제3차 회의에서는 유일당 조직을 추진하기 위한 집행위원 21명을 선출하여 이들에게 유일당 헌장의 기초 작성 등을 일임했다.397

순조롭게 진행되던 회의는 '재만운동단체협의회'에 대한 명칭과 민족유일당 조직 방법 문제로 삐걱거리기 시작했다. 북만청년총동맹·재만농민동맹을 비롯한 7개 단체가 "협의회로서는 당을 조직할 수 없다.", "협의회는 중앙집권제가 아니기 때문에 당을 조직하기가 불가능하다.", "협의회가 당의 조직을 주최하는 것은 혁명원리에 위반된다." 등의 이유로 탈퇴를 선언했다. 또한 정의부 대표로 참여한 이청천은 "혁명관을 달리하기 때문에 협의회에서는 성공이 불능하다고 스스로 믿기 때문에 개인으로서의 권리를 포기한다."라고 했고, 배활산裵活山도 "협의회 상설을 부인한다."라며 탈퇴했다.398

이것은 단지 향후 조직될 단체의 명칭 문제에 국한된 것이 아니라 기본적으로는 어떤 성격의 유일당을 어떤 방법으로 조직할 것인가 하는 문제였다. 여기에는 이미 자신들이 속해 있는 단체의 형편에 따라 통일 방법을 달리했기 때문이다. 제기된 통일 방법론은 단체본위조직론·개인본위조직론·단체중심조직론 등 세 가지였다. 단체본위조직론은 장차 성립될 유일당은 기존의 작은 단체를 연합하는 방식으로 조직되어야 한다는 논리였다. 개인본위조직론은 기존 군소 단체는 대부분 지방적 또는 파벌적으로 결합된 단체이므로 이 단체들은 완전히 무시하고 철저하게 개인위주로 유일당을 구성해야 한다는 논리였다. 마지막의 단체중심조직론은 기성 단체 가운데 가장 권위가 있는 유력 단체를 중심으로 군소 단체가 종속 결합한 다음 점차 그 세력을 확대해 나가야 한다는 논리였다.399

---

397 黃敏湖, 앞의 논문, 1994, 34쪽.
398 국사편찬위원회, 『韓國獨立運動史 4』. 1968, 865쪽.
399 국사편찬위원회, 『韓國獨立運動史 4』. 1968, 874쪽 ; 독립운동사편찬위원회, 앞의 책, 1976, 403~404쪽.

세 가지 주장 중 단체중심조직론을 고집하는 단체는 없었다. 그러나 유일당운동을 주도하고 있었던 정의부는 단체본위조직론을, 동만청년동맹·북만청년동맹 등은 개인본위조직론을 주장했다. 민족유일당의 조직방법에 대한 의견 대립은 끝내 합의점을 찾지 못했고, 회의는 개최된 지 15일 만인 5월 26일 결렬되었다.[400]

이후 각 대표들 간에는 단체본위조직론과 개인본위조직론 등 두 가지 안 가운데 하나를 지지하며 분열되었다. '협의회'란 명칭에 반대하고 개인본위조직론을 주장했던 남만청년동맹 등 7개 단체는 세린하細鱗河에 모여 '전민족유일당촉성회'(약칭 촉성회)를 결성했고, 단체본위론을 주장했던 정의부 등 11개 단체는 호린집창자에서 '전민족유일당협의회'(약칭 협의회)를 조직함으로써 재만 독립운동계는 민족유일당운동을 계기로 '협의회파'와 '촉성회파'로 양분되었다.[401] 사회주의 진영은 1927년 1월 조선공산당 만주총국이 민족유일당운동에 대해 자신의 입장을 밝힌 '당만총지령 제4호'에 의해 촉성회측에 가담한 것으로 보인다.[402]

이후 양파는 나름대로 유일당운동을 벌여나갔다. 촉성회는 먼저 일본 제국주의를 박멸하고 정치적·경제적으로 평등한 생활이 이루어질 수 있는 국가를 건설하기 위한 민족유일당을 설립하자는 취지를 발표했다.[403] 그리고 1928년 5월 26일 개최된 재중한인청년동맹 창립대회를 통해 단체본위에 의존하여 협의기관의 명목 아래 민족유일협동전선당을 조직하는 것에 반대하며 민족유일당재만촉성동맹과 각 지역 촉성회를

---

400 신주백, 『만주지역 한인의 민족운동사』, 아세아문화사, 1999, 167쪽.
401 '전민족유일당촉성회'에 참여한 단체는 북만청년총동맹, 남만청년총동맹, 동만청년총동맹, 송강청년총동맹, 여족공의회, 합장청년회, 재만농민동맹과 이청천·배활산·김동삼 등 정의부에서 이탈한 개인 등이며, '전민족유일당협의회'에 참여한 단체는 낙산일꾼조합, 납법청년회, 다물단, 정의부, 신광청년회, 남만청년연맹, 농우회, 무본청년회, 북만조선인청총, 동만조선인청총 등이었다(尹炳奭, 『獨立軍史』, 지식산업사, 1990, 276쪽).
402 김준엽·김창순, 앞의 책, 1986, 343쪽. 협의회와 촉성회라는 양파의 분열에 대해 협의회는 민족주의, 촉성회는 사회주의라는 평가는 단순한 평가이다. 이런 평가는 1920년대 중반 민족유일당운동과 관련하여 국내외에서 제기된 이론적 배경 즉 '민족혁명론'이나 '민족통일전선론'과 조직론 등을 무시한 일면적 고찰이며, 특히 비록 개인적이기는 하지만 정의부의 김동삼, 이청천, 김원식 그리고 상하이에서 만주로 파견되었던 홍진 등이 유일당 조직방법론에 대한 이견으로 촉성회 등에 참여한 것에서도 이런 이분법인 평가는 사실과 다르다는 것을 알 수 있다.
403 국사편찬위원회, 『韓國獨立運動史 4』, 1968, 876쪽.

지지할 것을 결의했다.[404]

　정의부를 중심으로 한 협의회에서는 '1. 민족유일당 조직을 준비한다', '2.혁명선열의 유업인 조선혁명 완성을 위하여 적극적으로 분투 노력한다', '3. 전민족 각층에 공통된 정치적 불평을 추출하여 민족유일당으로 총 집중한다' 등의 주장을 펼쳤다.[405] 이어 협의회는 군사·교육·노동·농민·청년·여성과 관련된 문제의 해결 방안을 강구했다. 그리고 민족유일당의 기관지로 『전위前衛』를 발간하는 문제와 처음 선출했던 집행위원 중 황기찬黃基贊· 이의태李義太·김만선金萬善·이동일李東一 등은 촉성회에 가입했으므로 위원직을 취소하고 김상덕은 자신이 사의를 표함으로 이들을 대신하여 새로 이우백李雨伯·김해성金海成·진로陳壚·오천갑吳天甲을 집행위원으로 보선했다.[406] 협의회는 1928년 6월 18조에 이르는 규약까지 정하여 발표했다. 규약은 협의회 의무로서 민족유일당 조직의 주비籌備와 분립단체의 통일 및 분산된 혁명역량의 총집결에 두고 협의회를 민족유일당이 조직될 때까지 존속시킨다는 것이었다. 그리고 당의 기초구성을 위하여 혁명전위 분자를 단결하여 '민족유일당조직동맹'을 조직했다.[407]

　협의회가 구성되고 난 후 정의부는 1928년 8월 24일부터 9월 4일까지 12일간 제5차 중앙의회를 열고 정의부는 협의회를 지지한다는 사실을 공식 표명했다. 중앙의회의 결의가 있자 촉성회를 지지하는 입장인 이청천 등 5명의 간부들은 회의 도중 퇴장하여 불만을 보였고 이후 이들은 촉성회 측에 가담하여 활동했다.[408]

　이와 같이 1920년대 중반 이후 만주에서 시작된 민족유일당운동이 노선과 통합 방법에 대한 이견으로 실패하자 이 운동은 정의부, 참의부, 신민부 등 삼부를 중심으로 한 삼부통합운동으로 발전했다.

---

404　黃敏湖,「滿洲地域 民族唯一黨運動에 관한 硏究-唯一黨促成會議를 중심으로-」『崇實史學』 5, 181쪽.
405　『독립운동사자료집 10』, 406쪽.
406　국사편찬위원회, 『韓國獨立運動史 4』, 1968, 866~868쪽.
407　국사편찬위원회, 『韓國獨立運動史 4』, 1968, 869~870쪽.
408　국사편찬위원회, 『韓國獨立運動史 4』, 1968, 870쪽.

## 2) 삼부 통합 운동

민족유일당운동이 협의회와 촉성회 두 파로 나뉘자 협의회를 실질적으로 이끌었던 정의부는 통일에 대한 새로운 방향을 모색했다. 지난 제4회 중앙의회에서 만주운동선 통일을 위하여 신민부, 참의부와의 연합을 적극적으로 도모할 것을 결의했던 정의부는 유일당운동에 참가하지 못했던 참의부와 신민부를 결속하여 삼부통일을 이루고자 했다.

정의부는 1928년 9월 참의부와 신민부 측에 연락을 취하여 지린에서 삼부통일회의를 개최했다. 그러나 이 회의는 시작부터 난관에 부딪혔다. 민족유일당운동 당시부터 단체본위조직론을 주장해 온 정의부 측은 참의·신민 양부와 가진 회의에서도 이를 계속 주장했다. 그러나 참의·신민 양부 대표들의 의견은 달랐다. 이들 두 단체도 정의부와 마찬가지로 남·북만에서 군정부로서의 역할을 담당하긴 했지만 세력은 정의부에 미치지 못했다. 따라서 정의부의 주장대로 단체본위조직론으로 삼부를 통합한다면 그 주도권은 정의부 측으로 넘어갈 것이 당연했다. 이런 이유로 참의부와 신민부 측 대표들은 정의부의 주장을 반대하는 입장에서 다음과 같은 의견을 내놓았다.[409]

 1. 신민부·참의부·정의부를 완전히 해체할 것.
 2. 과정조직으로서 잠시 그 잔무를 정리 청산할 것.
 3. 촉성회 대 협의회의 분규를 타파하고 전만 일반의 대당주비를 실현할 것.
 4. 이주민의 귀화를 장려하고 특수한 자치권을 획득할 것.

참의·신민 양부의 주장은 결국 촉성회 측의 의견대로 기존 단체를 모두 해체한 채 구성원의 요소를 개인으로 하여 민족 대당을 조직하자는 것이다. 삼부 통합을 이루기 위한 첫째 조건에서 이 같이 제동이 걸렸다. 그러나 이 의견이 제기되고 정식으로 대표회의가 개최되기도 전에 회의에 참가한 참의부와 신민부 측 대표들에 대해 각 단체

---

[409] 국사편찬위원회, 『韓國獨立運動史 4』, 1968, 876쪽.

내부에서 문제가 발생하여 통합운동은 더욱 복잡하게 되었다.

신민부에서는 대표권항쟁문제, 참의부에서는 대표소환문제가 일어났다. 대표권항쟁문제란 신민부 내부에 형성되었던 민정파와 군정파간의 대립에서 연유한 문제였다.[410] 이러한 갈등 속에서 삼부통합회의에 참가한 신민부 대표는 민정파에 속한 김돈金墩이었다. 군정파에서는 김돈의 대표성을 부인하고 통일회의에 이의를 제기했다. 정의부에서는 이 문제를 해결하려고 "1. 대표문제를 무조건 타협할 것, 2. 타협이 불능할 때는 쌍방이 함께 출석할 것, 3. 위 두 항을 실행하기 곤란할 때는 심사기관에서 정할 것" 등 타협안을 제시했지만, 양측이 모두 거절함으로써 해결되지 못했다.[411]

한편 참의부 본부에서는 회의에 참석한 대표 중 한 사람인 김소하를 반동 적탐敵探의 죄명으로 사형 판결을 내리고 그 집행을 정의부에 위탁하고, 나머지 대표들에게는 본부 소환 명령을 내렸다.[412] 참의부로부터 김소하 처분권을 위임받은 정의부 측에서는 참의부 내분에 대한 진위를 가리고자 대표 중 한 사람인 김승학에게 곡절을 물은즉 그는 오히려 사형 판결은 반동분자들의 모함이라고 진술했고, 김소하는 자진하여 대표권을 포기해 버렸다.[413]

이런 이유들 때문에 정의부에서 삼부통합을 위해 개최하려 했던 통합회의는 본 회의를 개최하지도 못한 채 결렬되었다. 삼부의 대표들은 1928년 11월 초 통합회의가 결렬되었음을 발표한 후 해산했다.[414]

### 3) 혁신의회와 국민부

재만 독립운동계의 민족유일당운동은 우여곡절 끝에 삼부통합운동까지 이르렀지만 만족할 만한 성과를 거두지 못하고, 협의회파와 촉성회파 두 파가 생겨나는 결과만 초래했다. 통합이 실현되지 못한 데는 통합의 방법론에 대한 입장 차이가 기본 원인

---

410 국사편찬위원회, 『韓國獨立運動史 4』, 1968, 876~877쪽.
411 국사편찬위원회, 『韓國獨立運動史 5』, 1969, 727쪽.
412 국사편찬위원회, 『韓國獨立運動史 4』, 1968, 877쪽.
413 국사편찬위원회, 『韓國獨立運動史 5』, 1969, 727쪽.
414 위와 같음.

이었지만 그 안에는 각 부 내부 구성원이 이전부터 가지고 있던 상호간의 불신과 갈등도 크게 작용했다.

　삼부통합운동 과정에서 대표권 항쟁문제로 민정파와 군정파로 분열되었던 신민부는 통일회의가 결렬된 뒤에도 갈등이 계속되었다. 삼부통일회의의 결렬 소식이 정식 통보되기 전인 1928년 10월 20일 빈주賓州에서는 신민부의 관할 한인 40~50명이 모여 회의를 하고 있었다. 회의는 1925년 이래 더욱 강화된 일제 군경과 중국 관헌의 탄압에 대한 한인의 자위책을 강구하기 위해서였다. 그런데 김좌진이 이끄는 군정파는 이 회의를 민정파가 자신들을 음해하려고 연 비밀회의로 오해했다. 그래서 군정파는 회의장소에 무장대원을 파견하여 회의 책임자인 황혁黃赫 등 수명을 사살하고 다수의 한인에게 중경상을 입혔다.[415] 이 사건이 있자 그해 11월 하순 닝안현에서는 민정파를 지지하는 신민부 관할 6개 현 16지역의 한인들이 모여 '북만주민대회'를 열고 빈주에서 있었던 군정파의 행위를 비난하고 "민중의 생명을 학살하고 혁명전선의 교란자, 매족적賣族的 주구, 혁명적 사기꾼의 장본인 김좌진, 정신 등을 매장하라"라고 성토했다.[416] 이전부터 있었던 신민부 내부의 갈등이 삼부통일회의를 계기로 표면화되어 이제 내부 구성원 사이에 서로를 적대시하는 관계로까지 발전하게 되었다.

　이것은 정의부도 마찬가지였다. 민족유일당운동 과정에서 조직 방법론을 둘러싸고 협의회와 촉성회 지지로 나뉘었던 지도부의 분열 역시 통일회의가 결렬된 뒤 더욱 격심해졌다. 촉성회를 지지했던 김동삼, 이종건李鍾乾, 김상덕 등은 정의부 협의회 측과 완전히 관계를 끊고 1928년 11월 중순 판스현에서 민족유일당 명의로 동맹규약을 발표하고 동맹원의 모집에 노력했다.[417]

　반면 참의부에서는 삼부통일의 방법론보다는 1925년 삼시협정 이후 강화된 일제의 군경과 중국관헌의 탄압에 어떻게 대응할 것인가 하는 노선 문제로 내부 분열이 깊어졌다. 참의부는 성립 초기부터 다른 두 군정부에 비해 국내진입전 등 무장활동

---

415　국사편찬위원회, 『韓國獨立運動史 4』, 1968, 877~878쪽 ; 申肅, 『나의 一生』, 日新社, 1963, 90쪽.
416　국사편찬위원회, 『韓國獨立運動史 4』, 1968, 742쪽.
417　『高等警察要史』, 127쪽.

을 활발히 벌여 일제 군경의 주된 탄압 표적이 되었기 때문에 참의부 안에서는 자치활동에 치중하면서 점진적인 무장활동을 벌이자는 세력들이 생겨나게 되었다. 그리하여 이들과 무장활동 위주의 노선을 주장하는 세력들 사이에 시간이 갈수록 갈등이 깊어졌다. 참의부는 이런 갈등의 와중에 통일회의에 참가하게 되었고 그 과정에서 내부분열이 한층 노골화되었다. 참의부의 이런 갈등은 마침내 대표소환문제로 발전하여 통일회의가 결렬되기도 전인 1928년 10월 참의부 내의 일부 세력이 기존의 재만 친일파들과 협조하여 친일단체인 선민부鮮民府를 조직해 이탈하기까지 했다.[418]

삼부통합운동을 계기로 노골화되기 시작한 삼부 내부의 갈등과 대립은 1928년 11월 삼부통일회의가 결렬된 뒤 서로 이념과 노선을 같이하는 인사들끼리 헤쳐 모이는 식의 분열과 화합을 시작했다.

1928년 12월 하순 정의부 인사 가운데 촉성회를 지지하는 측과 신민부의 군정파 및 참의부의 일부가 연합하여 혁신의회革新議會를 조직했다. 이 단체는 새로운 정식 기관이 조직되기까지 약 1년 이내 운영될 과도적 임시기관이었다. 중앙집행위원장에는 김원식이 선임되고 동위원에는 김승학, 이청천, 정신 등이 선출되었다. 혁신의회의 주요 임무는 1. 대당촉성의 적극적 방조幇助, 2. 군사후원 및 적의 침입 방지, 3. 합법적 중국지방 자치기관(동향회) 조직, 4. 잔무정리 등이었다.[419] 그리고 이들 업무를 효율적으로 처리하려고 기존 삼부의 관할지역을 잠정적인 행정 구역으로 개편했다. 전 참의부의 관할 구역은 남구, 이청천, 김동삼 등이 삼부통일회의 이후 정의부를 이탈하여 조직하여 관할하던 지역은 중구, 전 신민부의 관할지역은 북구로 정하여 혁신의회가 통할하기로 했다.[420]

혁신의회는 협의회 및 촉성회 어느 쪽에도 가담하지 않고 중도적 입장이었던 자들이 조직한 기성회期成會와 통합하여 '민족유일독립당 재만책진회'를 조직했다. 책진회는 혁신의회의 이면기관 역할을 하면서 유일당의 촉성을 위한 조직체였다. 책진회는 중앙집행위원장에 김동삼, 위원에 김좌진, 김성호金盛鎬 등을 선임하고, "1. 일반

---

418 『독립운동사자료집 10』, 414~417쪽.
419 국사편찬위원회, 『韓國獨立運動史 4』, 1968, 878쪽.
420 丁原鈺, 「在滿 抗日運動團體의 全民族唯一黨運動」『白山學報』 19, 1975, 208쪽.

구성분자를 책려하여 당의 집성토대에 분투시킬 것. 2. 조선의 혁명에 대한 이론을 전개하여 만주운동의 내재적 모순을 정리하고 대당 촉성의 준비에 노력할 것. 3. 대당이 아직 성립하기 전 과도기에 있어서 악독한 마수의 침입을 방지하는 한편 소위 만몽침략 적극정책을 배제할 것" 등의 활동방침을 정했다.[421]

본래 혁신의회는 1년을 기한으로 하는 과도적 단체로서 그 후에는 이를 토대로 군정부를 설립한다는 구상이었다. 따라서 계획대로 라면 1929년 5월 이전에 군정부가 출범해야 했다. 비록 '민족유일당 재만책진회'를 구성하기는 했으나 협의측이 국민부를 만들어 세력을 확장하는 등의 영향으로 국민부의 영향력이 강한 지린지역에서 군정부 수립은 사실상 어려웠다. 이에 혁신의회는 1929년 5월 중앙집행위원회 결의에 의해 1년 만기가 되어 해체를 선언하고 책진회를 중심으로 군정부 수립을 위한 활동을 다시 하기로 결정했다. 이에 따라 김좌진·김종진 등은 북만주로, 지청천은 오상현으로, 김회산·이희곤李希坤·이백파李白坡 등은 자신들의 근거지인 남만으로 돌아가는 등 그 활동이 크게 위축되었다.[422] 그 후 책진회는 정의부에서 탈퇴하여 촉성회에 가담한 김동삼·김덕원·김원식 등에 의해 어렵게 유지되다가 끝내는 유야무야되고 말았다.

촉성회 측의 주도로 임시기관이기는 하지만 혁신의회가 조직되자 정의부를 중심으로 혁신의회에 가담하지 않고 삼부에 남은 세력과 그들을 지지하는 세력들도 새로운 통합체를 구성하려고 노력했다. 정의부는 민족유일당회의 이후인 1928년 8월 24일부터 개최된 제5회 중앙의회에서 단체 명의로 협의회를 지지한다는 결정을 내린 바가 있었다. 협의회를 지지하는 세력은 정의부 주도 세력과 신민부의 민정파 그리고 참의부에서는 심용준沈龍俊, 최재경崔在京, 이영희李永熙, 박대호朴大浩 등이 통솔하는 세력이었다.[423]

협의회 측 인사들은 삼부통일회의가 개최될 무렵인 1928년 9월에 이미 정의부의 주도로 민족유일당을 추진하려고 조직했던 '민족유일당조직동맹'을 기반으로 통일운

---

421 국사편찬위원회, 『韓國獨立運動史 4』, 1968, 878쪽.
422 『독립운동사자료집 10』, 470쪽.
423 독립운동사편찬위원회, 『독립운동사 5』, 415쪽.

동을 펼쳐나갔다. 협의회 측은 촉성회가 12월 혁신의회를 성립시키자 민족유일당조직동맹 주체로 그 동안 협의회에 동조한 참의부 및 신민부의 인사들과 1929년 1월 26일 지린에서 중앙집행위원회를 개최했다. 이 회의에서 민족유일당조직동맹은 대표로 현익철과 김이대를 선출하고, 주석단으로는 고활신, 김이대, 황기룡黃起龍(본명 김찬金燦)을 선임했다.

이어 민족유일당조직동맹은 제1회 집행위원회의에서 작성했던 강령과 규약을 개정하고 당면 정책을 결정했다. 이 동맹은 재만 한인의 자치를 발전시키기 위해 중국 당국이 인정하는 합법적 기관을 설치하여 한인의 공민권 획득, 한인을 위한 특수 교육기관 설치, 자치행정 등을 실천하도록 한다는 것이었다. 조직은 구·현·성·중앙의 4단계로 하고 민주주의적 중앙집권제로 한다는 방침을 정했다. 또한 1928년 9월에 이미 조직된 '동성귀화한족동향회東星歸化韓族同鄕會'를 기본조직으로 해 이 자치기관을 발전시켜 완성한다는 것이었다.[424]

민족유일당조직동맹을 강화한 협의회측은 1929년 3월 하순 지린에서 삼부대표자 회의를 개최했다. 이 회의에는 정의부의 대표로는 이동림, 현익철, 고이허, 고활신, 최동욱, 이탁, 참의부 대표로는 심용준, 임병무林炳武, 유광흘劉光屹 그리고 신민부의 대표로는 이교원李敎元 등이 참여했다.[425] 이들 대표들은 며칠에 걸친 회의 결과 통일된 새로운 조직체를 결성하자는데 합의하고, 같은 해 4월 1일 삼부통일회의 명의로 선언문을 발표하여 국민부國民府를 성립시켰다. 국민부의 성립으로 삼부통일회의는 해체되고 이후부터 중앙집행위원회가 조직될 때까지 이동림, 이교원, 심용준, 현익철, 고이허 등 5인을 대표위원으로 선정하여 통일을 위한 잔무를 처리토록 했다. 국민부는 중앙집행위원 23인을 선출, 그해 5월 28일 제1회 중앙집행위원회를 열고, 중앙집행위원장에 현익철, 지방부집행위원에 김이대, 군사부집행위원에 이웅, 교양부집행위원에 양기하, 재무부집행위원에 김돈, 외무부집행위원에 김구金球, 중앙사판소 검리장檢理長에 이성근李成根 등을 선출했다.[426]

---

424 위와 같음.
425 국사편찬위원회, 『韓國獨立運動史 5』, 1969, 730~731쪽 ; 『高等警察要史』, 128쪽.
426 채영국, 앞의 책, 2003, 364쪽. 조선혁명당의 집행위원들을 삼부 출신별로 보면, 정의부 계통으

이들 중앙집행위원들의 출신을 보면 총 23명 가운데 정의부 계통이 15명으로 참의·신민 양부에 비해 단연 많은 비율을 차지했다. 이처럼 국민부는 정의부 인사들이 주도하여 성립함에 따라 주 근거지도 자연 정의부의 관할 지역인 남만이 되었다. 반면 국민부보다 먼저 성립되어 만주 전체를 남구·중국·북구로 정하여 관할하려 했던 혁신의회는 국민부가 남만 지역을 관할지역으로 정하자 북만을 주 활동 근거지로 하여 조직을 재편하게 되었다.[427]

---

로는 현익철, 김이대, 이웅, 김학선, 관관계, 이진탁, 문학빈, 김구, 최경문, 이동림, 윤상전, 장지호, 이성근, 고이허 등이고 신민부 계통으로는 김돈, 독고악, 송상하, 이영희, 참의부 계통으로는 양기하, 황기룡, 최일오, 임규환 등이었다.

427 독립운동사편찬위원회, 『독립운동사 5』, 470쪽.

# 제4절

# 일제의 만주침략과 한중연합 항일투쟁

## 1. 국민부와 조선혁명군

삼부통합운동의 결과 남만의 대표기관으로 성립한 국민부는 1929년 12월 20일 민족유일당 이념을 실천하려고 이당치국以黨治國을 목적으로 조선혁명당을 결성하고[428] 여기에 소속된 당군을 조선혁명군으로 재편성했다. 조선혁명당은 민족역량을 총집결하여 동일한 이론과 방법으로 한국의 독립을 완수하겠다는 이당공작以黨工作을 전개하여 국민부를 지지하고 육성하는 유일당을 지향했다. 그러나 양자의 관계는 당이 우위에 있어 조선혁명당은 행정기관인 국민부에 대한 명령권이 있었다. 따라서 국민부는 조선혁명당이 지시하는 행정사항을 표면에 처리하는데 불과했고, 정치·경제·문화 등 모든 부문을 당이 지도했다. 하지만 양자의 구성인물이나 이념·활동 목적은 사실상 큰 차이가 없었다.[429] 조선혁명당의 중앙당부는 국민부 소재지인 라오닝성 신빈현에 두고, 이탁, 최동오, 현익철, 유동열, 이일세, 고활신, 김이대, 이웅, 이동산, 현정경, 이동림, 김돈, 김택金澤, 고이허, 이진탁李震卓, 문시영文始榮, 김보안金輔安, 김진호金鎭浩, 안홍, 강제하康濟河, 장승언張承彦, 장세량張世良, 김석하 등 23명을 중앙집행위원회 위원으로 선출했다.[430]

---

[428] 국사편찬위원회, 『韓國獨立運動史 5』, 1969, 730~739쪽.
[429] 張世胤, 「在滿 조선혁명당의 성립과 주요 구성원의 성격」『한국독립운동사연구』 10, 1996, 83쪽.

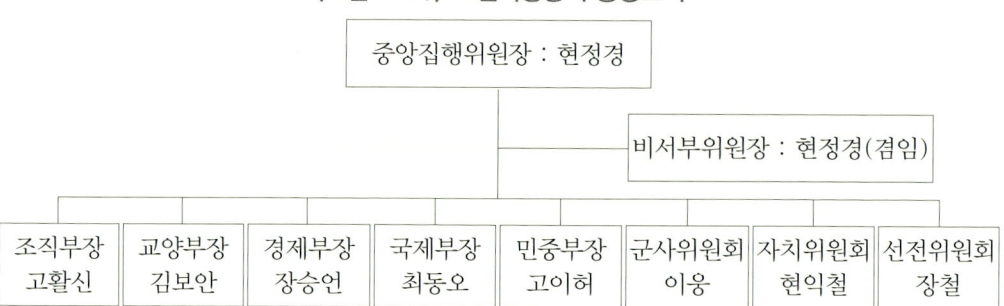

〈그림 7-13〉 조선혁명당의 중앙조직

　중앙집행위원회는 최고의결기구로서 각종 정책의 수립과 집행감독, 독립운동과 한인사회 당면 과제의 해결, 이념의 정립 및 국민부·조선혁명군의 이념선도와 사상 훈련 교육을 담당했다. 중앙집행위원회 아래에는 〈그림 7-13〉과 같은 중앙조직이 설치되었다.[431]

　중앙조직에는 지린·헤이룽장 양성의 문제를 주도하기 위한 '길흑특별위원회'도 조직되었는데 위원은 이탁, 김돈, 김이대, 박형건朴炯鍵, 김인기金仁基 등이었다. 또 중앙조직과는 별도로 각 지방을 관할하기 위한 지방조직으로 성에는 성당부省黨部, 현에는 현당부가 설치되었고 그 하부 지부당은 100여 개소에 이르렀다. 국내의 평안·황해·강원·충청·전라·경상 각도에도 당원을 특파하여 지부당을 설치하고 이를 근거지로 하여 항일운동을 벌였다.[432]

　조선혁명당의 간부 중 자치위원장인 현익철은 국민부 중앙집행위원장을 겸했는데, 이를 통해 조선혁명당과 국민부는 조직상 분리되어 고유의 임무를 수행하면서도 인적 구성은 구분하지 않고 선임했다. 때문에 조선혁명당은 남만 한인사회의 자치 행정기관인 국민부 그리고 무장조직으로서 군사적 임무를 전담하는 조선혁명군과 표리일체의 기관으로서 국민부와 조선혁명군을 영도하게 되었다.[433]

---

430　蔡根植, 앞의 책, 1949, 152쪽. 興京縣은 1921년 이후 新賓縣으로 불렸다.
431　蔡根植, 앞의 책, 1949, 152쪽.
432　한국독립유공자협의회, 앞의 책, 1997, 349쪽.
433　張世胤, 『중국동북지역 민족운동과 한국현대사』, 명지사, 2005, 221쪽.

정의부를 중심으로 국민부가 조직됨에 따라 정의부 소속 독립군 부대를 주축으로 하여 조선혁명군이 새롭게 편성되었다. 조선혁명군은 1929년 7월경 정의부에 소속되었던 6개 단위 부대를 개편하고 참의부·신민부의 일부 병력을 통합, 새로운 부대로 재편한 것으로 추정된다.[434] 창립 당시 조선혁명군은 국민부와 한족동향회의 관할인 남만의 거의 전 지역에 세력을 확장하고 있었는데 그 조직과 활동 구역은 다음 〈표 7-5〉와 같다.[435]

〈표 7-5〉 창립 당시 조선혁명군의 조직과 활동 구역

| 제1대장 | 이동훈(李東勳) | 콴뎬 동·서 지방 |
|---|---|---|
| 제2대장 | 장철호(張喆鎬)(일명 장수만張守萬) | 퉁화 남·동 지방 |
| 제3대장 | 유광흘 | 지안 동·서 지방 |
| 제4대장 | 이윤환(李允煥)(일명 이환李桓) | 환런·푸순·번시[本溪]·싱징 지방 |
| 제5대장 | 양세봉(일명 양서봉梁瑞鳳) | 지안 서부 일부 지방 및 퉁화 남부 지방 |
| 제6대장 | 김문봉(일명 한영진韓永鎭) | 유허·해원(海原) 지방 |
| 제7대장 | 조웅걸(趙雄杰) | 화뎬·푸쑹·판스 지방 |
| 제8대장 | 권영조(權永祚)(일명 권태산權泰山) | 지린·어무·오상·안투 지방 |
| 제9대장 | 안홍 | 지린·지린 서부·회덕(懷德) 지방 |
| 제10대장 | 김경훈(金敬勳) | 창바이·린장 지방 |

국민부는 1929년 9월 27일 제1회 중앙의회 회의를 열고 혁명운동과 자치를 분리하여 혁명사업을 민족유일당조직동맹에 맡기고 국민부는 자치 행정만 전담키로 했다. 그리고 중앙기관 중 군사부를 폐지하고 조선혁명군을 민족유일당조직동맹에 속하게 했다.[436] 그런데 같은 해 12월 20일 민족유일당동맹조직의 발전적 해체로 조선혁명당이 창당되면서 조선혁명군은 그 휘하의 당군이 되었다. 조선혁명군은 1929년 12월 20일 조선혁명당의 결의에 따라 혁명군의 지도기관·총사령부의 지휘체계 및 부대 편성을 새로이 했다. 지도기관인 군사위원회를 조직하고 군사위원회의 위원 중 3명을

---

434 「十三隊를 十隊로 再編」『朝鮮日報』, 1929년 8월 23일.
435 국사편찬위원회, 『韓國獨立運動史 5』, 1969, 790~791쪽.
436 국사편찬위원회, 『韓國獨立運動史 5』, 1969, 725쪽.

조선혁명군기(독립기념관)

선출하여 총사령에 이진탁, 부사령에 양세봉, 참모장에 이웅을 선출했다. 종전의 10개 부대도 7개부대로 개편하고 활동 구역도 실효성을 기준으로 재조정했다.[437] 이때 지린·어무·오상현 등 북만 지역이 제외되고 동만 지역이 새로이 추가되었다. 이와 함께 조선혁명군은 혁명군의 기치를 선명히 하고 군사적 임무를 극진히 한다는 창군 선언을 발표하여 무장투쟁 기관으로서의 다짐을 새로이 하며 항일투쟁에 나섰다.

　조선혁명군 성립 당시 만주의 정세는 이전보다 독립군이 무장활동을 벌이기가 한층 어려운 상황이었다. 일제는 중국 대륙 침략을 본격화하여 1928년 6월 만주의 패권자였던 장쭤린을 폭살시킨데 이어 1931년 9월에는 유조구사건柳條溝事件을 조작, 만주사변[438]을 일으켰다. 전쟁에서 승리한 일제는 이듬해 3월 1일 괴뢰국인 만주국을 건립했다.

　조선혁명군은 일제의 대규모 무력이 이전과는 달리 자신들의 근거지에 가까이 있는 상황을 충분히 고려하여 치밀한 작전계획을 세웠다. 그와 함께 '만주사변' 이후 중국인 사이에 높아진 반일 분위기는 항일을 목표로 한중연합에 유리한 정세를 조성했다. 그런데 조선혁명당과 군의 주요 간부들은 당면 대책을 논의하려고 1932년 1월 19일 신빈현에서 간부회의를 개최하다가 일제 경찰과 중국 관헌의 습격을 받아 회의장에 있던 30여 명의 간부 중 조선혁명당 중앙집행위원장 이호원李浩源을 비롯하여 김관웅金寬雄(일명 金保安, 본명 金俊洙)·이종건·장세용·박치화·이규성 등 10여 명이 체포되었다.[439] 이후 3월 초까지 9개현에서 80여 명의 국민부와 조선혁명군 관계자들

---

437 『독립운동사자료집 10』, 477~480쪽. 변경된 각 부대의 활동 구역은, 제1대 관동·관서, 제2대 환인·지안, 제3대 퉁화·린장, 제4대 유허·흥경, 제5대 해원·푸쑨, 제6대 開原·판스·지린, 제7대 東滿지방이었다.
438 중국 측에서는 '만주'라는 명칭을 꺼려하여 '9·18사변'이라고 한다.
439 愛國同志援護會, 『한국독립운동사』, 1956, 282쪽.

이 일본 경찰에게 체포되어 치명적인 타격을 입었다.[440]

하지만 조선혁명군은 '신빈현사건'에서 일제에 피체를 면한 양세봉·양기하·고이허 등 중견 간부들에 의해 재건되었다. 진영을 재정비한 조선혁명군은 일제의 만주침략과 괴뢰국 만주국 성립에 항거하여 중국 각지에서 봉기한 옛 동북군벌계의 동북의용군은 물론 마적, 대도회大刀會, 홍창회紅槍會 등 종교계통의 각종 항일부대와 연합하여 적극적인 대일전을 벌였다.

양세봉

조선혁명군 총사령관 양세봉은 1932년 3월 초 참모장 김학규金學奎와 중대장 조화선趙化善, 최윤구崔允龜, 정봉길鄭鳳吉이 지휘하는 3개 중대 병력을 중국 측의 왕동헌王彤軒·양석복梁錫福 부대 및 대도회 세력이 이끄는 의용군과 연대하여 공동 투쟁하기로 했다.[441] 6일 조선혁명군은 중국의용군과 함께 라오닝농민자위단(일명 라오닝민중자위단)이라는 한중연합군을 결성했다. 이때 사령관은 왕동헌, 부사령관은 양세봉이 맡았고 전체 병력은 2000여 명이 되었다.

이들 한중연합군은 10일 신빈현의 왕칭문을 출발하여 12일 신빈현 남쪽의 두령지陡嶺地에 도착하여 야영했다. 이때 이들의 정보를 탐지한 일본군이 대병력을 동원하여 주변의 고지를 점령한 뒤 박격포와 기관총 등으로 맹공을 퍼부었다. 한중연합군은 익숙한 주변의 지리를 최대한 이용하여 반격을 가했고 약 1시간에 걸친 교전 끝에 일본군은 대패하여 후퇴했다. 사기가 오른 연합군은 후퇴하는 일본군을 추격하며 돌격전을 감행, 신빈현성 서쪽에 위치한 영릉가永陵街를 점령했다. 약 5일간에 걸쳐 벌어진 이 전투에서 연합군은 대승을 거두었고 일본군은 무수한 사상자와 무기 등 군장비를 버려둔 채 달아났다.[442]

---

440 『독립운동사자료집 10』, 606·613~616쪽.
441 曺文奇, 『鴨綠江邊的抗日名將梁世鳳』, 요녕인민출판사 심양, 1993, 202쪽.
442 蔡根植, 앞의 책, 1949, 165쪽.

한중연합군의 첫 승리는 양측에 큰 의미를 부여했다. 양측이 힘을 합해 공동의 적인 일본군 대부대를 섬멸함으로써 본격적인 항일연합군의 결성과 항일무장투쟁의 길로 나서는 중요한 계기가 되었다.

한편, 당취오·왕육문王育文·손수암孫秀岩·장종주張宗周·이춘윤·왕봉각·서대산徐大山 등 중국의용군 측 유력자와 동변도(압록강 건너편과 남만주 남쪽 일대) 10개현 대표 30여 명이 1932년 3월 21일 환런현에 모여 본격적인 항일전을 벌일 것을 맹세하고 라오닝민중구국회遼寧民衆救國會를 조직했다. 그 산하에 정치 및 군사위원회를 두고 군사위원회 아래 라오닝민중자위군 총사령부를 두어 당취오가 군사위원회 위원장 겸 총사령관에 선임되었다. 중국 측의 구국회는 총사령 아래 52개의 사령부를 두어 남만 전 지역에 20만 대군을 배치한 만주 제1의 항일군단이 되었다.[443] 라오닝농민자위단도 이 조직에 참여함으로써 조선혁명군도 왕동헌 부대와 함께 라오닝민중자위군이 되었다.

그러나 조선혁명군은 독립군으로서의 독자적 지위를 보장받으려고 1932년 4월 29일 참모장 김학규를 환런현에 파견하여 한중 양 민족의 연대투쟁 문제를 협의한 결과 "중·한 양측의 군민은 절실히 연합하여 일치 항전하고 인력과 물력을 서로 통용하며, 합작의 원칙 아래 국적을 따지지 않고 그 능력에 따라 항일공작을 분담하여 맡는다."라고 합의했다. 합의에 따라 라오닝민중구국회는 구국회 안에 특무대 사령부와 선전대대를 설치하고 두 조직의 업무를 조선혁명군측이 담당하게 했다.[444] 따라서 조선혁명군 총사령 양세봉은 한중연합군인 구국회의 특무대사령관으로 활동했으며 사령부는 통화현성에 설치되었다. 그리고 선전대 대장에는 김광옥金光玉이 임명되었다. 이후 구국회 소속의 특무대 사령부는 산하에 8개 특무대를 설치하고 1932년 10월까지 라오닝민중자위군과 함께 만주와 국내에서 거의 200여 차례의 크고 작은 전투를 치루었다.[445]

---

443 譚譯·王駒·防宇春, 「9·18사변 후 동북의용군과 한국독립군의 연합항일」 『國史館論叢』 44, 국사편찬위원회, 1993, 201쪽.
444 金學奎, 「三十年來韓國革命運動在中國東北」 『光復』제1권 제4기, 1941.6(『대한민국임시정부자료집 14』, 국사편찬위원회, 2006, 29쪽).
445 金學奎, 위의 글, 28쪽.

이 무렵 조선혁명군에게는 일본군의 밀정인 박창해朴昌海의 계책에 의해 양세봉이 살해당하는 불행한 사건이 일어났다. 박창해는 양세봉 총사령관과 친분이 있고 조선혁명군을 후원하고 있던 중국인 왕모라는 자를 매수하여 왕모로 하여금 '중국군 사령관이 군사문제의 협의를 위해 양장군을 만나기를 원한다.' 라고 전하도록 했다. 왕모의 말을 들은 양세봉은 조선혁명군의 상황이 매우 어려웠기 때문에 조금도 의심치 않고 부관들과 함께 왕모를 따라 나섰다. 양세봉이 신빈현 왕칭문의 사령부를 떠나 남쪽 방향의 향수하자향 소황구촌으로 넘어가는 언덕에 도달했을 때였다. 갑자기 길 왼쪽의 수수밭에서 수십 명의 일본군이 뛰어나와 일행을 포위했다. 양세봉 일행을 인도하던 중국인 왕모도 태도를 돌변하여 양세봉의 가슴에 총을 겨누며 일본군에 투항할 것을 강요했다. 사태를 직감한 양세봉은 중국인 왕모를 꾸짖음과 동시에 투항을 거부했다. 일본군은 양세봉을 회유하는 것이 불가능하다고 판단하고 그 자리에서 사살했다. 이때가 1934년 8월경 일이었다.[446]

양세봉이 피살되고 난 뒤 조선혁명군과 국민부의 지도자들은 1934년 11월 11일 군민대표자 회의를 열고, 국민부와 조선혁명군을 통합하여 '조선혁명군정부'를 조직하고 항일투쟁과 주민자치의 효율을 기하기로 결의했다. 그 결과 김호석이 사령관이 되어 중앙에 법무·민사·재무·외교·교양·특무·군사부 등 7개부서와 군사부 밑에 2개의 군과 훈련국 및 군수국을 두고, 제1군 예하에는 제1사부터 제3사까지 3개의 사 및 독립대대 그리고 그 하부에는 7개 전투대대를 설치하여 항일전을 펼쳐나갔다.[447]

그러나 조선혁명군의 군세는 크게 약화되었다. 게다가 1935년에는 일제가 대부대를 투입하여 '추계 대토벌작전'을 벌인데 이어 일본관동군은 1936년 2월 이후 이른바 '제3기 치안숙정계획'을 세워 반만항일세력을 일소하고자 했다. 만주군도 그해 4월 '치안숙정계획'을 마련하여 일본군과 함께 남만의 동변도를 대상으로 그해 10월부터 이듬해 3월까지 '동변도치안공작'이라는 항일세력 말살 공작을 추진했다.[448] 이에 따라 조선혁명군을 비롯한 남만지역의 무장세력은 더욱 움츠러들 수밖에 없었다.

---

446 蔡根植, 앞의 책, 1949, 170쪽 ; 愛國同志援護會, 앞의 책, 1956, 284쪽.
447 김준엽·김창순, 앞의 책, 1996, 214~215쪽.
448 任城模, 「1930년대 일본의 만주지배정책연구」, 연세대 석사학위논문, 1990, 44쪽.

결국 김학규·현익철 등 지휘관들과 그들을 따르는 많은 독립군들이 산하이관을 넘어 중국 관내로 이동했다. 중국 관내로 이동하지 않고 남만에 남은 조선혁명군 대원들은 1930년대 후반까지 군단의 체제를 유지하며 재만독립군으로서 무장투쟁을 줄기차게 펼쳤다.[449]

1935년 무렵 조선혁명군 장교였던 계기화는 당시 조선혁명군이 처했던 어려웠던 상황을 다음과 같이 회고했다.[450]

> 죽어지지 않아서 눈보라가 휘몰아치는 고산준령에서 산짐승과 더불어 1935년의 봄을 맞은 이 기아와 영양실조에 걸린 움직이는 해골들은 전원 손과 발에 1·2도의 동상에 걸렸다. 해동이 되니 손과 발에서 피부가 벗겨지며 심한 자는 진물이 질질 나오는, 인간의 정으로는 눈으로도 볼 수도, 입으로 형용할 수도 없는 초불달토록하는 생령들은 바로 발아래는 압록강의 성스러운 물이 흐르고 눈앞에는 손에 잡힐 듯이 초산·위원·벽동 등 조국의 연이은 산봉우리들이 손짓하는 듯이 보이건만, 다 원수의 말발굽에 짓눌려 죽은 듯하다. 아~ 이 누구를 위한 속죄양이냐, 동포는 아는지.

## 2. 한국독립당과 한국독립군

### 1) 한국독립당과 한족자치연합회

1920년대 중반 이후 북만 한인사회의 사정은 크게 변하여 민족주의 진영의 영향력이 예전과 같지 않았다. 1920년대 중반 이후 만주에서도 사회주의 단체들이 잇따라 조직되었다. 1924년 11월에 동지선東支線에서 북만노력청년총동맹과 북만청년총동맹이 결성된 것을 시발로 같은 해 12월에는 지린성 판스현에서 남만청년총동맹이,

---

449 黃龍國, 「朝鮮革命軍의 根據地問題에 관하여」 『水邨朴永錫敎授華甲紀念 韓民族獨立運動史論叢』, 1992, 713쪽.
450 桂基華, 「三府·國民府·朝鮮革命軍의 獨立運動回顧」 『한국독립운동사연구』 1, 1987, 402쪽.

1927년 8월에는 화텐현에서 대동청년총동맹이 결성되었다. 또 1926년 5월에는 주하현 일면파一面坡에서 조봉암曺奉岩·최원택崔元澤·윤자영尹滋瑛 등이 조선공산당 만주총국을 결성하고 본부를 닝안현 영고탑에 설치했다.[451] 이에 따라 재만농민연맹, 재중한인청년연맹, 남만한인청년총동맹, 북만청년총동맹, 동만청년총동맹 등이 잇따라 결성되었다. 북만에서 공산주의 조직의 확대는 신민부를 비롯한 민족주의 진영의 세력 기반을 크게 위협했다. 공산주의 조직이 확대된 데는 민족 문제보다는 당시 재만 동포들의 열악한 사회 경제적 처지인 계급 문제를 앞세우는 공산주의자들의 논리가 재만 한인사회에 쉽게 받아들여졌기 때문이다.

특히, 만주총국이 결성된 뒤 민족주의계와 사회주의계는 서로 같은 한인사회를 대상으로 세력을 확대하면서 마찰이 일어났다. 여기에다 1927년 장제스의 '반공쿠데타'로 국공합작이 깨어지고, 1928년 12월 코민테른의 일국일당 원칙에 따라 한인공산주의자들이 중국공산당에 가입하는 등의 정세변화도 이러한 마찰에 영향을 미쳤다.

1920년대 후반 북만 지역 한인들의 생활 상태는 매우 열악했다. 이곳에 이주한 한인들은 중국인 지주에게 황무지를 임차하여 비싼 사용료를 내고 토지를 개간했다. 그러나 황무지가 옥토로 변하면 지주들은 엄청난 소작료를 요구하며 농민을 수탈하기 일쑤였다. 이러한 처지의 북만 농민에게 항일 민족의식을 기대하기는 현실적으로 어려웠다.[452] 때문에 이러한 변화에 대응하기 위해 가장 시급한 일은 북만 한인의 생활 안정과 지방차지였다.

그리하여 북만의 옛 신민부 관할구역에서는 공산주의세력에 대응하려고 김좌진 등 신민부 군정파가 김종진, 이을규 등 무정부주의자들과 연합하여 1929년 7월 21일 한족총연합회를 결성했다. '상호부조'와 '자유연합'을 이념으로 내건 한족총연합회는 북만 지역에서 공산주의 단체들에 효과적으로 대응하는 한편 농촌에 자치 기구를 조직, 농민의 생활 향상을 위한 공동체로서의 경제적 협력기구를 만드는데 노력했다.

옛 신민부를 계승한 한족총연합회는 1930년 1월 김좌진이 암살당한 뒤 민족주의자와 무정부주의자 사이에 내분이 일어나 조직이 통제 불능 상태에 빠지게 되었다.

---

451 신주백, 앞의 책, 1999, 128~129쪽.
452 한국독립유공자협회, 앞의 책, 1997, 490쪽.

이 와중에 중앙간부의 부정행위가 폭로되어 혼란은 더욱 가중되었고 그 결과 군사부 간부들이 탈퇴하고 이에 호응한 한족총연합회의 지방위원들이 4월 20일 산시에서 한족농무연합회를 결성했다.

이러한 북만주 정세의 변화에 대응하여 분열된 민족주의 진영의 재정비를 통해 대일 및 반공투쟁을 위한 단일한 무장대오의 조직 필요성이 크게 대두되었다. 그 결과 1930년 7월 북만주 지역의 민족주의 지도자들은 위하현葦河縣 김광택金光澤 집에서 한국독립당을 창당했다.[453] 창당대회에는 홍진, 이청천, 황학수, 이장녕, 신숙, 정신, 남대관南大觀, 민무閔武, 최호, 박관해朴觀海, 박세황朴世晃, 오광선, 심만호沈萬浩, 안훈安勳(조경환), 최악崔岳, 이원방李元芳(이춘정李春正), 이방마李方馬 등 40여 명이 참가했다.[454] 이 가운데 홍진·이청천·황학수·이장녕·신숙 등은 생육사를 통해 인재양성과 독립자금 확충을 위해 활동하고 있었고, 정신·민무·남대관 등은 북만의 한인 자치조직으로 신민부 군정파를 계승한 한족총연합회에서 활동하고 있었다. 그리고 오광선·심만호·안훈은 오상현에서 활동하고 있었으며,[455] 최호·박관해·박세황은 신민부 민정파 출신으로 동빈현에서 활동하고 있었다.

창당 당시 한국독립당의 선언과 당규는 현재 전해지지 않지만 당강黨綱은 "삼본주의三本主義 즉 1. 민본정치의 실현, 2. 노본경제勞本經濟의 조직, 3. 인본문화人本文化의 건설"을 지향했다.[456] 한국독립당은 재만 농민의 경제적 지위를 고양시키고 나아가 항일을 통하여 민본정치를 실현하는 것을 목표로 했다. 이는 북만 지역 농민의 농노적 상태에서의 해방을 목표로 했던 생육사의 정신과도 이어지는 것일 뿐만 아니라 일제의 침략과 사회주의 전파 등 급변하는 만주의 정세에 대응하기 위해서였다.[457]

삼본주의를 당강으로 제정한 한국독립당은 중앙집행위원회를 조직, 당의 운영방침을 중앙집행위원회에 일임했다.[458] 이후 한국독립당은 옛 신민부와 한족총연합회의 본

---

453 申肅, 앞의 책, 1963, 94쪽.
454 蔡根植, 앞의 책, 1949, 94·156쪽.
455 趙擎韓, 『白岡回顧錄』, 韓國宗敎協議會, 1985, 90쪽.
456 申肅, 앞의 책, 1963, 94쪽.
457 지복영, 앞의 책, 1995, 198쪽.
458 중앙집행위원회는 산하에 6개의 위원회를 두었는데 중앙집행위원장에 홍진, 총무위원장에 신숙,

거지인 닝안현에서 북만과 동만 일대의 지역대표와 항일 독립운동단체 대표자가 참가한 대표자회의를 열고 한국독립당의 조직을 다음 〈표 7-6〉과 같이 확정지었다.[459]

〈표 7-6〉 한국독립당의 조직과 임원

| 고 문 | 여준 · 이탁 · 윤각(尹覺)(윤복영) · 김동삼 · 김창환 |
|---|---|
| 위원장 | 홍진 |
| 부위원장 | 이진산 · 황학수 · 이장녕 · 김규식 |
| 집행위원 | 홍진 · 이진산 · 황학수 · 이장녕 · 김규식 · 지청천 · 김동진 · 정신 · 조경한 · 민무 · 전성호 · 공창준(公昌俊) · 정남전(鄭藍田) · 오광선 · 김해강 · 김청농(金靑儂) · 이붕해 · 이관일 · 김원식 · 최만취(崔晩翠) · 손무영 · 최악 · 남대관 · 윤○주 · 심만호 · 경혜춘(慶惠春) · 박명진(朴明鎭) |
| 총무부위원 | 정신 · 이관일 · 김동진 |
| 민정부위원 | 전성호 · 김해강 · 이관일 |
| 군사부위원 | 이청천 · 오광선 · 민무 · 이붕해 · 김청농 · 최만취 · 손무영 |
| 조직부위원 | 신숙 · 정남전 · 공창준 · 박관해 |
| 훈련부위원 | 최악 · 여운달(呂運達) · 조경한 |
| 선전부위원 | 조경한 · 남대관 · 김영호 · 박명진 |
| 조사부위원 | 경혜춘 · 심만호 · 이규보 |

대표자회의에서 조직을 재편한 한국독립당은 무장투쟁에 큰 비중을 두었다. 예컨대 군사부의 경우 위원장 이청천을 필두로 위원 오광선·민무·이붕해·김청농·최만취·손무영 등은 물론 김창환, 황학수, 이장녕, 김규식, 정신 등은 1920년 북만에서 자유시로 독립군이 북정할 때 행동을 같이 했고, 오광선, 손무영, 최만취 등도 신흥무관학교 시절 이후 줄곧 이청천과 뜻을 같이한 인물이었다. 김청농은 대한제국의 육군무관학교를 졸업한 인물이고 민무, 정신, 이붕해는 옛 신민부의 군정파 출신으로 한족총연합회에서 군사부문을 담당하던 인물이었다.

이붕해와 박명진은 이청천이 신흥무관학교 교성대장 때 직접 가르친 제자이기도

---

조직위원장에 남대관, 선전위원장에 안훈, 군사위원장에 이청천, 경리위원장에 최호, 감찰위원장에 이장녕 등이었다(蔡根植, 앞의 책, 1949 157쪽).
459 趙擎韓, 앞의 책, 1985, 90~91쪽.

했다.[460] 그리고 닝안현 대표자회의에서는 다음과 같은 결의 사항도 채택되었다.[461]

1. 당의 지부는 현縣지부·구區지부로 3칭체계를 둘 것.
2. 군軍은 당군黨軍으로 편성하되 전 만주를 15구로 나누어 신병을 모집하며 3개월씩 일기一期로 미리 훈련할 것.
3. 당원 및 청소년 훈련을 적극 추진하여 적색赤色의 오염을 방지할 것.
4. 농민 성인에 대한 강습은 농한기나 추동간秋冬間 야간을 이용할 것.

한국독립당은 '조선민족의 생활안정과 자치제의 완성을 도모'할 목적으로 합법적인 단체를 만들 것을 결정하고 합법적인 자치·행정기관을 결성하려고 노력한 결과 1930년 8월경 주하현 오길밀烏吉密에서 한족자치연합회를 결성했다. 한족자치연합회는 주민회를 연합하여 일반 주민의 결속을 강화하는 한편 공산주의 세력의 확산을 막기 위한 표면기관이었다.

사실 한족자치연합회는 홍진, 이청천 등이 오상현으로 이동, 독립자금을 마련하고 혁명인재를 양성하려고 1929년 봄 조직한 생육사를 중심으로 조직되었다. 생육사는 "생산저축을 장려하고 이것에 의해 독립운동 자금의 충당을 계획, 혁명적 인재의 양성을 기도할 목적"으로 조직되어[462] 표면적으로 친목·식산·수양 등을 내세웠지만 실제로는 북만 민족운동자들이 망라된 비밀결사였다. 그러나 자치활동을 하는 북만의 지방 주민회의 연합체인 한족자치연합회는 한족총연합회 이래 있어온 내부 파벌의 대립과 분규로 오래 지속되지 못했다. 이런 내부 분열이 독립운동에 피해가 될 수 있다고 판단한 각 지역 대표들은 결국 해체를 선언하게 되었다.[463]

---

460 지복영, 앞의 책, 1995, 204~205쪽.
461 趙擎韓, 앞의 책, 1985, 91쪽.
462 지복영, 앞의 책, 1995, 191쪽.
463 申肅, 앞의 책, 1963, 99쪽.

## 2) 한국독립군과 한·중연합 항일투쟁

한국독립당은 일제의 만주침공에 직면하여 한국독립군 창설을 서두르는 한편, 종래의 지역 분산적이고 소규모적인 유격전만으로는 전면 항전이 불가능하다고 판단하여 북만 각지의 대소 독립군 부대를 총집결, 대규모 항일전을 계획했다. 또한 일제의 만주침략이 궁극적으로는 세계대전으로 발전할 것으로 예측하고 이 전쟁에 한국독립군이 연합군의 교전 단체로 참가함으로써 전쟁이 끝난 뒤 한국의 입지가 강화할 수도 있다고 내다봤다.[464]

1931년 일제가 만주사변을 도발하자 한국독립당은 이를 항일무장투쟁을 위한 좋은 기회로 판단하고, 10월 18일 남대관, 권수정權秀貞 등이 중심이 되어 한족총연합회, 국민부, 한족농무연합회, 조선혁명당 등의 대표 30여 명을 석도하자에 소집하여 시국대책회의를 열었다. 이 자리에서 '재만한교총연합회'를 조직하고 동회 내에 연합선전부 및 연합총군부를 설치할 것과 중국 군대와 공동전선을 펴 일본군의 침략에 대항할 것을 결의했다.[465] 이러한 결의에 따라 한국독립당은 11월 2일 지린성 오상현 대석하자大石河子에서 긴급 중앙위원회를 열고 "각 군구에 총동원령을 내려 정개적整開的 군사 활동을 개시할 것", "당내 일체의 공작을 군사방면에 집중할 것", "특파원을 지린성 항일 군사당국에 파견하여 한중합작을 상의할 것" 등 3개안을 의결하는 한편 장래의 활동을 대일 군사 활동으로 전환하고 중국군과 합작하기로 결의했다.[466]

이 결의에 따라 한국독립당은 하얼빈 근교의 중동선 철도 연변을 중심으로 각 군구에 총동원령을 내려 재향군인의 소집과 청장년의 징집을 실시하는 한편, 당 군사위원장 이청천을 총사령으로 하는 사령부를 먼저 편성한 뒤[467] 정규군 편성을 위해 북만을

---

464 지복영, 앞의 책, 1995, 216~17쪽.
465 『독립운동사자료집 10』, 610~611쪽.
466 一靑, 「'九一八'後韓國獨立軍在中國東北殺敵略史」 『光復』 第2卷 第1期, 1942년 1월(『대한민국임시정부자료집 14』, 국사편찬위원회, 2006, 53쪽).
467 이때 편성된 총사령부는 총사령 지청천, 참모장 이장녕(후임 신숙), 정훈대표 조경한, 참모 신숙·조경한·김상덕(후임), 그밖에 부관과 정규군 편성이 단위부대의 지휘를 맡게 될 영군營軍 인물 150여 명으로 구성되었다(趙擎韓, 앞의 책, 1985, 95~96쪽).

중심으로 각지에 징모위원을 파견하여 초기 150여 명의 병력을 기초로 임시 체제를 편성했다.[468]

한국독립군은 임시 편성된 군사력으로 무장을 갖추고 도처에서 일본군과 만주군을 상대로 교전을 벌였지만 병력과 무기의 열세로 많은 어려움을 겪었다. 북만 지역은 옌볜이나 남만 지역과 달리 한인사회가 넓은 지역에 드문드문 흩어져 있고 500호 이상 집단 거주하는 한인 마을이 거의 없기 때문에 그 기반이 취약한 한계가 있었다.

한편, 한국독립당은 결의에 따라 한중연합군 합작에 노력했다. 만주사변 후 만주를 손쉽게 석권한 일제는 1932년 옛 만주 군벌의 매판관료들을 매수하여 괴로국 만주국을 수립했다. 만주의 민중과 옛 장쉐량 휘하 동북군계(동북변방군)는 일본군과 만주국군을 상대로 침략에 항거하는 반만反滿항일투쟁을 벌였다. 이들 항일군 가운데는 옛 동북군계로서 동변도 및 옌볜 지방의 당취오唐聚伍, 왕덕림王德林, 오의성吳義成 등이 있었고, 남만주 일대 랴오둥遼東에는 등철해鄧鐵海, 이춘윤李春潤이, 지린성에는 마점해馮占海, 궁장해宮長海 부대가, 북만에는 이두李杜, 정초丁超, 마점산馬占山 등의 부대가 있었다. 한국독립군이 연합한 중국군 부대는 이두, 정초 등의 지린자위군, 왕덕림 휘하의 오의성, 공헌영 등이 거느린 지린구국군이었다. 지린성의 경우 만주사변 직후 희흡熙洽이 관동군의 후원을 받아 9월 말경 지린성 정부를 세우자 이에 반발한 의란구 수사 겸 동북변방군 지린부대 제24여장旅長 이두, 호로사령護路司令 정초, 제22려장 조의趙毅, 마점해 등이 1932년 1월 31일 지린자위군을 조직하고 희흡의 괴뢰정권과 일본군에 항거했다.[469]

1932년 12월 11일 한국독립군 총사령 이청천과 참모 신숙 등은 북만 중국항일세력들의 본거지인 빈현에 가서 중국항일군과 연합을 위한 협상을 진행하여, "1. 한·중

---

468 이때 편성된 임시 체제는 총사령관 이청천, 부사령관 남대관, 참모관 이장녕(후임 신숙), 재무 겸 외교관 안야산, 의용군 훈련대장 이광운, 의용군 중대장 오광선, 암살대 대장 이출정, 이우정, 의용군 소대장 이춘정, 별동대 대장 한광빈, 헌병대 대장 배성운, 통신부대겸 검사역 신원균, 구국군 후원회 회장 권수정, 서기장 홍만호(홍진), 고문 겸 대일구국회장 서일봉 등이었다(『독립운동사자료집 10』, 619쪽).

469 『中華民國史事日誌 第3冊』(郭廷以 編), 臺灣中央研究員 近代史研究所, 1984, 79·83쪽(한국독립유공자협회, 앞의 책, 1997, 519~520쪽에서 재인용).

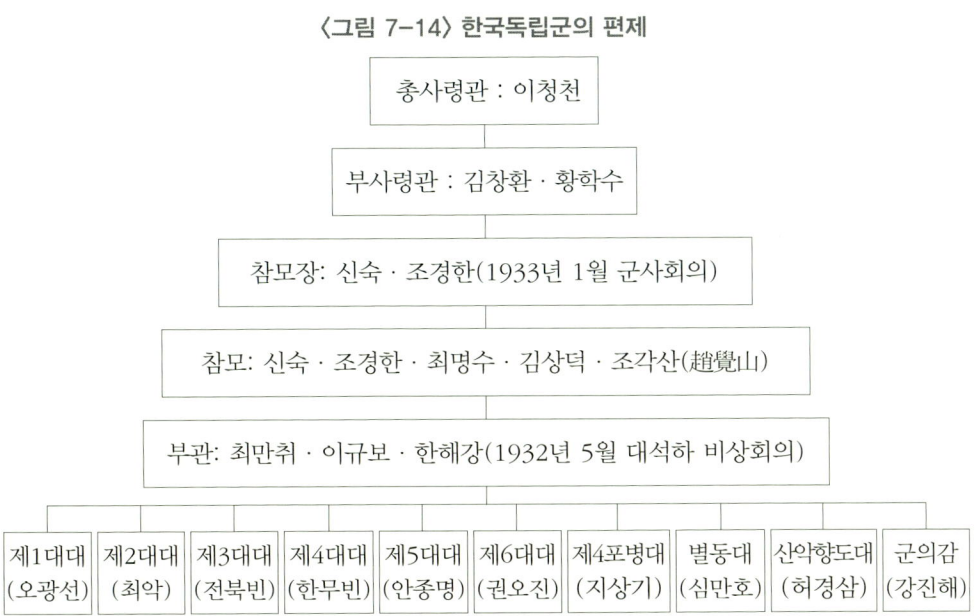

〈그림 7-14〉 한국독립군의 편제

양군은 어떤 열악한 환경을 막론하고 장기항전을 맹세한다.", "2. 중동철로를 경계로 하여 서부전선은 중국군이 맡고, 동부전선은 한국독립군이 담당한다.", "3. 한·중 양군의 전시 후방 교련은 한국독립군의 장교가 부담하고, 한국독립군의 소요 일체 군수물자는 중국군이 공급한다."라는 3개 항의 양군 연합에 합의했다.[470]

이로써 만주사변으로 비롯된 일제의 침략에 대응하기 위한 한·중 양군의 연합이 구체화되었다. 북만 각지에서 징모되어 편성된 각지의 크고 작은 부대가 사령부에 속속 집결하자 한국독립군 사령부는 독립군을 이전의 소규모 유격활동 중심 편제에서 대규모 정규전이 가능한 편제로 재편했다.[471]

한중연합을 합의한 한국독립군은 1932년 초부터 북만 일대에서 크게 세력을 떨친 지린자위군과 연합, 항일투쟁을 벌여나갔다.

1932년 1월 초 북만의 오상·서란현舒蘭縣 일대에서 병력을 모집하여 본부로 이동하던 조경한·권오진 등이 도중 태평천太平川 부근에서 약 2000여 명 규모의 지린자

---

470 一靑, 앞의 글, 1942, 53쪽.
471 한국독립유공자협회, 앞의 책, 1997, 518쪽.

이청천

위군 사복성謝復成 부대를 만나 합류하여 공동작전을 벌였다. 조경한 등이 이끄는 한국독립군 부대는 '한국독립군 유격여단'으로 명명하고 지린자위군으로부터 무기를 지원받아 서란현성을 공격했다. 1월 29일 밤 서란현성을 포위한 연합군이 공격을 시작한 지 2시간 만에 일본군과 만주군을 격퇴하고 50여 일을 머물렀다. 그러나 3월 말경 일·만연합군의 공격을 받고 패퇴하고 말았다.[472]

한중연합군이 일본군과의 첫 전투에서 승리를 거둔 뒤 일본군과의 전투는 계속되었다. 한국독립군의 한 부대는 1932년 2월 일본군이 하얼빈 진입을 방해하고 있던 이두·정초 등의 지린자위군과 중동철로호로군을 공격했을 때 이들과 함께 치열한 전투를 벌였다. 그러나 비행기까지 동원한 일본군의 적극적인 공세로 큰 타격을 입고 퇴각했다.[473]

한국독립군은 각지에 분산된 부대의 집결을 꾀하는 한편, 이청천은 400여 명의 병력으로 지린자위군의 고봉림高鳳林 부대와 연합하여 활동했다. 1932년 9월 20일 한국독립군은 고봉림부대와 함께 만주 지역 물산의 중심지이자 전략적 요충지인 쌍성보를 기습 공격하여 점령하는 큰 승리를 거두었다. 그러나 11월 제2차 쌍성보전투에서 일본군과 만주군의 대대적인 반격에 큰 타격을 입었다. 적의 공세를 견디지 못한 고봉림 등이 투항하는 돌발사태가 발생했던 것이다.[474]

두 차례의 쌍성보전투 직후 어려움에 처한 한국독립군은 1932년 11월 29일 오상현 사하자沙河子에서 당과 군의 간부들이 참여한 당군연합회의를 열고 당과 군의 향후 진로에 대해 "군사활동 지점을 개정하여 동만으로 정함", "그곳의 중국구국군 수뇌부와 합작할 것", "황학수를 부사령으로 선정할 것" 등 3개 항을 결의했다.[475] 즉 당

---

472 장세윤, 「한국독립군의 항일무장투쟁 연구」 『한국독립운동사연구』 3, 1989, 338쪽.
473 一靑, 앞의 글, 1942, 53쪽.
474 趙擎韓, 「韓國獨立軍與中國義勇軍聯合抗日記實」 『革命公論』창간호(1933년 7월), 74쪽(張世胤, 앞의 책, 252쪽에서 재인용).
475 一靑, 앞의 글, 1942, 55쪽.

과 군의 근거지를 북만에서 동만(옌지·왕칭·둥닝·훈춘·닝안현 등)으로 옮기고 이곳을 중심으로 군사 활동을 계속하겠다는 것이었다. 북만에 비해 한인이 많이 살고 있는 이곳을 기반으로 중국군과 연합하여 대일항전을 벌일 계획이었다. 1927년 신민부 참모부장 시절 이곳에서 신민부의 군구를 개척한 일이 있었던[476] 황학수를 부사령으로 삼은 것도 이러한 이유에서였다.

한국독립군이 점령한 쌍성보 서문(중국 흑룡강성 하얼빈)

그런데 1932년 2월 초 봉기한 동만의 왕덕림의 지린구국군은 한국에 주둔하고 있던 일본군 제19사단의 간도파견군이 출동한 뒤 어려움을 겪었고, 특히 그 해 12월 일본군의 대공세에 거의 궤멸상태에 빠져 왕덕림은 시베리아로 도망했다. 그리하여 이곳에는 오의성이 사령관 대리로서 요진산姚震山·시세영柴世榮 등의 잔존부대를 이끌고 동만의 산악지대에서 활동하고 있을 뿐이었다.[477]

1933년 1월 동만주로 이동한 한국독립군은 요진산, 시세영부대와 연합하여 중한연합토일군中韓聯合討日軍을 편성하고[478] 이후 6월까지 경박호鏡泊湖전투, 사도하자四道河子전투, 동경성東京城전투 등을 치루며 승리를 이어갔다. 한중연합군은 동경성 전투에 이은 대전자령大甸子嶺 전투에서도 큰 승리를 거뒀다. 이해 6월 말에서 7월 초 사이 이청천이 인솔하던 5백여 명의 독립군은 2천여 명의 시세영부대와 연합하여, 대전자령에서 철수하던 일본군 수송부대를 매복 기습했다. 일본군은 1932년 4월 간도에 출동했다가 철수하던 75연대, 보·포·기·공병 혼성부대와 1백여 대의 화물자동차,

---

476 한시준, 「夢乎 黃學秀의 생애와 독립운동」『史學志』 31, 1998, 560~561쪽.
477 張世胤, 앞의 책, 2005, 253쪽.
478 趙擎韓, 「韓國獨立軍與中國義勇軍聯合抗日記實」『革命公論』 1권 4기(1934년 4월), 66~67쪽.

동경성 전투 추정지인 발해 상경 용천부

500여 대의 우마차로 이루어진 수송부대였다. 이들의 이동 정보를 입수한 한중연합군은 이동 길목인 대전자령 계곡에 매복했다가 기습공격을 했다. 급습을 받은 일본군은 대부분이 섬멸당했고 엄청난 군수물자를 노획하는 대승리를 거두었다.[479]

그런데 한국독립군은 1933년 9월 지린구국군과 함께 둥닝현성을 공격하여 큰 타격을 입고 10월 다시 공격을 준비하던 중 오의성 부대가 한국독립군을 기습 포위하여 총사령관 이청천을 비롯하여 330여 명의 독립군을 체포, 구금하는 불행한 사태가 일어났다.[480] 여기에는 대전자령전투 이후 일본군으로부터 노획한 전리품 분배 문제로 시세영 부대와 갈등이 있었다. 시세영 부대를 통합한 오의성 부대는 한국독립군에게 구국군에 합류 편성할 것과 무기의 절반 이상을 넘기라는 무리한 요구를 몇 차례 강요했다.[481] 이와 같이 전리품 분배 문제로 생긴 양측 간의 갈등을 기회로 중국공산당 만주성위원회 서기이자 오의성 부대의 참모로 있던 주보중이 한국독립군을 오의성 부대에 한인공산주의자들로 구성된 별동대로 흡수하려고 친일부대라고 모략하기도 했다. 이런 몇 가지 요인으로 오의성은 산하부대를 동원하여 한국독립군을 포위하

---

479  지복영, 앞의 책, 1995, 258~263쪽.
480  池憲模, 『靑天將軍의 革命鬪爭史』, 삼성출판사, 1949, 151쪽.
481  池憲模, 위의 책, 150~151쪽.

여 무장 해제를 하고 상당수의 장교와 사병들을 무고하게 체포 구금했던 것이다.[482]

이 일은 시세영 등의 적극적인 변호와 독립군의 항의로 가까스로 극복되어 체포 구금되었던 총사령관 이청천을 비롯한 독립군들이 모두 석방되었다. 그러나 이 일은 곧 한국독립군이 지린구국군과 결별하고 나아가 사실상 독립군이 해체되는 중요한 계기가 되었다. 이 과정에서 많은 독립군이 구국군의 포위를 벗어나려고 사방으로 흩어지거나 도주한데다가 구국군에 대한 반감이 깊어져 더 이상의 공동투쟁이 불가능했기 때문이다.[483]

이후 한국독립군은 그곳을 떠나 둥닝과 닝안현 등 산악지대를 전전하며 악전고투를 했다. 이 무렵 중국 관내로부터 한국독립군의 이동을 요구해 왔다. 김구는 중국 국민당정부의 협조를 얻어 중앙육군군관학교 뤄양洛陽분교에 한국청년군사간부 특별훈련반을 설치하고 중국 만주에서 활동하고 있던 독립군의 주요 간부들과 청년들을 중국 관내로 이동, 교육시킬 계획을 수립했고, 한국독립군 총사령 이청천을 교관 겸 책임자로 선임했던 것이다.[484]

김구의 이러한 계획은 1933년 10월 초순 이규보, 오광선 등을 통해 한국독립군에 전달되었다.[485] 10월 20일경 마침내 한국독립당 당수 홍진 및 한국독립군 총사령 이청천을 비롯하여 조경한·오광선·공진원公震遠·김창환 등 한국독립군 주요 간부들과 한국독립군 가운데 선발된 군관학교 입학 지원자 40여 명이 중국 관내로 먼저 이동했다.[486] 사령관 등 한국독립군의 주요 구성원들이 만주를 떠나 중국 관내로 이동하면서 한국독립군은 새로운 국면을 맞게 되었다. 중국 관내로의 이전을 거부한 최악崔岳·안태진安泰振 등 일부 부대가 이후에도 산악지대를 근거지로 활동했지만, 이것은 동북만에서 한국독립군의 활동이 사실상 종식된 것을 뜻했다.

---

482 趙擎韓, 「韓國獨立軍與中國義勇軍聯合抗日記實」 『革命公論』 1권 4기(1934년 4월), 72~73쪽.
483 張世胤, 앞의 책, 2005, 257쪽.
484 趙擎韓, 앞의 책, 1985, 210·217쪽.
485 申肅, 앞의 책, 1963, 118·124쪽.
486 김구, 앞의 책(도진순 주해), 1997, 356~357쪽 ; 申肅, 앞의 책, 1963, 124쪽.

## 3. 반일유격대와 동북항일연군

1930년대 들어 동북 만주의 정세는 크게 변했다. 1929년 세계 대공황의 여파가 한반도에 미치면서 압록강과 두만강을 건너오는 한인이 늘어나면서 재만 한인이 간도 전체 인구의 약 80%를 차지할 정도로 한인의 수가 급증했다. 이들 대부분은 중국인, 일본인, 한인 지주들의 토지를 빌려 경작하는 소작 농민이었다. 이들은 지주, 중국군벌, 일제의 가혹한 착취와 탄압에 시달렸고 세계 공황의 여파가 만주에도 미쳐 많은 한인 농민들이 파산하면서 지주인 중국인과 소작인이 대부분인 한인 사이에 갈등과 대립이 깊어졌다.

이런 가운데 1930년 5월 옌벤 지방을 중심으로 중국공산당 만주성위원회의 주도로 '간도 5·30폭동'이 일어났고 연이어 추수투쟁 등 한인 농민이 중심이 된 일련의 대중투쟁이 이어졌다. 1929년 말부터 한 나라에는 하나의 공산당 조직만이 인정될 수 있다는 일국일당주의에 따라 그동안 한국의 독립을 위해 투쟁했던 재만 한인공산주의자들은 중국공산당에 가입하여 '중국혁명'에 동참했고,[487] 간도 5·30폭동 등 일련의 대중투쟁을 계기로 재만 한인들이 대거 중국공산당에 입당하여 중국공산당 만주조직의 영향력이 크게 확대되었다.

만주사변이 일어나자 1931년 9월 가을걷이를 앞두고 옌지현 관도구에서는 만주성위원회의 주도로 농민 800여 명이, 11월에는 팔도구 부근 한인 농민 수백 명이 지주에게 소작료 4.6제 실행과 곡물 분배를 요구하며 시위행진을 벌였다. 같은 무렵 왕칭현, 훈춘현에서도 한인 농민들은 일본인 주구 타파를 외치며 '추수투쟁'을 벌였다. 이듬해 봄이 되어 농가에 양식이 떨어지는 춘궁기를 맞아 또다시 간도 각지 농민들은 중국공산당의 지도 아래 중국인 지주와 친일 한인 지주, 고리대금업자들을 상대로 "먹을 것을 내라." "일본의 만주 점령을 반대한다."라는 구호를 외치며 지주의 양곡을 빼앗아 빈농에게 나누어주는 춘황春荒투쟁을 벌였다. 중국공산당은 간도 농민의 대중봉기를 주도하며 절박한 농민들의 생존권 쟁취 요구를 반제국주의·반봉건 투쟁

---
[487] 장세윤, 앞의 책, 2005, 269쪽.

으로 결합시켜 나갔다.

한편, 농민들의 대중투쟁은 점차 무장투쟁으로 발전하여 농민무장대가 간도 곳곳에서 결성되기 시작했다. 중국공산당 남만특위 판스현위원회는 대중봉기를 일으킨 농민들을 이끌고 농민무장대를 조직했다. 1931년 10월 남만주의 이퉁伊通에서 일명 '개잡이대打狗隊'라는 무장조직이 처음 조직되었다. 한인 공산당원 이홍광李紅光이 대장인 무장대는 1932년 6월 판스유격대로 확대 발전했고, 대원 대부분은 재만 한인이었다.[488] 판스유격대는 같은 해 12월 옛 동북군계 중국인부대와 합세하여 남만유격대로 개편되었고, 1933년 1월 말부터 5월 초까지 일본군과 만주국군 등을 상대로 60여 차례의 공방전을 벌였다. 남만유격대는 이 무렵 간도 각지에 조직된 다른 유격대와 마찬가지로 한중 양 민족의 연합부대였다.

옌볜 부근인 동만주에서도 옌지현유격대가 1932년 결성되었다. 이때 허룽현의 어랑촌에서 허룽유격대가 조직되었고, 이어 왕칭현유격대와 훈춘유격대가 잇달아 조직되었다. 1933년 동만 지방 4개현 유격대의 대원은 360여 명이었는데 이 가운데 90% 가량이 한인이었다.[489]

북만주 지방에서도 1933년 4월경 허형식許亨植 등이 유격대를 결성했으나 일제의 탄압으로 한 달도 채 못 되어 무너지고 말았다. 그러나 그해 10월 동북의용군 계통의 패잔병과 이계동李啓東 등 한인을 바탕으로 주하珠河반일유격대를 결성했고, 1934년 6월 다른 항일의용군과 항일 마적 등을 받아들여 동북반일유격대로 발전했다.

1931년 만주사변 이후 간도 각지에서는 민족주의계인 무장조직인 조선혁명군과 한국독립군의 빈자리를 중국공산당의 지도 아래 한중 양 민족이 연합한 농민무장대인 유격대가 채워나갔다. 비록 무장대는 중국공산당의 지도를 받았지만 그 부대는 한중 양 민족의 연합부대였다. 이렇게 수많은 한인들이 중국혁명에 직접 참가한 것은 이를 통해 한국의 독립이 이룩될 수 있다는 신념 때문이었다. 즉 민족과 이념은 다르지만 일제 침략이라는 공통된 적을 물리침으로써 조국의 독립을 앞당길 수 있다고 믿었던 것이다.

---

488 현봉순 등, 『조선족백년사화 2』, 거름, 1989, 176쪽.
489 신주백, 「1930년대 만주지역 항일투쟁사」『한국사 16』, 한길사, 1994, 277쪽.

항일유격대 기념비(중국 주하)

각지에 유격대가 건립되면서 중국공산당은 유격대를 보다 발전시켜 동북인민혁명군으로 다시 편성했다. 중국공산당 만주성위원회는 1933년 9월 남만유격대를 중심으로 동북인민혁명군 제1군을, 1934년 3월에는 동만유격구에서 동북인민혁명군 제2군을, 1935년 1월에는 주하유격대를 기초로 하여 동북인민혁명군 제3군을 조직했다.[490] 그러나 간도 5·30폭동에서 동북인민혁명군으로 한중연합의 무장조직이 발전하는 동안 중국공산당이 지도한 투쟁방식은 대중의 의사를 무시한 폭동노선과 중국인과 한인 사이를 분열시키려는 일제의 간교한 공작 등으로 조직 붕괴의 위기에 빠지게 되었다.

이 무렵 제2차 세계대전의 발발로 세계정세가 급변하면서 만주 지역에 대한 중국공산당의 정책에도 큰 변화를 가져왔다.

중국공산당은 한국인의 독립 쟁취를 지원하려고 항일연합군을 조직하는 것은 물론 독립운동을 이끌어 갈 중추기관으로서 '항일민족혁명당'의 건설이 필요하다고 보았다. 이에 따라 1936년 초부터 만주에서는 이전의 동북인민혁명군을 바탕으로 동북항일연군이 조직되었다. 또한 그해 5월 5일에는 재만 한인의 독립운동의 중추기관으로 조국광복회가 조직되었고 6월 10일에는 "전민족의 계급·성별·지위·당파·연령·종교 등의 차별을 불문하고 백의동포는 반드시 일치단결 궐기하여 원수인 왜놈과 싸워 조국을 광복시킬 것"을 촉구하는 '재만한

---

490 김창순·김준엽,『韓國共産主義獨立運動史 5』, 청계연구소, 1986, 23~24쪽.

인조선광복회선언'이 발표되었다.[491] 이때부터 중국공산당의 지도를 받으면서도 한인 무장부대들은 조국의 독립을 위해 독자적인 활동이 가능하게 되었다.

이에 따라 간도 각지에서 활동하던 한인 무장부대들이 국경과 가까운 창바이현으로 옮겨와 유격근거지를 확보하며 활동을 강화했다. 특히 재만 한인이 다수를 차지했던 동북항일연군 제2군은 국경지대와 남만주 일대에서 활발한 투쟁을 벌였다.

한편, 조선혁명당과 조선혁명군의 주요 간부들은 조국광복회가 창립되었다는 소식을 듣고 축하 서신을 보내는 한편, 항일투쟁에서 긴밀한 연계를 유지하자고 요청하기도 했다.[492] 조선혁명군의 주요 간부들이 중국 관내로 이동한 뒤 남만주에서 활동하던 조선혁명군정부는 1936년 10월 동북항일연군과 공동투쟁하기로 결정했다.[493]

조선혁명군은 1936년 2월 이래 일본군과 만주군의 대대적인 토벌작전이 전개된 뒤 어려운 조건에 처하면서 이미 중국공산당 만주조직의 무장조직과 연대투쟁을 해 왔다. 1936년 4월에는 조선혁명군 총사령 김활석이 퉁화 북쪽 강산령崗山嶺에서 양정우楊靖宇(본명 馬常德)와 공동투쟁을 벌였고, 같은 해 4월 조선혁명군 제2군 참모 최명崔明 부대 역시 동북인민혁명군 제1군과 연합투쟁을 벌였다.

조선혁명군은 1935년 9월 제14회 중앙집행위원회를 열고 민간인 출신 총령 고이허 대신 대한제국 무관 출신인 김동산을 새로 선출하여 군사부문 영도를 강화했으나[494] 이듬해 1월에서 3월 사이 군정부 관련자 118명이 일제당국에 검거되고 이어 고이허마저 체포되는 등 막대한 피해를 입었다. 이런 가운데서도 약 2백 명의 조선혁명군은 진영을 재정비하여 1936년 3월 중순경 평안북도 초산과 위원군 건너편인 지안과 콴덴현의 변경지대인 신개령新開嶺에 산채를 구축하고 국내로 진격할 계획을 세웠다. 이러한 정보를 입수한 일제는 군용기까지 동원하여 3월 하순부터 10일간에 걸쳐 조선혁명군 본부를 공격했다. 조선혁명군은 1,004미터 고지에 위치한 요새지를 근거로

---

491 朝鮮總督府 高等法院 檢事局 思想部, 『思想彙報』 14호, 1938.3, 60~61쪽.
492 신주백, 「과거 기억과 현재의 相存-1930년대 만주지역 항일무장투쟁사」 『한국민족운동사연구』 27, 2001, 315쪽.
493 「조선혁명군의 상황에 관한 건」, 800쪽(장세윤, 앞의 책, 2005, 242쪽에서 재인용, 이하 「조선혁명군의 상황에 관한 건」).
494 「조선혁명군의 상황에 관한 건」, 820~821쪽.

완강히 저항했으나 압도적으로 우세한 장비와 병력을 앞세운 토벌대를 당해내지 못하고 큰 피해를 입고 퇴각했다.[495] 3월 하순 일제의 대대적인 공세로 조선혁명군은 치명적 타격을 입었고 그 영향으로 조선혁명군 제1사령 한검추와 교육부장 등이 대원 51명과 함께 일제에 투항했다.[496] 5월 21일에는 조선혁명군정부 총령 김동산마저 투항하면서 사실상 조선혁명군정부의 종말을 고했다.

신개령전투에서 퇴각한 조선혁명군 총사령 김활석은 1백여 명의 잔여 병력을 이끌고 투쟁을 계속했지만 독자적 활동은 거의 불가능한 상황이었다. 그리하여 박대호와 최윤구 등은 1938년 2월 60여 명의 병력을 이끌고 양정우가 인솔하는 동북항일연군 제1로군에 참가했다. 이들은 한인 독립사獨立師로 편제되어 조선혁명군의 명맥을 유지하며 투쟁을 계속했다.[497] 반면 총사령 김활석은 20~30여 명의 부하를 이끌고 독자적 활동을 하다가 1938년 9월 6일 만주국 안동공서安東公署에 체포되었다. 남은 조선혁명군은 동북항일연군과 일정한 협조관계를 유지하다가 상당수 대원들이 1937·8년 경 동북항일연군에 합류했다. 이로써 조선독립을 표방한 만주 최후의 민족주의계 독립군인 조선혁명군도 종말을 고하게 되었다.

북만주에서는 1933년 10월 한국독립당 당수 홍진 및 한국독립군 총사령 이청천 등이 중국 관내로 이동한 뒤 사실상 한국독립군의 활동도 종말을 고하게 되었다. 최악崔岳과 안태진安泰鎭 등이 거느리는 일부 부대가 밀산 등지의 산악지대에서 활동하며 항전했으나 오래 지속되지 못했고, 일부 대원들은 중국공산당 계열의 유격대 등에 참가하여

**동북항일연군 여전사**

---

495 『現代史資料 30』, 351쪽.
496 『滿洲國警察史』(吉林省公安廳 公安史研究室 編譯), 長春, 1990, 318쪽(장세윤, 앞의 책, 2005, 244쪽에서 재인용).
497 장세윤, 「조선혁명군연구」 『한국독립운동사연구』 4, 1990, 333쪽.

투쟁을 계속했다.

동북항일연군 제2·3군은 계속되는 일본군과 만주군의 토벌 공세에도 아랑곳하지 않고 함경북도 무산진입 전투(1939년 5월), 일본군과 만주군 1백여 명을 섬멸한 안투현 대사하전투(같은 해 8월), 악명 높던 마에다前田토벌대 120여 명을 궤멸시킨 허룽현 홍기하紅旗河전투(1940년 3월) 등 크고 작은 전투를 벌여 일본군과 만주군에게 큰 손실을 입혔다.

**동북항일연군 전투모습**

하지만 동북항일연군에 대한 일본 군경과 만주군의 토벌도 강화되어 마침내 1940년 2월 동북항일연군 제1로군 사령관 양정우가 전사하고 만주지역의 잔존 항일연군도 거의 소멸되고 말았다. 그 뒤 만주지역에서 조직적 무장투쟁이 어려워지자 남아있던 동북항일연군은 1940년 겨울부터 동북만을 거쳐 소련령으로 이동했다. 이로써 기나긴 만주 지역에서의 항일투쟁도 사실상 종말을 고했다.

# 제8장

## 상해 대한민국임시정부와 군사정책

제1절 상해 임시정부의 수립과 '독립전쟁' 선언
제2절 상해 임시정부와 만주지역 독립군
   및 국내와의 관계
제3절 상해 임시정부의 위축과 의열투쟁

# 제1절

# 상해 임시정부의 수립과 '독립전쟁' 선언

## 1. 상해 임시정부의 수립과 초기 활동

### 1) 상해 임시정부의 수립과 정부 통합

대한민국임시정부는 3·1운동 발발 뒤 40여 일만인 1919년 4월 11일 중국 상하이에서 수립되었다. 임시정부의 수립은 어느 날 갑자기 이루어진 것이 아니라 1910년 8월 29일 대한제국이 일제에 의해 강제 병합된 이래 나라 안팎에서 주권을 회복하기 위한 방안으로 모색된 임시정부수립운동의 결과였다.

복벽주의 입장이지만, 1915년 연해주에서 상하이로 온 이상설이 동제사 인사들과 함께 결성한 신한혁명당,[1] 1918년의 '유림사건'은 모두 광무제를 추대하여 망명정부를 세우려다 실패한 사건이었다.[2] 다른 한편에서는 공화주의를 지향하는 임시정부 수립론이 제기되었다. 1911년 3월 미주에서 활동하던 박용만은 『신한민보』를 통해 "해외 한인을 통일하고 결속시키기 위해서는 먼저 헌법을 제정하고 정치적으로 여기에 복종시켜 무형국가 또는 가정부로 변신하지 않으면 안된다."라고 하며 '무형정부론'을 주장했다.[3] 서간도의 경학사와 연계하여 친일파 처단, 독립자금 마련 등의 항일활

---

1 金正明, 『朝鮮獨立運動Ⅰ』, 原書房, 1967, 276~296쪽(이하 『朝鮮獨立運動Ⅰ』).
2 李丁奎, 『又關文存』, 三和印刷(주) 出版部, 1974, 36~37쪽.

이상설(좌)과 이상설 생가(우)

동을 했던 국내 비밀결사인 대한광복회도 공화주의를 지향했다.[4]

이런 가운데 1917년에는 신규식·박용만·신채호 등 신민회좌파와 대종교도 그리고 신규식이 1912년 상하이로 망명하여 조직한 동제사의 회원들이 중심이 되어 「대동단결선언」을 선언하여 임시정부 수립의 방향을 제시했다. 이 선언에서는 "우리 동지는 당연히 삼보三寶를 계승하여 통치할 특권이 있고 또 대통人統을 상속할 의무가 있도다. 그러므로 이천만의 생령生靈과 삼천리의 강역과 사천년의 주권은 우리 동지가 상속했고 상속하는 중이요 상속할 터이니 우리 동지는 이에 대하여 불가분의 무한 책임이 중대하도다."라고[5] 하여, 융희황제의 주권포기를 국민에게 주권을 양여한 것이라는 주권불멸론을 주장하며 공화주의를 지향했다.[6]

또한 선언에서는 제의의 강령 7개항 가운데 임시정부 수립을 위한 구체적 방안으로서 "해외 각지에 현존한 단체의 대소 은현을 막론하고 규합 통일하여 유일무이의

---

3 「조선민족의 기회가 오늘이냐 내일이냐」 『新韓民報』, 1911년 3월 29일. 박용만의 '무형국가론'에 대해서는 金度勳, 「1910년대 초반 미주한인의 임시정부건설론」 『한국근현대사연구』 10, 1999 참조.
4 대한광복회에 대한 보다 상세한 내용은 趙東杰, 「大韓光復會研究」 『韓國民族主義의 成立과 獨立運動史硏究』, 지식산업사, 1989 참조.
5 한국독립운동사연구소, 「大同團結宣言」 『島山安昌浩資料集 3』, 1992, 241쪽.
6 趙東杰, 「臨時政府 樹立을 위한 1917년의 '大同團結宣言'」, 앞의 책, 1989, 316쪽.

최고기관을 조직할 것", "중앙본부를 상당한 지점에 치하여 모든 한족을 통치하며 각 지부로 관할구역을 명정明定할 것", "대헌大憲을 제정하여 민정에 합한 법치를 실행할 것" 등의 3개항을 제시했다.[7]

이처럼 「대동단결선언」은 한 마디로 해외 각지의 크고 작은 민족단체의 대표자회의를 열어 독립운동의 최고기관으로서 임시정부를 건설하고 헌법을 제정, 법치주의를 실행하자는 것 즉 민주공화제를 지향했다.

나라 안팎의 임시정부수립운동은 1919년 3·1운동을 계기로 구체화되었다. 3·1운동이 일어난 뒤 국내와 간도·연해주 등지에서 많은 독립운동 인사들이 마치 약속이나 한 듯이 상하이로 모였다. 이들은 1919년 4월 10일 임시정부 수립을 위한 임시의정원을 설립하고 이튿날 계속된 회의에서 국호를 대한민국으로 하는 임시정부를 수립하고 헌법인 '임시헌장'을 만장일치로 통과시켰다. 국호를 '대한'으로 제정할 때 일부 반대도 있었지만 대한이란 국호는 대한제국에 대한 역사계승 의식이 내재되어 있었다.[8] 이어서 임시의정원에서는 이승만을 국무총리로 하는 국무위원을 선출, 임시정부 수립을 완료했다. 이때 선출된 국무위원은 내무총장에 안창호, 외무총장에 김규식, 재무총장에 최재형, 교통총장에 문창범, 군무총장에 이동휘, 법무총장에 이시영이었다.

〈 대한민국 임시헌장〉

제1조 대한민국은 민주공화제로 함.
제2조 대한민국은 임시정부가 임시의정원의 결의에 의하여 이를 통치함.
제3조 대한민국의 인민은 남녀·귀족 및 빈부의 계급이 없고 일체 평등함.
제4조 대한민국의 인민은 종교·언론·저작·출판·결사·집회·신서信書·주소·이전·신체 및 소유의 자유를 향유함.
제5조 대한민국의 인민으로 공민公民 자격이 있는 자는 선거권 및 피선거권이 있음.
제6조 대한민국의 인민은 교육·납세 및 병역의 의무가 있음.
제7조 대한민국의 신神의 의사에 의하여 건국한 정신을 세계에 발휘하며 나아가 인류

---

7 한국독립운동사연구소, 앞의 책, 1992, 242쪽.
8 윤대원, 『상해시기 대한민국임시정부 연구』, 2006, 서울대학교출판부, 36쪽.

연해주 신한촌 기념탑

의 문화 및 평화에 공헌하기 위하여 국제연맹에 가입함.

제8조 대한민국은 구황실을 우대함.

제9조 생명형·신체형 및 공창제를 전부 폐지함.

제10조 임시정부는 국토회복 후 만 1년 내에 국회를 소집함

대한민국 원년 4월 일

상하이에서 임시정부가 수립되는 시기를 앞뒤로 하여 〈표 8-1〉과 같이 나라 안팎의 여러 곳에서 임시정부가 선언·수립되었다. 이들 임시정부 가운데는 실체는 없고 선언문만 있는 이른바 '전단정부Paper Government'도 있었고 노령의 대한국민의회처럼 실체를 갖춘 정부도 있었다. 그러나 하나의 민족에 이렇게 여러 개의 정부가 있을 수 없었다. 그리하여 상해 임시정부는 1919년 5월부터 정부로서 실체를 가진 노령의 대한국민의회와 정부 통합 논의를 본격화했다.

대한국민의회는 1919년 4월 19일 신한촌에서 의회를 열어 상해 임시정부를 '가승인'하고[9] 정부 통합 교섭 특사로 원세훈을 상하이로 파견했다. 상하이에도 안창호가

---

9 姜德相, 『現代史資料 26』, みすず書房, 1970, 152쪽(이하 『現代史資料 26』).

<표 8-1> 3·1운동 이후 국내외에 선언·수립된 임시정부와 국무원

|  | 대한국민의회 (1919.3.21, 노령) | 대한민간정부 (1919.4, 기호) | 조선민국임시정부 (1919.4.10, 서울) | 대한민국임시정부 (1919.4.11, 상해) | 신한민국정부 (1919.4.17, 평북) | 세칭 '한성정부' (1919.4.23, 서울) |
|---|---|---|---|---|---|---|
| 대통령 | (의회적 기능) | 손병희 | 손병희 (정도령) |  | 이동휘 (집정관) | 이승만 (집정관) |
| 부통령 |  | 오세창 | 이승만 (부통령) |  |  |  |
| 국무총리 |  | 이승만 | 이승만 | 이승만 | 이승만 | 이동휘 (국무총리총재) |
| 외무 |  | 김윤식 | 민찬호 | 김규식 | 박용만 | 박용만 |
| 내무 |  | 이동녕 | 김윤식 | 안창호 | (미정) | 이동녕 |
| 군무 |  | 노백린 | 노백린 | 이동휘 |  | 노백린 |
| 재무 |  | 권동진 | 이상 | 최재형 | 이시영 | 이시영 |
| 법무 |  | 이시영 | 윤익선 | 이시영 |  | 신규식 |
| 학무 |  | 안창호 | 안창호 |  |  | 김규식 |
| 교통 |  | 박용만 | 조용은 | 문창범 | 문창범 | 문창범 |
| 산업 |  |  | 오세창 (식산) |  |  |  |
| 탁지 |  |  |  |  |  |  |
| 노동 |  |  |  |  | 안창호 | 안창호 |
| 참모 |  | 문창범 |  |  |  | 유동렬 |

도착하여 내무총장겸 국무총리대리로 취임하면서 정부통합 논의가 본격화되었다. 통합 논의는 통합될 정부의 위치 문제 즉 통합정부를 '상해에 둘 것인가 아니면 간도나 노령에 둘 것인가' 하는 문제로 난항을 겪기도 했지만 양측에서는 "상해 임시정부와 대한국민의회를 다 버리고 통일의 신정부를 조직"하지 않고 4월 23일 서울에서 선언된 이른바 '한성정부'를 봉대하기로 하고 다만 정부의 명칭은 대한민국임시정부로 하고 정부 위치도 상하이에 두되 필요에 따라서는 노령에 둘 수 있다는 합의를 보았다.[10]

---

10 김원룡, 『在美韓人五十年史』, 1958, 458쪽. 상하이와 노령 양측이 한성정부를 봉대하기로 한 것은 한성정부가 "모국의 首府에서 조직되었다."는 명분론이 크게 작용했다(「임시정부개조안 설명」

이리하여 대한국민의회는 1919년 8월 30일 의회를 소집, 한성정부를 봉대하기로 하고 만장일치로 해산을 선언했다. 상해 임시정부도 그해 8월 임시의정원에서 대통령제의 '임시헌법개정안'과 '임시정부개조안'을 통과시켜 이승만을 대통령으로 선출하고,[11] 나머지 국무위원은 한성정부의 각원대로 국무총리에 이동휘, 내무총장에 이동녕, 외무총장에 박용만, 재무총장에 이시영, 교통총장에 문창범, 군무총장에 노백린, 법무총장에

대한민국임시정부 상하이 청사

신규식, 학무총장에 김규식, 노동국총판에 안창호를 선출했다.

이로써 노령과 상하이에서는 정부통합에 필요한 절차를 모두 마무리했고 통합정부는 1919년 9월 15일을 신정부 시정일로 선포함으로써[12] 비로소 대한민국임시정부는 민족의 '대표성'을 갖는 정부로서의 위상을 갖게 되었다.

그런데 한성정부를 봉대하기로 한 정부통합은 부분적으로 결렬되었다. 1919년 9월 교통총장 취임을 위해 연해주에서 상하이로 온 문창범이 상해 임시정부가 통합 약속을 어겼다는 이유로 교통총장 취임을 거부하고 노령으로 돌아갔기 때문이다. 원래 통합 약속은 상하이의 임시의정원과 대한국민의회를 동시에 해체하고 한성정부를 봉대하기로 약속했는데 상해 임시정부가 이 약속을 지키지 않았다는 것이다.[13] 상해 임시정부가 임시의정원을 해체하지 않았을 뿐만 아니라 임시헌장을 개정하여 이승만을 대통령으로 선출하는 식으로 단지 상해 임시정부를 개조했을 뿐이라는 것이다. 상해

---

『독립신문』, 1919년 8월 28일).
11 「臨時大統領當選」『독립신문』, 1919년 9월 9일.
12 「政府의 始政日」『독립신문』, 1919년 9월 18일.
13 주요한,「傳記篇」『安島山全書 上』, (株)汎洋社, 1990, 218~219쪽.

임시정부가 대한국민의회와의 통합 약속을 어기고 대통령제로 임시정부를 개조한 것은 순전히 이승만 때문이었다. 정부통합과 임시헌법개정을 주도했던 안창호는 이미 미국에서 한성정부의 대통령 행세를 하고 있는 이승만을 통합정부로 끌어들이지 못할 경우 정부가 두 개 있게 될 것이라는 우려 때문에 이승만을 대통령으로 하는 헌법을 개정했던 것이다.[14]

이 일로 문창범이 노령으로 돌아감으로써 통합정부의 수립이 결렬될 위기에 처했으나 노령에서 상하이로 온 이동휘가 국무총리에 취임함으로써 위기를 극복할 수 있었다. 이동휘는 1918년 노령의 하바로프스크에서 최초의 한인 공산주의 단체인 한인사회당을 창립하고 상해 임시정부와의 연대에 매우 적극적이었다. 그는 상해 임시정부가 통합약속을 어겼지만 '이 모두 광복과 독립을 위한 것이므로 이것이 독립운동의 성공과 실패를 판가름하는 결정적인 문제가 아니기 때문에 자신은 광복의 대의가 중요하다.'라며 국무총리에 취임했다.[15] 이로써 통합정부는 민족주의 세력과 초기 한인 사회주의자들이 결합한 좌우합작 정부였다. 북간도와 노령에 기반을 둔 이동휘가 상해 임시정부의 국무총리에 취임하면서 이들 지역의 독립운동 단체들이 속속 임정을 지지해 왔고 나아가 임시정부 안에서도 독립전쟁론이 강화되었다.

## 2) 상해 임시정부의 초기 활동과 한계

1919년 4월 11일 임시정부는 수립되었지만 법무총장 이시영을 제외하고는 국무총리 이승만을 비롯한 모든 국무원들이 미주 등 해외에 있어 임시정부는 사실상 활동이 불가능했다. 또한 각 부 행정을 뒷받침할 수 있는 법적·제도적 정비가 시급한 상태였다.

1919년 5월 안창호가 미국에서 상하이로 와서 내무총장에 취임하고 국무총리대리를 겸임하면서 임시정부는 다소 활기를 띠기 시작했다. 우선 임시의정원은 임시의정원법을 마련, 이 법에 의해 의원을 선출함으로써 대표성을 강화하는 한편, 대한국민

---

14 「臨時議院」『독립신문』, 1919년 9월 2일.
15 『朝鮮獨立運動 Ⅲ』, 116쪽.

의회와의 통합 과정에서 임시헌법 개정과 정부 조직법을 개정, 11월 5일 정부조직법인 '임시관제'를 마련했다. 이에 따라 정부 조직은 대통령·국무총리 이하 7부 1국의 국무원에 각 부 아래 31국局 31과課 그리고 대본영을 비롯한 4개의 임시대통령의 직할기구로 구성되었다. 정부 직원은 참사·서기·비서 등 몇 명을 제외하고 대통령 이하 각 부 국장 및 비서장만 합해도 무려 56명이나 되는 매우 방만한 조직이었다.[16] 정부가 외국 땅인 상하이에

안창호와 차장들

있어 법령과 관제가 실질적으로 적용될 영토와 국민이 없는 상황에서 이러한 법규들은 공문화空文化될 여지가 많았다.[17] 1920년 2월 아직 긴요한 필요가 없다는 이유로 노동국 정무를 정지시켰듯이[18] 정부 관서에는 실제 1명의 직원도, 한 건의 사업도 없는 부서가 많았다.

이런 비현실적 조직 문제와 함께 임시정부가 당장 부딪힌 문제는 재정 즉 독립자금을 마련하는 문제였다. 초기에는 상하이에 거주하는 동포나 국내 그리고 미주 동포들이 보내오는 기부금이나 애국금으로 유지했으나 정부를 유지하고 독립사업을 계속하려면 항구적인 재정수입이 제도적으로 뒷받침되어야 했다.

이에 따라 임시정부는 1919년 6월 '임시징세령'과 '인구세시행세칙'을 마련, 대한국민 만 20세 이상의 남녀로 하여금 1년에 2회 분할하여 금화 1원을 징수하는 정액제인 인구세를 실시했다.[19] 대신 그동안 국내에 애국금수합위원을 파견하여 거두어

---

16 국사편찬위원회, 『韓國獨立運動史資料 -臨政篇2-』, 153~154쪽(이하 『韓國獨立運動史資料 -臨政篇2-』).
17 趙東杰, 「大韓民國臨時政府의 組織」 『韓國史論』 10, 국사편찬위원회, 1981, 67쪽.
18 「조선민족운동연감」(1920년 2월 9일) 『독립운동사자료집 7』(독립운동사편찬위원회 편), 1973(이하 『조선민족운동연감』).
19 국회도서관, 『韓國民族運動史料(中國篇)』, 1976, 73~74쪽(이하 『韓國民族運動史料(中國篇)』).

이륭양행(중국 단둥)

들이던 애국금수합제도를 폐지했다. 일제의 경비와 단속이 심하여 자금모집이 여의치 못한 점도 있었지만 임시정부원을 가장한 '가짜 애국금모집원'도 생겨나는 등 폐해가 심했기 때문이다.[20] 대신 임시정부는 1920년 4월 이후 부족한 재원을 독립공채를 발행하여 메우려 했다. 이런 가운데 임시정부는 1920년 4월 '임시주외재무관서제'를 시행하여 정부에서 파견 또는 위탁한 재무관이 관내의 인구세·독립공채 그리고 애국금의 수납을 전담하게 함으로써[21] 재정의 중앙집중과 일원화를 꾀했다.

임시정부는 재정제도의 정비와 함께 실질적으로 통치할 영토와 국민이 없는 태생적 한계를 극복하려고 국내외 동포를 대상으로 지방자치제와 내정통일책을 강구했다.

임시정부는 나라 안팎의 동포를 대상으로 독립사업을 선전하고 각지의 독립운동단체나 개인들과 통신·연락을 위한 기구로서 교통부 산하에 임시교통국을 설치했다. 임시정부는 단둥현 옛 시가에 있는 영국 국적의 아일앤드인 쇼우George L Show가 경영하는 이륭양행 2층에 단둥지부를 설치하고 국내와 연락을 꾀했다.[22] 이후 임시정부는 각지에 교통사무국 건설을 확대하여 1922년 4월에는 임시단둥교통사무국을 비롯하여 강변8군임시교통사무국, 임시한남교통사무국, 평양·황해·경성교통사무국을 설치했다.

각지에 설치된 교통국은 교통원을 통해 임시정부에서 발행한 각종 선언문이나 지령, 『독립신문』 등을 국내에 배포하는 한편, 국내의 사정을 임시정부에 보고하고 각지에서 모아진 독립자금을 임시정부에 전달했다. 임시정부와 국내 각 교통국을 연결하는데는 단둥의 이륭양행이 가교 역할을 했다. 그러나 1920년 1월 단둥교통사무국

---

20 『韓國民族運動史料(中國篇)』, 153~154쪽.
21 「部令」『독립신문』, 1920년 4월 15일.
22 『朝鮮獨立運動 Ⅱ』, 4~5쪽. 쇼우는 무역상 겸 중국 태고선복공사 대리점인 이륭양행을 운영하면서 한국 독립운동을 지원했고 상하이와 단둥 사이를 왕래하던 독립운동가들은 이륭양행 소유의 배를 이용했다.

이 일제의 침탈을 받아 파괴되고[23] 1921년 이후 일제의 경계와 단속이 강화되어 여러 곳의 교통국이 파괴되면서 교통국의 활동도 점차 위축되어 갔다.

임시정부는 교통국과 별도로 국내 동포들을 대상으로 연통제를 실시했다. 임시정부는 1919년 4월 국내에 '임시정부령 제2호'를 통해 면마다 자치제를 조직하여 행정·사법 및 경찰 위원을 선거하여 국토회복이 완성되기까지 질서유지의 임무를 다할 것을 지시했다.[24] 이어 12월에는 해외 동포를 대상으로·임시거류민단제를 실시하기로 했다.[25] 국내에 설치된 연통제는 교통국과 함께 독립자금의 모집, 정부의 지령 및 『독립신문』의 배포에 종사했으나 해외 동포를 대상으로 한 임시거류민단제는 사실상 상하이 한 곳을 제외하고는 실시되지 못했다. 국내의 연통 각부도 교통국처럼 1921년 이후 일제의 단속과 탄압이 강화되면서 그 활동이 거의 중단되었다.

통합정부 수립 당시 국내외 항일단체로부터 적극적인 지지를 받았던 임시정부는 극심한 내부 분열에 휩싸였다. 임시정부가 출발부터 부딪힌 문제는 이승만의 위임통치청원 문제였다. 이승만과 정한경은 1918년 미주의 대한국민회 중앙총회에서 파리강화회의에 파견할 민족대표로 선정되었다. 그러나 이들의 파리행은 일본과의 외교적 마찰을 우려한 미국이 비자 발급을 거부하여 실패했다. 그러자 이승만은 파리강화회의에 참여하는 미국 대통령 윌슨에게 '한국을 국제연맹 하에 신탁통치를 실시해 달라'는 취지의 위임통치청원서를 제출했다.[26] 이 사실이 알려지면서 신채호는 1919년 4월 11일 임시의정원에서 국무총리를 선출할 때 이승만이 국무총리로 천거되자 "이완용은 있는 나라를 팔아먹은 놈이고 이승만은 없는 나라를 팔아먹은 역적"이라고[27]

---

23 『조선민족운동연감』, 1920년 5월 31일.
24 『韓國民族運動史料(中國篇)』, 23쪽.
25 1920년 3월 임시정부가 발표한 시정방침의 내정 제1항(통일집중)에 따르면 "國民을 連絡統一하여 中央에 권력을 집중하고 민족 전체로 하여금 一致行動케 하기" 위해 "국내에는 각도 각군에 연통제를 실시하고, 국외 각지에는 거류민단제를 실시한다."라고 했다(『韓國獨立運動史資料 -臨政篇 2-』, 107쪽).
26 方善柱, 「李承晚과 委任統治案」『在美韓人의 獨立運動』, 한림대학교 아시아문화연구소, 1989. 위임통치청원문제와 관련해서는 양영석, 「위임통치청원(1919)에 관한 고찰」『한국독립운동사연구』 2, 1988 참조.
27 任重彬, 『先覺者丹齋申采浩』, 高靈申氏大宗約會, 1986, 226쪽.

하며 임시의정원을 떠났다. 이때부터 그는 임시정부의 외교독립노선에 반대하여 교통총장 취임을 거부한 박용만과 함께 대표적인 반임정 세력인 베이징파를 형성했다. 이승만의 위임통치청원사건은 이후에도 서북간도의 여러 독립군 단체들이 임시정부를 비판하는 근거가 되었다.

이승만과 임시정부의 불편한 관계는 임시정부 성립 때부터 시작되었다. 임시정부가 수립되기 직전인 1919년 3월 29일 상하이의 임시독립사무소 총무 현순은 하와이 국민회에 '이승만이 임시정부의 국무경으로 선출되었다'는 잘못된 전보를 보냈다.[28] 이 소식은 곧바로 미주한인 사회의 기관지인 『신한민보』에 대서특필되었다.[29]

당시 필라델피아 한인자유대회에 참석하고 있던 이승만은 4월 4일 현순의 전보를 받고 곧바로 '대한공화국임시정부' 국무경 행세를 했다. 그러나 4월 11일 대한민국임시정부가 수립되고 이승만이 국무총리로 선출된 뒤 현순은 곧바로 하와이 국민회 앞으로 자신이 앞서 보낸 전보는 '오보'이고 이승만은 대한민국임시정부의 국무총리로 선출되었다는 사실을 알렸고, 하와이 지방총회장 이종관도 이승만에게 즉시 이 사실을 전보로 알렸다.[30]

그러나 이승만은 이런 사실을 비밀에 부치고[31] 대한공화국임시정부 국무경 행세를 하며 워싱턴에 '대한공화국 임시사무소'를 설치했다.[32] 사실 대한공화국임시정부는 현순의 잘못된 전보에서 비롯된 가공의 임시정부였다. 그런데도 이 사실이 『신한민보』

---

28 「현순→하와이 국민회(1919.3.29)」『임정전문철』(정병준, 「1919년 이승만의 임정 대통령 자임과 '한성정부' 법통론」『한국독립운동사연구』 16, 한국독립운동사연구소, 196쪽에서 재인용). 현순은 이어 4월 4일에는 이승만에게 직접 '임시정부 수립과 국무경 선출' 사실을 알리는 전보를 보냈다(「현순→이승만(1919.4.4)」『The Syngman Rhee Telegram(Volume Ⅰ)』(중앙일보사·연세대 현대한국학연구소), 2000, 63쪽.
29 「대한국림시정부 내각이 조직되다」『新韓民報』, 1919년 4월 8일.
30 「이종관→이승만(1919.4.11)」『The Syngman Rhee Telegram(Volume Ⅰ)』, 2000, 93쪽.
31 이승만은 4월 11일 이후 4월 4일 현순이 보낸 전보가 오보라는 사실을 접하고도 그는 각국이 "조변석개하는 것을 좋아하지 않"기 때문에 "정부 변경 조직된 것을 신보계(『新韓民報』-인용자)에 전파치 아니하"고 당사자들만 알기로 함으로써(『First Korean Congress』(Philadelphia, 1919), 29~30쪽, 유영익 등, 『이승만과 대한민국임시정부』, 연세대학교출판부, 2009, 50~53쪽에서 재인용) 결국 4월 11일 상하이에서 대한민국임시정부가 수립된 사실이 『新韓民報』를 통해서 미주한인 사회에 알려지지 않았다.
32 유영익 등, 앞의 책, 2009, 173쪽.

를 통해 미주 사회에 알려지지 않음으로써 대한민국임시정부의 수립 사실이 알려지는 그해 7월까지 미주 한인 사회는 상해 임시정부가 대한공화국임시정부인 줄로 잘못 알고 있었다.[33]

이런 가운데 이승만은 위임통치론에 대한 해명을 요구하는 상하이에 대해 불만을 표시하면서 상해 임시정부에게 5백만 원 상당의 외국인대상 독립공채 발행을 요구하여 다시 한 번 임시정부와 갈등을 겪었다.[34] 이

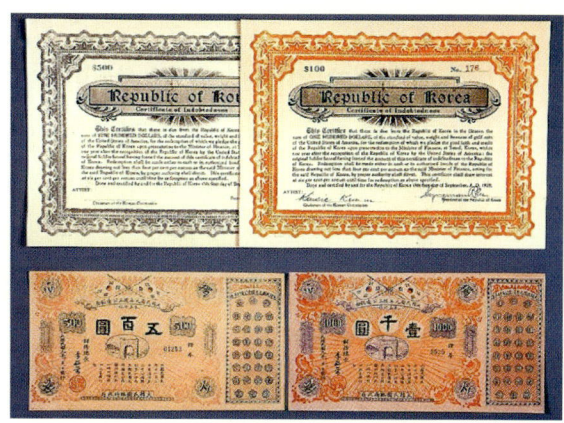

대한민국 임시정부 독립공채

승만의 요구는 당시 재무부를 통한 재정의 중앙집권과 일원화를 꾀하던 임시정부의 재정 정책과 충돌했다.

이승만은 상하이와 불편한 갈등을 계속하던 1919년 5월말 서울에서 선언된 세칭 '한성정부' 관련 선언서 등 중요 문건을 입수하게 되어 자신이 한성정부의 집정관총재로 선출된 사실을 알게 되었다. 이때부터 이승만은 상해 임시정부를 부정하고 자신은 서울에서 13도 전국대표가 모여 만든 임시정부인 한성정부의 집정관총재임을 선언하고, 자신의 명의로 미국 등 대한제국 당시 조약 체약국 앞으로 공함을 보내는 등 대통령 행세를 하고 나아가 미주사회에서 상하이로 보내던 애국금이나 인구세 등 독립자금을 자신이 관리하겠다고 나섰다.[35] 1919년 8월 안창호가 정부통합을 위한 임시헌법개정을 하면서 대한국민의회와의 통합 약속을 어기면서까지 임시정부를 대통령제로 개조한 것은 바로 이 때문이었다. 그런데도 이승만은 쉽게 통합정부의 대통령

---

33 대한공화국임시정부와 관련해서는 윤대원, 「玄楯에게 '秘傳'된 임시정부의 실체와 대한공화국임시정부」 『한국독립운동사연구』 33, 2009 참조.
34 「이승만→현순(1919.4.27)·(1919.5.8)」 『梨花莊所藏 雩南李承晩文書(東文篇) 16』(中央日報社·延世大 現代韓國學硏究所), 國學資料院, 1998, 271·281~283쪽(이하 『李承晩文書 16』).
35 이승만이 세칭 '한성정부'의 집정관총재 내지 대통령을 자임하면서 상해 임시정부와 갈등하게 된 보다 상세한 경위에 대해서는 정병준, 「1919년 이승만의 임정 대통령 자임과 '한성정부' 법통론」 『한국독립운동사연구』 16, 2001 참조.

을 응낙하지 않았고 그는 여전히 한성정부의 법통론을 주장하며 한성정부 대통령 행세를 했다. 결국 상하이에서는 이승만이 요구한 외국독립공채 발행권을 승인함으로써 이승만과의 갈등이 일단 해결될 수 있었다.

이와 같이 임시정부 초기부터 확대된 내부의 갈등과 분열은 결국 주변의 기대와는 달리 임시정부가 독립운동의 최고기관으로 자기 역할을 하는데 한계를 드러내게 되어 끊임없는 비판과 개혁 요구에 시달려야 했다.

## 2. '독립전쟁' 선언과 독립노선 논쟁

### 1) '독립전쟁' 선언과 군사전략

1919년 6월 28일 베르사이유조약의 체결에 따라 파리강화회의가 종결되면서 세계 정치·경제의 주요 무대가 유럽에서 상대적으로 미국의 전략적 이익의 관건이 달려 있던 아시아·태평양지역으로 이동되었다.[36] 이 조약에 따라 일본은 독일이 가졌던 중국 산동반도의 이권과 태평양의 적도 이북의 섬들을 획득함으로써 극동과 태평양에서의 우세를 강화했다.[37]

파리강화회의가 끝난 뒤 중국의 산동문제 및 태평양 문제를 두고 미국과 일본 사이에 격렬한 외교 분쟁이 일어났다. 미국 언론에서는 연일 "미일전쟁의 기세가 현現하여 미국은 전쟁 준비를 급히 할 필요가 있다."라는[38] 등 배일기사가 주요 이슈로 등장했다. 미국과 일본의 외교적 갈등은 결국 1921년 12월에 열린 워싱턴회의(태평양회의)에서 종결되었지만[39] 그 사이 미국과 일본의 갈등에서 연출된 '미일전쟁설'은 파리

---

36 조민, 「제1차 세계대전 전후의 세계 정세」 『3·1민족해방운동연구』, 청년사, 1989, 59쪽.
37 陽昭全, 『中國에 있어서의 韓國獨立運動史』, 한국정신문화연구원, 1996, 276쪽.
38 「戰爭準備의 警告」 『東亞日報』, 1921년 4월 27일.
39 미국은 영국·프랑스 중심의 베르사이유체제를 변화시켜 극동과 태평양에서 새로운 세력 균형을 모색하려고 영국, 일본, 프랑스, 중국, 이탈리아, 네덜란드, 벨기에, 포르투갈 등 9개국과 합의하여 1921년 워싱턴회의를 열었다. 회의 결과, 미국 등 회의 참가 9개국이 '중국사건에 대한 적용원칙

강화회의에 실망하고 있던 임시정부에게 또 다른 희망을 갖게 했다. 일본이 "산둥으로 제2의 만주와 제2의 한국을 만들려는 야심"이 "오래지 않아 동아東亞에 대참극을 양성할 것"이라며 임시정부는 미일전쟁설에 큰 기대를 걸었다.

이 무렵 연해주와 시베리아 지역에서 조성되고 있던 정세도 상해 임시정부를 크게 고무시켰다. 레닌의 소비에트 정부가 1918년 독일이 항복하기 직전 제국주의 전쟁을 반대하고 모든 자본주의국가의 노동자에게 반전 반정부투쟁에 궐기하라며 혁명을 촉구하자 연합국은 그 대응책으로 무력간섭을 결정하고 1918년 1월부터 시베리아 등지에 이른바 '간섭군'을 파견하기 시작했다.[40]

일본은 이 결정에 따라 연합군 가운데 간섭군을 가장 먼저 파견했다. 일본은 황국 신민의 권리와 생명을 보호한다는 명분을 내세웠지만 그 본심은 다른 열강에 앞서 극동지역(연해주·흑룡주·사할린·알류샨 군도·캄차카·북만주·몽고)을 장악할 의도였다.[41] 미국과 함께 우랄 동쪽에서 블라디보스토크까지 행동권을 맡은 일본은 1918년 4월 5일 블라디보스토크에 일본군을 상륙시킨 이래 그해 8월까지 무려 2만 8000여 명의 병력을 출동시켰다.

연해주 및 시베리아에서 벌어진 소련과 일본 사이의 군사 충돌은 미일전쟁설과 함께 상해 임시정부를 크게 고무시켰다. 상해 임시정부는 소련이 대한의 독립을 승인했고 대한의 독립을 원조하기를 성언했다고 하며 소련과 일본의 전면적 전쟁 가능성을 크게 기대했다.

이처럼 파리강화회의가 끝난 뒤 미일전쟁설, 소일전쟁설 등이 고조되면서 상해 임시정부는 이를 독립을 할 수 있는 좋은 기회로 받아들였다. 이와 함께 1919년 11월 독립전쟁론자인 이동휘가 통합정부의 국무총리로 취임하면서 내적으로는 독립전쟁론이 강화되었다.

이동휘가 국무총리로 취임하면서 임시정부는 북간도 및 지린지역 독립운동 단체의

---

및 정책에 관한 9개국가의 조약('9국조약')을 체결함으로써 중국을 독점하려던 일본의 야심을 꺾고 미국 자본이 중국에서 대규모로 확장할 수 있는 기반을 마련하여 미·일 사이의 외교 분쟁이 이로써 일단락되었다(陽昭全, 앞의 책, 1996, 277~278쪽).
40 김준엽·김창순,『韓國共産主義運動史 4』, 청계연구소, 1986, 91~92쪽.
41 김준엽·김창순, 위의 책, 1986, 92~93쪽.

이동휘

지지를 얻게 되었다. 북간도의 최대 독립운동 단체인 대한국민회는 1919년 11월 통합정부의 성립을 '최고 기관된 정부'의 성립으로 간주하고[42] 계봉우, 유례군 2명을 북간도의원으로 선출하여 임시의정원에 파견했다.[43] 이어 북간도의 군정부도 그해 12월 임시정부의 명령을 받아들여 군정서로 명칭을 바꾸고 임시정부를 봉대한다는 뜻을 전해왔다.[44] 홍범도도 대한독립군대장 명의로 "정부의 광명정대한 선전포고를 기다릴 뿐"이라며[45] 임시정부 지지를 표명해 왔다.

서간도의 독립운동 단체들도 차례로 임시정부를 지지해 왔다. 서간도에서는 부민단 등 여러 반일독립운동 단체들이 1919년 3·1운동 직후인 4월 군정부로 통합하고 서간도 한인사회의 자치기관으로서 한족회를 조직했다. 상해 임시정부는 군정부라는 명칭이 임시정부의 명칭과 충돌한다며 여운형을 파견하여 명칭 변경과 임시정부 산하로의 통합을 논의하게 했다.[46] 이에 따라 서간도의 군정부도 서로군정서로 개칭했다.

1919년 말에 이르러 통합정부는 대한국민의회를 지지하는 노령지역 일부를 제외하고는 서·북간도의 대다수 독립운동 단체의 지지를 받음으로써 독립운동의 최고 기관으로서의 권위를 가지게 되었다. 임시정부가 이러한 내외 정세의 변화에 따라 1920년을 '독립전쟁의 원년'으로 선포했다.

이동휘가 1919년 11월 국무총리로 취임한 뒤 계속된 국무회의에서는 독립전쟁 방침을 정하기 위한 논의가 이어졌다. 11월 17일 열린 국무회의에서 이미 정부에서 논의해 왔던 1920년 '대정부방침'을 국무원에게 나누어 주어 연구하게 하는 한편, 신채호, 이광수, 남형우, 김가진, 박은식, 홍면희, 장붕, 조완구, 남공선, 원세훈, 김두봉, 조

---
42 「國民會長告諭」, 『독립신문』, 1920년 1월 10일.
43 『조선민족운동연감』, 1919년 11월 26일.
44 국사편찬위원회, 『韓國獨立運動 3』, 1967, 611~612쪽.
45 『現代史資料 26』, 10쪽.
46 李相龍, 『石洲遺稿』, 고려대출판부, 1973, 336쪽.

동호, 홍도 등 일반 재야인사에게도 대정방침에 대한 의견을 요구하기로 했다.[47] 이어 12월 12일 열린 특별국무회의에서는 각 총장 및 각 인사의 의견을 모두 모아서 가급적 단일한 안을 마련하기로 하고 안창호, 신익희, 윤현진 3인을 대정방침 작성위원으로 선출했고,[48] 12월 15일 국무회의에서 대정방침을 확정한 뒤 내외에 알릴 고유문을 제정하기로 했다.[49]

국무총리 이동휘는 국무회의와는 별로로 1919년 11월 29일 미국에 있는 임시대통령 이승만에게도 편지를 보내어 대정방침에 대한 의견을 구했다. 이동휘는 독립이 국제연맹에 대한 요구에 있는지 아니면 최후 혈전주의로 해결할 것인지 대정방침에 대한 이승만의 의견을 구했다.[50] 이승만은 최후 수단을 사용하여 국토를 회복할 수도 있지만 최후 운동에는 준비가 필요하며 단 미국인의 항일열이 극도에 이르면 우리는 금전과 기타 긴요한 물건을 얻을 수 있기 때문에 차제에 우리가 위험한 일을 행하는 것은 무익하다고 답변해 왔다.[51] 즉 이승만은 준비부족과 미국의 동정을 구실로 혈전주의를 반대한 준비론을 주장했다.

국무회의에서는 미국의 이승만과 재야인사들의 의견을 모아서 1920년을 '독립전쟁의 원년'으로 하는 대정방침을 확정, 선포했다. 이어 임시정부는 그해 1월 우선 독립전쟁의 실현에 관건적 지역인 노령과 만주의 동포와 독립운동단체에게 복종과 지지를 호소하는 '국무원 포고 제1호'를 공포했다. 포고문에서 아령·중령의 2백만 동포를, 전쟁을 준비하고 진행할 지리에 처한 점에서, 10년간 서로 고취하고 앙양한 애국심과 나라를 위하는 헌신의 의기로도 그

노백린 장군 집터(서울 중앙고등학교 자리)

---

47 「國務會議議案(1919.11.17)」『李承晚文書 6』, 207~208쪽.
48 「國務會議議案(1919.12.2)」『李承晚文書 6』, 218~219쪽.
49 「國務會議議案(1919.11.15)」『李承晚文書 6』, 247쪽.
50 「李東輝→李承晚(1919.11.29)」『李承晚文書 17』, 459~460쪽.
51 「李承晚→李東輝(1919.12.2)」『李承晚文書 16』, 164~165쪽.

리고 2백만이라는 신뢰할 만한 수로도 독립전쟁에 가장 큰 책임을 진 자로 규정한 뒤 "대한민국의 주권이 행사되는 최고기관이며 동시에 독립운동의 모획과 명령의 중앙본부"인 정부의 명령 아래 통일할 것을 요구했다.[52] 군무부에서도 군무총장 노백린이 혈전을 위한 "제일의 급무는 전투의 기초인 군인의 양성과 군대의 편성"이라며 2천만 남녀는 대한민국의 군인에 응모해 달라고 당부했다.[53]

상해 임시정부의 독립전쟁 방침은 1920년 3월 2일 국무총리 이동휘가 임시의정원에서 밝힌 정부의 시정방침에서 구체화되었다.[54] 이동휘는 시정방침 제5항의 '개전준비'에서 "독립운동의 최후 수단인 전쟁을 대대적으로 개시하여 규율적으로 진행하고 최후의 승리를 얻기까지 지구하기"위해 향후 정부가 실행할 14개항의 준비 방법을 제시했다. 그 가운데 중요한 항목은 군사상 수양과 경험이 있는 인물을 조사·소집하여 군사회의를 열고, 노령·중령 각지에 10만 이상의 의용병 편성을 위해 국외 의용병을 모집 훈련하며, 이미 성립한 군사기관을 조사하여 군무부에 예속케 하고, 중·노령과 정부 소재지에 사관학교를 설립하고, 미국·소련 기타 외국과 군수물자 수입을 교섭하는 일 등이었다.[55]

### 2) 독립노선 논쟁

기대를 걸었던 파리강화회의가 아무런 성과도 없이 끝나자 임시정부 안팎에서는 외교론에 치우친 정부 활동을 비판하는 기운이 일기 시작했다. 임시정부의 기관지인 『독립신문』에서는 파리강화회의가 끝난 시점인 1919년 8월 이후에는 임시정부의 독

---

52 「國務院布告第1號」『독립신문』, 1920년 2월 5일.
53 「軍務部布告(第1號)」『독립신문』, 1920년 2월 14일.
54 당시 상하이에서 이승만의 비선으로 활동하던 현순은 1920년 3월 12일 이승만에게 보낸 편지에서, 3월 2일 이동휘가 밝힌 '대정방침' 가운데 군사 부문과 관련하여 "所謂 大政方針은 獨立戰爭의 籌備온데 소리는 크나 아무 實事는 없습니다." "군사주비라는 것은 소련·중국 양국에 거주하는 인민으로 중심을 삼아 義勇團隊를 편성할 계획이라는데 그 계획은 空談虛論뿐이오 아무 聯絡과 施設이 없으며" "그런데 이것이 내외지에 선전되며 임시정부의 군사준비란 말이 사방에 떠들뿐이외다."라며 매우 비판적인 입장을 개진했다(「玄楯→李承晩(1920.3.12)」『李承晩文書 18』, 331쪽).
55 『韓國民族運動史料(中國篇)』, 139~141쪽.

립운동 노선 문제를 두고 '외교론'과 '독립전쟁론'이, 그리고 1920년을 '독립전쟁의 원년'으로 선포한 뒤에는 '준비론'과 '주전론'이 뜨거운 논쟁을 벌였다.

상해 임시정부가 파리강화회의가 종결된 뒤인 1919년 10월 워싱턴에서 열릴 예정인 국제연맹회의에 기대를 걸고 외교 사업에 다시 역량을 집중하자 이에 대

파리강화회의 임시정부 대표단 일행

한 비판이 제기되면서 1차 독립노선 논쟁이 시작되었다. 이 논쟁은 그해 8월 21일자 『독립신문』에 게재된 철혈鐵血이란 필명이 기고한 「시무감언時務感言」이란 글이 계기가 되었다. 이 글에서 철혈은 국제연맹에 대한 기대를 "익어 떨어지는 홍시같이 갈망"하는 것이라고 비판한 뒤 국제연맹이 진정한 우리 민족의 독립을 후원하는 것이 아니며 미국의 동정이 진정한 우리 민족의 사업을 완성해 주는 것이 아니며 다만 어느 정도 독립의 단서를 개도할 뿐이라고 외교론을 비판하고 오히려 당시 독립전쟁의 현장인 간도에 관심을 가질 것을 정부에 촉구했다.[56]

이어 난파蘭坡라는 필명 역시 「의뢰심依賴心을 타파하라」라는 글에서 열강에 의존적인 외교론을 더욱 신랄하게 비판했다. 그는 국제연맹회에서 열국이 우리의 독립을 승인하기를 희망하는 것은 자신의 실력을 고려하지 않고 남에게 의지하는 어리석은 생각이며 그것은 진정한 독립이 아니라 의뢰성을 품은 외면적 독립에 지나지 않기 때문에 제일로 우리에게 요구되는 것은 우리의 실력이고 또 외교도 필요하지만 그것은 독립운동의 전부가 아니라 부분적 활동에 지나지 않으며 열국도 이해관계가 깊을 때 우리를 돕기 때문에 국제연맹회에 절대적으로 의지해서는 안된다고 경고했다.[57]

독립전쟁론자들은 두 가지 점에서 외교론자와 문제의식을 달리하며 비판했다. 하나는 제국주의에 대한 인식의 차이였다. 외교론자들이 파리강화회의나 국제연맹회의 등에 참여한 미국을 비롯한 열강을 '정의'와 '인도'의 나라로 인식한 데 반해 독립

---

[56] 「時務感言」, 『독립신문』, 1919년 8월 21일.
[57] 「依賴心을 打破하라」, 『독립신문』, 1919년 10월 7일.

전쟁론자들은 열강도 이해관계에 따라 움직이는 제국주의 국가로 인식했다. 다른 하나는 독립전쟁론자들이 외교와 독립전쟁의 관계에서 외교론자의 열강 의뢰성을 집중 비판했듯이 외교도 필요하지만 그것은 독립운동의 전부가 아니라 부분적 활동에 그쳐야 한다고 강조했다.[58]

독립전쟁론자들은 이러한 관점에서 보다 적극적인 독립전쟁의 추진을 주장했다. 자신을 극단의 주전론자라고 밝힌 묵당默堂은 먼저 매주 열리는 국무회의에서조차 군무에 대한 공론일망정 아무 의론이나 결의도 하지 않는 국무원과 군무부에 맹렬한 반성을 촉구했다. 그리고 지금 임시정부가 전력해야 할 당면 과제는 '외교의 성공'을 기다리는 것보다 '상무적 국민성을 고취'하고 독립전쟁을 위해 상하이의 군무부를 북방으로 옮겨 노령·서간도·지린 세 곳에 중견적 통일의 최고기관을 설치하는 것이라고 주장했다.[59]

독립전쟁론자의 이러한 주장에 대해 외교론자들은 즉각 반박에 나섰다. 외교론자들은 현재 일본과 전쟁할 실력이 없는 상태에서 지금 수백, 수천의 결사대로 일본군에 대항하는 것은 "계란으로 죽음을 격擊하는 꼴"이며 아무런 실익도 없다고 독립전쟁론을 혹평하고 다만 참전할 시기는 대국大局의 변화와 일본인의 학살운동이 일어날 때이므로 이때까지 조급한 행동을 하지 말고 외채와 제3국의 후원을 얻어 군사 행동을 준비해야 한다고 주장했다.[60] 외교론자들이 독립전쟁을 반대하는 이유는 지금 '거대한 제국 일본'과 싸울 수 있는 군사적 준비가 되지 않았다는 실력부족론이었다. 이러한 인식은 당연히 준비론으로 귀결될 수밖에 없었다.

반면에 이들은 1919년 10월에 열릴 예정이던 국제연맹회의의 연기는 우리 민족에게 큰 행운이고 외교 사업을 통해 국제연맹 회원국 32개국의 동의만 얻으면 완전한 독립국이 될 수 있는 천재일우의 기회이므로 이를 위한 만반의 준비에 모든 전력과 인재를 집중해야 한다며 외교의 중요성을 강조했다. 여기에는 "우리 민족에게 동정적인 외국 인사들이 군사행동은 이롭지 못하다"거나 "지금 우리 민족의 인도를 기초로

---

58 윤대원, 앞의 책, 2006, 141쪽.
59 「時務感言:軍務當局에 望함」『독립신문』, 1919년 9월 16일.
60 「外交와 軍事」『독립신문』, 1919년 10월 11일.

문화와 통일에 대한 신용이 절대로 필요한 시기에 암살이나 부분적 전쟁이나 불통일의 행동은 실로 자살적 행동이라"며[61] 외교론자들은 독립전쟁 내지 의열투쟁에 부정적이었다.

외교론자와 독립전쟁론자들은 외교와 군사 두 가지 노선의 중요성을 인정하면서도 약육강식의 논리가 지배하는 제국주의 시대의 현실과 절대 독립에 대한 인식의 차이 때문에 서로 강조점이 달랐다. 외교론자들은 실력부족과 제국주의 열강이 겉으로 내세우는 '평화'·'인도' 등의 선전 구호를 액면 그대로 믿고 즉각적인 독립전쟁을 반대한 반면, 독립전쟁론자들은 외교론의 대외의존성을 반대하고 절대 독립을 우선한 것이다. 또 양측 모두 외교의 필요성을 인정했지만 그 목적 또한 달랐다. 외교론자들은 열강의 독립 승인에 목적을 두었다면 독립전쟁론자는 교전단체로서의 승인 획득에 목적이 있었다.[62]

이 논쟁은 상해 임시정부가 1920년을 '독립전쟁의 원년'으로 선포함으로써 일단락되었다. 임시정부의 독립전쟁 방침은 독립노선을 둘러싸고 대립하고 있던 외교론과 독립전쟁론을 절충한 결과였다. 또 이것은 외교론 및 준비론을 주장해 온 안창호계열과 독립전쟁론을 주장해 온 이동휘계열의 연합이었다.

임시정부가 독립전쟁을 시정방침으로 천명한 지 얼마 지나지 않아 나라 안팎에서 즉각적인 개전을 촉구하는 목소리가 빗발쳤다. 노령이나 서북간도에서는 "왜 속히 선전포고를 하지 않느냐. 이렇게 지연하면 우리는 정부의 명령을 기다리지 않고 혈전을 개시하겠다."라고[63] 하는가 하면, 국내에서도 "일반 인민은 국제연맹회를 바라지 않는다. 압록강이 녹기 전에 독립선언서의 공약삼장에 선언한 최후의 수단을 일으키기를 주야로 고대하고 있다."라고[64] 하며 즉각 개전을 촉구해 왔다.

이러한 사정은 상하이에서도 마찬가지였다. 윤기섭·왕삼덕·이진산·김홍서·이유필 등 5명은 1920년 3월 20일 임시의정원에 '군사에 관한 건의안'을 제출하여 정부

---

61 「外交와 軍事」『독립신문』, 1919년 10월 11일.
62 『現代史資料 26』, 160쪽.
63 「獨立戰爭의 時機」『독립신문』, 1920년 4월 1일.
64 「楚山通信」『독립신문』, 1920년 4월 8일.

의 독립전쟁 개시를 촉구했다. 이들은 그동안 준비부족을 이유로 즉각적인 개전을 반대해 온 준비론을 비판하면서 구체적인 독립전쟁의 방안으로 군사계획과 방침을 세우기 위해 금년 5월 이내에 적당한 지점에 군사회의를 소집하고 동포가 다수 거주하고 있는 만주에 군무와 기타 모든 군사기관을 옮겨 만주에서 보병 10개 내지 20개 연대를 편성하여, 사관과 준사관 약 1천 명을 양성하여 금년 내 전투를 개시하라고 정부에 건의했다.[65]

정부에서 독립전쟁을 선언만 했지 이에 대한 가시적인 조처가 없고 개전 시기도 불분명해진 상태에서 임시정부 안팎에서 '개전론'이 제기되자 준비론자들은 즉시 이를 비판하고 나섰다. 이때부터 '준비론'과 '주전론'을 둘러싼 논쟁이 『독립신문』의 지면을 통해서 벌어졌다.

준비론자들은 비록 정부가 올해 안에 선전포고를 하려고 해도 준비가 없으면 10년, 100년까지라도 할 수 없으며 "혈전의 시기는 그 준비의 완성하는 날"이고 이때 준비란 곧 민심의 통일, 국민군의 편성, 인재의 집중, 재력의 중앙정부 집중 그리고 최후의 승리를 위한 외국의 원조 등이라고 하며[66] 즉각 개전론을 반대했다.

주전론과 준비론의 논쟁은 안창호의 준비론을 대변하던 이광수와 주로 간도 방면 출신 인사 사이에 벌어졌고, 이들은 독립전쟁의 시기와 준비 정도, 방법 등에서 입장을 크게 달리했다.

논쟁은 '언제 개전할 것인가' 하는 독립전쟁의 개전 시기 문제가 가장 큰 쟁점이 되었다. 노령이나 서북간도, 국내에서 '즉각 개전'을 요구하는 목소리가 높자 준비론자들은 혈전의 시기는 이 달, 다음 달 또는 올해, 내년과 같은 구체적 시기가 아니라 독립전쟁의 준비를 완성하는 날이 곧 혈전이 개시될 시기이며 개전 시기를 앞당길 준비의 완성에 더욱 노력할 것을 주장했다.[67] 그리고 혈전의 시기인 준비의 완성 시기는

---

65 「尹琦燮氏等의 提出한 軍事에 關한 議案」, 『독립신문』, 1920년 4월 3일.
66 「獨立戰爭의 時機」, 『독립신문』, 1920년 4월 1일. 안창호의 준비론은 주로 『독립신문』의 사설을 통해서 주장되었는데 당시 『독립신문』의 편집과 운영을 주도한 인물이 안창호계열의 이광수(사장 겸 주필)였고 그는 1920년 4월 이후 『독립신문』에서 '송아지'·'춘원' 등의 필명을 사용한 사설을 통해서 적극적으로 준비론의 입장을 개진했다.
67 「獨立戰爭의 時機」, 『독립신문』, 1920년 4월 1일.

최소한 일제와 싸워 승패를 가늠할 수 있을 정도의 준비가 이루어진 때라고 했다.[68]

그러나 '개전 시기'에 대한 주전론자의 입장은 달랐다. 북간도 출신 의원인 계봉우는, 『독립신문』에 뒤바보란 필명으로 연재한 「의병전」의 결론에서 "만일 조직적·구체적·규모적 독립전쟁이 되면 누구나 요구하는 바가 아님은 아니"나 "내가 절대 주장하는 바는 비록 부분적 행동이나마 몇 발의 총이 몇 지점에서 나면 마치 박랑철추博浪鐵椎 일성에 천하영웅이 우루

계봉우 묘

루 일어나듯 그 총성을 울리는 그가 곧 선봉대장 또 그날이 곧 선전포고하는 날, 그날이 조직적·구체적·규모적 모든 것이 따라 성립되는 날"이라며[69] 즉시 개전을 주장했다. 계봉우는 준비론이란 결국 준비가 안되면 혈전도 없다는 주장이라며 오히려 혈전의 시작이 곧 준비론에서 주장하는 조직적·구체적·규모적 준비를 완성해 나가는 계기임을 강조했다.

이처럼 안팎에서 준비론에 대한 비판이 높아지자 이광수는 1920년 6월 5일 이래 『독립신문』에 4회에 걸쳐 연재한 「적수공권」赤手空拳이란 장문의 사설을 통해서 준비도 안된 '적수공권'의 상황에서 주전론을 주장하는 것은 "공상적인 허세와 천견적 낙관으로 일시의 만족을 사고 갈채를 박博하는 수완"으로써 "진정으로 국가를 위하는 자의 차마 못할 일이라"고[70] 혹평한 뒤 독립전쟁을 앞당길 방안으로써 전쟁의 준비와 평화적 전쟁이라는 두 가지 방안을 제시했다. 그것은 전쟁준비와 함께 현재 우리가 할 일의 대부분은 국내 국민에 의한 일화배척·일어배척·납세거절·관리퇴직·관청기피 등과 같은 '평화적 전쟁'이고 그 최후 목표는 일제에 대한 절대적인 통치거절이라

---

68 도산기념사업회, 「島山日記」(1920년 5월 10일), 『安島山全集 中』, (株)汎洋社(이하 「島山日記」).
69 「義兵傳(十)」『독립신문』, 1920년 5월 27일.
70 「赤手空拳(一)」『독립신문』, 1920년 6월 5일.

며[71] 안창호의 평화적 투쟁론을 그대로 대변했다.

주전론과 준비론의 논쟁은 독립전쟁의 개전시기 문제와 함께 외교문제로 쟁점이 확대되었다. 임시정부는 1920년의 시정방침에서 외교정책을 독립전쟁을 지원하기 위한 군사외교로 전환했는데도 이에 대한 준비론과 주전론의 입장이 달랐다.

준비론자는 지금은 열강의 신용이 절대로 필요한 때이고 더구나 외국인 역시 군사행동은 불이익을 줄 뿐이라고 여긴다는 이유로 먼저 외교로써 열국의 동정과 지원을 얻은 다음 비로소 전쟁이 가능하다는 '선외교 후전쟁'의 입장을 견지해 왔다.[72] 이에 반해 주전론자들은 우리가 비참한 전투를 한 뒤에야 세계가 움직이고 국민의 단합이 완성될 것이라며 '선전쟁'을 주장했다.[73]

주전론과 준비론의 논쟁이 진행되던 1920년 10월 '간도사변'의 소식은 상하이의 여론을 들끓게 했고 독립전쟁론이 다시 뜨거운 쟁점이 되었다. 국무총리 이동휘가 의정원 의원 및 기타 각 단체 대표들을 초대하여 이 문제를 논의했을 때 "일대혈전을 결하자"는 혈전론과 "더욱 냉정 침착하게 장래의 대혈전을 준비하자."라는 준비론의 양론이 대치했다.[74]

간도사변 이후 다시 독립전쟁의 개전을 요구하는 목소리가 높은 가운데 안창호는 1920년 11월 25일 한 연설회에서 다시 준비론을 강조했다. 그는 지금까지 개전을 하지 못한 것은 말로만 전쟁을 하고 실제 전쟁할 준비를 하지 못했기 때문이고 독립 자격은 조직적 자립에 있으니 먼저 자립한 후에야 외국에 차관도 청병請兵도 할 수 있다고 하며 누구든지 방황 주저치 말고 배울 자는 배우고 업業할 자는 업하되 그 업에 나아감을 독립운동의 정지로 알지 말고 이렇게 하는 것이 독립운동을 충실히 하는 방침이 되는 줄 알기 바란다고 했다.[75]

안창호의 입장은 곧바로 이광수에 의해 무려 6회에 걸쳐 『독립신문』에 연재된 「간도사변과 독립운동 장래의 방침」이라는 장문의 사설을 통해 보완, 대변되었다. 이광

---

71 「赤手空拳(二)」『독립신문』, 1920년 6월 10일.
72 박성수, 「1920年代 初 獨立運動의 諸問題」『韓國史學』 14, 한국정신문화연구원, 1994, 29쪽.
73 「尹琦燮氏等의 提出한 軍事에 關한 議案」『독립신문』, 1920년 4월 3일.
74 「間島事變과 獨立運動 將來의 方針(1)」『독립신문』, 1920년 12월 18일.
75 「前途方針에 對하야」『독립신문』, 1920년 12월 25일.

수는 주전론을 "입으로만 하는 말만의 급진론"이라 규정하고 준비가 없는 상태에서 급진을 주장하는 것은 "앉은뱅이에게 다림질을 하라고 최촉함과 같"다고 혹평하고 "독립의 유일한 방법은 독립전쟁"이지만 "독립전쟁은 군인과 군비와 기회가 있어야" 하므로 "군인을 양성하고 군비를 저축하면서도 기회를 기다리는 것이 우리의 근본주의"라고 강조했다.[76]

이광수

그러면서 이광수는 간도사변의 참변은 북간도의 대한국민회와 군정서, 서간도의 한족회와 대한청년단연합회 등이 준비도 안된 상태에서 무관학교를 설립하고, 병영을 구축하고 무기를 구입하는 등 적의 주의를 야기하여 일어났다고 비난했다.[77] 이승만 역시 1921년 3월 제8회 임시의정원에 제출한 연두교서에서 "우리의 승리는 무력에 있고 무력의 승리는 준비에 있다."라고 하며[78] 준비론을 지지했다.

임시정부 안에서 준비론의 입장이 강화되어 가자 임호(任鎬)는 아래와 같이 준비론의 모순을 지적, 비판하고 즉각 개전을 주장했다.[79]

> 밥을 먹으려 하는 자 숟가락 젓가락이 없어 밥을 종일 못먹어 굶어 죽을 지경에 이르렀다 하면 그 자야말로 가장 어리석은 자요, 밥 먹기를 원하지 않는 자라 하겠다. … 조국을 위하여 의로운 죽음에 나가는 자 준비의 불완전을 논하여 주저함은 즉 준비를 전제로 하고 죽음을 뒤로 하는 자이니 다시 말하면 총과 칼로 죽음을 면하자는 논에 불과하다.

결국 준비론에서는 독립전쟁을 군비부족을 이유로 '최후의 수단'으로 간주한 반

---

76 「間島事變과 獨立運動 將來의 方針(1)」 『독립신문』, 1920년 12월 18일.
77 「間島事變과 獨立運動 將來의 方針(2)」 『독립신문』, 1920년 12월 25일.
78 「大統領의 敎書」 『독립신문』, 1921년 3월 5일.
79 「靑年男女냐 榮光의 죽음을 한가지로 하자」 『독립신문』, 1921년 4월 9일.

면, 주전론에서는 '무장투쟁을 최후의 수단'으로 삼은 데 큰 차이가 있었다.[80] 그러나 1920년 10월 이후 임시정부가 태평양회의에 한국문제를 상정하려고 또다시 역량을 집중하면서 1920년을 '독립전쟁의 원년'으로 선언했던 시정방침은 아무런 성과를 거두지 못하고 공언에 그치고 말았다.

## 3. 상해 임시정부의 군사정책

### 1) 대한민국 육군임시군제와 국민군 편성

파리강화회의 이후 높아지고 있는 '미일전쟁설'과 '소일전쟁설'은 임시정부는 물론, 10년을 두고 독립전쟁기지를 건설하며 이 날을 기다려 왔던 서·북간도의 독립군단들에게도 독립의 좋은 기회로 받아들여졌다. 이 때문에 임시정부를 향해 '즉각 개전'을 요구하는 목소리가 안팎에서 점차 높아졌다. 『독립신문』에서는 연일 "우리가 오래 기다리던 독립전쟁의 시기는 금년인가 하오. 독립전쟁의 해가 이른 것을 기뻐하오. 우리 국민은 일치하여 독립전쟁의 준비에 전력하기를 바란다." "아직 (임시정부에서-인용자) 공식으로 발표한 것은 없으나 우리 임시정부가 금년 안에 독립전쟁을 선언할 것은 기정旣定이 확정인 사실인 듯하오. 원년 3월 1일 이래로 우리 국민은 평화의 수단으로 가능한 거의 모든 운동을 실행했으나 적은 점점 더 완폭頑暴하여 갈 뿐이니 이제 취할 바는 전쟁밖에 없"다는 분위기였다.[81] 이를 반영하듯이 임시정부는 1920년을 '독립전쟁의 원년'으로 선언하고 독립전쟁을 위한 군사 준비를 본격화했다.

더구나 서·북간도에서는 독립군이 형성되어 항일운동을 벌이고 있고 이들 독립군단들이 임시정부를 지지하는 상황에서 체계적인 군사제도를 마련, 이들 독립군단들을 통합, 통일하는 것은 시급한 과제였다. 임시정부는 이를 위해 군대 편성과 조직에 관한 제도적 장치를 마련하고 이를 바탕으로 군사 간부 양성과 병력의 모집 훈련에 대

---

80 강만길, 「獨立運動의 歷史的 性格」『分斷時代의 歷史認識』, 창작과 비평사, 1978, 168쪽.
81 「戰爭의 年」『독립신문』, 1920년 1월 17일.

한 계획 그리고 서·북간도와 노령에 흩어져 있는 독립군단을 임시정부 하에 통일, 체계화하고자 했다.

우선 임시정부는 1919년 11월 5일 '대한민국 임시관제'를 공포하여 군의 통수체제와 중앙군사제도의 기본 골격을 마련했다. 대한민국 임시관제에서는 임시대통령의 직할기관으로 임시대통령을 원수元帥로 하고 군사의 최고 통솔부인 대본영大本營, 국방 및 용병에 관한 모든 계획을 통솔하는 참모부 그리고 군사의 중요 사무에 관한 임시대통령의 자문기관인 군사참의부軍事參議部의 설치를 규정하고 각 기관에 대한 상세한 규정은 다른 규정을 통해 마련하기로 했다. 그리고 군무부는 육해군 군정에 관한 모든 사무와 육해군인·군속을 관장하고 소관 각 부서를 감독할 기관으로 비서·육군·해군·군사·군수·군법국 등 6개 부서를 두었다.[82]

대한민국 임시관제에서 규정한 임시정부의 군대는 육군과 해군으로 편성하고 이에 대한 지휘·통솔 체제는 임시대통령의 직할기관인 대본영과 정부의 실무기관인 군무부로 체계화했다. 그러나 임시관제에서 편성하기로 한 해군은 사실 현실성이 없었다. 때문에 실질적으로 편성이 가능한 것은 독립군 즉 육군이었고 그 대상도 중국과 러시아에 있는 한인 동포였다. 그래서 임시정부에서도 "전쟁을 준비하고 진행할 지리에 처한 점"에서, "2백만이라는 신뢰할 만한 수"에서 독립전쟁을 수행해야 할 중대한 책임을 진 자가 곧 중국과 러시아에 있는 2백만 동포임을 강조했던 것이다.[83]

이어 1919년 12월 18일 임시정부는 군무부령 제1호로 '대한민국 육군임시군제'를 발포하여 육군의 편성 및 관제에 대한 세부 규정을 마련했다. 육군임시군제에 따르면 군대는 분대, 소대, 중대, 대대, 연대, 군단으로 편제하고 각 군대의 대오는 3개 분대로 1개 소대를, 3개 소대로 1개 중대를, 4개 중대로 1개 대대를, 3개 대대로 1개 연대를, 2개 연대로 1개 여단을, 2내지 5개 여단으로 군단을 편성하도록 했다. 그리고 각 부대의 정원은 분대는 하사 이하 17인을 두되 제3분대는 하사 이하 16인으로, 소대는 소대장 이하 51인, 중대는 중대장 이하 155인, 대대는 대대장 이하 687인, 연대

---

[82] 이상 「大韓民國臨時官制」에 대해서는 국사편찬위원회, 『대한민국임시정부자료집』 1, 2005, 55~79쪽 참조.
[83] 「國務院布告第一號」 『독립신문』, 1920년 2월 5일.

는 연대장 이하 2239인, 여단은 여단장 이하 6189인으로 편성하도록 하여 임시정부가 독립전쟁을 수행하려고 계획한 병력 규모는 대개 1만 명에서 3만 명 내외였다.[84]

그리고 징병제인 병역은 상비병과 국민병으로 편성, 상비병은 '20세 이상 만 40세 이하의 장건한 남자로 징병령에 의하여 징모된 자 및 18세 이상 50세 이하의 장건한 남녀로 지원에 의해 응모한 자로 현역과 예비역으로 구분했다. 현역은 군역에 등록하고 입영한 자이고 예비역은 현역을 마치고 향촌에 있는 자로 오늘날의 예비군과 같은 것이고, 국민역은 예비역을 마친 자였다. 병역 기간은 현역은 입영 후 만 1년, 예비역은 현역을 마친 뒤 만 3년, 국민역은 만 55세까지였다. 군대의 지휘통솔을 위한 군인의 등별(계급)은 무관武官과 병원兵員 2종으로 나누고, 무관에는 정장正將·부장副將·참장參將의 장관將官, 정령正領·부령副領·참령參領의 영관領官, 정위正尉·부위副尉·참위參尉의 위관, 정사正士·부사副士·참사參士의 하사관 그리고 일반 병사로는 일등병·이등병·삼등병으로 구분했다.

이렇게 편성된 육군의 지휘체계는 대본영의 직할 하에 국방 및 용병에 관한 모든 사무를 장악하는 참모본부, 대본영의 직할 아래 부하군대를 통솔하고 각 지방사령부를 통할하는 총사령부 그리고 총사령부의 지휘명령을 받아 소속 군대를 통솔하며 소관내의 징모 및 소집 사무를 담당하고 부대 내 모든 사무를 총관하는 지방사령부로 구성했다. 또 육군 초급장교를 양성할 목적으로 군무부 관할 아래 육군무관학교를 설치하도록 했다.[85]

대한민국 육군임시군제는 대한제국의 군대와 흡사했다. 이는 대한민국임시정부가

---

84 독립전쟁을 수행하기 위한 독립군 규모에 대해서는 일찍부터 1만 명 수준의 이야기가 있었다. 예컨대 1910년 8월말 강제 병합 반대투쟁의 일환으로 이범윤이 제의하여 열린 노령지역 독립운동자들의 회합에서 1만 명에 의한 국내진입방안이 제기되었다(반병률, 「大韓國民議會와 上海臨時政府 수립운동」 『한국민족운동사연구』 2, 1988, 95쪽). 또 북간도에서 金夏錫이 중심이 되어 결성한 한족독립기성총회에서도 1만 명의 결사대 모집을 추진한 바 있었다(반병률, 「大韓國民議會의 성립과 조직」 『韓國學報』 46, 1987, 151쪽). 이런 사실로 보아 당시 독립운동 진영에서는 독립전쟁을 수행할 수 있는 최소한의 병력 규모를 1만 명 정도로 잡고 있었던 것으로 보인다(윤병석, 「대한민국임시정부와 만주지역 독립운동」 『대한민국임시정부수립80주년기념논문집』(상), 국가보훈처, 1999, 431쪽).

85 이상 '대한민국육군 임시군제'에 대해서는 국사편찬위원회, 「大韓民國陸軍臨時軍制」 『대한민국임시정부자료집 9』, 2006, 34~42쪽 참조.

대한제국을 역사적으로 계승한다는 의미와 함께 국무총리 이동휘, 군무총장 노백린, 군무차장 김희선 등 임시정부의 주요 인사들이 대한제국 군대 장교출신이라는 것과도 관련이 있었다. 그러나 임시정부의 육군 편성은 사실상 계획으로 끝나고 말았고 그 꿈은 1940년 중경 임시정부의 한국광복군 창설로 비로소 실현될 수 있었다.

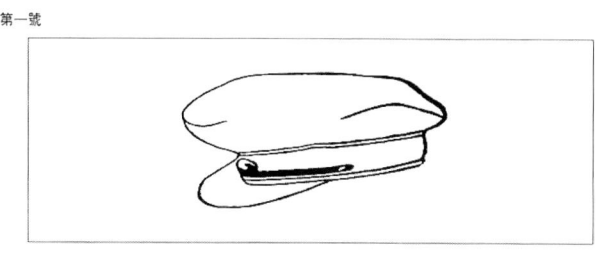

임시군제에서 규정한 육군 군모
帽縫의 높이는 米 ○四五, 색은 黃淡色, 帽의 表章은 화살을 교차하되 직경은 米 ○二로 함(국사편찬위원회,「大韓民國陸軍臨時軍制」,『대한민국임시정부자료집 9』, 2006, 24~25쪽).

한편 임시정부는 육군과 해군에 각각 비행대를 둔다는 계획을 세웠다. 1919년 11월 임시정부에서 공포한 '대한민국 임시관제'에서 군무총장은 "육해군 군정에 관한 사무를 장리"하며 육군국에는 육군비행대를, 해군국에는 해군비행대를 두어 관할하도록 규정했다.[86] 그러나 해군 창설은 현실적으로 불가능했고 다만 공군은 비록 미국에서이지만 군무총장 노백린과 미주 동포의 지원으로 비행사양성소가 설치되어 비행사 양성이 이루어지기도 했다.

군무총장으로 미국에 있던 노백린은 1920년 2월 대한인국민회 임시재무이자 쌀 농장을 경영하던 김종림金鍾林(종린宗麟) 등과 협의하여 비행사양성소 설립 계획을 세웠다. 이 계획은 김종림의 지원을 받아 캘리포니아 북쪽 글랜 카운티 윌로우스에서 땅을 임대하고, 대한인국민회 중앙총회에서 매달 6백 달러의 지원을 받아 운영했다.[87] 그해 7월 6일 정식 학습이 시작된 비행사양성소는 9월까지 총 6대의 비행기를 갖추어 훈련을 시작, 졸업생을 배출했고 이들 가운데 박희성과 이용근은 임시정부의 육군

---

86 「大韓民國臨時官制(續)」『독립신문』, 1919년 12월 2일.
87 정제우,「대한민국임시정부의 비행사 양성과 공군 창설계획」『대한민국임시정부수립80주년기념 논문집(하)』, 국가보훈처, 1999, 39쪽.

비행사양성소와 노백린(상)
비행사양성소 생도들(하)

비행소위에 임관되기도 했다.[88] 그러나 비행사양성소는 제1차 세계대전 이후 나빠진 경제사정으로 지원금이 끊기면서 더 이상 유지할 수가 없었다. 비행사 양성은 육군, 해군의 비행대로 계획된 것이었고 독자적인 공군 편성은 아니었다.

임시정부는 독립전쟁에 대비한 군대를 편성할 수 있는 인적 자원을 확인하려고 군적 등록을 시작했다. 안창호는 1920년 1월 3일 상하이대한민단에서 열린 신년축하회 연설에서 '우리 국민이 단정코 실행할 육대사六大事'라는 연설을 통해 대한의 이천만 남녀노소가 군적에 등록, 군사훈련을 받자고 강조했다. 안창호는 "우리의 당면의 대문제는 우리 독립운동을 평화적으로 계속하려는 방침을 고쳐 전쟁하려 함"이라고 하면서, 전쟁에는 준비가 필요하며 그 준비를 위해 첫째 제국시대의 군인이나 의병이나 기타 군사의 지식 경험 있는 자를 조사 통일하여 작전을 계획할 필요, 둘째 용기 있는 이들에 대한 전술적·정신적 훈련을 할 필요, 그리고 이를 위해서는 반드시 국민개병주의가 필요하다고 강조했다. 즉 안창호는 "독립전쟁이 공상이 아니라 사실이 되려면 대한의 이천만 남녀가 모두 군인이 되어야 한다."라고 하며 국민개병주의를 강조했다.[89]

그리하여 군무부에서 1920년 1월 '군무부 포고 제1호'를 공포하여, 독립전쟁을 위한 "제일 급무는 전투의 기초인 군인의 양성과 군대의 편성"이니 "주저하지 말고 하

---

88 「비행졸업생 포상」,『독립신문』, 1921년 8월 15일.
89 「우리 國民이 斷定코 實行할 六大事(二)」,『독립신문』, 1920년 1월 8일.

루바삐 너도 나와 대한민국의 군인이 되며 나도 나가 대한민국의 군인이 되어 이천만 남녀는 1인까지 조직적으로 통일적으로 광복군 되기를 서심단행誓心斷行"하라며 군적 등록을 촉구했다.[90] 이어 임시정부는 군적등록 사업과 함께 육군임시군제에 규정된 국민군 편성을 시작했다. 상하이에서는 1920년 2월 중순 군적등록 사업을 위임받은 애국부인회가 상하이 동포를 직접 방문하여 군적등록을 시작했다.[91] 18세 이상의 남자를 대상으로 한 군적은 갑·을 양종으로 나누어 갑종은 매일 1시간 이상, 을종은 매주 2시간 이상 군사교련을 받도록 했다. 을종은 독립운동의 다른 부문에 종사하는 자 또는 현재의 생업을 완전히 그만두기 어려운 자에 해당했다.[92]

상하이에서 진행된 군적등록은 갑종 40명, 을종 100여명의 등록을 마치고 제1기 국민군편성 및 개학식이 1920년 3월 20일 열렸다. 군적에 등록한 국민군 가운데는 국무총리 이동휘, 법무총장 신규식, 노동국총판 안창호, 국무원비서장 김립金立, 재무차장 윤현진尹顯振 등 정부요원 다수도 포함되었다. 이날 국무총리 이동휘는 "대한민국은 가까운 시일 안에 독립전쟁을 개시할 것"이라고 명언했고, 국민군을 대표한 선우혁은 "우리는 이미 군적에 등록하여 국가에 몸을 바쳤으니 우리의 성충을 다하여 군인의 본분을 다하기를 맹서한다."라고 선언했다. 이어 안창호도 서북간도와 노령, 국내에서도 국민군 편성이 진행 중이라고 보고했다.[93]

상하이에서 국민군은 편성했지만 군사지식을 갖기 위한 교육·훈련은 원만히 이루어지지 못했다. 국민군 갑·을종에 편성은 되었으나 각자 하는 일이 있고 또 직업도 각기 다른 사정 때문이었다. 더구나 가을 무렵에는 군적에 등록한 자 10명 가운데 5~6명이 다른 지방으로 옮기는 등의 사정으로 국민군 수가 크게 줄어들어 사실상 국민군의 교육·훈련이 정지되었다. 당시 군무부에서는 때를 보아 다시 국민군을 소집하

---

90 「軍務部布告第一號」『독립신문』, 1920년 2월 14일.
91 「島山日記」, 1920년 1월 21일.
92 「國民皆兵」『독립신문』, 1920년 2월 14일.
93 「다시 國民皆兵에 對하야」『독립신문』, 1920년 3월 23일. 북간도에서『독립신문』에 알려온 통신에 의하면 1920년 3·1절 기념식에 국민개병 제46호가 도착했다는 보고가 있는 것으로 보아(「北陸通信」『독립신문』, 1920년 3월 23일) 군적등록 사업은 상하이뿐만 아니라 서북간도에서도 진행되고 있음을 확인할 수 있다.

여 교육 훈련을 하겠다고 했지만[94] 이후 국민군 편성 및 교육 훈련은 이루어지지 않았다.

## 2) 임시육군무관학교

임시정부는 '육군 초급장교를 양성하기 위하여 군무부 관할 아래 육군무관학교를 설치'한다는 '대한민국 육군임시군제'의 규정에 따라 1920년 3월 '임시육군무관학교 조례'를 마련했다. 그런데 임시정부는 이보다 앞서 1919년 12월 28일 육군사학 학칙을 제정한 사실이 있다. 또 1920년 5월 제1회 육군무관학교 졸업식에 관한 『독립신문』의 기사에 따르면 "임시정부는 성립 이래 독립운동 진행방침으로 힘力을 군사방면에 주중注重하여 민국 2년초二年初에 ○○○○을 설設하고"라고[95] 했는데 여기서 언급한 '○○○○'은 육군사학을 뜻하며 설립 시기는 1920년 초였다. 따라서 육군사학은 육군무관학교의 전신인 것이다.

군무부에서 설립한 육군사학의 학칙에 따르면 육군사학은 '임시정부 군무부 관리 하에 설립'하고(제1조), 주로 '해외재류 또는 대한민국 청년의 지원자를 선발하여 육군무관 후보자의 자격을 양성할 목적"(제2조)이었다. 육군사학에서 가르치는 교수과목은 군대내무서軍隊內務書·야외요무령野外要務令, 육군예식, 보병조전, 사반교범射伴教範, 체조교범, 지리, 지형학, 축성학, 병기학, 전술학, 군제학, 전사, 술과術科 등으로서 주로 보병 전투와 관련한 사격·병기·전술·지형지리 등 군사학에 관한 것이었다(제3조). 그리고 이런 교육을 위해 육군사학에는 학장 1인, 학감 1인, 교관 약간인, 간사 2인, 서기 1인, 조교수 약간인의 직원을 두었고(제4조), 학과수료 기간은 6개월로 하고(제5조) 입학자격으로는 "성행이 충실하고 신체가 건전하며 중등 이상의 학력이 있는 만 20세 이상의 남자"로 제한했다(제6조).[96]

1920년 5월 제1회 무관학교 졸업생이 배출된 것으로 보아 육군사학은 군무부 아

---

94 「別冊第4號 國民軍召集教授訓鍊의 經過報告書」,『대한민국임시정부자료집 9』, 17쪽.
95 「意義김흔○○○○ 第一會卒業式」,『독립신문』, 1920년 6월 10일.
96 이상 '육군사학'에 관해서는 「陸軍士學學則」『대한민국임시정부자료집 9』, 16~17쪽 참조.

래 상하이에 설립되어 실제 학생을 받아들여 교육을 실시한 것으로 보인다. 즉 졸업생 19명은 육군사학의 입학생이었다가 육군사학이 임시육군무관학교로 개편되면서 자연스럽게 육군무관학생으로 계승되었으며 육군사학에서 규정한 6개월 이수기간을 완료하여 졸업하게 되었다.

육군사학은 1920년 3월 '임시육군무관학교조례'가 마련되면서 임시육군무관학교로 확대 개편되었다. '임시육군무관학교조례'는 모두 10개 항으로 된 '육군사학 학칙'에 비해 29개 항으로 확대되어 직원·학도대 구성·학도의 생활 및 졸업 규정 등이 보다 상세하고 정밀해졌다.

조례에 따르면 "육군무관학교는 중학 이상의 학력이 있고 만 19세 이상 30세 이하인 대한민국 남자로 입학케 하여 초급 장교되기에 필요한 교육을 수授하기로 목적"했다. 다만 입학 자격의 경우 무관학교 교장이 특별히 수학 능력이 있다고 인정하는 자는 연령에 관계없이 입학을 할 수 있다는 예외 조항을 두었다(제1조). 학교 직원은 교장 1인, 부관 1인, 교관 약간인, 학도대장 1인, 학도대 부관 1인, 학도대 중대장 약간인, 학도대 구대장 약간인, 주계主計·군의·서기 각각 약간 인을 두었다(제3조).

그리고 군사교육과 관련하여 군사학교관은 군사학 각 과의 교육을(제6조), 기술교관은 학도의 마술馬術, 검술 및 유도 등 훈육을 담임하고(제7조) 그 밖의 교관은 각기 맡은 교수를 분담하도록 했다(제8조). 학도의 수학기는 만 12개월로 하고(제14조), 12개월을 이수하여 졸업 시험을 마친 때는 교장은 각 교관, 학도대장 및 중대장을 집합하여 회의를 열고 성적을 평가한 후 급제자의 순서를 정하고 군무총장의 인가를 받아 졸업증서를 수여하도록 했고(제22조), 졸업생은 참위로 임명했다(제23조).[97]

김희선金羲善이 교장을, 도인권都寅權, 황학수, 김철金澈 등이 교관을 맡았던 임시육군무관학교는[98] 1920년 5월 18일 오후 4시 상하이의 민단사무실에서 국무총리 이동휘를 비롯한 주요 정부 인사들이 참석한 가운데 역사적인 제1회 졸업식을 열었다.

식장의 중앙에는 태극기가 걸리고 천정에는 만국기가 펄럭였다. 교장 김희선의 개

---

[97] 이상 '임시육군무관학교 조례'에 대해서는 「臨時陸軍武官學校條例」 『대한민국임시정부자료집 9』, 32~34쪽 참조.
[98] 『조선민족운동연감』, 1920년 5월 28일·9월 28일.

회 선언과 함께 국기에 대한 경례 등 국민의례를 마친 뒤 "각 방면의 원조를 받아 무사히 소정한 기간대로 학업을 마치고 오늘 이 자리에서 졸업식을 하게 됨은 매우 기쁜 일이라"는 교장의 식사가 있었다. 이어 6개월간 각고의 노력 끝에 졸업장을 받게 된 졸업생 19명의 이름이 황학수 교관의 호명 아래 한 명 한 명 불러지고 이들의 손에는 자랑스러운 졸업장이 수여되었다. 교장의 훈육에 이어 "이는 무슨 목적이었소. 오직 조국광복 싸움되려 하려는 것"이라는 국무총리 이동휘의 축사가 있었다. 그리고 졸업생 대표 이현수李賢壽는 "오늘은 우리에게 가장 영광스러운 날일수록 우리의 책임이 더욱 중하고" "조국을 광복하는 사업은 우리에게 희생을 요구하는 줄을, 혈血을 요구하는 줄을 깨달았다."라는 비장한 답사를 대신했다. 이어서 마지막 의례로 졸업생과 재학생 일동의 힘찬 독립군가의 합창과 만세 삼창으로 졸업식이 끝났다.[99]

이로부터 약 7개월 뒤인 1920년 12월 24일 오후 2시 상하이 하비로霞飛路 강녕리康寧里 2호에서 300여 명의 동포가 모인 가운데 임시육군무관학교 제2회 졸업식이 열렸다. 교장 대리 도인권의 개식과 함께 국기에 대한 경례와 애국가 제창 등 국민의례가 있은 뒤 임시대통령 이승만, 국무총리 이동휘, 임시의정원 의장 손정도 등의 축사와 훈육이 이어졌고 졸업생 24명에게 졸업장이 수여되었다. 임시대통령 이승만은 졸업생들에게 "국민개병國民皆兵이라는 주의에 정신을 주注함이 필요한 즉 철혈주의鐵血主義를 가슴에 품고 기회를 기다려라."라고 졸업생에게 당부했다. 손정도 임시의정원 의장은 "우리가 실력이 없고 군인도 부족하나 정의의 마음을 가지면 능히 대장大將이 되어 정의의 적을 멸滅하리니 정의에 헌신하여 군사상 지혜를 더 연구"할 것을 당부했다.[100]

---

[99] 「意義깁흔○○○○第一回卒業式」『독립신문』, 1920년 6월 10일. 그런데 군무부에서 임시대통령에게 보고한 제1회 졸업생은 장승조, 박승문, 황훈, 강영한, 김종성, 이준수, 장신국, 이현수, 김정근, 안홍, 차정신, 박태하, 장의질, 오희근, 염봉근, 김진숙, 이태형, 오필영 등 모두 18명으로(「別冊 第九號 陸軍武官學校第一回卒業生」『대한민국임시정부자료집 9』, 44쪽)『독립신문』에서 보도한 19명과는 1명 차이가 있다.

[100] 「陸軍武官學校第二回卒業式」『독립신문』, 1921년 1월 1일. 이날 졸업생은 박준영, 이영준, 김동욱, 김창규, 천병일, 이창실, 김인수, 김수겸, 강찬원, 승정전, 김난섭, 이동건, 조병련, 김기만, 안기순, 이창욱, 김인모, 허단, 김호순, 김병건, 박규명, 김병권, 백찬제, 우화 등이었다(「陸軍武官學校第二回卒業生」『대한민국임시정부자료집 9』, 47쪽).

임시정부는 재정적 어려움을 비롯한 여러 나쁜 조건 속에서도 두 차례 임시육군무관학교의 졸업생을 배출했지만 대한민국임시정부 직속의 육군이 없었기 때문에 이들 졸업생들은 실제 군부대에 배치되어 활동하지는 못했다. 또 이후 임시육군무관학교의 졸업생 배출이 없는 것으로 보아 제2회 졸업생을 끝으로 임시육군무관학교는 사실상 유명무실화되었다.

### 3) 대한민국육군 임시군구제와 지방사령부

임시정부는 '대한민국육군 임시군제'에서 "총사령부의 관할 아래 소관 구역 내의 군대를 지휘 관리"할 지방사령부를 설치하도록 했다. 지명을 따라서 일컫기로 한 지방사령부의 사령관은 총사령관의 지휘명령을 받아 소속 군대를 통솔하며 소관 내의 징모 및 소집 사무를 담당하고 지방사령부내 모든 사무를 총괄하도록 했다.[101] 임시군제의 이러한 규정에 따라 임시정부는 1920년 2월 '대한민국육군 임시군구제'를 마련했다.

임시군구제는 서북간도와 노령 등지에 있는 독립군 단체들을 임시정부 산하의 지방사령부로 편성하려는데 목적이 있었다. 임시정부가 있는 상하이는 국경과 멀리 떨어져 있고 독립군의 근간이 될 동포 사회도 상대적으로 빈약한 상태였기 때문에 상하이에서 독립전쟁을 위한 육군을 편성한다는 것은 현실적으로 불가능했다. 반면에 서북간도와 노령의 연해주는 국경과 가까울 뿐만 아니라 강제 병합 이전 이미 동포 사회가 널리 형성되어 있었고 1910년대 이후 독립전쟁기지로 주목을 받아 많은 독립군 단체들이 활동하고 있었다. 때문에 이들 지역의 독립군단을 임시정부 산하로 통일하느냐 못하느냐 여부는 1920년을 '독립전쟁의 원년'으로 선언한 임시정부가 독립전쟁을 실질적으로 수행할 수 있는지 여부를 판가름하는 중요한 문제였다.

이에 따라 임시정부는 지방사령부 설치를 목적으로 서북간도와 노령 일대를 세 군구로 나누었다. 즉 하얼빈이남 지린성 부근, 펑톈성 전부를 서간도군구로, 옌지 일대

---

101 「大韓民國陸軍 臨時軍制」『대한민국임시정부자료집 9』, 27~28쪽.

는 북간도군구로, 노령 일대는 강동군구로 칭하고(제1조) 이곳의 사무는 임시로 지방사령관이 겸임하게 했다(제2조). 이들 군구제에 편성될 병역은 "중국과 러시아에 거주하는 만 20세 이상 50세 된 남자"로서(제3조) 병역에 편일될 자는 본령이 반포되는 동시에 해당 지방사령부 내지 지부에 주소·성명·연령을 신고하고(제4조) 지방사령본부는 군적부를 비치하고 사령관은 병적 사무 상황을 매년 1월 말일과 6월 말 두 차례 군무총장에게 보고하도록 했다(제6조).

그리고 군구제의 기관으로는 "군무부의 통솔 아래 군구제에 관한 모든 사무를 장악"할 지방사령본부를 두고 본부에는 사령관 1인, 부관 1인, 부원 및 서기 약간 인을 두도록 했다(제8조). 또 "지방사령관에 직예直隷하여 지부 구역 내에 있는 병적을 신속히 조사 정리할" 지부를 두고, 지부에는 부장 1인, 부원·서기 약간 인을 두도록 했다(제10조). 마지막 부분에 "한국이 독립하는 동시에 무효"로 한다는 단서 조항을 두어 독립 후에는 임시군구제가 폐지되도록 했다.[102] 이 단서조항은 독립 전의 상황을 반영한 것이기도 하지만 군구제의 대상 지역인 중국과 노령이 독립 후 영토의 대상이 아님을 염두에 둔 조처였다.

이와 같이 '대한민국육군 임시군구제'는 군무부 산하 기관으로 서북간도와 노령에 있는 동포를 대상으로 독립군 즉 육군 편성을 위한 병적 관리 및 징집 사무를 담당하는 기관이었다.

임정은 이러한 목적을 관철시키려고 1920년 4월 19일 국무회의에서 북간도 파견원으로 안정근과 이탁을, 서간도 파견원으로 계봉우를 결정했다.[103] 서북간도에 파견된 임시정부원과 이곳의 단체들 사이에는 독립군단의 통일 문제와 함께 지방사령부 건설 등의 논의가 있었지만 별다른 성과를 거두지 못했다. 다만 북간도지역에서는 이 지역의 대다수 독립군단이 참여하는 북간도군구 북로사령부를 설치하는 성과를 거두

---

102 이상 '대한민국육군 임시군구제'에 대해서는 「大韓民國陸軍 臨時軍區制」, 『대한민국임시정부자료집 9』, 30~32쪽 참조.
103 「島山日記」, 1920년 4월 19일. 서간도 파견원으로 결정된 계봉우 대신에 5월 10일 국무회의에서 조상섭 또는 선우혁을 파견하기로 했고(「島山日記」, 1920년·5월 10일), 실제 파견시에는 안정근·왕삼덕을 북간도 및 노령에, 조상섭을 서간도에 파견했다(『조선민족운동연감』, 1920년 5월 17일).

었는데 그 조직체계는 다음과 같다.[104]

| | |
|---|---|
| 사령관 | 채영蔡英 |
| 참모장 | 조욱曺煜(조성환) |
| 참모관 | 정도기丁道基·허동규許東奎·최우익崔祐翼·오주혁吳周爀·이장녕·나중소·정기원鄭棋源 |
| 서 기 | 허중식許中植·장지호張志鎬·최익룡崔翊龍 |
| 제1연대장 | 홍범도 제1대대장 안 무安武 제2대대장 최성삼崔聖三 제3대대장 최경천崔京天 |
| 제2연대장 | 김좌진 제1대대장 김규식金奎植 제2대대장 한경서韓京瑞 제3대대장 이춘범李春範 |
| 제3연대장 | 최진동 제2대대장 허정욱許正旭 제2대대장 김일구金一鳩 제3대대장 김소홍金昭弘 |

임시정부는 서북간도와 노령을 군무부 관할 아래 세 군구로 나누어 각 군구에 거주하는 한인들을 군적에 편입시켜 독립군으로 편제, 지방사령부를 건설하려고 했으나 북간도군구 북로사령부를 제외하고는 별다른 성과를 거두지 못했다. 그러나 이마저도 1920년 10월 일본군의 간도침략과 뒤이은 '경신참변'으로 사실상 해체되었다.

---

104 「別册第12號 北路司令部 職員」『대한민국임시정부자료집 9』, 47쪽. 그런데 일제 측의 자료에 의하면 정부파견원으로 안정근과 왕삼덕이 북간도에 가서 세 차례 대표자회의를 연 결과 민사는 대한민단으로 통일하고, 군사는 동도군정서(서장 서일·사령관 김좌진)와 동도독립군서로(서장 겸 사령관 홍범도) 통일되었다고 하여 임시정부의 군무부 보고서와는 차이가 있다.

# 제2절

# 상해 임시정부와 만주지역 독립군 및 국내와의 관계

## 1. 상해 임시정부와 서북간도 독립군

### 1) 상해 임시정부와 서간도 독립군

1919년 9월 상하이에서 통합정부가 수립되고 11월 이동휘가 국무총리로 취임하면서 서북간도의 독립군단들이 잇따라 '임정지지' 내지 '봉대'를 선언해 왔다. 서북간도의 독립군단들이 이렇게 임시정부를 추대하게 된 배경에는 독립전쟁의 결행을 주장하는 이동휘 주도하의 임시정부 측의 적극적인 군사정책이 큰 몫을 차지했다.[105] 그러나 이들 독립군단들이 임시정부를 지지했지만 임시정부가 이들을 완전하게 지휘 통할할 수 있는 상태는 아니었다. 특히 임시정부가 막강한 일제를 상대로 독립전쟁을 실행하려면 서북간도 여러 곳에 흩어진 독립군단의 통일과 임시정부 산하로의 완전한 편입이 무엇보다도 절실했다.

그리하여 임시정부는 1920년 3월 발표한 시정방침에서 이들 지역에 대한 정책을 보다 구체화했다. 시정방침에서 밝힌 임시정부의 대간도 정책은 내정통일의 관점에서 민사와 군사를 분리하여 민사로서는 이들 지역에 거류민단제를 실시하고 아울러

---

[105] 윤병석, 「대한민국임시정부와 만주지역 독립운동」『대한민국임시정부수립80주년기념논문집』(상), 국가보훈처, 1999, 434쪽.

인구세 징수와 독립공채 발매를 통해 재정을 중앙정부로 집중하고, 군사로서는 이미 자의로 설립된 군사기관 즉 독립군단을 군무부에 예속시켜 통일한다는 것이었다.[106] 즉 임시정부는 '대한민국육군 임시군구제'를 실시하여 간도와 노령에 흩어진 독립군단을 3개 군구로 통일하여 군무부의 지휘 통제를 받는 지방사령부로 하여금 이들을 지휘케 하여 군사권을 실질적으로 장악할 계획이었다.

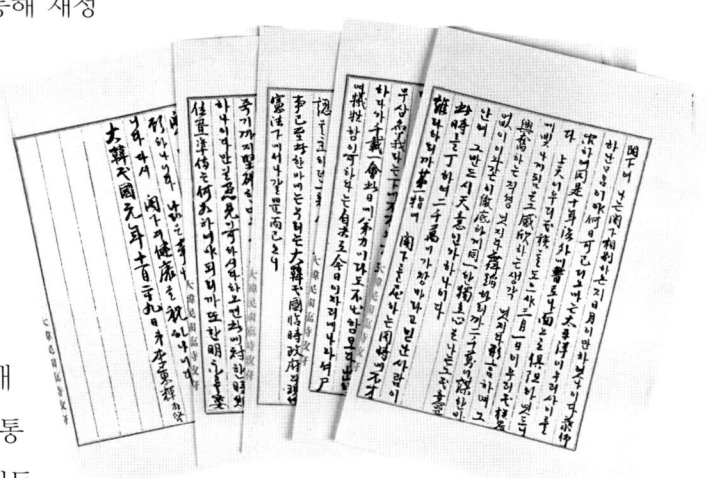

이동휘가 이승만에게 보낸 친필서한(1919.11.29)

그런데 이들 지역의 독립군단들은 "조선의 독립을 기도하지만 주의·표방을 달리할 뿐만 아니라 이해 역시 일치하지 않고 각단 각개의 행동을 고집"하고[107] 있었기 때문에 임시정부가 이런 자신의 정책을 관철시키는 것이 결코 쉬운 일이 아니었다.

임시정부가 1920년 들어 독립전쟁의 시정방침을 정리해 갈 무렵 서간도에서는 윤기섭 尹琦燮 등이 발기하여 2월 9일부터 4일간 '재만임시국민대회'가 열렸다. 이 대회의 목적은 "급박한 시국에 처한 우리 민족의 광복사업의 대방침에 대하여 재만 동포들의 확정적 결안"을 마련하는데 있었다. 4일간 계속된 회의에서는 '광복사업의 대방침'을 두고 준비론과 혈전론으로 엇갈렸다. 준비론적 입장의 신중론도 제기되었으나 "세계가 우리에게 동정하고 우리 행동만 주목한다. 그런데 우리가 잠잠 있으면 다른 나라가 독립을 승인하려고 해도 할 수 없다. 하루라도 속히 개전하기를 주장한다."라는 입장이 대다수의 찬성을 얻어 혈전개시를 광복사업의 대방침으로 결정했다.[108]

회의 마지막 날인 1920년 2월 13일에는 "최근 적당한 기한 안에 혈전을 단행하되

---

106 윤대원, 앞의 책, 2006, 158쪽.
107 『朝鮮獨立運動 Ⅲ』, 260쪽.
108 「在滿臨時國民大會」『독립신문』, 1920년 3월 25일.

혈전 비용의 책임은 본회와 임시정부가 공동 부담하며 임시정부를 옹호 지지한다."라는 결의안을 채택하고, 정부와의 협의를 위해 윤기섭, 이진산李震山 두 사람을 임시의정원 서간도 의원으로 선출하여 상하이로 파견하기로 했다.[109]

재만임시국민대회에서 채택된 광복사업의 대방침을 가지고 1920년 2월 말경 상하이로 온 윤기섭과 이진산은 3월에 개회된 임시의정원에 참여하면서 임시정부와 협의를 진행했다.

두 사람은 먼저 이유필, 김홍서金弘瑞 등 다른 의원과 함께 3월 28일 임시의정원에 '군사에 관한 건의안'을 제출하여 3명의 기권을 제외한 만장일치로 의결시켰다. 이 건의안은 그동안 독립전쟁의 개시를 선언하고서도 개전 시기는 물론 개전 계획도 불명확했던 임시정부에게 개전을 촉구한 것이자 재만임시국민대회의 의사를 적극적으로 반영한 것이었다.[110]

또한 윤기섭은 1920년 4월 17일 안창호에게 다시 한번 임시의정원에서 의결된 건의안 즉 '정부에서 서간도에도 파원派員할 것', '평안남도의 공채발매권을 서간도에 전임할 것', '군사회의를 속히 소집할 것' 등 세 가지 의견을 제시했다. 그런데 안창호는 이 세 가지 가운데 두 번째 즉 '평안남도의 공채 발매권을 서간도에 전임'해 달라는 것에 대해 "공채발매는 따로 서간도에 떼어 주는 것은 곤란한 문제"라며[111] 즉석에서 거절했다. 이 문제는 혈전 경비를 정부와 공동부담하기로 한 재만임시국민대회의 결정 사항인데 당시 재정의 중앙일원화를 꾀하려던 임시정부의 재정정책과 충돌했던 것이다.

이후 임시정부에서는 서간도 측과 협의를 위해 1920년 5월 말경 조상섭趙相燮을 정부위원으로 파견했다. 서간도로 간 조상섭이 어떤 협의를 했는지는 정확히 알 수 없다. 그러나 이곳에 서간도군구를 설치하려던 임시정부의 '임시군구제'가 실현되지 못한 것으로 보아 서간도 독립군단과 정부 측과의 협의가 결렬되었던 것으로 보인다. 이 문제에 대해 서로군정서 총재 이상룡은 안창호에게 편지를 보내 그의 준비론을 비

---

109 「在滿臨時國民大會(二)」『독립신문』, 1920년 4월 1일.
110 윤대원, 앞의 책, 2006, 160쪽.
111 「島山日記」, 1920년 4월 17일.

판하고 군사 활동의 중요성과 이에 소요될 재정 확보를 강조한 뒤 외교와 내정 방안은 부차적인 사항에 지나지 않는다고 주장했다.[112] 이 편지는 서간도의 유력한 단체인 한족회와 서로군정서가 사실상 임시정부와의 결별을 통고한 것이나 마찬가지였다.

이상룡의 편지에서 알 수 있듯이 임시정부가 서로군정서를 임시정부에 복속시키는 데 실패한 것은 독립노선의 차이와 함께 서간도 동포를 대상으로 한 재정수입을 정부로 일원화하려는 방침과 서로군정서의 재정 자립 방침이 크게 어긋났던 것이다. 이리하여 서로군정서는 1921년 4월 베이징에서 개최된 군사통일회의에 참여하고 이승만의 위임통치론을 비판하며 임시정부의 개조를 주장하는 등 임시정부와 일정한 거리를 두었다.

임시정부는 서간도의 유력한 단체인 한족회와 서로군정서를 복속시키는데 실패한 뒤 단둥에 근거를 둔 대한청년단연합회와의 연대에 노력했다. 연합회는 대한독립청년단 시절부터 임시정부를 지지하며 임시단둥교통사무국 역할을 대신해 왔었다. 또 1920년 4월 19일 열린 제2차 정기총회에서도 "임시정부를 애대, 옹호, 봉대함"을 내외에 천명한 바 있었다.[113] 이후 연합회 산하의 군사기관인 '의용대' 조직을 위해 상하이로 온 연합회 측 대표 이탁은 임시정부 측의 군무차장 김희선, 안창호 등과 협의하여, 그해 8월 대한청년단연합회와 대한독립단의 민국파 그리고 김석황(金錫璜)이 평안도와 황해도를 중심으로 조직한 비밀결사 의용단을 통합하여 대한광복군총영을 설치했다.[114]

이와 같이 1920년대 초 임시정부와 서간도 독립군단의 연대는 부분적 성과를 얻는 데 그쳤다. 서간도의 유력 단체인 한족회와 서로군정서는 임시정부 내부의 준비론과 독립전쟁비용 공동 부담과 같은 재정 문제의 타협 실패로 임시정부와의 연대를 거부했다. 그 결과 서간도 내 독립군단의 통일도 실패했다.

---

112 한상도, 「大韓民國臨時政府의 초기 軍事活動과 在滿獨立軍」 『西巖趙恒來敎授華甲紀念 韓國史論叢』, 1990, 749쪽.
113 『조선민족운동연감』, 1920년 4월 19일.
114 대한광복군사령부에 대해서는 1920년 8월 서간도에서 조직된 대한광복군총영과 관련하여 같은 조직으로 보는 견해와 별개의 조직으로 보는 견해가 있다. 이에 대한 보다 자세한 내용은 제7장 제2절 나 1)의 대한광복군총영 참조.

## 2) 상해 임시정부와 북간도 독립군

임시정부와 북간도 독립군단 사이의 정치적·군사적 연대는 북간도 독립군단의 통일 문제와 함께 추진되었다. 북간도에서는 공교회, 기독교, 대종교 등 독립군단 사이의 종교적 갈등과 함께 독립자금 문제와 직결된 북간도 동포 사회에 대한 관할권 문제 등이 원인이 되어 서로 대립해 왔다. 이러한 대립 양상에 대해 북간도 현지 한인들이 북간도의 독립군단들이 서로 자신의 의견만 주장하고 비방하면서 유용한 재산을 무의미하게 소비하는 것이 실로 독립운동에 크게 해가 되니 정부가 속히 통일된 명령을 내려 국민의 의무인 인구세나 공채에 응할 수 있게 해달라고 호소할 정도였다.[115] 이것은 북간도 독립군단들이 자신들의 세를 주변 지역으로 확대하면서 동일한 동포 사회를 주요한 인적·물적 기반으로 삼아야 하는데서 비롯되었다.

북간도 독립군단 사이의 갈등이 표면화한 것은 1919년 11월 대한국민회가 임시정부가 승인한 북간도의 유일 단체임을 내세워 북간도 최고기관임을 자처하면서였다. 기독교계가 중심인 대한국민회는 자신의 유력한 지도자였던 이동휘가 통합정부의 국무총리로 취임한 때를 이용하여 북간도 독립운동의 주도권을 장악하고자 했다. 대한국민회는 1919년 11월 회장 구춘선具春善 이름으로 북간도 제 기관의 통일을 위해 다음과 같은 고유문을 발표했다.[116]

> (1919년-인용자) 5월경에 대종교인과 공교회인이 연합하여 비밀히 정의단(군정회)을 조직했나니라. 원래 부정당의 심리로 조직된 단체라 중간에 파열되어 공교회인은 오승단, 정명단, 광복단 등 각단으로 분립되고 대종교인은 군정부라 칭했다. 이들 단체가 분립되어 동일 구역 내에 동일 인민에 대하여 각각 의연금을 청함으로 민심을 의혹 타락케 할 뿐 아니라 인민은 군정부 강제에 반감되어 중국 관청에 고소했으니 외국인에게 독립 국민의 체면을 손상했다. 아! 동포여 일치 분기하여 각 단체의 연합을 독촉하라. 만일 연합을 불긍하면 각 소단체를 파괴하라. 선두로 군정부를 파괴하라. 군정부의

---

115 「北陸通信」『독립신문』, 1920년 3월 20일.
116 「國民會長告諭」『독립신문』, 1920년 1월 10일.

명칭은 일각이라도 존립을 용서치 못하리로다.

구춘선

대한국민회가 고유문에서 각 단체의 연합을 촉구하면서 "선두로 군정부를 파괴하라."라고 주장한데서 알 수 있듯이 그 목적이 자신의 강력한 경쟁 단체인 군정부 즉 대한군정서(북로군정서)의 파괴에 있음을 노골적으로 드러냈다. 이어 대한국민회는 1920년 1월 5일 80여 지회 대표회의를 열고 '북만주에 산재하는 각 군단을 통일할 기관을 승인할 것', '군정부 및 의용단을 임시정부에 복속시킬 것', '정부에서 대한국민회를 승인할 것' 등 3개 항의 대정부건의안을 채택했다.[117] 이처럼 대한국민회는 자신의 주도 아래 북간도 각 단체를 통일하여 정부를 대신, 북간도 지역에 대한 군사 및 재정 등 제반 독립 사업을 주도하고자 했다.

대한국민회의 이러한 의도는 다른 독립군단들로부터 큰 반발을 샀다. 1920년 2월 대한군정서 총재 서일은 '무구날조'한 대한국민회 고유문을 『독립신문』에 게재한 임시정부를 강력히 비난한 뒤 민사 성질만 띤 대한국민회와 군사 성질만 띤 군정부가 합동할 수 없으니 북간도에서 민사는 대한국민회로, 군사는 군정부로 일임하라고 제안했다. 그런데 대한국민회가 오히려 '국민회의 권유를 자신들이 듣지 않았다.'라고 말을 바꾼 것이라고 해명하고 해결책으로 대한국민회로 하여금 대한군정서에 대한 명예훼손 및 군자금의 손해를 상환케 하라고 강력히 요구했다. 또 서일徐一은 대한국민회가 북간도의 최고기관임을 자처한데 대해서도 북간도에는 임시정부를 지지하는 군무도독부 등 작은 단체가 많기 때문에 대한국민회가 대표적 기관이 될 수 없다고 하면서 북간도의 시국 수습을 위해 다섯 가지의 조건을 갖춘 자를 정부위원으로 파견해 줄 것을 요구했다. 서일이 제시한 정부위원의 다섯 가지 조건이란, "1. 무종교인(대한국민회에서 종교를 시비하는 까닭으로), 2. 대한군정서나 대한국민회에 무관한

---
117 『조선민족운동연감』, 1920년 1월 5일.

자, 3. 명석한 두뇌와 공정한 심지를 가진 자, 4. 사리와 법리에 밝은 자, 5. 신망이 있고 더욱 군사상 지식이 있는 자" 등이었다.[118] 한 마디로 대한군정서는 종교나 북간도의 기존 단체와 인연이 무관한 공평무사한 정부위원을 중재자로 파견해 줄 것을 요구했다.

이런 가운데 북간도에서는 자체적으로 내부 통일을 위한 노력도 진행되었다. 1920년 5월 3일 신민단, 대한군정서, 군무도독부, 광복단, 의군단, 대한국민회 등 6개 단체 대표는 왕칭현 봉의동鳳儀洞에서 회의를 열고 18개 항의 '재북간도 각 기관 협의회 서약서'를 체결했다. 이 서약서는 주로 각 단체가 독자적으로 군자금을 거두면서 발생하는 폐단을 줄이고 각 단체의 관할 지역을 설정하기 위한 것이었다.[119]

그러나 같은 날 협의회에 참여한 6개 단체 가운데 대한국민회를 제외한 5개 단체 대표들은 별도의 모임을 갖고 1919년 11월 대한국민회에서 발표한 고유문 가운데 "각 단체를 파괴하라"라고 한 부분에 대한 사죄와 아울러 대한국민회가 북간도 임시의정원 의원으로 선출하여 상하이에 파견한 두 사람 즉 계봉우와 왕삼덕을 즉시 소환할 것 등 6개 항의 '국민회에 대한 요구안'을 제출함으로써[120] 어렵사리 합의한 6단체의 협의가 무산되었다.

대한국민회와 대한군정서 등 양 단체를 중심으로 갈등과 대립이 깊어지면서 결국 북간도 독립군단의 내분 극복과 통일 문제는 임시정부의 몫이 되었다. 임시정부는 1920년 5월 말경 정부위원으로 안정근安定根과 왕삼덕王三德 두 사람을 북간도로 파견했다.[121] 이들의 임무는 북간도의 사정을 고려하여 각 단체의 수뇌자를 개별적으로 만난 뒤 전체 모임을 가지고 민사는 거류민단으로, 군사는 지방사령부로 각각 분리시

---

118 「大韓軍政署略史와 軍政署總裁의 申請書」『독립신문』, 1920년 4월 22일.
119 『朝鮮獨立運動』Ⅲ, 166~167쪽. 이 회의에 참가한 각 단체의 대표자는 신민단 대표 김준근·이흥수, 대한군정서 대표 나중소·김좌진, 군무도독부 대표 최진동·이춘범, 광복단 대표 김성윤·홍두극, 대한국민회 대표 김동흡·김규찬, 의군단 대표 김종헌·박재눌 등이었다.
120 「北陸通信」『독립신문』, 1920년 6월 22일.
121 「島山日記」에 따르면 안창호가 서북간도에 파견될 정부위원을 초대하여 오찬을 베푼 날이 5월 23일인 것으로 보아 이들이 실제 상하이를 떠난 시기는 그 이후 이며, 일제 측의 정보에 의하면 이들이 북간도의 명월구에 도착한 것은 5월 25일로 되어 있다(姜德相,『現代史資料 27』, みすず書房, 1970, 355쪽(이하『現代史資料 27』)).

켜 통일하는 것이었다. 정부위원이 북간도에 도착하면서 이들의 중재 노력에 힘입어 북간도 독립군단의 통일문제가 급진전되어 1920년 7월 1일, 7일, 20일 등 연이어 3회에 걸쳐 각 단체 대표자회의가 열렸다.

1920년 7월 1일 왕칭현 알하하에서 열린 첫 대표자회의에는 대한군정서를 제외한 6단체의 대표와 나자구 국민의사회, 훈춘한민회 대표 등 100여 명이 참석하여, "1. 각단 연합통일의 필요에 따라 각단의 명칭을 취소함, 2. 각 단체에 속한 독립군인의 무기는 1개소에 집합시킬 것, 3. 제1항에 기초하여 간도·노령 방면에 산재한 각 단체에 속한

안창호와 안정근 가족

모든 행정·군사 양 기관을 통일하여 2부제로 할 것" 등 3개 항을 결의했다.[122] 이어 7월 7일 옌지현 유채청 有菜淸 신계동 新溪洞에서 두 번째 각 단체 대표자회의가 열렸다. 회의에서는 첫 번째 회의 결의안에 따라 각 단체의 통일 조건을 완료하고 공동동작을 하기로 결정했다.[123] 이렇게 북간도 각 단체의 통일문제가 급속히 진행되자 처음부터 각 단체 대표자회의에 참석하지 않았던 대한군정서와 홍범도부대도 결국 대표자회의에 참여하지 않을 수 없었다. 북간도의 독립군단 대다수가 참여하여 통일이 빠르게 진행되고 자신들 역시 북간도를 활동 기반으로 삼고 있는 상황에서 대표자회의 불참은 결과적으로 자신들만 고립되는 불리한 결과를 가져올 것이기 때문이었다.

이렇게 하여 1920년 7월 20일 옌지현 의란구 즈란샹 志仁鄕 구룡평에서는 북간도의 주요 독립군단 대표자들이 모두 참석한 세 번째 각 단체 대표자회의가 열렸다. 회

---

[122] 『現代史資料 27』, 354쪽. 이 날 회의에 참여한 각 단체 대표자는 대한국민회 대표 김규환, 대한국민회 군무위원 대표 안무, 군무도독부 대표 박영, 의군단 대표 강우섭, 의민단 대표 방우용, 신민단 대표 김준근, 국민의사회 대표 박창준(나자구), 한민회 대표 이광택(훈춘), 광복단 대표 김성극 등이었다.
[123] 『現代史資料 27』, 356~357쪽.

의 결과 북간도에서는 새로이 행정·군사 양 기관을 설치하고 행정기관은 대한민단으로, 군무기관은 동도군정서와 동도독립군서로 칭하기로 했다. 즉 민단은 북간도 한인의 생명·재산의 보호와 민심의 지도, 대외교섭 사무 등의 행정사무를 통할하고, 민단 아래 북간도에 중앙, 동·서·남·북부의 5부를 설치하고 단장에는 대한국민회 회장인 구춘선을 선출하고 정부위원 이용(李庸)을 민단고문으로 삼아 임시정부의 감독을 받도록 했다. 그리고 군사기관으로는 대한군정서를 동도군정서로 개칭하여 서장에 서일, 사령관에 김좌진을 임명하여 4개 대대를 편성하고, 홍범도부대를 동도독립군서로 개칭하여 홍범도가 서장과 사령관을 겸임하고 안정근이 이들 기관의 고문이 되어 임시정부의 명령을 받도록 했다.[124]

3회에 걸친 각 단체 대표자회의와 정부위원의 중재로 대한국민회와 대한군정서를 중심으로 분열·대립했던 북간도의 독립군단은 서간도와는 달리 임시정부의 계획대로 북간도를 정부 산하의 민사·군사 두 기관으로 통일하는 성과를 거두었다. 그런데 통일의 실제 내용을 보면, 그동안 민사기관의 성격이 강했던 대한국민회가 사실상 민단을 장악했고, 군사기관도 단일 기관이 아닌 홍범도 부대와 대한군정서의 명칭만 바꾼 채 그 존재를 사실상 인정함으로써 새로운 강력한 통합체가 아니라 각 단체의 현실을 그대로 인정한 위에서 임시 봉합한 성격이 강했다.

임시정부의 이 같은 성과는 얼마가지 못했다. 1920년 10월 훈춘사건과 뒤이은 '경신참변'으로 북간도의 주요 독립군단들이 일시 근거지를 떠나 노령으로 이동했고 그 와중에 '자유시사변'을 겪으면서 다시 분산되어 임시정부와 북간도 독립군단의 연대는 사실상 중단되었다.

---

[124] 『現代史資料 27』, 394~395쪽.

## 2. 지방선전부와 국내 비밀결사 운동

### 1) 지방선전부의 조직과 활동

임시정부는 1920년 시정방침에서 선전사업을 내정 통일과 외교 두 분야로 나누어 진행하기로 했다. 국내의 경우는 선전기관을 따로 설치하여 선전방법을 강구하고 내외 각지에 선전원을 파견하여 각지 인민으로 하여금 정부의 주의에 일치하게 하고(시정방침 제1항 '통일집중'), 국외의 경우는 선전부를 확장하여 일본의 침략주의가 세계 평화의 화근이 되는 이유, 한국의 독립이 세계 평화에 필요하며 우리 민족의 자격이 독립국민으로서 충분함을 실증하는 자료를 모집하여 선전하는 데(시정방침 제6항 '세계에 대한 선전') 목적을 두었다.[125]

임시정부의 선전사업은 처음부터 안창호가 구상하고 주도했다. 안창호는 1920년 1월 19일 국무회의에서 선전기관으로서 '내부 선전기관'과 '외부 선전기관'을 급속히 조직할 것을 제안했다. 국무회의에서는 안창호를 선전위원장으로 선출하여 국내를 대상으로 하는 선전기관은 내무부 소속으로, 외국을 대상으로 하는 선전기관은 외무부 소속으로 확정하고 선전기관의 조직 및 활동 방침 등에 관한 모든 사무를 안창호에게 일임했다.[126]

선전위원장에 선출된 안창호는 선전부에 참가할 선전원 및 내지 선전대원을 인선하는 한편 선전부 조직에 필요한 제 규정을 마련하는 등 선전기관 조직 사업을 본격화했다. 선전부 조직에 필요한 제규정은 메이지대 법과를 졸업한 손두환孫斗煥이 담당했다.[127] 선전대 조직은 "각 개인이 위원장의 명령을 직접 받아 진행"하기로 하고 대원 사이는 서로 알지 못하는[128] 점조직으로 구성하기로 했다. 이것은 선전사업이 극히 비밀을 요하고 선전대원이 일제에게 체포되더라도 관련 대원 및 조직을 보호하기

---

[125] 『韓國民族運動史料(中國篇)』, 107쪽.
[126] 「島山日記」, 1920년 1월 19일.
[127] 「島山日記」, 1920년 1월 27일 · 2월 10일.
[128] 「島山日記」, 1920년 2월 16일.

위해서였다.

  1920년 3월 5일 국무회의에서 선전부 규정안인 '지방선전부규정'이 통과되어 3월 10일 '국무원령 제3호'로 선포되었다. "내외에 있는 국민에 대한 선전사무를 강구·집행하는 비밀기관"인 지방선전부에는 총판 1명, 부총판 1명, 이사 및 선전원 약간 명을 두고 필요에 따라서는 간사 약간을 둘 수 있도록 했다(제2조). 총판은 국무총리에 예속하며 선전에 관한 모든 사무를 통할하도록 했고(제3조), 지방선전부 아래 서무와 선전 두 과를 두었다(제6조). 또 부칙에 국민에 대한 선전서무를 강구·집행하는 비밀기관으로 지방선전부 아래 선전대를 두고(부칙 제1조) 지방선전부 총판이 임명하는 대장 1인, 대원 약간 인을 두도록 했다(부칙 제3조).[129]

  국무회의에서 선전사업을 처음 논의할 때는 국내를 대상으로 하는 내부 선전기관과 외국을 대상으로 하는 외부 선전기관으로 이원화하기로 했고 그 명칭도 선전위원회였다. 그런데 지방선전부규정을 보면 명칭은 지방선전부로 바뀌었고 국무총리 직속의 독립기관으로 일원화되었다. 이것은 선전사업이 엄격한 비밀을 요하고 일의 성격이 동일하기 때문에 선전사업의 통일을 위한 조처였다.

  선전사업의 주된 활동은 독립운동의 장기화를 각오하게 하고 각국이 우리 민족을 동정하는 사실을 알리고 국민개병·국민개납·국민개업의 3대주의를 고취할 것 등이었다. 안창호는 1920년 3월 10일 '지방선전부령 제1호'를 통해 선전의 제일선에서 이를 담당할 선전대의 주요 임무로서 "조국광복의 목적을 달성함에는 먼저 국민의 사상을 통일하고 그 정신력을 결합하는데 있다. 이를 위해 선전대원은 민정을 찰지하고 정부의 주의를 선전함을 요한다."라고 규정했던 것이다.[130]

  그런데 상하이 일각에서는 선전사업과 관련하여 그동안 소홀히 해 왔던 국내의 선전에 총력을 집중할 것을 강조하면서도 그 방법에는 안창호와는 다른 의견도 있었다. 독립전쟁론을 주장했던 묵당은 "나약의 문자로써 전 국민의 심리를 일시적 안락에 빠지게 않게"하고, 신문·격문과 같은 소극적 방법뿐만 아니라 3·1운동과 강우규의 폭탄투척처럼 보다 더 선전 효과가 큰 총과 폭탄을 사용한 의열투쟁과 같은 '과격 수단'

---

**129** 『韓國民族運動史料(中國篇)』, 185~186쪽.
**130** 『韓國民族運動史料(中國篇)』, 187쪽.

을 병행할 것을 주장했다.[131] 그러나 안창호는 의열투쟁에 대해서 부정적인 생각을 가졌기 때문에 '과격 수단'은 안창호가 주관하는 지방선전부의 활동이 될 수 없었다.

선전사업을 총괄하게 된 안창호는 국내에 파견할 선전원을 대개는 국내에 다른 목적으로 파견되는 정부원에게 선전부의 임무를 겸직하게 했다. 이것은 상하이의 인적 자원이 절대적으로 부족했기 때문이다.

강우규의 폭탄투척 타임즈 보도
(박환, 『강우규의사 평전』, 선인, 2010, 196쪽)

1920년 2월부터 6월 사이 안창호가 파견 내지 임명한 선전원은 권태용權泰瑢·노성춘盧成春·장경순張敬順·김정목金鼎穆·김재덕金在德·김석황金錫璜·김순일金淳一·오남희吳南熙·이영식李英植·오희봉吳希峰 등이었다.[132] 이들은 대개 선전원을 겸직한 국내파견 정부원이었다. 권태용은 재무부 소속의 경남 금전수입원으로서 국내에 파견될 예정이었고,[133] 김정목은 평안남도와 황해도 독립공채모집 도위원道委員에 임명되어 파견되었지만 평양의 공립 농학교 졸업생 박세빈朴世彬을 독립공채모집 군위원으로 임명하면서 그에게 선전대 일도 함께 맡겼다.[134]

이렇게 하여 1920년 국내에 조직, 임명된 선전대 및 선전대원은 아래 〈표 8-2〉와 같다.

〈표 8-2〉 1920년 중 조직된 국내 선전대

| 선전대명 | 선전대장 | 선전대명 | 선전대장 |
|---|---|---|---|
| 의주 선전대 | 김정원(金定源) | 평양 선전대 | 이하영(李河榮) |
| 의주 제1선전대 | 이경손(李景損) | 진남포 선전대 | 차대륜(車大倫) |
| 의주 제2선전대 | 문규삼(文奎三) | 강서 제1선전대 | 안익주(安翼周) |
| 벽동군 제1선전대 | 김낙예(金洛睿) | 재령 선전대 | 이승길(李承吉) |

---

131 「宣傳의 必要」 『독립신문』, 1920년 1월 17일.
132 「島山日記」, 1920년 2월 6·25일, 3월 4·13일, 4월 27·30일, 6월 2·30일.
133 『朝鮮獨立運動 I』 分冊, 240쪽.
134 『韓國民族運動史料(中國篇)』, 183~184쪽.

| | | | |
|---|---|---|---|
| 벽동군 제2선전대 | 이정호(李貞鎬) | 신천 선전대 | 이창화(李昌華) |
| 창성 제1선전대 | 이필호(李弼瑚) | 송화 선전대 | 서광호(徐光浩) |
| 창성 제2선전대 | 문석진(文錫珍) | 장단 선전대 | 박상설(朴相卨) |
| 삭주군 선전대 | 강종문(康宗文) | 은률 선전대 | 오득인(吳得仁) |
| 용천군 선전대 | 김백홍(金白鴻) | 옹진 선전대 | 이경호(李景鎬) |
| 철산 제1선전대 | 정주영(鄭周永) | 해주 선전대 | 지정신(池貞信) |
| 철산 제2선전대 | 김홍식(金弘軾) | | |

※ 출처 : 독립운동사편찬위원회, 「조선민족운동연감」 『독립운동사자료집 7』, 1271~1272쪽.

    1920년 6월 이후 국내에 조직된 선전대는 평안남북도와 황해도에 집중되었다. 또한 안창호는 지방선전부를 조직하는 과정에서 남만주 단둥의 대한청년단연합회와도 연대를 모색했다. 그는 청년단연합회의 파견원으로 상하이에 와 있던 이탁(李沰)에게 청년단연합회의 선전부와 지방선전부와의 연합을 제의했다.[135] 안창호는 이탁으로부터 연합회 선전원 최지화(崔志化)를 소개받아 두 선전부의 합일을 합의했다.[136] 이처럼 선전대 조직 지역은 주로 평안도 및 황해도를 중심으로 조직된 국내 연통부 설치 지역과 거의 일치했다. 이는 이곳이 안창호 등 서북파의 영향력이 강한 곳이기도 하지만, 상대적으로 국경과 가까운 지역이란 특성도 작용했다.

    선전대에 속한 선전대원들은 복무규정대로 정부의 주의를 국민에게 선전하는 한편, 매주 1회 선전대장에게 일제의 식민정책과 민심 및 독립운동의 동향 등 9개항의 정보를 정기적으로 보고하도록 했다.[137]

    안창호의 주도로 구상, 조직된 지방선전부는 임시정부의 주의를 국내 동포에게 선전하여 일제의 식민 지배를 무력화시키려는데 목적이 있었다. 그러나 선전사업이 다양한 강온의 방법을 병행하여 그 효과를 극대화시키기보다는 문자 보급을 통한 인심

---

135 「島山日記」, 1920년 6월 17일.
136 「島山日記」, 1920년 6월 20일.
137 선전대원들이 선전대장에게 보고할 9개항은, 제1항 왜관리의 행동과 한인의 왜관리된 자의 행동 여하 또 그 주소 성명 및 직업 등, 제2항 왜의 정책에 관한 사항, 제3항 각 단체의 명칭과 목적 등, 제4항 민심상태 자본가에 대한 일, 제5항 암살과 방화 사건이 발생시는 그 실황을 근저에서 상세히 조사할 것, 제6항 외지로부터 들어와 활동하는 자의 성명과 행위, 제7항 피보자(被報者)의 성명과 관계, 제8항 정부에 대한 민심의 요구, 제9항 기타 제반 독립운동에 관한 사항 등이다 (『韓國民族運動史料(中國篇)』, 186~187쪽).

격발이라는 소극적 방법에 제한되어 안창호의 준비론을 벗어나지 못했다.

## 2) 국내 비밀결사 운동과 무장화

3·1운동을 앞뒤하여 국내에서는 수많은 비밀결사가 조직되었다. 1919년 한 해 동안 전국 각지에서 무려 40여 개의 비밀결사가 조직되었는데 이들 가운데 임시정부와 직·간접적으로 연관을 맺어 온 비밀결사는 대략 37개 정도였다. 37개 비밀결사가 조직된 지역을 도별로 보면, 평안북도 4개, 평안남도 10개, 황해도 1개, 서울·경기 12개, 충청남도 1개, 전라남도 3개, 경상남도 4개 등이며 지역적으로 평안도와 서울·경기 지방에 집중되었다.[138] 이들 비밀결사들은 순전히 국내에서 자생적으로 조직된 뒤 상해 임시정부와 관계를 맺거나 아니면 처음부터 국내에 파견된 임시정부 요원의 권유나 주도로 조직되었다.

자생한 비밀결사로는 평안도의 한민회, 숭의단, 전남의 보향단, 구국민단, 결의단, 경남단 등이 있다. 1919년 수원 지역의 학생·교사들이 중심이 되어 조직한 구국민단은 조직 직후 상해 임시정부와의 연락을 목적으로 구제부장을 상하이에 파견하려다가 출발 직전 검거되어 조직이 드러난 경우이다.[139] 1919년 4월 경남 진주에서 조직된 경남단은 상하이의 상황 탐지와 임시정부와의 연락을 목적으로 단원 권태용, 김종명, 조기홍 3명을 그해 8월 상하이로 파견했다. 상하이에 무사히 도착한 권태용은 다시 임시정부의 경남 독립자금 모집원에 임명되어 그해 10월 이을규, 강태동 등과 함께 진주로 다시 파견되는 등 그는 비밀결사 경남단과 임시정부를 잇는 가교 역할을 했다.[140]

---

[138] 윤대원, 앞의 책, 2006, 174쪽. 37개의 비밀결사는 직·간접적으로 상해 임시정부와의 관계가 자료상 확인되는 경우이며 이 가운데 조선독립애국단에 흡수된 철원애국단이나 독자적 활동을 결여한 지회나 지단의 경우는 본부에 포함시켰다.
[139] 구국민단은 단장 아래 통신·출판·서무·교제·재무·구제부 등을 두고 상해 임정으로부터 송부 받은 『독립신문』, 애국가·경고문 등을 수원 등지에 배포했다(『現代史資料 27』, 493~494쪽).
[140] 경남단은 1919년 4월 황종화(黃鍾和), 하동노(河東老) 등이 "경성을 중심으로 왕성하게 조선독립운동이 행해지고 있는데 우리도 이때 조국을 위해 방관할 수 없으므로 경남을 대표하여 一大團體를 조직하자."라고 하여 조직된 비밀결사다(『朝鮮獨立運動Ⅰ』分冊, 168·205·239~241쪽).

한편, 상해 임시정부에서도 국내에 정부요원을 파견하여 비밀결사 조직을 권유하거나 직접 조직을 주도하기도 했다. 예컨대 1919년 8월 이전 국내에 파견된 김창규金昌圭는 경기도 고양에 본부를 둔 조선독립희생회라는 비밀결사를 조직하고, 충청·전남 강진·제주도·경북 경주 등지로 조직원을 파견하여 독립자금 모집과 회원 모집에 노력했다.[141] 또 1919년 10월경 서울에서 상해 임시정부의 재정 지원을 목적으로 조직된 구국단은 상해 임시정부 특파원 조한호趙漢鎬의 권유로 조직된 비밀결사였다.[142] 상해 임시정부가 수립되기 전인 1918년 진주에서 조직된 진주청년친목회는 진주로 파견된 임시정부의 특파원인 도시찰부장 윤치언尹致彦을 매개로 임시정부와 관계를 맺은 경우이다.[143] 평양의 대한국민회, 서울의 대한독립애국단, 대한민국청년외교단, 대한민국애국부인회 등은 상해 임시정부가 국내에 설치했던 연통부 또는 교통지국과 연계를 맺거나 그 역할을 대신한 비밀결사였다.[144]

3·1운동 뒤 높아진 국내의 독립운동 열기가 비밀결사 운동으로 계승·확산되었고, 이 운동이 국내 기반을 마련하려던 상해 임시정부의 노력과 결합되면서 비밀결사는 임시정부의 국내 기관인 연통부·교통지국과는 또 다른 의미에서 중요한 국내 기반이 되었다.

비밀결사는 대개 서울과 평양 등 대도시에 본부를 두고 전국 각처로 조직을 확대해 나갔다.[145] 전국적 조직을 지향한 대표적인 비밀결사로는 대한독립애국단, 조선민족대동단, 대한민국청년외교단, 대한민국애국부인회, 대한국민회(평양)가 있었고 그밖에도 독립자금과 회원 모집을 위해 전국적으로 단원을 파견했던 대한국민회(서울), 조

---

141 『朝鮮獨立運動Ⅰ』分冊, 68·73쪽 ; 『現代史資料 25』, 518·522·530쪽.
142 구국단은 윤철이 3·1운동 뒤 상하이에서 임시정부가 수립되었다는 소식을 듣고 자신의 매서인 최창식(崔昌植)을 상하이로 보냈고 그해 10월경 임시정부원 조한호의 방문을 받은 뒤 독립자금 4300원을 모아 상해로 보냈고 그 사이 임시정부 후원을 목적으로 유림계 동지를 모아 구국단을 조직했다(『朝鮮獨立運動Ⅰ』分冊, 615~618쪽).
143 1920년 9월경 임시정부 특파원인 윤치언으로부터 '제2회 소요'를 일으키라는 지령을 받고 진주청년친목회 회원들은 하동·구례·고성·부산·창원·진주·남해·의령·함안·마산·밀양·청도·합천·거창·진행 등 각 구역별로 청년 학생을 선동할 의무를 분담하고 경상남도 일대에서 만세 시위를 준비하던 중 일본 경찰에게 발각된 사건이다(『現代史資料 27』, 526~527쪽).
144 윤대원, 앞의 책, 2006, 175쪽.
145 장석흥, 「1920년대 초 國內 秘密結社의 性格」 『한국독립운동사연구』 7, 1993, 251쪽.

선독립희생회 등이 있었다. 이들 비밀결사 가운데 대부분의 비밀결사들이 서울에 본부를 둔데 반해 대한국민회는 평양에 본부를 두고 전국적 조직을 지향한 단체로서 평남·황해·경남·전남 등 전국 40여 곳에 지부를 두었다.[146] 예컨대 전남의 대한국민회와 국민통곡단, 경남 진주의 경남전도회 등은 평양 대한국민회의 지부격 비밀결사였다.

지방 단체인 평양의 대한국민회가 전국적 조직으로 발전할 수 있었던 것은 장로교라는 종교가 그 기반이 되었다. 1919년 9월 중순 평양에서 장로파의 전선총회 全鮮總會가 열렸다. 이 총회가 끝났을 때 대한국민회 총무 박승명 朴承明은 참석자들에게 귀향 후 국민회와 군회, 향촌회를 설립할 것을 종용했다. 총회에 참석한 이들은 귀향 후 각지에서 군회 및 향촌회를 조직했다.[147] 이것이 평양의 대한국민회가 전국적 조직으로 발전한 계기가 되었던 것이다.

상해 임시정부와 직·간접적 관계를 맺게 된 국내 비밀결사들은 주로 독립자금을 모아 상하이로 보내어 임시정부를 재정적으로 지원했다. 비밀결사들은 회원들로부터 입회금이나 임시정부 구조금 명목으로 회비를 거두어 상하이로 보내거나 아니면 숭의단, 결의단, 서울의 구국단처럼 부호가를 대상으로 독립자금을 모집하여 보내는 경우도 있었다. 비밀결사들은 이렇게 모아진 독립자금을 단원이 직접 상하이로 가져가거나 아니면 국내의 교통지국을 통해 상하이로 전달했다. 비밀결사들은 독립자금 모집 외에도 『독립신문』처럼 임시정부에서 보내온 신문이나 포고문, 경고문 등의 인쇄물을 은밀히 배포하여 반일독립사상의 고취에 노력했다.

1919년 국내 비밀결사는 상해 임시정부의 운동 방침과 그 궤를 같이 하며 활동했다. 예컨대 외교사무의 확장, 국제연맹회의 정부원 파견 등을 임시정부에 건의한 대한청년외교단의 활동이나[148] 평양의 대한국민회는 1919년 11월 7일 일본의 천장절을 기해 기획했던 국민통곡단의 다음과 같은 조직 목적에서도 알 수 있다.[149]

---

146 장석흥, 위의 논문, 1993, 251쪽.
147 『現代史資料 27』, 467쪽.
148 『現代史資料 25』, 603쪽.
149 『朝鮮獨立運動Ⅰ』分冊, 152쪽.

조선독립운동자 중 온화파에 속하는 자는 시위운동 또는 무적武的 행동에 의해 소기의 목적을 이루려고 하는 것은 자연 다수 동포의 희생자를 내고 또 일보를 잘못 디디면 여러 열강의 동정을 상실할 우려가 있을 뿐만 아니라 종령 무적 행동을 고집하더라도 현하의 상황에서는 무기 입수가 곤란한 경우에 있음으로 오히려 차제에 진진하게 또 온건한 방법 즉 애소하여 세계에 동정을 구하는 방법이 성공할 수 있다고 하고 통곡단을 조직……

국민통곡단은 일제에게 사전에 탐지되어 실패했지만 운동방향은 '평화적 시위'를 통한 '열국의 동정'을 얻는데 중점을 두었다. 또 평안남도 대동군의 비밀결사인 한민회가 결정한 6개의 활동 방침 가운데 "3. 독립군의 선내 진입에 앞서 관공리·친일선인을 암살함. 4.독립군의 선내 진입에 앞서 철도·전신·전화 및 관공서 건물 및 공장 등을 파괴함."[150] 등과 같이 적극적인 투쟁 방식을 택하고 있으나 전반적인 활동에서는 다른 비밀결사와 마찬가지로 평화적 투쟁에 중점을 두었던 초기 상해 임시정부의 방침과 크게 어긋나지 않았다.

그러나 일제의 감시와 탄압 체제 역시 강화되면서 많은 비밀결사들이 발각되어 해체되었다. 그런 가운데서도 새로운 비밀결사들이 속속 조직되어 비밀결사 운동의 열기를 이어갔다. 1920년 들어 새로이 조직된 비밀결사나 이전 조직들 가운데 임시정부와 연관된 비밀결사는 모두 41개였다. 이들 비밀결사를 지역별로 보면 평북 11개, 평남 14개, 황해도 5개, 서울·경기 7개, 함경도 2개, 상하이에 본부를 두고 국내에 지부를 가진 비밀결사 2개로서 서북 지역에서 가장 왕성한 활동을 보였다.[151]

1920년의 비밀결사는 1919년의 비밀결사와 그 성격이 크게 달라졌다. 우선 서울에 본부를 두고 조직된 주비단이나 상하이에 본부를 둔 의용승군 등 몇 개의 비밀결사를 빼고는 전국적 조직을 갖춘 단체가 거의 없고 대신 조직의 규모나 활동 범위가 일개 군·면 단위로 크게 축소되는 경향을 띠었다. 이것은 1919년에 전국적 조직이었던 대한민국청년외교단, 평양의 대한국민회, 대한민국애국부인회 등이 붕괴되고 또한

---

150 『現代史資料 27』, 537쪽.
151 윤대원, 앞의 책, 2006, 177쪽.

일제의 강화된 감시와 탄압 때문이었다. 그런데도 국내의 비밀결사의 수가 양적으로 늘어난 것은 1920년 들어 변화된 극동 정세와 함께 상해 임시정부에 대한 국내의 기대와 그 영향력이 여전했기 때문이다.[152]

서울에 본부를 두고 결성된 주비단은 자생적인 조직으로서 전국적 조직을 지향한 비밀결사였다. 대한제국시 궁내부에서 근무했던 이민식李敏軾 등은 상하이에 임시정부가 수립되었다는 소식을 듣고 상하이의 정황을 알아 본 뒤 활동 방침을 정하기로 하고 1920년 3월 장응규張應圭를 비밀리에 상하이에 파견했다. 상하이로 간 장응규는 다시 임시정부의 독립공채모집원이 되어 그해 6월 '주비단규칙', '적십자규칙' 등을 가져왔고, 이민식 등은 이 주비단규칙에 따라 비밀결사 주비단을 조직했다.[153]

1920년 8월 평안남도 강동군의 농민단은 이환욱李桓郁 등 20대 청년들이 "목하 각지의 청년들은 조국독립을 위해 무엇이든 열심히 활동하고 있는데 우리도 자체 군자금 모집에 종사하여 이로써 상해 임시정부를 지원"하기로 결의하고 조직한 비밀결사였다. 평안남도 강동군 원탄면 송오리의 탄광 광부들인 농민단원은 군자금 모집을 쉽게 하려면 경찰관서 등에 폭탄을 던져 인심을 동요시킬 필요가 있다고 의논하고 광산에서 다이나마이트를 몰래 빼내어 강동군 원탄·고천 경찰관주재소를 차례로 파괴하기로 하고 9월 18일 강동서에 폭탄을 투척하는 등의 활동을 했다.[154]

1920년에도 상해 임시정부의 파견원이 비밀결사를 주도하는 일도 계속되었다. 평안북도 태천군의 대조선국민군단은 임시정부의 평북특파원 공익순孔翊舜이 국민군 편성을 목적으로 조직한 비밀결사였다.[155] 평안북도 후창의 대한애국부인회는 임시정부원 권형모權亨模가 주도하여 조직한 비밀결사였고,[156] 황해도 봉산군의 독립단결사대는 황해도 임시교통국장 손재흥孫再興이 주도하여 조직한 비밀결사였다.[157] 서울의 노

---

152 위와 같음.
153 『朝鮮獨立運動Ⅰ』分冊, 504~506쪽.
154 『現代史資料 27』, 543~544쪽.
155 『朝鮮獨立運動Ⅰ』分冊, 311~316쪽.
156 朝鮮總督府 警務局, 『高等警察關係年表』, 1930, 58쪽.
157 孫再興은 1920년 3월 정치범으로 사리원경찰서에서 체포되었다가 4월 평양 복심법원에서 무죄로 석방되어 귀향한 뒤 동지를 규합하여 독립단결사대를 조직했고, 또한 황해도 임시교통국 국장으로서 김청풍 등과 함께 『독립신문』·『신한청년』 등을 사리원 및 인근 마을에 배포했으며 평

농회는 1919년 8월 중 임시정부원 조한호의 권유로 조직된 구국단이 상해 임시정부가 소련과 연합할 것이라는 소문을 듣고 1920년 음력 7월 소농의 대단체를 조직할 목적으로 기획한 표면단체였다.[158] 이처럼 1920년 조직된 비밀결사는 자생적인 것보다는 상해 임시정부에서 국내에 파견한 특파원들이 조직한 비밀결사가 많았다.

서울·평양 등지를 중심으로 조직된 의용단은 1919년 6월 상하이로 건너간 김석황金錫璜이 주도한 비밀결사였다. 김석황은 1920년 1월 말 안창호와 함께 국내에 의용단을 조직하기로 합의하고 자신을 총무로 하는 의용단을 상하이에서 발기한 뒤[159] 그해 3월 국내에 몰래 들어와 주로 서울·평양·황해도를 중심으로 활동하면서 의용단을 조직했다. 그는 평양에 머물면서 "평양·경성에 지단을 설치하고 이어 대동군 선교리, 평원군 한천에도 분단을, 이어 황해도 사리원, 평북의 의주에도 지단 설치를 계획하고 차례로 전국으로 확대할 계획"이었다.[160] 이런 계획에 따라 평남 중화군의 의용단분단, 평남 덕천군의 독립진명단, 장규섭張奎涉을 사령장으로 하는 황해도 해주·장연·송화 등지에 의용단 분단 내지 지단이 조직되었다. 의용단은 이후 단동의 대한청년단연합회, 대한독립단의 민국파와 함께 대한광복군총영으로 통합되었다.

의용승군은 1920년 2월 승려로서 그동안 국내를 오가며 활동했던 신상완, 상하이에 있던 백성욱白性郁, 김봉신金奉信, 이종욱李鍾郁 등이 "국내 사찰에 기밀부를 두고 승려간의 기밀 교통기관으로 삼아 점차 승림의 결합을 견고히 할 필요를 느끼고" 국내에 의용승군을 조직하기로 하고 그해 2월 신상완을 국내로 파견했다.[161] 국내 잠입에 성공한 그는 교통지국을 통해 전달받은 '임시의용승군헌제'와 '선언서'를 석왕사·해인사·통도사 등에 보내어 먼저 30개 본사 중 15개소를 묶어 기밀부를 설치하고 상해 임시정부와 연락할 계획을 세우던 중 체포되어 의용승군 조직은 조직과정에

---

산·봉산군에서 군자금을 모집하기도 했다(『現代史資料 27』, 533~540쪽). 1920년 7월에는 이윤천 등에게 권유하여 조선독립주비단을 조직하게 했다(『朝鮮獨立運動Ⅰ』分冊, 510~511쪽).
158 「勞農政府建設하랴든 尹喆等十三名豫審決定1」, 『東亞日報』, 1921년 12월 20일 ; 「尹喆等十三名의 豫審決定二」, 『東亞日報』, 1921년 12월 21일.
159 「島山日記」, 1920년 1월 24·31일.
160 『現代史資料 27』, 513쪽.
161 『朝鮮獨立運動Ⅰ』分冊, 399쪽.

서 발각되고 말았다.[162]

　1920년 들어 상해 임시정부가 주도한 국내 비밀결사들은 이전과는 달리 군사적 성격을 강화했고, 1919년 조직된 비밀결사 대다수도 군사적 단체로 전환했다. 이런 경향은 특히 평양의 대한국민회 지회들에서 두드러졌다. 예컨대 반석대한독립여자청년단, 반석대한독립청년단, 건지리대한독립청년단 등은 1919년에 조직된 평양의 대한국민회 지회였던 향촌회에서 청년단이라는 비밀결사로 전환한 단체였다. 이 같은 비밀결사의 성격 전환은 1920년 들어 강화된 임시정부의 독립전쟁노선과 크게 연관이 있었다.

　송화리 향촌회를 대한독립청년단으로 주도한 인사는 단둥의 대한청년단연합회 평남지부장이었던 김봉규였다. 그는 향촌회를 독립청년단으로 전환하면서 "향촌회와 같은 완만한 단체로는 도저히 독립의 속진을 꾀하는 것이 불가능함으로 차제에 한층 견고한 단체를 조직하여 독립의 속성을 기하자고" 역설했듯이[163] 그 목적은 향촌회와 같은 '완만한 단체'에서 '독립의 속성'을 위한 '견고한 단체'로 전환하기 위한 것이었다. 그것은 "① 군자금을 모집하여 상해 임시정부에 송부함, ② 상해 임시정부로부터 무기의 배급을 받아 친일자를 암살함, ③ 독립단 파견원의 숙식·안내를 원조함, ④ 독립전쟁 개시 때는 결사대를 조직하여 무력운동을 일으킴"과 같은 송화리대한독립청년단의 결의문처럼[164] 독립자금을 모집하고 의열투쟁과 독립전쟁에 대비한 결사대 조직이라는 군사적 성격의 강화를 뜻했다. 이러한 사정은 같은 시기 군자금 모집과 함께 "독립전에 이르면 결사대를 조직하여 독립군을 후원"할 것을[165] 결의했던 강서군 반석면의 대한독립일신청년단의 경우도 마찬가지였다.

---

162 임시의용승군헌제에 따르면, 의용승군은 승군의 최고 기관으로 대한승려연합회를 총장으로 하는 총령부를 두고 총령부는 상해 임시정부와 연합하여 임시정부의 작전계획에 副하여 실행하고 그 아래 비서국·참모국·군무국·군수국·사령국의 5국을 두고 특히 사령국은 전국에 산재한 승군을 지휘하기 위하여 각도에 도대(도대장·도참모·도집사·도장서), 군에 군대(군대장·군참모·군집사·군장서), 산에 산대(산대장·산참모·산집사·산장서)를 설치할 계획이었다(『朝鮮獨立運動Ⅰ』分册, 400~402쪽).
163 『朝鮮獨立運動Ⅰ』分册, 603쪽.
164 위와 같음.
165 『朝鮮獨立運動Ⅰ』分册, 606쪽.

1920년의 비밀결사들이 군사적 성격을 강화한 것은 평안도만이 아니었다. 예컨대 황해도 봉산·서흥·재령 등지에서 조직된 임시군사주비단이나 서울의 주비단은 모두 상해 임시정부에서 제정한 '군사주비단규칙'을 근거로 조직된 비밀결사였다. 평북 태천군의 대조선국민군단 역시 임시정부가 독립전쟁을 선포한 뒤 국민개병주의에 따라 국내 국민군 편성을 목적으로 조직된 비밀결사였다. 이들 비밀결사의 활동도 농민단의 경찰서 폭파와 같은 관청 파괴, 친일밀정 암살 등의 의열 투쟁을 주된 방식으로 전환했다. 이와 같이 1920년 들어 국내 비밀결사들이 군사적 성격을 강화해 간 이유는 곧 상해 임시정부가 1920년을 '독립전쟁의 원년'으로 선포하고 독립전쟁론으로 방침을 선회한데 영향을 받은 것이었다.

　그런데 1920년 후반에 들면 국내에서는 또 다른 비밀결사운동이 전개되기 시작했다. 서북간도의 독립군 단체들 역시 자기 소속의 단원을 국내에 파견하여 상해 임시정부와는 별개로 독립자금 모집과 지단·지회를 조직하기 시작했다. 예컨대 서간도의 대한독립단은 평안도·황해도를 중심으로 무려 50여 곳에 국내 조직을 조직했는가 하면[166] 연해주 지역 결사대와 연계된 서울의 혈성단, 노령 소재 독립흥업단과 연계된 평북 후창의 독립응원회, 독립군비단과 연계된 함남 흥원의 용원청년구락부와 평남 덕천·평북 영변의 대한독립자유회, 북간도의 대한광복단의 국내 조직인 함남의 삼수·갑산의 대한광복단 분단 등 많은 비밀결사들이 임시정부와는 별개로 조직되어 활동했다. 이들 비밀결사 역시 무장투쟁이 주된 활동 방식이었다.[167] 이처럼 상해 임시정부와 서북간도 독립군단은 국내 기반을 두고 경쟁적 관계를 형성하게 되었고 이것은 임시정부가 서북간도 독립군 단체들을 실질적으로 복속시키는데 실패한 결과였다.

　3·1운동 뒤 상해 임시정부와 연계되어 왕성했던 국내 비밀결사 운동은 1920년 말에서 1921년 사이 거의 자취를 감추었다. 비밀결사 운동의 급격한 퇴조에는 무엇보다 일제의 강화된 감시와 거듭되는 탄압이 원인이었지만, 다른 한편으로는 3·1운동 뒤 점차 영향력을 확대해 간 사회주의운동의 발흥과 노동·농민 등 민중운동의 조직

---

166　大韓獨立團의 국내 활동에 대해서는 權大雄, 「大韓獨立團國內支團의 組織과 活動」『嶠南史學』5, 1990 참조.
167　윤대원, 앞의 책, 2006, 183쪽.

적 발전에 따른 것이기도 했다.[168]

　1920년을 '독립전쟁의 원년'으로 선포하여 국내외로부터 상당한 지지를 받았던 상해 임시정부는, 이런 안팎의 기대에도 불구하고 국내외 독립운동 단체를 아우르고 전체 독립운동을 지도할 수 있는 지도력과 독립노선을 정립하는데 실패하고 말았다. 그 결과 상해 임시정부는 간도와 국내에서 독립 사업을 실천할 수 있는 기반을 크게 잃게 되었을 뿐만 아니라 독립운동의 최고기관으로서의 역할도 크게 훼손되어 안팎의 도전을 받게 되었다.

---

**168** 장석흥, 앞의 논문, 1993, 273쪽.

# 제3절

# 상해 임시정부의 위축과 의열투쟁

## 1. 상해 임시정부의 위축

### 1) 국민대표회의와 정국쇄신운동

상해 임시정부는 1921년에 들면서 안으로는 내부 분열과 밖으로 지지 기반의 상실이라는 이중적 어려움에 처하면서 안팎에서 임시정부 비판과 함께 독립운동계를 새롭게 통일, 강화해야 한다는 목소리가 나오기 시작했다.

1921년 2월 상하이에서 박은식, 원세훈, 왕삼덕 등 14인은 '우리 동포에게 고함'을 통해 국민대표회 소집을 요구했다. 이들은 "최초 임시정부를 조직할 당시 소수인의 천행擅行으로 각 방면의 군의群議를 구하지 않고 신시대 신건설에 적합하지 않는 복잡한 계급과 용만冗漫한 제도를 설정한" 것을 이유로 "전 국민의 의사에 의한 통일적 강고한 정부조직"과 "독립운동의 최량 방침의 수립"을 주장했다.[169] 이들은 현재 상해 임시정부를 중심한 독립운동의 침체와 분열의 원인이 정부 수립 당시 민족 대표성의 결여와 현실과 괴리된 정부조직에 있다는 인식을 바탕으로 국민대표회 소집을 요구했다.

---

[169] 『韓國民族運動史料(中國篇)』, 276~277쪽.

베이징에서도 1921년 4월 박용만·신채호 등이 중심이 되어 군사통일회의를 개최한 뒤[170] 임시의정원과 임시정부의 불신임안을 가결하고 이것을 임시의정원에 직접 전달했다.[171] 또한 1921년 5월 6일에는 만주의 독립군단체들도 액목현에서 회의를 열고 위임통치를 청원한 이승만의 퇴진과 임시정부의 개조를 요구하는 5개항의 결의서를 채택하고 이것을 서간도 출신 의원인 윤기섭을 통해 정부에 전달했다.[172]

**군사통일주비회의 개최지**
1921년 이회영·신채호·박용만 등이 해외 독립운동 세력을 통할하는 기관의 설치 문제를 협의하기 위해 군사통일회의 주비회를 개최한 곳이다.

　상하이에서도 여운형과 임시정부를 떠난 안창호를 중심으로 1921년 5월 국민대표회 소집을 요구하는 연설회가 두 차례 열렸다. 3백~4백 명의 상하이 동포들이 참석한 가운데 열린 연설회에서 안창호는 상하이에서 임시정부를 세울 때 "서간도나 북간도나 아령이나 미령의 의사를 묻지 않았을 뿐만 아니라 하물며 각원으로 피선되는 모모 제씨에게까지도 조직 여부를 알게도 아니" 하는 등 "현존한 정부와 의정원을 절대로 인정하지만은 과거의 불충분하게 일한 것은 자인할 수밖에 없다."라고 하며 국민대표회 소집을 주장했다.[173]

　이처럼 국민대표회 소집 여론이 비등한 가운데 상하이에서는 상하이국민대표회기

---

170 베이징군사통일회의에 대해서는 윤병석, 「1920년대 독립군단과 통합운동」『國外韓人社會와 民族運動』, 一潮閣, 1995 참조.
171 『조선민족운동연감』, 1921년 5월.
172 1921년 5월 16일 만주의 액목현 회의에서 결의된 5개항은 "1.현재 西間島代議士(서간도선출 임시의정원의원-지은이)를 소개하여 임시의정원에 향하여 정부 개조의 필요를 제의케 할 것, 2. 위임통치를 청원한 사실이 확실한 이상 그 행위의 주창자에게 퇴거를 명할 일, 3. 의정원에 제출한 개조의안이 채택되지 않을 때는 현재 間西의원을 소환할 것, 4. 위 의안의 결정전에 본 기관 대표 명의로 정부를 파괴하려는 제2 단체의 참가를 불허할 일, 5. 양 방면에 대한 제의 또는 권고가 무효로 될 시는 間西는 間西 자체를 보장 자체할 일"이었다(독립운동사편찬위원회, 『독립운동사 4』, 1973, 516~517쪽).
173 「安昌浩氏의 연설」『독립신문』, 1921년 5월 21일.

임시정부와 임시의정원 신년축하식 기념사진(1921.1.1.)

성회가 조직되고 베이징, 톈진, 둥닝현 등지에서도 기성회를 조직하여 국민대표회주비위원회를 조직했다.[174] 그러나 국민대표회의는 국내외 각지에 흩어진 독립운동 단체의 대표를 상하이에 소집하고 장기간 회의를 개최하는데 필요한 경비 조달의 어려움과 함께 그해 12월 미국 워싱턴에서 열릴 예정인 태평양회의 때문에 계속 연기되었다.

기대를 걸었던 태평양회의가 아무런 성과 없이 끝나면서 1922년 4월 이후 국민대표회 소집운동이 다시 활기를 띠었다. 그러나 경비 문제는 물론 국민대표회 소집을 두고 이를 반대하는 정부옹호파와 국민대표회지지파 사이에 격렬한 논쟁과 정치적 갈등이 야기되었다.

당시 미국으로 간 대통령 이승만을 지지하며 임시정부를 장악한 이동녕, 김구, 이시영, 조완구 등 정부옹호파는 국민대표회를 불법이며 '위헌'이라고 주장하고 국민대표회 개최를 적극 반대했다. 미국에 있던 이승만도 수시로 임시정부에 공함을 보내어

---

174 「國民代表會 消息」『독립신문』, 1921년 10월 5일.

국민대표회는 단지 자신을 축출하려는 음모라고 주장하고 자신은 한성에서 13도 대표가 공식으로 선거한 대통령이기 때문에 국민대표회의에서 어떠한 결정을 하더라도 결코 그 결정을 따르지 않을 것이며[175] 정부 각원은 정부 인원을 축소하고 비용을 절감하여 정부 명의나 보존하고 선동자의 선전에 동요하지 말고 현 정부를 절대 옹호할 것을 지시했다.[176]

국민대표회주비회는 이승만과 정부옹호파의 반대 속에서도 각지 대표들이 속속 상하이에 도착하자 1922년 12월 27일 국민대표회의 예비회의를 열고 이듬해 1월 3일부터 정식회의를 열기로 결정했다.[177] 이 회의에는 국내외 지역 및 단체 135개와 158명의 대표가 참여했고 자격심사를 통해 대표로 확정된 인원은 모두 125명이었다.[178]

1923년 6월 초까지 진행된 국민대표회의는 결국 임시정부 존폐 문제를 둘러싼 개조파와 창조파의 입장을 좁히지 못하고 결렬되었다. 양파는 현존하는 임시정부의 대표성에 문제가 있다는 점에서는 문제의식을 함께 했지만 대응책을 두고는 의견을 달리했다. 개조파는 현존하는 임시정부에 인적·지역적 제한성뿐만 아니라 대표성에도 문제가 있지만 그것은 "시기의 절박함으로 그렇게 된 것"이며[179] 비록 열강의 승인을 받지는 못했지만 "5년간 내외가 공인하고 다수 국민이 추대했던 기성정부"이기[180] 때문에 그 부족한 부분을 국민대표회의를 통해 보완하자는 주장이었다. 이런 개조파에는 안창호와 여운형을 중심한 임시정부 출신, 서북간도의 독립군단체 등의 민족주의 진영 그리고 윤자영·김철수 등 상하이파 고려공산당의 사회주의진영이 참여했다.

반면에 창조파는 상해 임시정부는 3·1운동 뒤 국내외 각지에 성립된 여러 정부 가운데 하나이고 특히 임시정부가 '상하이 한 구석에 있다'는 지역적 제한성을 비판하며[181] 임시정부는 인적·지리적으로 제한된 일개 독립운동 단체에 지나지 않기 때문에

---

175 「警告同胞文」『李承晩文書 8』, 519쪽.
176 「警告同胞文」『李承晩文書 8』, 530~531쪽.
177 「國民代表會籌備會 當局者談」『독립신문』, 1922년 10월 30일.
178 김희곤, 「國民代表會와 참가단체 성격」『中國關內 韓國獨立運動團體硏究』, 지식산업사, 1995, 170쪽.
179 「安昌浩氏의 演說」『독립신문』, 1921년 5월 21일.
180 「國民代表會議記事(제34일)」『독립신문』, 1923년 3월 14일.
181 「國民代表會議에 對하야(중)」『독립신문』, 1922년 8월 12일.

현존하는 임시정부로는 분열된 독립운동계를 통일할 수 없으니 국민대표회의에서 향후 독립운동을 이끌 최고 기관을 새롭게 조직할 것을 주장했다. 이들 창조파에는 민족주의진영에서는 베이징에서 반임정 활동을 해온 박용만·신숙 등의 베이징파와 상하이파 고려공산당과 대립했던 김만겸 등의 이르쿠츠크파 고려공산당의 사회주의진영이 참여했다.

국민대표회의가 결렬되면서 상해 임시정부는 독립운동의 최고기관으로서의 위상에 회복할 수 없는 커다란 정치적 타격을 입게 되었다. 국민대표회의가 결렬된 뒤 임시정부는 재정수입이 전해에 비해 10~20%로 급감하고 정부사무도 국무총리 이하 4명만 집무할 뿐 거의 '무정부 상태'나 마찬가지였다.[182]

국민대표회의가 결렬된 뒤 상하이에 남은 개조파는 안창호 등의 서북파와 여운형 그리고 윤자영 등 상하이파 고려공산당 잔존 세력 등이었다. 임시의정원의 다수 의석을 차지한 이들은 임시의정원을 통해서 정부개조를 위한 정국쇄신운동을 벌여나갔다. 그 방침은 정국쇄신의 가장 걸림돌인 이승만의 탄핵과 임기규정이 없는 대통령제 임시헌법 개정을 통한 정부개조였다.

임시의정원의 다수를 차지한 개조파 중심의 정국쇄신파는 우선 1924년 6월 이승만이 대통령으로서 4년 동안 직무 소재지인 상하이를 비운 것을 이유로 임시대통령의 사고로 간주하고 국무총리로 하여금 그 직권을 대리하게 하는 '임시대통령 사고문제에 관한 제의안'을 발의 통과시켰다.[183] 이어 1925년 3월 열린 임시의정원에서는 먼저 구미위원부가 국무위원의 결의나 임시의정원의 동의를 거치지 않고 이승만이 자의로 세운 불법 기구임을 성명하고 구미위원부를 폐지했다.[184]

이어 정국쇄신파는 '임시대통령이승만탄핵안'을 제출, 23일 통과시켰다. 당시 탄핵안 심판위원들이 보고한 심판서의 내용은 다음과 같다.[185]

---

182 윤대원, 앞의 책, 2006, 235쪽.
183 http://db.history.go.kr/국내외항일운동문서/不逞團關係雜件-朝鮮人의 部-上海假政府(5) 假大統領의 職權問題에 關한 件(1924.8.20).
184 『韓國民族運動史料(中國篇)』, 551쪽.
185 「臨時議政院消息」『독립신문』, 1925년 3월 23일.

정무를 총람하는 국가총책임자로서 정부의 행정과 재무를 방해하고 임시헌법에 의하여 의정원의 선거를 받아 대통령이 자기 지위에 불리한 결의라 하여 의정원의 결의을 부인하고 심지어 한성조직의 계통 운운함은 대한민국임시헌법을 근본적으로 부인하는 행위랴. 이와 같이 국정을 방해하고 국헌을 부인하는 자를 하루라도 국가원수의 직에 둠은 대업의 진행을 꾀하기 불능하고 국법의 신성을 보존키 어려울뿐더러 순국제헌의 명목치 못할 바요 살아있는 충용의 소망이 아니라.

임시대통령 이승만(1920)

미국에 있던 이승만은 이런 정국쇄신파의 활동에 대해 국무원 앞으로 공함을 연일 보내어 내각의 합심단결과 경비의 최소화에 의한 임시정부의 현상유지를 지시하는 한편[186] 임시대통령유고안과 탄핵안에 대해서는 임시의정원에서 어떤 결정을 하더라도 자신은 "결코 따르지 않겠다."라는 강경한 입장을 밝혔다.[187]

이런 자신의 반발에도 탄핵안이 통과되자 1925년 4월 29일 이승만은 '대통령선포문'을 발포하여 자신은 한성정부의 대통령임을 거듭 강조하면서 임시대통령 탄핵은 상하이의 일부 인사들이 임시정부 파괴를 시도한 위법의 망령된 행동이라고 비난하고 자신은 구미위원부를 유지하여 외교선전 사업을 계속 진행하겠다고 천명했다.[188]

한편 정국쇄신의 가장 걸림돌이던 이승만이 탄핵되자 정국쇄신파는 곧바로 임시헌법 개정에 착수했다. 임시의정원에서는 1925년 3월 30일 임시헌법 개정안을 통과시켰다.[189] 개정된 임시헌법은 "그동안의 정국혼란이 대통령제의 헌법과 이승만의 독단

---

186 「李承晚→李商在(1924.8.9)」『李承晚文書 16』, 195쪽.
187 「國務院에 致하는 公牒(1924.9.3)」『李承晚文書 6』, 105~106쪽.
188 「大統領宣布文(1925.4.29)」『李承晚文書 9』, 47쪽.
189 『조선민족운동연감』, 1925년 3월 13일.

에 있었다고 판단했기 때문에"¹⁹⁰ 이를 수정하는데 주안점을 두었다. 대통령제를 폐지하고 국무령제를 채택하고 국무령의 임기도 3년으로 정했다. 그리고 임시헌법의 적용 범위를 전체 인민에서 광복운동자로 한정했다.

국민대표회의가 결렬된 뒤 개조파는 정부개조를 위해 임시헌법 개정과 이승만의 탄핵이라는 정국쇄신운동을 성공적으로 마무리했지만 분열된 독립운동계를 다시 임시정부를 중심으로 통합하는 데는 한계가 있었다. 이미 상해 임시정부의 권위가 땅에 떨어질 대로 떨어진 상태였기 때문에 이런 정국쇄신이 곧바로 분열된 독립운동계의 통일로 이어지지는 않았다.

### 2) 관내 민족유일당운동의 좌절

개조파는 국무령제의 임시헌법 개정과 이승만 임시대통령의 탄핵 등을 통해 정국쇄신을 완료했지만 극심한 인물난 때문에 당장 내각 구성의 어려움에 부딪혔다. 개조파는 정국쇄신 후 곧바로 서간도의 이상룡을 국무령으로 초대하고 서북간도의 주요 독립군단체인 정의부·참의부·신민부 인물들로 내각을 구성하여 중국 관내와 서·북간도를 통합한 임시정부를 구성하려고 했으나 당시 정의부 내부 사정으로 곧바로 이상룡이 서간도로 돌아가고 다른 국무원들 역시 취임을 거부하여 조각에 실패했다. 이처럼 임시헌법 개정 이후 5차에 걸친 조각을 단행했지만 〈표 8-3〉과 같이 홍진과 김구 국무령 시기를 제외하고는 정부 구성조차 하지 못했다.

신규식, 박은식은 이미 서거한 상태였고 안창호도 이상촌 건설을 목적으로 상하이를 떠나는 등 상하이 주변에 분열된 상하이정국을 아우를 만한 독립운동계의 대표적 인물이 없었다. 이러한 극심한 인물난은 임시정부가 해외 독립운동계로부터 외면당하던 참담한 현실을 반영한 것이었고 "어느 누구도 국민적 기반을 회복하려는 묘안이 없는 한, 또한 임정에 대한 독립운동의 역할기대를 바꾸지 않는 한 정부 구성에 성공할 수 없었다."¹⁹¹

---

190 趙東杰,「大韓民國臨時政府의 組織」『韓國史論』10, 국사편찬위원회, 1985, 73쪽.
191 趙東杰, 앞의 논문, 1985, 74쪽.

〈표 8-3〉 국무령 체제하의 정부 구성 변화

| 任·免 기간 | 국무령 | 국무원 | 비고 |
|---|---|---|---|
| 1925.7~<br>1926.2.28 | 이상룡 | 이탁 · 오동진 · 윤세복 · 동삼 · 윤세용(이상 정의부)<br>윤병용(尹秉庸) · 이유필(이상 참의부)<br>김좌진 · 현천묵 · 조성환(이상 신민부) | 국무원 취임 거부 및 국무령 사임 |
| 1926.2~ | 양기탁 | | 국무령 취임 사양 |
| 1926.5~ | 안창호 | | 국무령 취임 사양 |
| 1926.9~<br>1926.12 | 홍진 | 김응섭(먼 곳에 있어서 취임하지 못함) · 이유필(재무장)<br>조상섭(법무장) · 최창식(내무장) · 조소앙<br>*홍진은 외무장 겸임 | 홍진<br>1926.9.24 국무령 취임 |
| 1926.12~<br>1927.4 | 김구 | 이규홍(외무장) · 윤기섭(내무장) · 김철(법무장) · 오영선(군무장) · 김갑金甲(재무장) | 국무령 이하 3차 개헌 후 사임 |

※ 출처 : 『조선민족운동연감』 참조

이런 가운데 1924년 1월 중국국민당이 '연소용공'·'공농부조'의 정책을 취하고 중국공산당과 제1차 국공합작을 성사시킨 사건은 중국 관내 독립운동계에도 적지 않은 영향을 미쳤다. 이후 상하이를 중심한 중국 관내에서는 독립운동계를 대동통일하려는 노력이 일어났다. 1924년 초 안창호, 여운형 등은 "모 단체 모 당파를 가릴 것 없이 중의衆意에 부付하여 만단사리를 근본적으로 해결하여 불합리·부도덕한 것은 대대청결하고 국가와 민족의 철저한 독립사업과 사회실력을 반석과 같이 이룰" 것을 촉구하는 '대동단결취지서'를 발표했다.[192]

이를 계기로 상하이에서는 과거 독립운동에 대한 반성과 함께 개인의 명예와 욕심을 위해서가 아니라 일반 대중과 사회를 위하는 혁명의 원리에 따라 오직 민족혁명을 목적으로 대동단결하여 행동할 것이 촉구되었다.[193] 안창호, 여운형 등을 중심한 민족

---

192 http://db.history.go.kr/국내외항일운동문서/不逞團關係雜件-朝鮮人의 部-上海假政府(5) 假大統領의 職權問題에 關한 件(1924.3.15).
193 민족유일당운동의 이론적 토대가 된 민족혁명론이란 민족·사회주의 양진영이 식민지사회와 민족해방에 대한 공유된 인식의 변화를 뜻한다. 즉 일제하의 식민지사회를 단순한 이족통치가 아니라 일본 제국주의 자본의 수탈체제로 인식하고 민족운동을 완전 독립과 사회혁명을 목표로 하는 민족혁명으로 인식함으로써 민족·사회주의 양진영 모두 민족혁명 단계까지는 공동투쟁이 가능

주의진영은 물론이고 윤자영을 중심한 상하이파 고려공산당 잔존세력 그리고 1925년 국내에서 조선공산당이 창건된 후 해외 연락을 목적으로 1926년 상하이에 설치된 조선공산당 임시상하이부를 중심한 화요파 등 관내 사회주의진영이 적극 호응하면서 대독립당 즉 민족유일당건설운동이 전개되었다.

중국 관내[194]에서 민족유일당운동이 구체적으로 모색되기 시작한 때는 1926년 5월 이후였다. 이 무렵 안창호가 미국에서 상하이로 돌아온 것이 계기가 되었다. 특히 1926년 7월 16일 상하이에서 열린 국내의 6·10만세운동에 관한 연설회를 계기로 관내 민족·사회주의 양 진영은 민족유일당운동을 실천해 갈 수 있는 중요한 교감을 마련했다. 민족주의 진영이 개최한 연설회였지만 상하이 사회주의자들도 적극 참여했다. 임시상하이부 책임비서인 김단야는 연설회에서 6·10만세 운동은 "일본인의 선전과 같이 국외로부터 시작된 것이 아니고 또 적화운동도 아닌 순연한 민족적 독립운동"임을 새삼 강조했다. 안창호도 연설에서 6·10만세 운동을 "한층 유력한 것으로 만들려면 전민족의 중심이 될 통일기관이 필요"하고 이를 위해서는 내부 쟁투를 그치고 공동의 적인 일본과 싸울 준비를 해야 한다고 강조했다.[195]

이런 민족유일당운동에는 임시정부 측도 적극 참여했다. 1926년 9월 국무령 홍진은 "① 비타협적 자주독립운동을 진작함, ② 전민족대당체를 건립함, ③ 각피압박민족과 대연맹을 체결하고 기타 우의·국교를 증진함" 등 삼대강령을 시정방침으로 밝히고[196] 전 민족적 대당건설을 적극 주장했다. 또한 베이징과 우한武漢 등지에 있던 의열단에서도 이에 적극 호응해 왔다.

이리하여 1926년 10월 안창호와 베이징의 유력자인 원세훈이 만나 마침내 '대독립당조직 베이징촉성회'를 조직하고 "정대한 주의와 광명촉락光明磊落한 정신을 근거로 당적 결합"을 대당 결성을 위한 조직 방안으로 제시했다.[197] 민족유일당운동은 국민대표회의 이후 대립했던 중국 관내의 창조파, 개조파 그리고 정부옹호파를 통일하

---

함을 인식한 것이다(윤대원, 앞의 책, 2006, 321쪽).
194 중국 '關內'란 랴오둥에서 중국 내륙으로 들어가는 입구인 산하이관(山海關) 이남을 뜻한다.
195 『韓國民族運動史料(中國篇)』, 601~602쪽.
196 『조선민족운동연감』, 1926년 9월 27일.
197 朝鮮總督府 慶北警察部, 『高等警察要史』, 1934, 109~111쪽.

〈표 8-4〉 한국유일독립당 상하이촉성회 집행위원의 이념별·정파별 구성

| 이념 | 정파 | 집행위원 |
|---|---|---|
| 민족주의 | 정부옹호파 | 홍진·이동녕·조완구·윤기섭·안공근·김구 |
| | 개조파 | 조상섭·이규홍·최창식·오영선·송병조·최석순 |
| | 중도파 | 나창헌·김철·김갑·김두봉 |
| | 창조파 | 김규식 |
| 사회주의 | 화요파 | 홍남표·조봉암·황훈·강경선 |
| | 상하이파 | 정백·이민달·현정건 |

※ 출처 : 朝鮮總督府 慶北警察部, 『高等警察要史』, 1934, 105쪽.

는 독립전선의 통일운동이기도 했다.

베이징촉성회가 결성된 뒤 1927년 3월에는 상하이에서 상하이촉성회가 결성되었다. 〈표 8-4〉에서 알 수 있듯이 상하이촉성회에는 이념적으로 민족주의와 사회주의 진영이 그리고 국민대표회의 당시 분화되었던 각 정파들이 모두 참여하여 좌우합작의 집행부를 구성했다.

베이징과 상하이에서 민족유일당을 결성하기 위한 촉성회가 조직되자 뒤이어 광둥(대한독립당 광둥촉성회, 1927년 5월), 우한(한국유일독립당 우한촉성회, 1927년 7월), 난징(한국유일독립당 난징촉성회, 1927년 9월) 등지에서 활동 중이던 의열단원이 주도한 촉성회가 연이어 조직되었다.

전 민족적 대당인 민족유일당 건설은 독립운동의 최고기관이 '정부 형태'가 아니라 '당적 형태'로 전환한 것이다. 즉 소련공산당이나 중국국민당처럼 정부보다 당을 우위에 두는 '이당치국론以黨治國論'을 받아들인 것이다. 홍진이 상하이촉성회에 참여하여 국무령을 사퇴한 뒤 새로이 조직된 김구 국무령체제는 이 이당치국론을 헌법에 도입하기 위한 과도체제였다.

그리하여 1926년 11월 열린 임시의정원에서는 헌법개정에 착수하여 이듬해 3월 5일 '신임시약헌'을 공포함으로써 제3차 헌법개정을 완료했다.[198] 신임시약헌에는 "대한민국의 최고 권력은 임시의정원에 있다."(제2조)라고 규정하여 권력구조 면에서

---

[198] 『조선민족운동연감』, 1927년 3월 5일.

"정부의 위상을 약화시키고 정부에는 책임수반이 없는 국무회의제로 운영하는 이른 바 관리정부형태를 채택"했다.[199] 그리고 제2조의 단서 조항에 "광복운동자가 대단결한 정당이 완성될 때는 최고 권력은 그 당에 있는 것으로 한다."라는[200] 규정을 두어 '이당치국'을 헌법에 명시하여 민족유일당운동을 뒷받침했다.

한편, 1927년 11월 상하이에서는 베이징, 광둥, 우한, 난징의 촉성회 대표들이 모여 한국독립당 관내촉성회연합회를 결성하고 규약과 선언을 채택했다. 선언에서 "중국 관내에서 이미 성립된 5개 촉성회는 그 지리상 편의에 따라 연석회의를 열고 이 촉성운동에 합력 촉진하며 각지 촉성회의 성립에 수반하여 속히 당조직주비회를 산출하는데 일치 노력하기"로 했듯이[201] 이 연합회는 민족유일당 조직에 필요한 주비회 결성을 위한 과도적 단체였다. 연합회는 중국 관내 전민족의 역량을 총집결할 민족유일당을 건설한다는 목표 아래 '관내연합회→민족유일당 주비회 조직→민족유일당 조직'의 건설 경로을 제시했다.

그러나 1927년 장제스의 반공쿠데타에 따른 중국 혁명 정세의 급격한 변화는 출발 단계에 있던 민족유일당운동에 매우 부정적인 영향을 미쳤다. 장제스의 반공쿠데타는 상하이에도 반공분위기를 고조시켰다. 또한 반공쿠데타에 반발한 사회주의진영은 반제국주의 투쟁에 적극 가담하면서 중국 관내 민족유일당운동에도 영향을 미쳐 점차 좌우 대립을 심화시켰다. 이런 정세변화의 영향으로 관내촉성회연합회는 결성 이후 사실상 별다른 활동을 할 수 없었고 결국 1929년 11월 2일 상하이촉성회에서 해체성명서를 발표함으로써[202] 민족유일당운동은 무산되고 말았다.

민족유일당운동이 좌절된 뒤 상해 임시정부는 국무원을 임명하여 형식적으로는 무정부상태를 벗어났지만 "현재에서는 그 세력이 전혀 쇠퇴하여 단지 역사적 체면상 그 잔해만 남긴데" 지나지 않는다고[203] 스스로 평가할 정도로 침체되었다. 더구나 1930년 이후 일제가 상하이를 침략하고 주변으로부터 재정적 지원마저 거의 중단되면서

---

199 趙東杰, 앞의 논문, 1985, 75쪽.
200 朝鮮總督府 慶北警察部, 앞의 책, 1934, 93쪽.
201 『韓國民族運動史料(中國篇)』, 620쪽.
202 『韓國民族運動史料(中國篇)』, 635쪽.
203 『韓國民族運動史料(中國篇)』, 627쪽.

사실상 정부 명의마저 유지하기 어려운 상황이 되었다.

## 2. 상해 임시정부의 외곽 군사단체와 의열투쟁

### 1) 한국노병회와 병인의용대

1921년 이후 내부 분열과 파리강화회의, 워싱턴회의 등에 실망한 많은 운동가들이 임시정부를 이탈하여 임시정부는 전 민족을 망라한 독립운동자의 총본산이라는 의미를 상실했고, 일개 독립운동단체로 전락하여 극도의 위축상태에 처하게 되었다. 이러한 상황에서 상하이에서는 임시정부의 외교독립노선의 한계와 독립운동의 장기화를 깨닫고 이에 대한 장기적 대비책을 마련하려고 1922년 10월 28일 상하이에서 창립된 것이 한국노병회였다.[204]

1922년 10월 1일 상하이 프랑스조계에서 김구, 조상섭, 김인전, 이유필, 여운형, 손정도, 양기하 등 7명이 모여 독립전쟁에 필요한 군인의 양성과 전쟁 비용의 조성을 목적으로 하는 노병회의 조직을 협의했다.[205] 이때는 상하이에서 국민대표회의 개최 논의와 준비가 한창이던 시기이고 논의 주체가 주로 정부옹호파와 개조파가 중심인 점을 감안하면 아마 노병회는

한국노병회 창립 장소(현 상하이시 흥안로 24호 홍콩백화점)

---

204 김희곤, 「韓國勞兵會의 결성과 독립전쟁 준비방략」 『中國關內 韓國獨立運動團體硏究』, 지식산업사, 1995, 195쪽.
205 『朝鮮獨立運動 Ⅱ』, 298쪽.

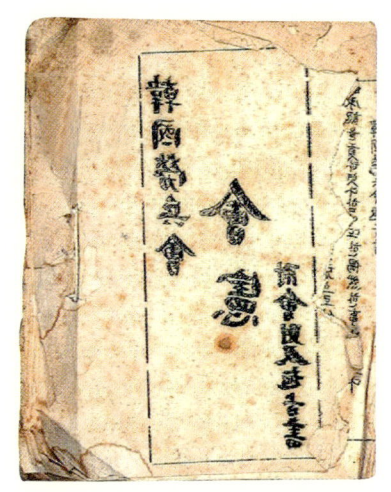
한국노병회 회헌

국민대표회의 이후 개조될 임시정부에 부족했던 독립전쟁 노선을 부분적으로 보완할 목적이었던 것이다.

한국노병회는 1922년 10월 21일 발기총회 주비회를 열고 이어 28일 창립되었다. 창립총회에서는 노병회 회헌과 회칙 및 취지서가 통과되었고 이사장에 김구, 이사에 이유필·손정도·김인전·여운형·나창헌·조상섭 등이 선출되었다.[206] 노병회는 창립 취지서에서 '정신만으로는 독립사업을 성취하기 어렵고 사업의 실제 성취에는 공구工具가 필요한데 대한독립의 공구는 무력이오, 무력의 공구는 군인과 군비'라고 전제하고 노병 양성과 전비 조성을 목적으로 한다고 밝혔다.[207] 노병회는 이런 창립 취지를 회헌會憲 제3조에 구체화했는데 그 내용은 "본회는 조국광복의 용用에 공供하기 위해 향후 10개년 이내에 1만 명 이상의 노병을 양성하고 백만 원 이상의 전비를 조성함을 목적으로 한다."라고 했다. 그리고 제4조에서는 이러한 목적이 달성되면 "이사회의 제의와 총회의 결의로써 독립전쟁을 개시한다. 단, 그 전에라도 국가에서 독립전쟁을 개시할 때는 전조의 규정에도 불구하고 이사회의 결의로써 참가 출전할 수 있다."라고 했다.[208]

이처럼 한국노병회는 10년을 장기 목표로 한 독립전쟁준비론이었다. 이것은 임시정부가 1920년을 '독립전쟁의 원년'으로 선언했지만 현실적으로 독립전쟁에 필요한 독립군 양성과 전쟁비용이 마련되지 않아 실현될 수 없었던 현실을 반영한 것이기도 했다. 특히 노병을 "독립생계를 영위하는 노공적勞工的 기술을 겸비한 군인자격자"로 규정했듯이[209] 노병회는 임시정부 스스로 군대를 양성할 재정적 능력이 없는 현실을

---

206 『朝鮮獨立運動 II』, 298쪽.
207 『韓國勞兵會會憲, 附會則及趣旨書』(독립기념관 소장)(김희곤, 앞의 책, 1995, 196쪽에서 재인용).
208 『韓國民族運動史料(中國篇)』, 417쪽.
209 『韓國民族運動史料(中國篇)』, 419쪽.

감안하여, 스스로 노동 기술을 갖고 일상적인 생계를 유지하다가 유사시 군인으로 전환하겠다는 의도였다. 그리고 전쟁 비용으로 조성할 1백만 원은 독립전쟁 시 직접 사용할 경비 즉 1만 명의 노병이 국내진공을 할 경우 필요한 비용이었다.

15세 이상의 한국인을 회원 자격으로 하는 노병회는 군사교육을 받을 수 있는 특별회원[210]과 군인이 될 수 없는 통상회원으로 구별하고 내부 조직으로는 경리·교육·노공·군사 등 4개 부서를 두었다. 이 가운데 교육부는 군사학교 관리와 군사서적 간행, 외국 군사학교에 대한 유학 알선 등 노병 양성과 관련된 일을 주로 맡았고, 노공부는 공장관리와 노공적 기술 습득 등을, 군사부는 군대 편성과 배치 등을 각각 담당하도록 했다.[211]

노병회는 창립 후 1년 단위로 정기총회를 열고 회원 모집과 전비 조성에 노력했으나 기대한 성과를 거두지 못했다. 무엇보다도 1923년 6월 국민대표회의가 결렬된 뒤 이에 실망한 많은 독립운동가들이 임시정부를 떠났기 때문이다. 더구나 상하이라는 한정된 지역적 조건에다가 이곳에 거주하는 한인의 수가 얼마 되지 않아 군사력을 확보한다는 것은 현실적으로 불가능한 일이었다. 이와 함께 입회금, 지정기부금 등을 저축하여 전비 1백만 원을 마련하는 일 역시 쉬운 일이 아니었다. 회원 모집이 절대적으로 곤란한 상황에서 이들이 제공하는 입회금 등에 의지하는 전비 마련이 쉽지 않았다. 창립 초기의 기대와는 달리 한국노병회는 점차 세력이 약화되다가 결국 1932년 10월 창립된 지 10년 만에 해산되었다.

한편, 1926년 1월 1일 상하이에서는 한국노병회를 바탕으로 비밀결사체인 병인의용대丙寅義勇隊가 조직되었다.[212] 1925년 이후 노병회의 활동이 급속히 정체되자 한국노병회 회원 가운데 일부가 한국노병회가 추진한 독립전쟁준비론에 한계를 인식하고

---

210 노병회회칙에 따르면 특별회원의 의무는 4가지로 "1. 6개월 이상의 군사교육을 받을 의무, 2. 1종 이상의 노공기술을 수득修得할 의무, 3. 본회에서 군대를 편성할 때는 그 병역에 복무할 의무, 4. 자기의 경과 상황을 총부에 통보할 의무"이다(『韓國勞兵會憲, 附會則及趣旨書』).
211 『韓國勞兵會憲, 附會則及趣旨書』(독립기념관 소장).
212 병인의용대의 모체에 대해서는 한국노병회가 아니라 1925년 6월 상하이에서 내무차장 나창헌 등이 이곳에 거주하는 동포의 생명과 재산 보호를 목적으로 결성한 정의단이라는 주장도 있다(趙凡來, 「丙寅義勇隊研究」 『한국독립운동사연구 7』, 1993).

새로운 방향전향을 모색하기 시작했고 그 결과 1926년 1월 상해 임시정부 경무국장인 나창헌羅昌憲과 국무위원인 이유필 그리고 내무부참사였던 강창제姜昌濟 등이 주도하여 병인의용대를 결성했다. 이들은 노병회의 목표 즉 '1만 명의 노병 양성과 100만 원의 전비 조성'이 현실적으로 불가능하다고 판단하고 침체된 독립운동에 활기를 불어넣을 목적으로 의열투쟁을 목적으로 하는 비밀결사를 조직했다. 병인의용대의 이런 조직 동기는 다음과 같은 창립선언서에서 잘 드러난다.[213]

> 본 대는 임시정부의 기치 하에 철혈주의로 독립운동에 예신銳身 자진自進하는 의용청년을 체맹締盟하여 적의 모든 시설을 파괴하고 적에 부수하는 모든 이적행위를 서제鋤除하기 위해 이에 선언한다. … 본대는 3·1선언의 기본 약속을 극존하여 일인일각까지 최후의 노력으로서 민족의 전위를 자임하고 사회의 기율을 엄수하여 전선의 통일을 보유하는 신성으로서 전운동의 대본영인 임시정부의 권위와 정신을 옹호 선양하여 적의 정치상 경제상 모든 시설을 파괴하고 침략정책을 주모主謀 행사하는 적리敵吏와 제국주의의 주구배인 한간韓奸을 습격 암살하는 적극 행동을 취하고……혁명은 길이 있다. 흑철黑鐵과 적혈赤血뿐이고 다시 제이 제삼이 없다. 암살 파괴는 혁명가의 무상한 무기이며 유일한 수단이다. … 그 강대한 폭력을 타도 전복시키려면 오직 암살과 파괴뿐이다.

그리고 병인의용대는 대헌隊憲을 마련하여 활동 방법, 대원 모집 및 자격 그리고 내부 조직 규정을 마련했는데 그 내용은 다음과 같다.[214]

병인의용대 대헌

제1조 본대는 병인의용대라 이름한다.
제2조 본대는 적의 모든 시설을 파괴하고 임시정부의 신성을 보장함을 목적으로 하는 비밀결사로 한다.

---

213 『韓國民族運動史料(中國篇)』, 576~577쪽.
214 『韓國民族運動史料(中國篇)』, 577쪽.

제3조 본대 대원은 연령 18세 이상의 독립운동자로서 신체가 강장强壯하고 모험적 용
능勇能한 자를 간부회의에서 허입許入한다.

제4조 본대 대원은 간부의 지도에 절대 복종하고 대의 비밀을 절대 엄수할 의무를 가
진다. 단 간부의 지도에 복종하지 않거나 또는 대의 비밀을 누설할 때는 극단한
처치를 암행暗行한다.

제5조 본대에 참모부, 사령부, 경리부를 두고 각 임무를 나누어 맡는다.

제6조 본대의 간부는 대장 1인 대부隊副 3인으로 하고 대장은 대무隊務를 관장한다.

제7조 부무部務 분장. 대원복무에 관한 규정은 간부회의에서 판정한다.

제8조 본대헌은 대한민국 8년 1월 1일부터 시행하고 필요할 시에는 간부회의의 제의
에 의해 대원 총회에서 개정한다.

병인의용대는 강대한 일제를 상대로 한 암살과 파괴 등의 의열 투쟁을 기본 수단으로 삼았고 그 목적은 전 운동의 대본영인 임시정부의 권위와 정신을 옹호 선양하는 데 있었다. 의용대 참가인원은 약 100명 정도로 일경이 파악하고 있으나 실제는 이유필, 강창제, 최병선, 이성구, 김수산, 김예진, 임득산, 장진원, 박창세 등이 주도했다. 이들은 주로 평안북도 출신이었으며 연령은 20~30대의 청년층이 중심이었다.

병인의용대는 결성 직후부터 의열 투쟁을 벌였는데 상하이 일본총영사관을 폭파하려는 공작을 세 번이나 시도했다. 제1차는 1926년 4월 8일 김광선金光善·김창근金昌根·이수봉李秀峰 등 의용대원 3명이 승용차를 타고 가면서 영사관 구내로 폭탄 2개를 투척했고,[215] 그해 4월 15일과 9월 5일에도 영사관에 폭탄투척을 시도했다. 상하이 일본총영사관을 폭파하려는 본래 목적을 이루지는 못했지만 일제를 크게 긴장시켰다.

이밖에도 1926년 2월에는 최병선崔炳善 등 의용대원 4명이 일제의 밀정인 박제건을 처단하는가 하면[216] 6월에는 여운형·나창헌 등이 국내 운동세력과 연계하여 순종의 인산일에 맞추어 대규모 국내 의거를 추진할 목적으로 고준택高俊澤·김석룡金碩龍·이영선李英善·김광선 대원 4명에게 폭탄과 격문을 주고 중국 상선을 통해 국내로

---

215 朝鮮總督府 慶北警察部, 앞의 책, 1934, 104쪽.
216 『韓國民族運動史料(中國篇)』, 577~578쪽.

몰래 파견했으나 일제의 수상경찰에게 검거되어 목적을 이루지 못했다.[217]

이와 같이 주로 상하이를 중심으로 임시정부의 권위를 옹호하며 의열 투쟁을 벌였던 병인의용대는 1933년 말경에 이르러 한국독립당 등에 흡수되면서 자연스레 해산되었다.

### 2) 한인애국단과 윤봉길의거

1930년 자본주의의 전반적 위기가 도래하는 공황단계에서 일제는 공황타개를 위해 대륙침략을 기획하고 마침내 1931년 만주사변을 일으켰다. 이 사건은 당시 침체를 벗어나지 못하고 있던 임시정부 측에 국면 타개를 위한 하나의 계기를 마련해 주었다.

민족유일당운동이 결렬된 뒤 침체에 빠져있던 1930년 1월, 안창호·이동녕·안공근·조완구 등은 임시정부의 활로를 모색하기 위한 방안으로 임시정부의 여당인 한국독립당을 결성했다. 한국독립당은 당강에서 "엄밀한 조직 하에 민중적 반항과 무력적 파괴를 적극적으로 진행할 것"을 천명했는데 여기서 무력적 파괴는 대체로 테러활동과 파괴공작이었다.[218]

일제가 한국과 중국인을 이간질 시킬 목적으로 조작한 만보산사건으로 중국인의 한국인에 대한 감정이 점차 나빠졌고 이어 1931년 9월 만주사변은 이것을 더욱 악화시켰다. 중국인들은 이런 일제의 침략이 한국인들 때문이라고 믿었기 때문이다. 일제의 중국 침략으로 높아진 중국인들의 반일 분위기와 일제에 의해 조작된 한중간의 갈등을 일변하여 임시정부의 침체된 국면을 벗어나려면 새로운 타개책이 필요했다. 그리하여 임시정부에서는 특무공작을 통하여 임시정부와 독립운동의 활성화를 꾀하기로 하고 그 전권을 김구에게 일임했다. 김구는 당시 사정을 이렇게 회고했다.[219]

---

217 독립운동사편찬위원회, 『독립운동사 7』, 610~612쪽.
218 노경채, 『한국독립당연구』, 신서원, 1996, 288쪽.
219 김구, 『백범일지』(도진순 주해), 돌베개, 1997, 326~327쪽.

> 1년 전부터 우리 임시정부에서는 운동이 매우 침체한 즉, 군사공작을 못한다면 테러공작이라도 하는 것이 절대 필요하게 되었다. 그런데 왜놈이 두 민족의 감정을 악화시키려고 이른바 만보산사건을 날조하여 조선과 중국에서 대학살이 일어나게 되었다.……
> 상하이의 길거리에서도 중·한 노동자들 간에 종종 충돌이 일어나던 때, 나는 정부 국무회의에서 한인애국단을 조직하여 암살·파괴 등의 공작을 실행하게 되었다. 공작에 사용되는 돈과 인물의 출처에 대해서는 일체의 전권을 위임받았고, 다만 성공·실패의 결과는 보고하라는 특권을 얻었다.

이렇게 하여 비밀결사 한인애국단이 결성되었다.[220] 창설 당시 조직원은 약 80여 명으로 안공근·엄항섭·안경근·손창도·백구파·김의한·김현구·김홍일·손두환·이덕주·유상근·이수봉·최흥식 등이 주요 단원이었고, 조직의 비밀 유지를 위해 단장과 특무공작원이 직결되는 체제였다.[221]

이런 한인애국단의 조직적 성격은 '한인애국단의 선언'에서 잘 드러난다. 즉 "우리가 허다한 희생을 돌아보지 않고 끝끝내 폭렬한 행동으로 대항하는 것은 우리 손에는 아무런 무기가 없고 사선을 쫓겨난 우리 한국 사람인지라. 이 길을 버리고는 또 다른 길이 없는 까닭이라. 그러므로 한국의 독립이 성공되지 못하는 날까지는 이런 폭렬한 행동은 절대로 없어지지 않을 것"이라고[222] 하여 한국인의 테러와 폭력은 민족 독립을 위한 피치 못할 결과물이며 이후 본격적인 테러 활동이 전개될 것임을 선언했다.

한인애국단을 결성한 김구는 곧바로 의열 투쟁을 벌였다. 1931년 10월 만철총재 우치다内田康哉가 난징을 방문한다는 정보를 입수하고 그를 암살할 목적으로 단원 수 명을 난징에 파견했다. 만철총재는 3·1운동 전후 일본의 외무상을 지낸 자로서 한국인의 원한의 대상이었는데 불행히도 그의 여행이 중지되어 암살계획은 뜻을 이루지

---

220 김창수는 한인애국단의 결성 일시에 대해 대체로 이봉창이 김구와 여러 차례 밀회한 1931년 11월경으로 추정하고 있다(김창수, 「한인애국단의 성립과 활동」 『한국독립운동사연구』 2, 1988, 443쪽).
221 『韓國民族運動史料(中國篇)』, 826쪽.
222 엄항섭, 『屠倭實記』, 국제문화협회, 1946, 65~67쪽.

①이봉창 의사 ②이봉창 의사 생가터 ③선서문 ④이봉창 묘(효창공원)

못했다.[223] 이어 애국단원 이봉창李奉昌은 1932년 1월 8일 일본 육군시관병식陸軍始觀兵式을 끝내고 돌아오던 일본 왕을 향하여 사쿠라다문櫻田門 밖에서 폭탄을 투척했다. 비록 일본 왕을 폭살시키지는 못했지만 마차의 일부 등을 손상시키는 등 일제의 간담을 서늘하게 한 의거였다.

그리고 김구는 일제가 4월 29일 일본 왕의 생일인 천장절을 맞아 상하이에서 성대하게 전승기념식을 거행한다는 소식을 듣고 이것을 기회로 거사하기로 하고 치밀하

---

[223] 『韓國獨立運動史資料 －臨政篇2－』, 257쪽.

게 준비했다. 이 거사는 자신을 찾아와 한국독립운동을 숙의했던 윤봉길이 맡도록 했다. 김구는 이때를 다음과 같이 회고했다.[224]

> "제가 채소바구니를 등 뒤에 메고 날마다 훙커우 방면으로 다니는 것은 큰 뜻을 품고 천신만고 끝에 상하이에 온 목적을 달성하기 위해서입니다. 그런데 중일전쟁도 중국에서 굴욕적으로 정전협정이 성립되는 형세인 즉, 아무리 생각해 보아도 마땅히 죽을 자리를 구할 수 없습니다. 그렇지만 선생님께서는 도쿄사건과 같은 경륜이 계실 줄 믿습니다. 저를 믿으시고 지도하여 주시면 은혜는 죽어도 잊지 못할 것입니다."
>
> "내가 요사이 연구하는 바가 있으나 마땅히 사람을 구하지 못해 번민하던 참이었고, 전쟁 중에 연구·실행코자 한 일이 있었으나 준비 부족으로 실패했소. 그런데 지금 신문을 보니 왜놈이 전쟁에 이긴 위세를 업고, 4월 29일에 훙커우 공원에서 이른바 천황의 천장절 경축식을 성대하게 거행하며 군사적 위세를 크게 과시할 모양이오. 그러니 군은 일생의 대목적을 이날에 달성해 봄이 어떠하오?"
>
> "이에 윤군은 쾌히 응낙하며 말하기를, 저는 이제부터 가슴에 한 점 번민이 없어지고 마음이 편안해집니다. 준비해 주십시오."

1932년 4월 26일 윤봉길은 상하이거류민단 사무실에서 "나는 적성赤誠으로써 조국의 독립과 자유를 회복하기 위하여 한인애국단의 일원이 되어 중국을 침략하는 적의 장교를 도륙하기로 맹서하나이다."라는[225] 한인애국단 선서식을 거행하고 한인애국단에 정식으로 입단했다.

마침내 오랫동안 계획하고 준비했던 거사일인 4월 29일, 윤봉길은 김구가 준비한 물통폭탄을 메고 일제 군경의 삼엄한 경계를 피해 훙커우 공원의 기념식장에 입장했다. 식이 시작되면서 전면 중앙의 사열대를 향해 접근해 간 윤봉길은 11시 40분경 일본국가가 막 끝날 무렵 비가 쏟아져 군중이 비를 피해 흩어지는 틈을 타서 단상을 향

---

224 김구, 앞의 책(도진순 주해), 1997, 331~332쪽.
225 『韓國民族運動史料(中國篇)』, 720쪽.

①윤봉길 호외 ②윤봉길 기념관(상하이) ③윤봉길 의거현장(상하이) ④윤봉길 묘(효창공원)

해 물통폭탄을 던졌다.[226] 천지를 진동하는 폭음과 함께 식장은 순식간에 아수라장으로 변했다. 윤봉길은 체포되었지만 기세당당하던 일본거류민단장은 즉사, 상하이파견군사령관 시라카와 요시노리白川義則는 중상 후 사망 등 일본군 장교와 상하이총영사 등 수명이 사상당하거나 중상을 입었다.[227]

체포된 윤봉길은 1932년 5월 25일 상하이파견군 군법회의에서 사형 판결을 받고 11월 18일 상하이에서 오사카大阪로 호송되어 형무소에 구금되었다가 1932년 12월

---

226 『韓國民族運動史料(中國篇)』, 704쪽.
227 『朝鮮獨立運動Ⅱ』, 507쪽.

19일 카나자와金澤 육군형무소에서 사형이 집행됨으로써 25세의 짧은 생애를 마감했다.[228]

한인애국단의 의열 투쟁은 윤봉길의거 이후에도 계속되었다. 1932년 5월 최흥식崔興植·유상근柳相根은 국제연맹이 만주사변의 진상을 조사하려고 조사단을 파견한 기회를 이용하여 일제 원흉들을 제거할 계획을 세우고 준비를 했으나 의거를 실행하기도 전에 계획이 발각되어 실패했다.

윤봉길의거를 비롯한 한인애국단의 일련의 의열 투쟁은 만주사변과 상하이침략으로 높아진 중국인의 반일분위기에 크게 영향을 미쳐 이후 한중항일연대에 크게 기여했다. 그러나

김구와 윤봉길

윤봉길의거 이후 일제는 임시정부 요인 일제 검거를 단행, 안창호가 체포되는 등 임시정부 역시 큰 피해를 입고 정부소재지를 항저우로 옮겨야 했다.

김구는 그동안 한인애국단의 의열 투쟁에 한계가 있고 이를 극복하려면 군관을 양성하는 일이 무엇보다 시급하다는 것을 깨달았다. 이런 와중에 김구는 장제스를 만나 회담한 결과 특무공작을 통한 암살·파괴공작보다 군관을 양성하여 장래의 독립전쟁을 대비하는 것이 첩경이라고 판단했다. 그리하여 김구는 중국 뤄양군관학교 분교를 한국청년의 군관양성소로 하여 베이징·톈진·상하이 등지에서 100여 명의 청년을 모집하고, 만주에서 활동하던 한국독립군의 이청천·이범석 등을 교관으로 초빙하여 훈련을 시켰다. 그러나 이 일은 곧 일본영사의 항의로 군관양성소가 폐교되고 말았다. 이후 김구는 한인청년 일부를 난징중국군관학교에 입학시키고 그 가운데 80여 명을 선발하여 '한국특무대독립군'을 조직했다. 이 조직은 한인애국단을 확대발전시킨 것이나 마찬가지였다. 한인애국단은 1942년 해체되어 한국독립당에 합류했다.

---

228 『朝鮮獨立運動 Ⅱ』, 497쪽.

# 제9장

## 중경 대한민국임시정부와 한국광복군

제1절 임시정부의 고난과 군사정책
제2절 중경 대한민국임시정부와 군사정책
제3절 한국광복군의 창설과 활동

# 제1절

# 임시정부의 고난과 군사정책

## 1. 임시정부의 재건과 군사정책

### 1) 독립운동정당 통일운동과 임시정부

1930년을 전후하여 중국 관내에서는 이념과 노선을 같이하는 독립운동가들이 제각기 독립운동정당을 결성했다.[1] 이때 독립운동정당으로 한국독립당(이하 한독당)을 비롯하여 한국광복동지회, 조선혁명당[2], 한국혁명당[3] 등이 결성되었다.[4] 무정부주의 단체였던 의열단도 1928년 10월 발표한 제3차 전국대표대회선언을 통해 민주국가의

---

1 盧景彩, 『韓國獨立黨硏究』, 신서원, 1996, 43쪽.
2 조선혁명당은 남만주 한인사회를 기반으로 민주공화국의 건설과 민주집권제의 채택, 토지의 국유화 및 농민분배, 대규모 생산기관의 국유화 등을 지향하였다. 그러나 만주사변 이후 독립군 활동의 환경이 나빠지면서 양기탁·최동오 등은 관내지역으로 전략적 후퇴를 하였고, 양세봉 등 조선혁명군의 소장층은 그곳에 남아 한중연합을 통한 무장투쟁을 이어갔다(黃龍國, 「'朝鮮革命軍' 역사에 대하여」, 『國史館論叢』 15, 국사편찬위원회, 1990 참조).
3 한국혁명당은 원래 한국독립당 소속이었던 윤기섭·신익희 등이 1932년 초 난징에서 '사상의 정화', '독립운동 진영의 단결'을 표방하며 조직하였으나 세력이 미미하였고 만주에서 관내로 이동해 온 재만 한국독립당과 1934년 2월 합당하여 신한독립당을 창당했다.
4 독립운동정당은 항일운동뿐만 아니라 앞으로 수립될 민족국가에 대한 전망과 일정한 정강·정책을 갖춘 점에서 항일운동만을 목표로 하는 독립운동 단체와는 구별되는 것으로 보았다(盧景彩, 「日帝下 獨立運動政黨의 性格」, 『韓國史研究』 47, 1984, 127쪽).

건설, 평등한 경제조직의 건립, 지방자치제의 실시, 대지주의 토지몰수, 대생산 기관의 국영화 등 자신들의 정치이념을 구체화한 20개 조항의 강령을 채택함으로써 독립운동정당의 성격을 띠게 되었다.[5]

1931년 9월 만주사변을 계기로 높아진 중국 내의 반일기운은

한국대일전선통일동맹의 결성을 협의한 장소(상하이)

한국 독립운동에도 크게 영향을 미쳐 반일한중연합의 가능성과 함께 이를 위한 관내 항일단체의 통일이 요구되었다. 이에 따라 1932년 1월 한독당, 한국광복동지회, 조선혁명당, 한국혁명당, 의열단 등이 한국대일전선통일동맹(이하 통일동맹)을 결성했다. 통일동맹은 단체 중심의 연합형태를 표방한 협의체 형식이었기 때문에[6] 조직적인 측면에서 가맹 각 단체의 연락기관의 성질에 불과하여 실제 활동에 한계가 있었다.

그리하여 통일동맹은 1934년 3월 난징에서 5개 정당 대표 12명이 참가한 제2차 대표대회 및 한국혁명 각 단체 대표대회를 열고 통일동맹의 조직적 한계를 극복하려고 중앙집권적인 통일정당을 결성하기로 했다.[7] 그런데 중앙집권적인 통일정당은 당연히 관내 민족운동의 최고기관이 될 것이기 때문에 조직 성격상 임시정부와 충돌하지 않을 수 없었다. 때문에 회의에서는 '임시정부 해소론'이 다시 제기되었다. 이 문제에 대해 한독당에서는 찬반양론이 대립했으나 의열단 등 난징에 있는 각 혁명단체에서는 찬동자가 많았다. 결국 임시정부 해소문제는 합의를 보지 못한 채 신당 결성을 위한 혁명단체 대표회의 참가를 결의하는 것으로 회의를 끝맺었다.[8]

이 문제는 임시정부의 여당인 한독당의 제7차 대회에서 크게 쟁점이 되었다. 1935

---

5 강만길, 『조선민족혁명당과 통일전선』, 和平社, 1991, 30~46쪽.
6 김희곤 외, 『대한민국임시정부의 좌우합작』, 한울, 1995, 231쪽.
7 金正明, 『朝鮮獨立運動Ⅱ』, 原書房, 東京, 1967, 514쪽(이하 『朝鮮獨立運動Ⅱ』).
8 朝鮮總督府 警務局 保安課, 『高等警察報 5』, 1935, 80쪽(이하 『高等警察報 5』).

년 2월 15~17일에 열린 당 대회에서 통일동맹 대표회의에 한독당의 대표로 참여했던 김두봉金枓奉은 임정해소 문제에 대해 "동(통일동맹-인용자) 집행위원회의 대부분의 의사는 정부의 해소와 대동단결조직이었으나 지장이 될 임정문제는 혁명단체 대표자회의에서는 일체 토론하지 않고 신조직이 성립된 후 제1기 집행위원회에서 임정을 해소하지도 않고 지지하지도 않고 다만 사무를 정지하는 것으로 결정하는 것이 가장 양책良策이라는데 일치"했다고 보고했다.[9] 이렇게 임시정부 해소문제를 유보한 것은 관내 민족주의 우파의 총 집결체이자 임시정부의 여당인 한독당을 제외하고는 완전하고 강력한 단일당을 결성하는데 한계가 있었기 때문이다.[10]

항저우杭州에서 열린 한독당 제7차 대회에서는 '임정과 임시의정원의 해체 및 신당 참여안'과 '한국독립당 및 신당의 임정지지안'으로 양분되었다.[11] 결국 대회에서는 '임정지지', '한국독립당 해체 불가', '신당불참여'를 결의하고 통일동맹 대표 불파견 방침과 함께 단일당 결성은 시기상조라고 결의했다.[12]

한독당이 신당 참여 거부와 대표 불파견 방침을 결정하자 통일동맹은 각 가맹단체별로 의견 수렴을 계속하는 한편, 1935년 2월 26일 열기로 한 제3차 대표대회를 6월 20일로 연기했다.[13] 이것은 순전히 한독당을 끌어들이기 위한 조처였다. 통일동맹은 김두봉을 통해 한독당의 당론 변경을 유도했고 그 결과 한독당은 5월 25일 항저우에서 임시 대표대회를 소집, 제7차 대회 결정을 번복하고 각 혁명단체 대표대회 참여를 결의했다. 그리하여 최석순崔錫淳, 양기탁, 조소앙趙素昻을 정대표, 김두봉, 박창세朴昌世, 이광제李光濟를 부대표로 선임했다. 반면에 신당 참여를 완강히 반대한 송병조, 조완구, 차리석車利錫 등은 한독당을 탈당했다.[14]

---

9 社會問題資料硏究所, 『思想情勢視察報告集 2』, 東洋文化社 東京, 1976, 54쪽(이하 『思想情勢視察報告集 2』).
10 『高等警察報 5』, 81쪽.
11 한국독립당 내에 대동단결의 반대파는 송병조, 조소앙, 박창세, 김붕준, 조완구, 차이석 등이었고, 중립파는 양기탁, 김사집, 박경순, 이세창, 현일민, 김홍서 등이었고, 찬성파는 김두봉, 강창제, 유진동, 구익균 등이었다(『思想情勢視察報告集 2』, 32쪽).
12 高等法院檢事局思想部, 『思想彙報』 제5호, 1935년 12월, 88쪽(이하 『思想彙報』).
13 『朝鮮獨立運動Ⅱ』, 537쪽.
14 『思想情勢視察報告集 2』, 32쪽.

이에 따라 통일동맹은 1935년 6월 20일 난징에서 혁명단체 대표대회를 열어 기존 정당·단체를 해소하고 단일당 결성을 결의했고 그 결과 7월 5일 조선민족혁명당(이하 민혁당)이 결성되었다.[15] 이로써 임시정부가 상하이를 떠나 항저우에 임시판공처를 설치하여 활동하는 사이 관내 독립운동 진영은 민혁당과 임시정부로 양분되었다.

항저우 시기 한국독립당 사무소 자리(독립기념관)

1932년 윤봉길의거 이후 항저우에서 국무위원회를 열기로 한 약속에 따라 각지로 흩어졌던 임시정부 요인들이 항저우에 모여들었다. 군무장 김철金澈은 5월 10일 항저우에 가서 임시정부 판공처를 개설했고, 이어서 상하이의 미국인 목사 피치George A. Fitch의 집에 은신해 있던 김구도 항저우로 왔다. 뒤이어 이동녕, 조완구, 이시영 등이 와서 국무회의를 개최했다.[16] 회의에서는 윤봉길의거 이후 중국인들이 제공한 자금문제로 격렬한 논쟁이 벌어졌고 급기야 김구는 재무장을 사임하는 사태로 발전했다.[17] 더구나 1933년 1월 열린 한독당 당 대회에서 김구는 예외적으로 이사 지위를 인정하는 대신 김구 계열인 박찬익, 안공근, 엄항섭嚴恒燮 등을 이사직에서 해임하자[18] 김구는 한독당과도 거리를 두면서 사실상 임시정부와 결별했다. 이후 김구는 중국 국민당정부의 재정 지원을 받아 관내에서 자신의 독자적인 세력기반을 확대해 간 반면 임시정부는 김구 계열의 이탈로 내각 구성조차 어려운 상황에 처하게 되었다. 다음 〈표 9-1〉은 항저우시기 임시정부

---

15 金榮範, 『한국근대민족운동과 의열단』, 창작과 비평사, 1997, 365~369쪽 참조.
16 국회도서관, 『韓國民族運動史料(中國篇)』, 1976, 742쪽(이하 『韓國民族運動史料(中國篇)』).
17 일제가 파악한 정보에 따르면 이날 국무회의에 앞서 윤봉길의거 직후 중국 측에서 임시정부에 지원한 5,000弗을 김구가 착복했다는 보고가 김철과 조소앙에게 전달되었고, 반면 김구 측에서도 김철과 조소앙이 상하이 시상회에서 윤봉길과 안창호의 유족에게 전달해 달라고 지급한 조위금 7,000弗을 횡령했다고 하여 양측이 격렬한 논쟁을 벌였다고 한다(『朝鮮獨立運動 II』, 499쪽).
18 『韓國民族運動史料(中國篇)』, 768~769쪽.

내각의 변동 상황을 표로 구성한 것이다.

<표 9-1> 항저우시기 임시정부 내각의 변동상황

| 기간 | 국무위원 변동사항(임면일) | | | | | | | | 비고 |
|---|---|---|---|---|---|---|---|---|---|
| | 주석 | 외무장 | 법무장 | 재무장 | 군무장 | 내무장 | 비서장 | 무임소 | |
| 32.5~ | | 조소앙 | 이동녕 | 김철 | 김구 | 조완구 | | | 전원 사면청원 |
| 32.11 | 이동녕, 김구, 이유필, 조성환, 차이석, 윤기섭, 신익희, 최동오 | | | | | | | | (무효) |
| 33.3~ | 송병조 (6.21) | 신익희 (3.22) ↓ 김규식 (6.21) | 이동녕 (3.22) ↓ 최동오 (6.21) | 송병조 (3.22) | 윤기섭 (3.22) | 차리석 (3.22) | | 조성환 이유필 (해임) 이승만 | * 국무위원 11명으로 증원<br>* 김구·이동녕 해임<br>* 조완구·조소앙·김철 사면수리 |
| 34.1~ | 양기탁 | 김규식 | 최동오 | 송병조 | 윤기섭 | 조소앙 | | 김철 조성환 성주식 | 국무위원 9명으로 환원 |

※ 출처: 『朝鮮民族運動史料(中國篇)』, 777·802~805쪽, 『韓國獨立運動史資料 1』(국사편찬위원회), 1973, 55~56쪽, 『梨花莊所藏 雩南李承晚文書(東文篇) 8』(중앙일보·연세대학교 현대한국학연구소), 1998, 252쪽.

위의 <표 9-1>에서 알 수 있듯이 임시정부는 항저우로 온 이후 내각 구성에 우여곡절을 겪다가 1933년 3월 이후 통일동맹에 참여하고 있던 한국광복동지회, 조선혁명당, 한국혁명당 등과 연합하여 겨우 내각을 구성할 수 있었다. 임시정부는 비록 연합내각을 갖췄지만 관내 최대 세력인 김구 계열과 김원봉의 의열단 계열이 참여하지 않음으로써 불안한 위상을 면치 못했다. 1935년 2월 통일동맹 제2차 대표회의에서 신당 건설과 함께 '임시정부 해소론'이 나온 것도 이러한 임시정부의 위상을 반영한 것이었다.

## 2) 한국국민당의 창당과 임시정부의 재건

조소앙

1935년 7월 민혁당이 창당되면서 임시정부에 참여했던 양기탁, 최동오, 이청천, 김규식, 조소앙 등이 국무위원직을 사임하고 민혁당에 참가함으로써 7명의 국무위원 가운데 송병조, 차리석 2명만 남게 되어 임시정부는 큰 위기에 빠지게 되었다. 반면 민혁당의 창당에 반발한 김구는 임시정부 복귀 의사를 밝히고 자파 세력의 규합에 적극 나섰다. 그는 1935년 5월 19일 임시의정원에 서한을 보내 "한족韓族의 피를 가지고 국토·국권을 광복하려는 한인은 거개 임정을 성심 추대할 의무가 있다."라고 주장하고 단일당 결성을 찬성하는 한국독립당 인사들을 "낡은 신발을 벗어 버리고 반역을 도모하는" 자라고 강력히 비난했다.[19]

임시정부 지지를 고집한 송병조는 1935년 7월 한국독립당 해체 선언에 앞서 한국독립당 광동지부장 김붕준金朋濬 등과 손을 잡고 민혁당의 주도권 문제를 두고 불만을 품고 있던 조소앙 일파의 탈퇴를 조장하는 한편 김구 계열과 제휴에 노력했다. 조소앙 등 민혁당에 참가한 한국독립당 계열은 김원봉 등 의열단계의 태도에 불만을 품고 1935년 9월 민혁당을 탈당, 한국독립당 재건을 선언하고 송병조와 함께 임시정부 재건에 참가했다.[20]

이리하여 반민혁당 세력인 임시정부 재건 세력은 1935년 10월 항저우와 자싱嘉興에서 임시의정원 회의를 열었다. 그러나 회의에서 조소앙이 김구 계열의 임시정부 참여에 반대하자 송병조는 조소앙 계열을 제외한 채 김구 계열과 제휴하여 임시정부를 재건하고[21] 김구·이동녕·조완구·조성환曺成煥 등을 국무위원으로 보선하여 내각을

---

19 독립운동사편찬위원회, 『독립운동사 4』, 1972, 649~650쪽(이하 『독립운동사 4』).
20 『思想情勢視察報告集 2』, 44~45쪽. 이때 재건된 한국독립당은 민혁당 창당 과정에서 해소된 한국독립당과 구별키 위해 '재건' 한국독립당이라 불렸다.
21 『思想情勢視察報告集 2』, 42쪽.

**임시정부의 이동경로**

새롭게 구성했다.[22]

김구는 임시정부를 재건한 뒤인 1935년 11월 초순 송병조와 협의하여 항저우에서 한국국민당을 창당했다. 김구는 "지금은 조소앙이 한독당 재건설을 추진하니 내가 단체를 조직하여도 통일의 파괴자가 아니며, 임시정부가 종종 위험을 당하는 것은 튼튼한 배경이 없었기 때문인데 이제 임시정부를 옹호하는 단체가 필요하다."라고 판단했다고 하며[23] 한국국민당이 임시정부의 여당임을 분명히 했다.

한국국민당은 이사장제도를 채택하여 이사장에 김구, 이사에는 이동녕, 송병조, 조완구, 김붕준, 안공근, 엄항섭 등이 선임되었다.[24] 그리고 산하 조직으로 한국국민당청년당과 한국청년전위단을 두었다. 이들 조직은 주로 김구가 특무 활동을 목적으로 중국군관학교 등지에서 교육·훈련을 시킨 청년들로 구성되어 김구의 사조직적 성격을 띠었다.[25] 김구는 이들을 통해 당권은 물론 임시정부의 주도권을 장악할 수 있었다. 김구를 중심으로 새롭게 내각을 정비한 임시정부는 1936년 11월 25일 '포고문'을 통해 "조국광복만을 유일한 목표로 하고 임시정부를 중심으로 하여 이루어지는 그 통일이 우리가 기대하는 통일이니" "각 단체는 단체적으로 각 개인은 개인적으로 계획과

---

22 국사편찬위원회, 『韓國獨立運動史資料 1』, 1973, 73쪽(이하 『韓國獨立運動史資料 1』).
23 김구, 『백범일지』(도진순 주해), 돌베개, 1997, 359쪽(이하 『백범일지』).
24 『思想情勢視察報告集 2』, 273쪽.
25 한상도, 「한국국민당의 운동노선과 민족문제」『한국독립운동과 국제환경』, 한울, 2000, 32쪽.

역량을 임시정부에 제공 집중"할 것을 촉구했다.[26]

1937년 7월 중일전쟁이 발발하면서 한국국민당과 민혁당으로 양분된 관내 민족운동은 일제의 중국 침략에 맞선 항일역량의 총결집을 요구받았다. 또한 중일전쟁의 발발은 중국 자체의 항일전선에도 변화를 가져왔다. 그동안 대일항전보다는 중국공산당과의 내전에 치중했던 국민당정부 역시 대일항전을 우선하는 제2차 국공합작을 단행했다. 이에 따라 반일한중합작의 필요성과 함께 관내 민족운동의 통일도 요구되었다.

조성환 어록비(독립기념관)
"큰 지혜는 어리석음과 같고
큰 용기는 무서워함과 비슷하다."

이런 정세 변화에 따라 관내 좌우 진영은 우선 각 진영의 통일에 노력했다. 그 결과 한국국민당은 1937년 8월 '재건' 한국독립당, 조선혁명당, 한인애국단, 미주의 대한인국민회 등 9개 단체와 함께 한국광복운동단체연합(이하 광복진선)을 결성했다. 이에 대응하여 민혁당도 12월 초 무정부주의계열 단체인 조선민족해방동맹,[27] 조선혁명자동맹[28]과 연합하여 우한에서 조선민족전선연맹(이하 민족전선)을 창립했다. 이렇게 관

---

26 『韓國獨立運動史資料 2』, 123~124쪽.
27 1936년 민혁당에 참여하지 않은 관내 좌익인 김성숙, 박건웅, 김산 등이 결성한 조직으로 '공산주의운동 단체'를 표방했지만 국제공산당이나 중국공산당의 지시에 따르지 않았다. 이들이 조선민족해방동맹을 결성한 것은 1929년 이래 일국공산주의에 따라 중국에서 활동하던 한국인 공산주의자들이 중국공산당원이 되는 것에 반대해서였다. 또한 이들은 계급투쟁이나 폭력혁명을 반대하고 대신 국내의 절대 다수인 무산대중의 노예 상태 해방을 우선한 '민족적' 공산주의운동을 지향했다.
28 중일전쟁 발발 직후 관내에 활동하던 아나키즘세력인 남화한인청년연맹의 후신으로 조직되었다. 주요 활동인물은 유자명·정화암·나월환·이하유 등의 청년들로 자유에 열정적이고 낭만적인 인생관과 모험적인 성격의 소유자였다. 이들은 자유원리에 기초한 조직, 사유재산제도 부정, 절대 자유·평등의 신사회 건설 등을 지향하며 어떠한 독재에도 반대하였으나 정부와 국가의 존재 현실을 부정하지는 않았다. 1939년 11월 충칭에서 독자적 군사조직으로 한국청년전지공작대를 조직했다.

내 민족운동이 좌우 양 진영으로 분리, 대립하자 이들 두 진영을 지원하던 중국 국민당정부는 좌우통합을 강력히 종용했다.

그리하여 1939년 5월 김구와 김원봉이 만나 양진영의 통일 원칙을 합의하고 통일을 촉구하는 '동지동포 제군에게 보내는 공개통신'을 발표했다. 두 사람은 공개통신에서 "현단계 전민족적 이익과 공동적 요구에 의한 강령 아래" 조직될 통일기구는 "각 단체의 분립적 활동을 정지하고 공동적 강령과 통일적 조직 아래 주의와 당파를 초월한" 단일당이 될 것이라고 선언했다.[29] 이어 그해 8월 좌우 양진영은 한국혁명운동통일 7단체회의(이하 7당회의)를 열고 통일을 모색했으나 통일기구의 조직방법과 임시정부 문제로 1차 결렬되었다. 개별가입에 의한 단일당 결성에 반대한 조선민족해방동맹과 조선청년전위동맹이 퇴장한 뒤 '5당회의'를 이어갔으나 역시 임정 문제, 토지국유화 문제 등으로 의견이 갈려 이마저 결렬되었다. 이 두 차례 회의에서 논의된 광복진선과 민족전선 양측의 주장을 정리하면 〈표 9-2〉와 같다.

〈표 9-2〉 단일당 결성에 대한 광복전선과 민족전선의 입장

| 구분 | | 광복진선 | 민족전선 |
|---|---|---|---|
| 당무방면 | 당 의 | 삼균주의-정치·경제·교육 균등 | 경제·정치 균등 |
| | 조 직 | 상무위원제 | 위원장제 |
| | 당원자격 | 평소 어떤 정치적 신조를 가졌던 사람을 막론하고 새로 구성되는 통일전선당의 당의·당강·당규에 복종하는 사람은 모두 입당한다. | 좌동 |
| 정책방면 | 조 직 | 임시정부가 최고의 권력기관 / 군사·외교는 정부에서 처리 | 신당(新黨)이 최고 권력기관 |
| | 정 책 | 혁명이 성공한 이후 토지국유화 | 토지국유화 반대 |
| | 구 호 | 일본을 '구적(仇敵) 일본'으로 칭한다. | '구적 일본'을 '일본제국주의'로 고친다. |

※ 출처 : 신주백, 「대한민국임시정부와 1930년대 정당통일운동」 『대한민국임시정부수립80주년기념논문집』 하, 1999, 533쪽.

---

29 『朝鮮獨立運動 Ⅱ』, 638~640쪽.

7당회의와 5당회의의 핵심 쟁점은 개인본위로 통일하되 어떤 성격의 통일조직을 결성할 것인가 하는 문제였고 이것은 곧 임시정부를 어떻게 처리할 것인가 하는 것으로 연결되었다. 이런 쟁점에 합의를 보지 못함으로써 관내 단일당 결성을 위한 통일운동은 결국 결렬되었다. 임시정부를 지지·옹호하는 광복진선의 한국국민당, '재건' 한국독립당, 조선혁명당은 1940년 5월 임시정부의 여당인 한국독립당이라는 신당을 조직하고 해소했다. 임시정부를 중심으로 한 관내 민족운동의 통일은 좀 더 시간이 필요했다.

7당 통일회의가 열렸던 영산빈관 자리
(현 치장 중산로 18호, 독립기념관)

### 3) 1930년대 임시정부의 군사정책

　1932년 윤봉길의거 뒤 상하이를 떠나 항저우로 옮긴 임시정부는 내각 구성조차 어려운 처지에 몰려 있었다. 그러다가 1933년 3월 이후 통일동맹에 참여하고 있던 한국광복동지회, 조선혁명당, 한국혁명당 등이 임시정부에 참여하면서 겨우 연합내각을 구성할 수 있었다. 새 내각을 구성한 임시정부는 향후 시정방침으로 "특수적 직접 행동의 고려와 집단적 무력전쟁의 전개와 민중운동의 무장적 조직화 또는 장교양성과 기술교련 무기의 저비儲備 등의 구체적 실시를 주안으로 하여 각반 군정을 최고 속도로 전체 역량을 집중 준비하는" 등 "민족문제를 해결하는 유일한 경로가 오직 군사행동에 있을 뿐"이라며 군사노선을 강조했다.[30]

　임시정부는 민족문제의 유일한 길이 군사노선 즉 독립전쟁에 있음을 다시 확인하

---

30 『朝鮮獨立運動Ⅱ』, 507쪽.

고 그동안 한인애국단을 중심으로 전개해 오던 특무활동과 함께 독립전쟁에 대비한 군사준비로서 장교 양성, 기술 교련 등에 역량을 최대 집중하기로 했다. 그러나 이런 시정 방침을 실현하려면 무엇보다도 인적 자원과 재정이 뒷받침되어야 했다. 당시 임시정부가 독립자금의 지원을 기대할 수 있는 곳은 미주사회뿐이었다.

그런데 윤봉길 의거 이후 잠시 활기를 띠었던 미주 동포의 재정지원도 임시정부가 분열, 혼란에 빠지면서 중단되었다. 미주사회의 유력한 항일단체인 대한인국민회에서는 "임시정부가 현재와 같이 유명무실한 상태에 있는 것은 유감이라 하여 재미한인동포로부터 모집한 의무금은 확실한 단체가 조직되기까지 송금하지 않겠다."라고 통지해 왔다.[31]

대한인국민회의 통지를 크게 의식한 임시정부는 재정 수령을 위한 통일적 기구 설치도 서둘러 1934년 4월 "지방의 신임 있는 운동자를 선택하여 본 정부에 수입될 일반 재무의 수입에 관한 직책을 위탁"하는 주외재무행서駐外財務行署 제도를 마련하여[32] 미주에 주외재무행서를 설치하고 미주 동포로부터의 인구세와 애국금 등 독립자금의 송금에 기대를 걸었다. 그러나 그해 10월 정기의회에서 내무장 조소앙이 1월에서 10월까지의 재정수입이 "영성零星하여 서사誓辭로 발표한 모든 방침이 실행되지 못"했다고 보고했듯이[33] 기대한 만큼의 재정 수입을 얻지 못했다. 그 결과 임시정부의 독립전쟁 준비는 계획에 그치고 말았다.

한편 김구 계열의 참여로 내각을 새롭게 정비한 임시정부는 1936년 11월 "우리의 광복을 완성하는 데에는 적으로 더불어 일전一戰을 결決하는 외에 다른 길이 없고" 이를 위해 "일방으로는 우방에 의탁하여 군사인재를 양성하고 일방으로는 위선 기성 인재를 망라하여 군사통일기관을 정부 예하에 두어 군사에 관한 일체를 통반주획通盤籌劃"한다는 사업계획을 마련했다.[34] 즉 임시정부는 독립전쟁을 위한 본격적인 군사활동의 개시를 전제하고 군사인재 양성, 군사기구 설치, 특무사무를 주요 내용으로

---

31 『韓國民族運動史料(中國篇)』, 777쪽.
32 『韓國民族運動史料(中國篇)』, 816쪽.
33 『韓國獨立運動史資料』1, 63~64쪽.
34 『韓國獨立運動史資料』1, 77~78쪽.

하는 사업계획을 마련했다.

임시정부의 독립전쟁 노선에 군사 활동을 촉진시킨 것은 1937년 7월 중일전쟁의 발발이었다. 중일전쟁이 일어나자 임시정부는 전시체제에 대한 대비와 적극적인 군사 활동의 필요성을 절감하고 우선 7월 15일 군무부 관할 아래 '군사위원회'를 설치했다. 그 규정을 보면 아래와 같다.[35]

군사위원회규정

1조 대한민국임시정부는 군무부 관할 하에 군사위원회를 둠.

2조 군사위원회는 독립전쟁에 대한 계획안을 연구 작성하며 군사간부 인재를 양성하며 군사상 필요 서적을 연구 편찬함.

3조 군사위원회 위원은 임시정부에서 임명함.

4조 군사위원회 위원의 자격은 내외국 군관학교 필업생에 준하되 실지 전투에 상당한 경험이 있는 사람도 위원이 될 수 있음.

5조 군사위원회는 3인 이상 7인 이내의 상무위원을 치置置하되 군무장은 당연 일원이 됨.

6조 군사위원회는 매월 1회 전위원회全委員會와 매월 2회 상무위원회를 열되 개회 시에는 임시주석 1인을 호선함.

7조 군사위원회는 상당한 자격자를 군사위원으로 군무부에 천보薦保할 수 있음.

8조 군사위원회 개회 시에 필요에 의하여 국무위원이 열석列席할 수 있음.

임시정부는 중일전쟁의 발발로 조성된 전시체제에 대비하려고 군무부 산하에 독립전쟁의 연구계획, 독립군 간부 양성, 군사지식의 습득을 위한 서적 편찬 등을 목적으로 군사위원회를 설치했다. 이에 따라 임시정부는 군사위원으로 유동열·이청천·이복원李復源·현익철玄益哲·김학규金學奎·안공근 등 6명을 선임했다. 안공근을 제외한 군사위원 5명은 모두 1910년대 이래 만주에서 독립군을 조직·운영했고 실제 일본군을

---

35 국회도서관, 『大韓民國臨時政府議政院文書』, 1974, 743~744쪽(이하 『大韓民國臨時政府議政院文書』).

상대로 치열한 전투를 치룬 경험 있는 군사인재들이었다.

군사위원회가 설치된 이후 임시정부는 "속성 군관학교를 설립하여 최단 기간 내에 우선 1기로 초급장교 2백 명을 양성하고 기본 군대로 1개 연대를 편성한다."라는 계획을 세우고, 이를 위해 이듬해 예산편성 지침 안에서 행정 경상비를 최소한도로 하고 예산의 97~98%인 37만원을 책정, 군사·특무사업에 배당한다는 계획을 세웠다.[36]

그러나 중일전쟁 발발 이후 전쟁 지역이 확대되고 일본군의 공격으로 중국군이 항저우에서 총퇴각하면서 임시정부의 군사계획은 일단 무산되고 말았다. 더구나 임시정부가 이후 전장鎭江, 창사長沙, 광저우를 거쳐 류저우柳州, 치장綦江으로 피난하는 과정에서 군사계획에 쓰여 질 자금은 백여 명 소속 인원의 구급비에 소요되어 당초 예산했던 금액을 적립할 수도 없었다.[37]

임시정부가 계획한 군사노선은 중국 국민당 정부의 공식적인 지원이 이루어지는 1940년 이후에야 광복군 창설로 실현될 수 있었다.

## 2. 중국 관내의 독립군양성

### 1) 중국 중앙육군군관학교와 한인특별반

1932년 윤봉길의거는 중국민의 한인 독립운동에 대한 생각을 크게 바꾸는 계기가 되었다. 이 사건을 계기로 국민당 정부는 개인적 비공식적인 방식이지만 한국의 독립운동에 관심을 갖고 지원을 보내기 시작했다. 국민당 정부는 중국 각 방면에서 활동하던 다수의 한인 독립운동가를 수용하는 한편, 이들을 일본군 및 일제 침략기관에 침투시켜 정보 수집과 파괴 공작을 벌이도록 한다는 원칙을 수립했다.[38] 이에 따라 국민당

---

36 『韓國獨立運動史資料 1』, 83~88쪽.
37 『韓國獨立運動史資料 1』, 90~91쪽.
38 한국정신문화연구원, 「顧祝同證言:朝鮮義勇隊의 第三戰區工作」『한국독립운동사자료집 -중국인사 증언-』, 박영사, 1983, 37쪽.

정부는 관내 한인 독립운동을 주도하고 있던 김구와 김원봉을 중심으로 지원했다.

김구는 이봉창·윤봉길 의거 등 한인애국단의 의열 투쟁을 통해 중국 국민들로부터 많은 주목을 받았으며, 김원봉은 1920년대 의열단의 활동과 황푸黃浦군관학교 졸업생으로서 국민당 정부 군부의 유력 인사들과 넓은 지면이 있었다. 그리하여 김구에 대한 지원은 중국국민당 중앙당 조직부장 천궈푸陳果夫를 중심으로 천리푸陳立夫, 쑤징蕭錚 등이 담당했다. 김원봉에 대해서는 군사위원회 삼민주의三民主義 역행사力行社에서 주관했다.[39]

한중사이의 항일연합은 윤봉길 의거가 계기가 되어 성사되었다. 윤봉길의거 직후 중국은 김구의 피신을 지원하는 한편, 쑤징과 박찬익이 만나서 김구와 장제스의 면담, 만주 지역의 기병학교 설립 계획안을 협의 마련했다.[40] 만주 지역의 기병학교 설립 계획은 장제스의 반대로 좌절되었지만 김구와의 면담은 이루어졌다.

1933년 봄 김구는 안공근, 엄항섭, 박찬익과 함께 난징중앙육군군관학교에서 장제스를 만나 회담했다. 이 자리에서 장제스는 김구의 한국 독립운동 지원 요청을 받아들이는 한편,[41] 천궈푸에게 매월 5천 원의 경상비를 김구에게 지원하고 필요할 경우 임시 사업비의 추가 지원을 지시했다.[42] 이후 김구는 천궈푸 등 중국 측 실무진과 협의를 거쳐 중앙육군군관학교 뤄양분교에 한인특별반 개설에 합의했다. 한인특별반의 정식명칭은 중국 중앙육군군관학교 뤄양분교 제2총대 제4대대 육군군관훈련반 제17대였다.[43]

김구는 중국 측의 원조로 한인특별반의 개설을 합의했지만 문제는 이곳에서 교육훈련을 받을 입교생의 모집과 이들을 가르칠 교관의 확보였다. 김구는 애초 한인특별반의 책임교관으로 김홍일金弘壹(일명 왕일서王逸署·왕웅王雄)을 지목했으나 그는 당시 중국군 장교로서 중국공병학교 부관처장에 재직하고 있었기 때문에 한인특별반을 맡을 처지가 아니었다. 이에 김구는 재만 한국독립당의 한국독립군 총사령 이청천과 그

---

39 한국정신문화연구원, 위의 책, 1983, 35~36·64~65·197쪽.
40 『韓國民族運動史料(中國篇)』, 745~746쪽.
41 『백범일지』, 355~356쪽.
42 한국정신문화연구원, 앞의 책, 1983, 151쪽.
43 『思想情勢視察報告集 2』, 381쪽.

의 간부들을 초빙하기로 했다.⁴⁴ 두 사람의 제휴는 1933년 하반기에 이루어졌다.

일본군의 만주침략 이후 어려움에 처해 있던 이청천은 김구로부터 한인특별반 교관 부임 요청을 받고 한국독립당의 중국 관내 이전을 결정했다.⁴⁵ 이후 이청천은 이규채李圭彩·김상덕金尙德 등을 난징으로 파견하여 김구 측과 협상, 그해 6월 한국독립군의 관내 이동을 합의했다.⁴⁶ 이에 따라 이청천, 오광선吳光善을 비롯한 한국독립군 간부 39명은 1933년 11월 베이징으로 이동, 이청천, 오광선 등은 한인특별반 교관으로 부임했고 한국독립군 소속 청년들은 한인특별반에 입교했다.⁴⁷

중국 관내로 이동한 이청천은 베이징에 입교생 모집 기관을 설치하고 자신의 활동 무대였던 만주 지역을 무대로 입교생 모집 활동을 벌였다.⁴⁸ 김구 역시 베이징·톈진·상하이 등지에서 입교생을 모집했다. 그 결과 1934년 2월 총 92명이 한인특별반에 입교했다. 여기에는 김원봉의 조선혁명군사정치간부학교 학생 15명도 포함되어 있었다. 김구와 마찬가지로 국민당의 지원을 받고 있던 김원봉은 국민당이 조선혁명군사정치간부학교를 한인특별반에 합병시키려는 계획을 간파하고 이 학교 2기생 15명을 베이징 등지에서 새로 모집한 것처럼 위장하여 한인특별반에 입교시켰던 것이다.⁴⁹

한인특별반의 교육 목표는 "일본 제국주의 속박으로부터 벗어나 완전한 독립 국가를 건설하기 위해 노동자·농민을 지휘할 수 있는 독립운동 간부를 양성하는" 것이었다. 또 입교생의 사명은 "일제의 대륙침략 전쟁이 세계대전으로 발전할 때 일본 본토와 동아 대륙의 교량 역할을 하는 한국 및 남만주 지방의 일본군 군사 시설을 파괴하

---

44 『독립운동사 6』, 125쪽.
45 蔡根植, 『武裝獨立運動秘史』, 대한민국공보처, 1949, 194쪽.
46 『韓國獨立運動史資料 2』, 1949, 150쪽.
47 池憲模, 『青天將軍의 혁명투쟁사』, 삼성출판사, 1949, 169쪽.
48 이청천은 1934년 가을부터 입교생 모집을 위해 신한혁명당 간부 김원식을 베이징에 주재시켰다. 김원식은 일찍부터 서로군정서·통의부 활동시의 동지였던 김두천을 통해 지린성 일원을 대상으로 입교생 모집 활동을 벌여 1935년 1월부터 두 달여 만에 18명의 입교 대상자를 모집했다. 그러나 이 사실이 일제에게 발각되어 11명이 일제에게 체포되고 나머지 7명은 난징으로 이동, 이청천 계열에 합류했다(한상도, 앞의 책, 2000, 319~320쪽).
49 『韓國民族運動史料(中國篇)』, 865쪽.

고 침략 원흉을 제거하며, 노동자·농민대중의 지휘 및 중국군과의 연합을 통해 한국 독립을 쟁취하는"것이었다.[50]

한인특별반 입교에는 특별한 조건이 없었다. 18~35세의 한국인으로서 학력에 관계없이 신체검사만을 통해 입교시켰다. 짧은 시간 안에 독립군 간부를 양성하려고 교육기간은 1년이었다.[51] 한인특별반의 입교생은 매월 12원의 급여를 지급받았다. 이 가운데 식비 6원, 국민당 당비 2원 40전을 제외한 3원 60전이 입교생이 실제 받는 금액이었다. 입교생들은 한인특별반 운영의 비밀유지를 위해 엄격히 관리되었고 휴가·외출도 철저히 통제되었다.[52]

한인특별반에서는 학과와 술과로 나뉘어 교육·훈련을 했다. 학과교육은 지형학·축성학·전술학·병기학·통신학·중병기학·정치학·각국 혁명사 등이었다.[53] 술과교육은 체육·체조·무술·검술·야간연습·야영연습·보병조전·사격 등으로서 기초 군사 훈련과 함께 각종 포·기관총 등의 조작법을 가르쳤으며 군마 40필을 배치하여 마술 훈련도 실시했다.[54] 이처럼 한인특별반의 교육 내용은 정신교육 40%, 내무교육 10%, 전술교육 30%, 학과교육 20%의 비율이었다.[55]

한인특별반 운영 초기에는 한국인 교관과 중국인 교장 축소주祝紹周사이에 갈등이 있었다. 축소주는 중국국민당의 기본 이념인 삼민주의에 토대한 정치교육을 중시했다. 반면 한국인 교관은 독자적인 군사교육을 강조했다. 이 갈등은 군사교육과 정치교육을 한국인 교관이 담당하고 중국 측은 운영경비를 지원하기로 합의하면서 일단 해소되어[56] 한인특별반의 운영과 교육은 국민당 정부의 영향력이 배제되고 이청천 등 한국인 교관들이 주도적 역할을 했다. 그리하여 김구가 고문자격으로 운영을 총괄했고 한인애국단원인 안공근이 학생보호계, 안경근安敬根이 생도계, 노종균盧鍾均이 보

---

50 金正柱, 『朝鮮統治史料 8』, 韓國史料研究所, 東京, 495~496쪽(이하『朝鮮統治史料 8』).
51 『思想情勢視察報告集 2』, 381쪽.
52 『韓國民族運動史料(中國篇)』, 840쪽.
53 『朝鮮統治史料 8』, 496~497쪽.
54 『韓國民族運動史料(中國篇)』, 840쪽.
55 池憲模, 앞의 책, 1949, 169쪽.
56 한상도, 앞의 책, 2000, 311~312쪽.

호계를 관장했다.⁵⁷ 반면 훈련은 총교도관인 이청천과 교관 오영선, 이범석, 조경한趙擎韓, 윤경천尹敬天, 한헌韓憲 등이 담당했고 이범석은 학생대장을 겸임했다.⁵⁸

이렇게 한인특별반의 운영과 교육이 이원화되면서 이것은 김구와 이청천 사이에 한인특별반 운영의 주도권 경쟁을 낳게 했다. 국민당 정부에서 지원하는 한인특별반의 운영 자금이 김구에게 교부되었기 때문에 김구는 한인특별반을 운영하는데 재정적 우위를 확보한 데 반해 이청천은 입교생 통솔의 중심 역할을 수행했다.⁵⁹ 이 때문에 김구와 이청천 두 사람은 각자 입교생 내에 자신의 지지 기반 확대를 꾀하는 등 한인특별반 운영을 두고 경쟁했다. 결국 김구는 1934년 8월 입교생 가운데 자신을 따르는 25명을 난징으로 철수시켰고 이어 이청천 등 한국독립군 출신 간부들도 한인특별반을 떠남으로써 한인특별반은 사실상 해체되었다. 국민당 정부는 한인 입교생들을 중국인 입교생 대대에 분산 수용한 뒤 1935년 4월 62명을 졸업시켰다.⁶⁰

국민당 정부는 한인 졸업생을 중한혁명군中韓革命軍으로 칭하고 뤄양 중국군교도대로 편성, 반만항일공작별동대에 배속시키기로 결정했다.⁶¹ 그러나 이청천·김원봉 계열의 졸업생은 4월 중순경 난징으로 이동하여,⁶² 군정부학병대軍政府學兵隊란 명칭으로 난징성 밖에서 일시 대기했다.⁶³ 이후 이청천 계열의 졸업생은 신한독립당 산하 청년군사간부특별반으로 편제되었고,⁶⁴ 김원봉 계열은 민혁당 조직에 흡수되었다. 그리고 김구 계열은 4월 하순 난징으로 이동하여 한국특무대독립군에 수용되었다.

---

57 『朝鮮統治史料 8』, 498쪽.
58 『思想情勢視察報告集 2』, 381쪽.
59 한상도, 앞의 책, 2000, 314쪽. 김구와 이청천은 입교생 내에 지지 기반을 확대하려고 김구는 자파 입교생에게 기밀비를 별도로 지급했고(『社會運動の狀況 8』(內務省 警報局 編), 三一書房, 1972, 1548쪽) 이청천은 30여 명으로 구성된 한국군인회를 조직했다(『社會運動の狀況 8』(內務省 警報局 編), 三一書房, 1972, 1073쪽).
60 『朝鮮獨立運動 Ⅱ』, 580쪽. 일제 기관의 분류에 따르면 이들 가운데 김구 계열 10명, 이청천 계열 30명, 김원봉 계열 15명, 기타 7명이었다고 한다(한상도, 앞의 책, 2000, 325쪽).
61 「洛陽軍官學校朝鮮人學生動靜」(1935.4.12), 平北高秘 제6084호(동경 한국연구원 소장자료)(한상도, 앞의 책, 2000, 326쪽에서 재인용).
62 『朝鮮統治史料 8』, 449쪽.
63 『朝鮮獨立運動 Ⅱ』, 554쪽.
64 『朝鮮獨立運動 Ⅱ』, 219쪽.

한편 일제는 국민당 정부가 한인특별반을 지원한다는 사실을 탐지하고 한인특별반의 폐쇄와 한국 독립운동에 대한 지원 중지를 강력히 요구했다. 일제는 만약 한인특별반을 폐교하지 않을 경우 이를 일제에 대한 도전 행위로 간주하고 단호히 대응하겠다고 협박했다.⁶⁵ 당시 국민당 정부는 항일보다는 북벌을 우선하며 일본과의 분쟁을 꺼렸기 때문에 한인특별반을 폐쇄하고 동시에 국민당 정부 각급 기관에 있는 한인들에 대해서도 퇴직 명령을 내렸다.

김구는 1934년 12월 자신의 지휘 아래 있는 중국 중앙육군군관학교 입교생을 모체로 한국특무대독립군을 조직하고 본부를 난징성 안 목장영木匠營 고안리高安里 1호에 두었다.⁶⁶ 당시 중국 관내에서는 통일동맹을 중심으로 단일당 건설 운동이 한창이었고 임시정부와도 결별한 상태에서 중국 관내의 독립운동 정세는 김구에게 매우 불리하게 전개되고 있었다. 김구는 이런 불리한 정세를 극복하기 위해서도 자신의 지지 세력 규합이 절실했고 그에 따라 조직된 것이 한국특무대독립군이었다.

한국특무대독립군은 "군사적 무장·수양"과 "한국 혁명을 위해 전원 무장하고 일본 제국주의와 그 정책을 파괴하는" 군사적 조직의 완성을 목적으로 하는 군사단체였다.⁶⁷ 이를 위해 대장에 김구, 참모에 안공근, 비서에 주모周某(吳冕稙), 중대장 겸 조사부장에 양동호楊東浩, 제1소대장에 왕종호, 제2소대장에 이국혁李國革, 학생부에 노태영盧泰榮(盧泰然) 등이 각각 임명되었다. 그 구성원은 김구와 같은 고향 출신이라는 지연과 동지적 연대로 결속된 인물이 중심을 이루었다. 특히 안공근, 안경근 등은 1934년 2월 이후 중국 중앙육군군관학교 뤄양분교 한인특별반의 운영 실무를 관장했을 정도로 김구의 특무 활동에서 중추적 역할을 수행했던 인물이었다.⁶⁸ 그러나 한국특무대독립군은 1936년 1월 김동우·오면직 등 대원 10명이 안공근의 전횡을 이유로 특무대를 탈퇴함으로써 해체되고⁶⁹ 이후 한국국민당청년당의 모체가 되었다.

---

65 蔡根植, 앞의 책, 1949, 196쪽.
66 『思想彙報』 제7호, 35쪽. 한국특무대독립군은 '김구구락부'라고 불릴 정도로 김구의 정치 활동을 뒷받침하는 사조직 성격이 강했다.
67 『思想彙報』 제7호, 35~36쪽.
68 한상도, 앞의 책, 2000, 337쪽.
69 『思想情勢視察報告集 2』, 27쪽.

김구는 1935년 2월 한국특무대독립군과는 별도로 학생훈련소를 조직, 운영했다. 이 훈련소는 관내는 물론 만주와 자신의 고향인 황해도에 걸쳐서 중국 중앙육군군관학교에 입교할 애국 청년들을 모집하여 사전 예비교육을 실시하는 곳이었다. 학생훈련소는 난징성 안 동관두東關頭 32호에 있었다.[70]

학생훈련소 대원에게는 1인당 매월 10여 원의 급여를 지급했다. 대원 개개인은 급여에서 식대를 제외하고 실제 2~3원을 받았다. 훈련소의 일과는 오전 7시에 기상하여 오후 10시 취침으로 종료되었다.[71] 일과 시간에는 중국어·기하·대수 등의 학과 교육과 노종균 등 한국특무대독립군 간부들의 정신 교육이 실시되었다. 이들에게 시행된 예비교육은 일정한 수업 시간이 편성되지 않았다. 학과 교육도 학식이 있는 대원이 주도하는 자율적 학습이었다. 간부는 수용 대원을 지도, 감독하고, 김구의 장남 김인과 안공근의 친척 하응무賀應武가 대원들과 합숙하며 일과 생활을 주도했다.[72]

학생훈련소는 철저한 대외 비밀사항이었다. 때문에 한국특무대독립군 대원이기도 한 중국 중앙육군군관학교 입교생들도 학생훈련소의 무단출입이 금지되었고, 수용 대원 역시 한국특무대독립군 본부에 마음대로 내왕할 수 없었다. 김구가 학생훈련소의 보안 유지를 철저히 한데는 일제의 감시망을 피하기 위한 것이기도 하지만 다른 한편으로는 자신과 정치적으로 경쟁 관계이던 이청천·김원봉이 이들에게 접근하는 것을 차단하기 위해서였다.

그러나 이런 보안 조처에도 불구하고 학생훈련소는 1935년 6월 일제의 정보망에 발각되어 장소를 이동하여야 했다. 학생훈련소는 6월 22일 난징에서 장쑤성江蘇省 이싱현宣興縣 용지산 산록의 징광사라는 사찰로 이동했다가 그해 9월 다시 난징으로 돌아와 팔보후가八寶後街 23호에 정착했다. 그런데 10월 2일 학생훈련소 대원 이우정李雨情·김려수金麗水 등이 난징 주재 일본총영사관 경찰에게 체포되는 사건이 발생, 학생훈련소는 또다시 난징성 안 남기가藍旗街 8호로 이전했다.[73]

---

70 『朝鮮統治史料 8』, 482쪽. 학생훈련소는 '특무대예비훈련소', '몽장훈련소'로도 불렸다(『思想情勢視察報告集 2』, 387쪽).
71 『思想情勢視察報告集 2』, 223쪽.
72 한상도, 앞의 책, 2000, 341~342쪽.
73 『思想情勢視察報告集 2』, 223쪽.

이 사이 김구는 국민당 정부를 상대로 학생훈련소 대원들의 중앙육군군관학교 입학 교섭을 시도했지만 뜻을 이루지 못했다.[74] 당시 항일 보다는 북벌에 치중하던 국민당 정부가 이일로 일제의 간섭과 항의를 받을 것을 꺼려하여 한인 청년의 중앙육군군관학교 입교를 제한했기 때문이다. 이와 같이 국민당 정부의 미온적인 태도로 학생훈련소 설치의 목적이 이루어지 않았고 여기에다가 자금사정 마저 어렵게 되면서 학생훈련소 역시 폐쇄되었다.

학생훈련소 장소(현 난징시 진회구 동관두 32호, 독립기념관)

학생훈련소는 폐쇄되었지만 김구는 대원들에게 특무활동 지침을 내려 공작지로 파견했다. 김구는 학생훈련소 폐쇄 이전인 1935년 9월 20일경부터 대원들에게 특무 임무를 부여하여 공작지로 파견했고 이후 11월 14일까지 50여 일 동안 11차례에 걸쳐 19명의 대원을 상하이·간도·일본·국내 등지로 파견했다.[75]

김구가 한인애국단을 중심으로 하여 한국특무대독립군, 학생훈련소 등을 통해 각지에서 모집한 한인 청년들은 이후 김구의 중요한 세력 기반이 되었다. 이들은 1935년 10월 김구가 임시정부의 여당으로 결성한 한국국민당과 그 전위조직인 한국국민당청년당에 편입되었다.

## 2) 조선민족전선연맹과 조선의용대

1937년 7월 중일전쟁이 발발하자 민혁당 총서기 김원봉은 국내 혁명동지들에게 보내는 글에서 중국의 항일전쟁은 단지 잃어버린 중국 땅을 찾는데 국한되지 않고 대

---

74 『朝鮮獨立運動Ⅱ』, 586쪽.
75 『思想情勢視察報告集 2』, 231~233쪽.

륙의 일제 세력을 없애고 "조선의 독립을 보장"하는 일이라고 주장했다.[76] 중국이 승리하는 날에는 조선의 독립도 가능하다고 판단했기 때문이다. 또 대부분의 관내 독립운동가들은 중일전쟁에서 중국이 승리할 것으로 낙관했다.[77]

그리고 민혁당은 중국 관내에 있는 한인 청년들에게 항일운동에 참가할 것을 호소했고, 그 결과 83명의 청년들이 민혁당의 본부가 있던 난징에 모여들었다. 민혁당은 중국 당국과의 협상을 거쳐 이들 청년들을 1937년 12월 1일 장시성江西省 싱쯔현星子縣에 있는 중국 중앙육군군관학교 특별훈련반에 입교시켰다.[78] 83명의 한인 청년들은 중일전쟁 발발 이전 의열단·민혁당이 양성해 온 청년 당원들과 새로 민혁당의 호소에 응해 참여한 청년들이었다.[79] 이들은 6개월간의 훈련을 마치고 1938년 5월 하순에 졸업, 6월 2일 한커우漢口에 도착했다.[80]

김원봉은 중일전쟁 발발 1주년이 되는 1938년 7월 중국군사위원회에 '민족전선연맹의 청년 맹원과 싱쯔분교 졸업생들로 조선의용군을 조직하여 이들을 중국 각 전구戰區에 배속하여 일선 공작을 담당케 한다.'라는 취지로 조선의용군의 조직을 정식으로 제안했다.[81] 이 제안은 중국군사위원회로부터 모든 항일세력의 연합을 전제로 하고, '군軍'은 규모가 큰 것을 이르는데 이제 설립하려는 부대는 큰 규모는 못되니 '대隊'로 할 것과[82] 조직될 무장 대오를 중국군사위원회 정치부 관할 하에 두는 것을 조건으로 승낙을 받았다.[83]

민족전선연맹 측에서는 광복진선에 연합을 제의하고 민혁당에서 이탈하여 조직된 조선청년전위동맹[84]의 합류를 종용했다. 광복진선은 이를 거절했으나 조선청년전위

---

76 金若山,「告朝鮮國內革命同志書」『朝鮮民族戰線』제2기(『韓國獨立運動史資料叢書 2』, 한국독립운동사연구소 편), 1988, 167쪽.
77 金若山, 앞의 글, 166쪽.
78 『思想彙報』제22호, 158쪽.
79 염인호, 『조선의용군의 독립운동』, 나남출판, 2001, 45쪽.
80 『思想彙報』제22호, 161쪽.
81 金榮範,「朝鮮義勇隊硏究」『한국독립운동사연구』2, 1988, 476쪽.
82 한국정신문화연구원, 『韓國獨立運動證言資料集』, 1986, 46쪽.
83 金榮範, 앞의 논문, 1988, 476쪽.
84 조선청년전위동맹은 1932년 베이징에서 결성된 十月會가 발전한 것으로, 중국공산당 지도하에 맑스레닌주의 이론 학습에 주력하다가 난징으로 이동하여 1936년 여름에 조선청년전위동맹으로 개

동맹이 합류함에 따라 중국군사위원회와 조선민족전선연맹은, "현재 의용군이라 칭하는 것은 불필요하며 의용대로 칭한다.", "지도위원회를 조직한다.", "진국빈 陳國斌(김원봉-인용자)을 파견하여 대장으로 한다.", "각 구대장區隊長 및 분대장을 선정한 후 명단을 작성하여 보고 한다." 라는 지침을 합의하고 조선의용대를 결성하기 위한 실무 작업에 착수했다.[85]

조선의용대 창립 기념

이 지침에 따라 조선의용대 지도위원회가 구성되었다. 1938년 10월 2일 조선, 중국 양측 대표들은 회의를 열어 지도위원회 위원으로 중국군사위원회 정치부원 5명과 민족전선연맹 산하 단체의 대표인 김원봉(민혁당), 김성숙(조선민족해방동맹), 유자명(조선혁명자연맹), 김학무(조선청년전위동맹) 등 4명을 선정했다.[86] 이 지도위원회는 군의 명칭, 조직 인선, 편제, 활동 경비 문제 등을 결정하고 10월 10일 한커우에서 조선의용대 성립식을 거행했다.[87] 이리하여 조선의용대는 중국 관내에서 조직된 최초의 한인 군사조직이었지만 중국군사위원회 정치부의 지휘를 받는 한계가 있었다.

김원봉을 대장으로 한 조선의용대의 창설 당시 규모는 1백여 명으로 2개 구대로

---

편했다. 이후 상하이, 광저우 등지에서 지하활동을 벌이면서 조직을 확대하고 그 조직원들은 전위동맹이란 단체를 들어내지 않은 채 개별적으로 조선민족혁명당에 입당하여 활동하고 있었다(이정식·한홍구 엮음, 『항전별곡』, 거름, 1986, 300~301쪽). 국내에서 공산주의 활동을 하다가 중국으로 망명 온 한빈, 최창익, 허정숙 등과 연결되어 있었다. 이들은 1938년 5월 조선민족혁명당 제3차 전당대표대회를 계기로 김원봉의 노선에 불만을 품고 최창익·김학우 등의 주도 하에 싱쯔분교 졸업생 35명과 함께 모두 49명이 탈당, 전위동맹의 조직을 공개하고 동시에 별동조직으로 조선청년전시복무단을 조직하여 독자적인 세력을 유지하다가 9월에 민족전선연맹에 합류했다(金榮範, 앞의 논문, 1988, 481쪽 참조).

[85] 『關內地區朝鮮人反日獨立運動資料彙編』(楊昭全 等編), 遼寧民族出版社, 1987, 914쪽.
[86] 『關內地區朝鮮人反日獨立運動資料彙編』(楊昭全 等編), 遼寧民族出版社, 1987, 914~915쪽. 일본 측 정보 자료에 따르면 조선민족전선동맹의 대표로 조선민족혁명당은 김원봉, 조선청년전위동맹은 최창익, 조선민족해방동맹은 김광규, 조선혁명자연맹은 유자명이 지도위원으로 되어 있다(『思想彙報』 제22호, 158쪽).
[87] 『韓國獨立運動史資料叢書 2』, 359~366쪽.

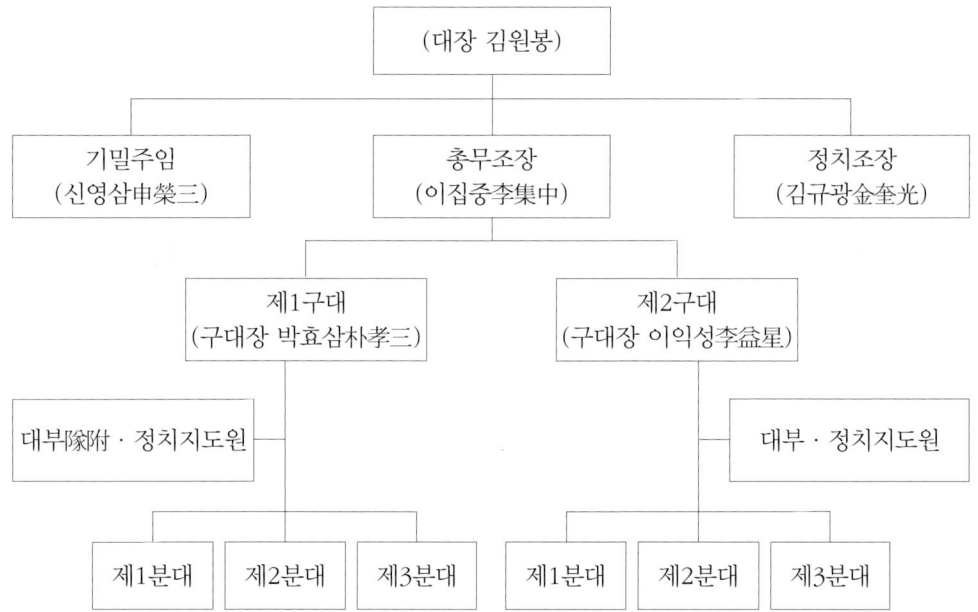

편제되었는데 당시 편제와 간부는 위 그림과 같다.[88]

조선의용대는 창설 후 대원이 증가하여 1939년 말에는 3개 지대로 조직이 확대 개편되었다. 1940년 2월 조선의용대에서 작성하여 발표한 편성 내용에 따르면 대본부 요원 94명, 제1지대(지대장 박효삼) 대원 98명, 제2지대(지대장 이익성) 대원 75명, 제3지대(지대장 김세일金世日) 대원 63명으로 총 대원이 약 330여 명에 이르렀다.[89]

조선의용대는 성립선언문에서 "조선의용대의 기치를 높이 달고 중국 형제들과 굳게 손잡고 항일전선을 향하여 용감히 나아가 우리의 신성한 임무를 관철하기 위하여 최후의 일각까지 분투하자."라고 했듯이[90] 주요 활동방향은 한중연합전선을 통한 대일항전이었다. 그리하여 조선의용대는 창설 직후 일본군과 대치하고 있는 중국 각 전구[91]에 구대 단위로 배치되었다.

---

88 『思想彙報』 제22호, 162~163쪽.
89 內務省 警報局, 『特高月報』, 1940년 6월, 78~79쪽.
90 『韓國獨立運動史資料叢書 2』, 363~364쪽.
91 중국은 중일전쟁 이후 항일전의 지휘계통을 정비하면서 일본군과의 주요 접전 지역을 중심으로 6개의 전구를 설치했고 1938년 말에는 10개 전구로 늘어났다(金榮範, 앞의 논문, 1988, 주)86 참

제1구대는 후안성湖南省 창사長沙에 있는 제9전구사령부에 파견되어 활동하다가 1939년 1월 말경 전선에 전진 배치되었다.[92] 조선청년전위동맹이 중심이 된 제2구대는 제1전구와 제5전구에 나뉘어 파견되었고, 1939년 말 편성된 제3지대는 제3전구에 배치되었다. 그리고 조선의용대 본부는 한커우에서 중국 중앙군과 행

조선의용군 선전활동(독립기념관)

동을 같이 하다가 1938년 10월 한커우가 일본군에 함락되면서 광시성廣西省 구이린 桂林으로 이동했다가 1940년 3월 중국정부가 충칭重京으로 임시수도를 옮기면서 함께 이동했다.

중국군에 파견된 조선의용대는 일본군에 대한 정보수집, 반전선전, 투항권고, 포로심문, 일본군 후방교란 등과 같은 주로 비전투적인 선전공작에 종사했다. 선전공작의 주요 방향은 일본군 병사들에게 반전·염전厭戰사상을 고취시키고 사기를 저하시켜 그들의 투항을 유도하는 것이었다.[93] 예컨대 1939년 2월 2구대는 후베이성湖北省 북부인 어베이鄂北전선에서 일본군 참호 80척尺 전방에서 "일본의 형제들이여! 우리의 공동의 적은 바로 일본 군벌이다." "일본 병사 형제들이여! 무엇하러 머나먼 타국에 와서 아까운 목숨을 버리려 하는가" 등의 현수막을 걸어놓고, 가까운 참호 안에서 일본말로 연설하여 일본군 병사와 나흘 밤이나 토론하기도 했다.[94] 뿐만 아니라 적진이나 적 후방에 침투하여 전단을 살포하거나 벽보·표어 등을 붙이는 유격 선전을 수시로 감행했다.

조선의용대는 이런 선전공작과 함께 때로는 중국군과 함께 직접 전투에 참가하여

---

조).
92 金榮範, 앞의 논문, 1988, 488~489쪽.
93 한시준, 『韓國光復軍硏究』, 一潮閣, 1993, 56쪽.
94 이정식·한홍구 엮음, 앞의 책, 1986, 199~203쪽.

많은 공을 세우기도 했다. 9전구에 파견되었던 제1지대는 1939년 3월부터 5월까지 후난성 북부지역에서 벌어진 전투에 수차례 참가하여 기습공격전·매복전을 비롯하여 적의 통신과 교통시설을 파괴하는 활동을 벌였다. 특히 3월 23일의 매복전에서는 적의 탱크와 자동차를 파괴하고 일본군 3~40명을 사살하는 전과를 올리기도 했다.[95] 제2지대도 1939~1940년 사이에 세 차례에 걸쳐 벌어진 허베이전투에 참가했고 제3지대도 1939년 12월 장시성 건주가乾州街의 습격전 등에 참가했다.[96]

조선의용대가 중국 각 전구에 분산 배치되어 목숨을 건 선전공작과 대일항전을 벌인 것은 중국의 승전이 우리 민족의 독립과 직결된다는 믿음에서였다. 그렇지만 조선의용대는 중국군사위원회 정치부에 편제되어 이들의 지휘를 받았기 때문에 조선의용대의 대외적 공식 지위는 국제지원군이었다.[97] 이런 조선의용대의 위상은 중국군과 연합항일전을 벌이면서 조선의용대의 독자성과 동북 진출을 위한 근거지를 확보하려던 계획에 한계로 작용했다.

조선의용대 안에서는 이러한 문제점에 대한 개선방안으로 독자적인 활동 지역을 확보하는 것으로 모아졌다. 그것은 동포들이 많이 거주하는 곳에 근거지를 마련하고, 적 후방 공작을 통해 이들을 포섭 쟁취하고 조선의용대의 조직을 확대하여 거대한 항일역량을 갖춘 조선의용대를 건립하자는 것이었다.[98] 결국 1940년 3월부터 각지에 분산 배치되어 있던 조선의용대 대원들이 뤄양에 집결했고 이들은 1941년 3월 중순부터 5월 하순에 걸쳐 중국군의 눈을 피해 북상하여 화북 지역으로 진출했다.

충칭에 있던 본부 인원과 일부 공작원을 제외한 조선의용대 대원 80%가 황허黃河를 건너 화북으로 이동했다.[99] 화북으로 이동한 조선의용대는 1942년 7월 결성된 화북조선독립동맹의 무장부대인 조선의용군으로 편입되었다. 한편 이 사건으로 충칭의 본부에 있던 조선의용대원은 이후 장제스의 지시에 의해 한국광복군에 편입되어 광복군 제1지대가 되었다.

---

95 秋憲樹,『資料韓國獨立運動 3』, 연세대출판부, 1975, 43쪽(이하『資料韓國獨立運動 3』).
96 金榮範, 앞의 논문, 1988, 493~494쪽.
97 金榮範, 앞의 논문, 1988, 477쪽.
98 한시준, 앞의 책, 1993, 60쪽.
99 李庭植,「韓人共産主義者와 延安」『史叢』 8, 1963, 138쪽.

# 제2절

# 중경 대한민국임시정부와 군사정책

## 1. 임시정부의 '대일선전포고'와 독립운동방략

### 1) '대일선전포고'와 승인외교

　임시정부가 충칭에서 당·정·군의 체제를 갖추고 활동을 시작할 때 미국과 일본 사이에 전쟁이 일어났다. 1941년 12월 8일 일제가 미국의 해군기지인 하와이의 진주만을 기습 공격한 것이다. 일본의 기습 선제공격을 받은 미국은 즉각 일본과 전쟁에 돌입했다.

　태평양전쟁의 발발은 임시정부가 오랫동안 바라던 일이었고 예견한 일이었다. 독립운동가들은 일본이 계속적으로 세력을 팽창하게 되면 결국 일본과 중국·미국 사이에 전쟁이 일어날 것이라고 보았다. 1910년대 이래 독립운동의 전략도 독립군을 양성했다가 일본이 중국·미국과 전쟁을 벌일 때 이들과 함께 대일전쟁을 벌여 독립을 쟁취한다는 것이었다.

　태평양전쟁이 발발하자 임시정부는 즉각 일본에 대해 선전포고를 했다. 일제가 진주만을 기습 공격한 지 이틀 후인 12월 10일 임시정부 주석 김구와 외무부장 조소앙의 명의로 '대한민국임시정부 대일선전성명서'를 발표했다.[100]

대한민국임시정부 대일선전성명서

우리는 3천만 한인과 정부를 대표하여 삼가 중국·영국·미국·캐나다·네덜란드·오스트리아 기타 여러 나라가 일본에 대해 전쟁을 선포한 것이 일본을 격패擊敗시키고 동아시아를 재건하는 가장 유효한 수단이 되므로 이를 축하하면서 다음과 같이 성명한다.

1. 한국의 전체 인민은 현재 이미 반침략전선에 참가해오고 있으며 이제 하나의 전투단위로서 축심국軸心國에 전쟁을 선포한다.
2. 1910년 합방조약과 일체의 불평등조약이 무효이며, 아울러 반침략국가가 한국에서 합리적으로 얻은 기득권익이 존중될 것임을 거듭 선포한다.
3. 한국과 중국 및 서태평양에서 왜구를 완전히 구축驅逐하기 위하여 최후의 승리를 거둘 때까지 혈전血戰한다.
4. 일본 세력 아래 조성된 창춘長春과 난징 괴뢰정권을 절대로 승인하지 않는다.
5. 루스벨트·처칠 선언의 각 항이 한국독립을 실현하는데 적용되기를 견결堅決히 주장하며 특히 민주진영의 최후 승리를 미리 축원한다.

임시정부의 '대일선전포고'는 한국도 반세기 전부터 반침략전선에 참가하고 있다는 사실과 함께 이미 일본에 선전포고를 한 다른 연합국들과 함께 하나의 전쟁단위로서 일본과 전쟁을 시작한다는 것이다. 이것은 곧 임시정부도 연합국의 일원으로서 그리고 독립된 교전단체로서 인정받겠다는 의미이기도 했다.[101]

임시정부는 일본에 이어 독일에 대해서도 선전포고를 했다. 이것은 1945년 4월 미

---

100 국사편찬위원회, 『대한민국임시정부자료집 6 -임시의정원Ⅴ-』, 2005, 42쪽(이하 『대한민국임시정부자료집』).
101 성명서 제5항의 '루스벨트·처칠 선언'이란 대서양헌장을 뜻한다. 1941년 8월 루스벨트와 처칠이 제2차 세계대전 후 세계 인류의 복지와 평화 등에 관한 공동선언으로써 "관계 주민의 자유의사에 의하지 아니하는 영토변경을 인정하지 않는다." "주민이 정체를 선택하는 권리를 존중하며 강탈된 주권과 자치가 회복될 것을 희망한다."라는 등의 조항을 한국에도 그대로 적용해야 한다고 주장한 것이다.

할 국제신탁통치의 의도와 배치되었기 때문이다. 즉 국제신탁통치안은 기본적으로 한국인의 자결권 부정을 전제로 한 것이고, 또한 1943년 11월 이란의 테헤란에서 열린 미·영·소 회담에서 루스벨트가 한국에 대한 전후처리 원칙으로 국제신탁통치안을 제의, 다른 나라들로부터 직접 내지 묵시적 동의를 받은 상태였기 때문이다. 여기에다가 미국은 임시정부의 민족주의적 성향과 함께 임시정부 내부에 존재하는 진보적 성향 등을 경계했던 것이다.[113]

이처럼 미국은 자신이 구상하는 전후 동아시아 질서와 이를 위한 구상인 한국의 국제신탁통치방안이 보다 중요했기 때문에 임시정부는 미국으로부터 끝내 정부 승인을 얻을 수 없었던 것이다.

### 2) 전시체제로의 체제정비와 주석제

임시정부는 1939년 9월 제2차 세계대전이 발발하면서 미국과 일본 사이에 전쟁 분위기가 높아지는 등 동아시아의 정세가 한국의 독립에 좋은 기회라고 판단하고 전시체제로의 전환을 서둘렀다.

임시정부는 자체 역량 제고를 위한 체제정비와 함께 한국국민당, '재건' 한국독립당, 조선혁명당 등 3당의 통합 추진을 병행했다. 1939년 10월 열린 제31회 임시의정원 회의에서는 의정원의 문호를 개방, 기존 17명이던 의정원을 '재건' 한국독립당과 조선혁명당에서 새로 18명의 의원을 선출하여 총 35명으로 늘렸다.[114] 또 국무위원의 수도 임시약헌이 규정한 최대 11명으로 늘여 '재건' 한국독립당에서 홍진과 조소앙을, 조선혁명당에서 이청천과 유동열을 각각 국무위원으로 선출하여 3당 연립내각을 구성했다. 연내에 결성하기로 한 3당 합당은 이듬해 5월 9일 실현되어 한국독립당을 창당했다.[115]

이후 임시정부는 중국 국민당정부와의 밀접한 교류와 안정된 활동을 위해 1940년

---

113 鄭容郁, 앞의 논문, 1999, 284~285쪽 참조.
114 김희곤 등, 『대한민국임시정부의 좌우합작운동』, 한울, 1995, 133쪽.
115 三均學會, 『素昻先生文集 上』, 햇불사, 1979, 264쪽.

중경 임시정부의 세 번째 청사
(현 충칭시 유중구 화평로 2항 5호 일부, 독립기념관)

9월 치장에서 충칭으로 이전했다. 충칭으로 이전한 임시정부는 전시체제로의 전환을 위해 내부 체제정비를 서두르는 한편 광복군 창설에 노력했다. 임시정부는 1927년에 개정된 헌법 즉 대한민국 임시약헌에 따라 국무위원제인 집단지도체제로 운영되어 왔다. 비록 주석이 있지만 국무위원이 호선하여 국무회의를 주재하는 것이기 때문에 이런 체제로는 전시체제하의 정부 운영은 물론 독립운동을 효과적으로 수행하는데 한계가 많았다. 임시정부는 1940년 10월 열린 제32회 임시의정원 회의에서 집단지도체제를 전시체제 적응을 위한 보다 강력한 주석체제로 헌법을 개정했다.[116]

개정된 임시약헌臨時約憲은 구헌법의 일부만 개정되었고 기본 내용은 크게 달라진 것이 없었다. 다만 현실적으로 필요한 행정부의 기능을 보다 강화했다. 즉 국무회의를 국무위원회로 명칭을 바꾸고 국무위원회의 역할을 국무를 의결 집행하되 행정 각부를 두어 행정사무를 처리하고, 각부의 조직 조례를 제정하여 시행하게 하는 등 국무위원의 책임과 권한을 더욱 강화했다. 그러나 개정된 헌법의 가장 큰 특징은 주석의 위상을 강화한 점이다. 그동안 국무회의에서 호선하던 주석을 임시의정원에서 선거하고 임기도 3년으로 정하고, 주석은 국무위원회를 소집, 주재할 뿐만 아니라 국군을 총감總監하고 임시정부를 대표하는 등[117] 그 권한을 확대 강화했다. 주석제로의 개헌과 주석 권한 강화는 현실적으로 김구의 지도력을 제도화한 것이나 마찬가지였다.[118]

이렇게 관내 우익진영은 임시정부를 중심으로 통합되었지만 여전히 좌익 진영과 분열되어 관내 민족운동의 통일은 시급한 과제였다. 이런 가운데 조선민족해방동맹

---

116 『독립운동사 4』, 814쪽.
117 『대한민국임시정부자료집 1(헌법·공보)』, 25~26쪽.
118 金榮秀, 『大韓民國臨時政府憲法論』, 三英社, 1980, 148~149쪽.

이 반일역량의 집중을 위해 모든 한국의 독립운동 단체는 결합하여 공동으로 우선 임시정부 아래 민족해방운동을 완성하고 한국의 사회주의혁명은 민족해방 이후에 하여야 한다고[119] 하며 임시정부로의 통일을 주장, 1941년 12월 임시정부에 참가했다. 한편 조선의용대의 북상사건에 큰 충격을 받은 국민당정부는 김구와 김원봉에게 합작을 다시 종용했다.[120] 국민당정부는 지원창구를 임시정부로 단일화하면서 민혁당의 임시정부 참여를 강요했다.[121] 더구나 태평양전쟁의 발발은 적극적인 대일항전을 위한 전민족적 역량의 결집을 시급한 과제로 제기했다.

그리하여 민혁당은 제6차 전당대회를 열고 1941년 12월 10일자로 '제6차 대표대회선언'을 채택, 임시정부의 국제적 승인 가능성을 들어 임시정부 참여를 최종 결정했다.[122] 이에 대응하여 임시정부에서도 이들의 실질적인 임시정부 참여를 위해 임시의정원 의원 선거법을 새로 제정하여 우선 임시의정원에 참여할 수 있도록 했다.[123] 이듬해 10월 20일부터 23일까지 의정원 의원 선거를 실시하여 한독당 9명, 민혁당 10명, 조선혁명자연맹 2명, 조선민족해방동맹 2명 등 총 23명의 의원을 선출하여 정치적인 통일이 실현되었다.[124]

임시의정원 의원이 새로 구성되어 열린 1942년 10월 25일 제34차 임시의정원 회의는 중국 관내 좌우 진영이 함께 자리를 한 통일의회였다. 회의에서는 정부조직과 관련하여 국무위원증선안國務委員增選案과 정부부서 확충안이 통과되는 등 정부조직의 확대 개편이 이루어졌다. 그 결과 임시정부는 기존 5부에 4부가 증설되어 9부가 되었고 그에 따라 민혁당계인 김규식, 장건상, 조선민족해방동맹계의 유동열이 국무위원에 새로 선출됨으로써 임시의정원에 이어 임시정부도 양진영이 공동구성한 통일정부가 되었다.[125] 새로 구성된 임시정부의 경우, 주석에 김구, 내무부장에 조완구, 외

---

119 胡春惠, 앞의 책, 1978, 211쪽.
120 胡春惠, 앞의 책, 1978, 239쪽.
121 김희곤 등, 앞의 책, 1995, 145쪽.
122 胡春惠, 앞의 책, 1978, 239쪽.
123 『大韓民國臨時政府議政院文書』, 769쪽.
124 양영석, 「1940년대 조선민족혁명당의 활동」 『한국독립운동사연구』 3, 1989, 559~560쪽.
125 『독립운동사 4』, 984쪽.

**충칭 시절의 김구**

무부장에 조소앙, 군무부장에 조성환, 법무부장에 박찬익, 재무부장에 이시영, 교통부장에 유동열, 선전부장에 김규식, 학무부장에 장건상, 생계부장에 황학수가 선출되었고 통수부統帥府는 주석, 참모총장, 군무부장, 내무부장으로 구성됐다.[126]

제34차 임시의정원 회의에서는 민혁당이 제기한 임시약헌의 개헌문제가 쟁점이 되어 약헌 기초위원을 선임하고 개헌작업에 착수했다. 그 결과 임시정부는 1943년 12월 대한민국 임시헌장 개정안을 작성하여 임시의정원에 제출했다. 개헌안은 임시의정원에서 약 1년 반의 오랜 논의 끝에 1944년 4월 20일 제36차 임시의정원 회의에서 통과되었다. 전시체제에 효과적으로 대응하고 광복을 대비하여 개정된 '대한민국 임시헌장'은 우선 주석의 권한을 더욱 강화했다. 주석의 권한은 이전 임시약헌의 역할에다가 각부 부장회의인 행정연석회의를 주관하고 국무위원회에 각부 부장의 임면을 추천하는 등의 권한이 추가되었고 부주석제가 신설되었다.

임시헌장이 제정되면서 당연히 정부조직도 개편되고 각 부서 인원도 새로 선임되었다. 먼저 1944년 4월 24일 주석과 부주석에 김구와 김규식이 각각 선임되었고 이어 이시영, 조성환, 황학수, 조완구, 차리석, 장건상, 조소앙, 성주식成周寔, 김붕준, 유림柳林, 김원봉, 김성숙金星淑, 조경한 등 14명이 국무위원으로 선출되었다.[127] 행정부서는 종래 9부에서 교통부·생계부가 폐지되고 기존의 학무부 대신 문화부를 신설하여 총 7부가 되었다. 그리고 1944년 5월 8일 김구 주석의 제의로 국무위원회에서 외무부장 조소앙, 군무부장 김원봉, 재무부장 조완구, 내무부장 신익희, 법무부장 최동오崔東旿, 문화부장 최석순崔錫順, 선전부장 엄항섭 등이 각부 부장으로 선임되었다.[128]

---

126 『독립운동사 4』, 984~987쪽.
127 『대한민국임시정부자료집 1(헌법·공보)』, 312쪽.
128 『대한민국임시정부자료집 1(헌법·공보)』, 314쪽.

## 2. 군사정책과 독립운동방략

1939년 중국 국민당 정부가 충칭으로 임시 수도를 정한 뒤 임시정부 역시 충칭 근처 치장에 정착했다. 이 무렵 치장에는 임시정부만이 아니라 관내 독립운동 세력이 집결해 있었다. 이를 계기로 임시정부는 체제정비와 함께 전시태세를 갖추기 위한 사업들을 서둘렀다.

우선 임시정부는 1937년 11월 전시체제에 효과적으로 대응하여 군사계획의 수립을 전담할 기구로 참모부를 설치했다. 참모부는 독립된 기관이 아니라 정부의 내무·외무·군무·법무·재무의 5부와 더불어 정부의 한 부서로 증설되었다.[129] 그리고 임시의정원에서는 1937년 수립했던 독립전쟁 계획을 바탕으로 이를 실천할 세부 계획인 '독립운동방략'을 1939년 11월 12일 임시의정원 회의에서 의결했다.[130]

독립운동방략에서는 먼저 국무원의 6대 임무로서 ① 국내 대중의 대한민국 완성에로의 의식 전환, ② 광복운동자 전체의 체계적 통일, ③ 광복운동자의 정당적 조직화와 무장화, ④ 당과 무장독립군의 확대, ⑤ 당과 군을 양대 우익으로 삼는 문무병진 文武竝進의 전술 구사, ⑥ 삼균주의三均主義 국가 건설 등을 제시했다. 즉 당·정·군의 삼각 협력체제 구축을 통한 독립운동방략을 구상했던 것이다. 그리고 과거와는 달리 '진일보한 신방침'을 3년 계획으로 실천할 것을 밝혔다. 우선 계획 수립 연도인 1939년에는 광복진선 소속 3당의 통일 및 독립군의 서북 진출을 목표로 했다. 연도별 계획 사업과 소요 예산은 〈표 9-3〉과 같다.

이상의 계획에 의하면 독립운동방략이 최종 마무리되는 3년차인 1942년에는 당원 11만 명, 장교 1천 2백 명, 무장군인 10만 명, 유격대원 35만 명, 선전기관 6개국으로 총인원 54만 1천 2백 명에 소요 총비용은 7천 18만 원이었다. 임시정부는 이상의 역량이라면 최소한 일본군을 관외로 내쫓고 궁극적으로 한국 국경 안으로 들어가 일본의 군경을 구축할 수 있다고 판단했다.

국군 편성과 독립전쟁을 목표로 한 임시정부의 독립전쟁방략은 임시정부가 연합국

---

[129] 『대한민국임시정부자료집 1(헌법·공보)』, 212쪽.
[130] 이하 독립운동방략에 대해서는 삼균학회, 『素昻先生文集 上』, 햇불사, 1979, 135~139쪽 참조.

〈표 9-3〉 독립운동방략의 연도별 사업계획

| 제1기 22년(1940년) 상반기 8개항의 계획 | 제2기 23년(1941년) 전년도의 배수로 4종 사업 진행 | 제3기 24년(1942년) |
|---|---|---|
| ① 해외 각지 독립운동 세력의 통일운동 추진<br>② 우방에 대한 임정 승인 요청<br>③ 200명의 장교 육성<br>④ 당원 2만 명 확보<br>⑤ 기본부대 1만 명의 무장군 편성<br>⑥ 5만 명 이상의 유격전 개시(황하 이북 오소리강, 송화강, 압록강, 두만강 등지)<br>⑦ 선전기관 창립·합동 및 집행<br>⑧ 이상 7개 사업 소요 예산 총 813만원 | ① 4백인의 장교 양성<br>② 4만인의 신당원 모집<br>③ 4만인 이상의 기본 부대 편성<br>④ 10만인 이상의 유격대 활동<br>⑤ 선전기관 해외 각지 설치<br>⑥ 이상 5개 사업 비용 총계 2359만 6천원 | ① 6백인의 장교 양성<br>② 4만인의 신당원 모집<br>③ 4만인 이상의 신군 편성<br>④ 20만 이상의 유격전 개시<br>⑤ 선전은 전년도와 동일<br>⑥ 이상 5개 사업의 소요 비용 총계 3893만 8천원 |

의 일원으로 참전하여 교전단체로서 승인을 받겠다는 것이었다. 그러나 이 계획은 인적 자원과 재정이 현실적으로 뒷받침될 수 없는 '이상적' 계획이었다. 일제의 침략에 쫓겨 이리저리 옮겨 다니는 상황에서 이 계획을 실현시킬만한 인적·재정적 기반이 뒤따를 수 없었기 때문이다. 이의 실현을 위해서는 중국정부의 승인과 지원이 절대적으로 필요했다.

중일전쟁이 발발한 후 임시정부는 1937년 11월 진장과 난징을 출발하여 창사, 광저우, 류저우, 치장 등지로 차례로 피난처를 옮겨 다녀야 했다. 그사이 임시정부는 물론 광복진선 등도 별다른 독립운동을 벌이지 못했다. 이렇게 임시정부가 적극적인 군사 활동을 벌이지 못한 채 피난 생활을 계속하면서 그 주변에 모여들었던 청년들 중에는 이런 상황에 불만을 품고 임시정부를 떠나기도 했다.[131] 이런 청년들의 분위기와

---

131 이런 정황에 대해서 정정화(鄭靖和)는 "임시정부가 무장군을 조직하지 못함으로써 청년들이 임정을 떠나갔다. 일본군과 직접 싸우지 못하는 것이 한스럽다. 일본군이 있는 전쟁터로 나가 싸우겠다며 청년들이 하나 둘씩 임정을 떠나는 것이 안타까울 뿐이었다."라고 회고했다(鄭靖和, 『녹

이탈 현상을 보면서 이들이 활동할 수 있는 보다 적극적이고 구체적인 조직이 필요했다.

그리하여 임시정부는 1939년 7월 30일 국무회의를 열고 "군사특파원을 모某방면으로 파견하기로 결정"했다.[132] 군사특파원의 파견은 적극적인 군사 활동을 요구하는 한인 청년들의 요구를 수용하는 한편 광복군의 기초를 마련하기 위해서였다.

한국광복진선청년공작대(독립기념관)

1939년 2월 류저우에서 고운기高雲起를 대장으로 하는 한국광복진선청년공작대(이하 청년공작대)가 조직되었다.[133] 청년공작대의 구성원은 한국국민당·'재건' 한독당·조선혁명당에 소속된 청년들로서 광복진선의 군사조직이었다.[134] 청년공작대는 일본군의 침략을 직접 경험하지 않아 항일의식이 비교적 약한 류저우의 중국인들을 대상으로 선전활동을 주로 했다. 이를 위해 이들은 벽보·합창·연극 등의 활동을 했고 이 가운데 송면수宋冕秀가 쓰고 연출한 '전선의 밤'은 상당한 호응을 받았다.[135]

중국인을 대상으로 항일의식을 고취시키는 선전활동을 주로 하던 청년공작대는 임시정부가 군사특파단을 시안西安으로 파견하면서 청년공작대 대장 고운기 등이 참여했다. 대원 중 김인金仁·이재현李在賢 등은 충칭으로 가서 중국군에 복무하고 있던 나월환羅月煥 등과 함께 한국청년전지공작대를 조직했다. 나머지 대원들은 각급 학교나 군관학교에 진학하는 등 흩어지면서 청년공작대는 자연히 해산되었다.[136]

---

두꽃』, 未完, 1987, 120~121쪽).
132 『대한민국임시정부자료집 1(헌법·공보)』, 210쪽.
133 청년공작대의 결성 시기에 대해서는 '1938년 10월 설'도 있으나(『독립운동사 6』, 405쪽) 한시준은 임정이 광저우를 출발한 것이 1938년 10월이고 한 달 여만인 11월말 류저우에 도착한 사실을 근거로 1939년 2월이 사실에 가깝다고 했다(한시준, 앞의 책, 1993, 65쪽 주)256).
134 청년공작대 대원은 39명인데 이들 중 소속을 확인할 수 없는 13명 외에 한국국민당계가 11명, '재건' 한국독립당계가 2명, 조선혁명당계가 8명이며 여성들도 11명을 차지했다(한시준, 앞의 책, 1993, 66쪽).
135 '전선의 밤'은 일본 헌병이 한국인 독립운동자를 체포하여 포승줄로 묶어 연행하는 것을 유격조가 이를 탈취하고 일본 헌병을 체포한다는 내용이었다고 한다(한시준, 앞의 책, 1993, 67쪽).
136 한시준, 앞의 책, 1993, 67~68쪽.

한국청년전지공작대(독립기념관)

한편 군사특파단을 시안으로 파견하기로 결정한 임시정부는 1939년 10월 1일 국무회의에서 조성환을 주임위원으로, 황학수·왕중량王仲良(羅泰燮)·이웅李雄(李俊植) 등을 군사특파원으로 선임했다. 그리고 11월 3일에는 '군사특파원판사처잠행규칙軍事特派員辦事處暫行規則'을 제정, 파견 준비를 마무리했다.[137] 시안에 도착한 군사특파단은 이곳에 판사처辦事處를 설치했다. 이들의 주요 임무는 이곳에 군사거점을 확보하는 한편 일본군 점령지역인 화북으로 진출, 그곳의 한인 동포를 대상으로 한 선전·초모 활동이었다. 1940년 6월 이준식을 주임으로 하는 단원들이 산시성陝西省으로 진출, 중국군 제2전구사령관의 도움을 받아 활동을 본격 전개했다.[138]

시안은 황하 상류에 자리한 산시성의 성도省都로서 당시 중국군 유격대의 기지였다. 남북으로 길게 뻗은 태항산맥의 산줄기 너머에 일본군이 점령한 베이징을 넘나보고 있는 중요한 전략적 요충지일 뿐만 아니라 20여 만의 한인이 거주하는 화북 지역과 가장 가까운 곳이기 때문에 초모활동의 중심지이기도 했다. 군사특파단은 1940년 11월 광복군사령부가 시안으로 옮겨오면서 해체되었다. 조성환은 군무부장에 임명되어 1941년 1월 충칭으로 복귀했고, 나머지 단원들은 광복군에 편입되었다.

한국청년전지공작대도 1939년 11월 시안으로 이동했다. 전지공작대는 결성 과정

---

137 『대한민국임시정부자료집 1(헌법·공보)』, 210쪽.
138 『大韓民國臨時政府議政院文書』, 776쪽.

에서 김구의 승인을 받았지만 임시정부와는 관계가 없는 독자적인 조직체였다.[139] 청년공작대원이 조직 결성에 관여했지만 무정부주의 계열의 청년들이 중심이 되어 조직한 군사조직이었다. 전지공작대 역시 임시정부의 군사특파단처럼 시안에 본부를 두고 이곳을 거점으로 적 후방에 들어가 선전·초모 등의 공작을 벌였다. 이후 전지공작대는 광복군이 창설되고 총사령부가 시안으로 옮겨오면서 광복군 제5지대로 편입되었다.

---

**139** 한시준, 앞의 책, 1993, 71쪽.

# 제3절

# 한국광복군의 창설과 활동

## 1. 한국광복군의 창설

### 1) 임시정부의 창군준비와 한국광복군총사령부 창설

임시정부의 창군계획은 1940년 5월 9일, 한국국민당, '재건' 한국독립당, 조선혁명당 3당이 한국독립당(이하 한독당)을 결성하면서 본격 추진되었다. 한독당은 당이 지향할 장기적 전략인 당강黨綱·당책黨策을 마련하는 과정에서 창군 계획을 확정했다. 당강 6조에서 "국방군을 편성하기 위해 국민의무병역을 실시한다." 또 당책 3조에서 "장교 및 무장 대오를 통일, 훈련하여 광복군을 편성한다."라고[140] 규정하여 광복군 창설을 한독당이 추진할 중심 과제로 설정했다

한독당은 곧바로 국민당 정부를 상대로 광복군 창군 교섭을 벌였다. 중국 안에서 군대를 편성하는 일이고, 군대편성과 유지는 물론 독립전쟁을 수행하는데 필요한 비용을 중국정부의 원조에 의지하지 않을 수 없었기 때문에 중국 당국의 승인이 필요했다.

김구는 1940년 2월 25일 중국국민당 조직부장 주가화朱家驊에게 공한을 보내 "한

---

[140] 『韓國獨立運動史資料 3』, 495쪽.

독당의 화북공작 동지의 보고에 따르면 화북 지역의 적군 가운데 조선적朝鮮籍 사병士兵에 반정反正하는 자가 자못 끊이지 않고 있어 당해 지역에 광복군을 성립하고 정보망을 구성하면 장래 군사상 특무상 도움이 적지 않겠"다며 하루속히 광복군 조직에 협조해 줄 것을 요구했다.[141]

한국광복군 총사령부가 있던 자리(미원 충칭, 독립기념관)

한독당의 창군 교섭과 제의는 국민당 측 한국담당자들에게 상당한 공감을 얻었고 마침내 장제스에게 보고되었다. 중국국민당의 한국담당 책임자인 주가화는 3월 2일 "한국의 각 당이 통일되기 전에 먼저 총재께서 참작하여 보조해서 곧 공작을 전개할 수 있도록 하는 것이 옳을 듯" 하다고 보고했다.[142] 장제스는 4월 11일 광복군 성립을 위해 보조를 해달라는 김구의 요청에 대해 "비준을 희망한 내용을 허총장何總長(중국군사위원회 참모총장 허잉친何應欽-인용자)과 협의하여 처리하"라고 지시했다.[143]

그러나 장제스가 광복군 창군 지원을 인준했는데도 중국 측의 지원과 원조는 곧바로 실행되지 않았다. 중국군사위원회 군정부軍政部에서 이를 적극 진행하지 않고 지연시키자 한독당 측에서는 이를 성사시킬 목적에서 하나의 '계책'을 사용했다. 즉 김구가 중국 당국자인 서은중徐恩曾과 교섭하면서 이른바 '격동책激動策'을 사용했다.[144]

> 김구 : 중국의 대일항전이 이와 같이 곤란한 때 도리어 원조를 구함이 심히 미안하오. 미국에 만여 명의 동포들이 나를 오라하고, 또한 미국은 부국이며 장차 미일개

---

141 『대한민국임시정부자료집 10(한국광복군 I )』, 4쪽.
142 『대한민국임시정부자료집 10(한국광복군 I )』, 5쪽.
143 『독립운동사 6』, 738쪽.
144 『백범일지』, 382쪽.

전을 준비 중이니 대미외교도 개시하고 싶소. 여비도 문제없으니 여행권 수속만 청구하오.

서은증 : 선생이 중국에 있으니 중국과 약간의 관계를 맺고 난 뒤 해외로 나가는 것이 좋지 않겠소?

김구 : 나 역시 그런 뜻에서 여러 해 중국 수도만 따라온 것이나, 중국이 5, 6개의 대도시를 상실한 나머지 독자적인 전쟁 수행만으로도 극도로 곤란한 것을 보고, 차마 한국 독립을 원조해 달라고 요구하기 미안한 까닭이오.

서은증 : 책임지고 선생의 계획서를 상부에 보고할 터이니, 한 부를 작성하여 보내주시오.

즉 김구가 미국으로 원조를 받으려 간다고 하면 중국 측이 "반드시 도미渡美를 만류하고 새 문제가 제기되리라"는 계산이었다.[145] 예상대로 중국 측에서 사업계획서를 제출하라는 통지가 왔다. 이에 따라 김구는 1940년 5월 '한국광복군훈련계획대강'을 중국 측에 전달했다. 한국광복군 창설의 기본 골격이 될 이 계획서는 모두 11개 조항으로 되어 있었다.[146] 그 내용은 다음 〈표 9-4〉와 같다.

한독당이 계획한 광복군의 편제 및 운영의 기본 방향은 항일전에 중국군과 한중연합전을 벌이며 광복군을 한국광복군총사령에 예속하며 단 한중연합작전을 벌일 때만 중국군사최고영수가 한중연합군 총사령관의 자격으로 이를 통솔, 지휘한다는 것이다. 그리고 중국정부는 이에 필요한 재정적 지원을 한다는 것이다. 이 '계획대강'은 곧바로 장제스의 승인을 받았다. 장제스는 "한국광복군이 중국항전에 참가"한다는 전제 아래 이를 "가찬嘉贊하여 비준"하고 조속히 실현하도록 중국군사위원회 군정부에 지시했다.[147]

한독당의 창군 계획은 장제스의 비준을 받았지만 중국군사위원회에서는 아무런 실질적인 조치를 취하지 않았다. 이유는 '계획대강'의 제3항 '예속' 조항 때문이었다.

---

145 趙擎韓, 『白岡回顧錄』, 韓國宗敎協議會, 1979, 288~289쪽.
146 『대한민국임시정부자료집 10(한국광복군Ⅰ)』, 8~9쪽.
147 『독립운동사 6』, 653~654쪽.

### 〈표 9-4〉 한국광복군훈련계획대강

| | |
|---|---|
| 1. 임무 | 한국광복군은 왜적의 토벌을 위한 한인무장 세력의 정식 기간부대로서 중국항일군의 작전을 유리하도록 하고, 아울러 적군 안에 있는 한인무장대오가 속히 일어서 총을 거꾸로 들고 적의 이한제화(以韓制華)의 음모를 박멸하고 아울러 한중연합작전의 의의를 중외에 널리 알리고, 중국 작전부대와 동일 보조를 취한다. 관외(關外)에 조직된 상당수의 광복군을 점차 확대 강화해서 전민 총동원의 원동력이 된다. |
| 2. 병액(兵額) | 잠정적으로 1개 사단을 기준으로 삼는다. |
| 3. 예속(隸屬) | 1) 한국광복군총사령부의 직할로 한다.<br>2) 중국군사최고영수가 한중연합총사령의 자격으로 통솔과 아울러 지휘한다 |
| 4. 편제(編制) | 1) 사령부는 사(師)사령부의 편제를 준칙으로 삼는 것을 제외하고 정치 · 특무 두 부를 부설한다.<br>2) 대오의 편제, 소단위제를 충분히 소유하고 여단의 최고 단위를 혼성한다.<br>3) 편제의 절차, 먼저 상층 조직에서 착수하고 현 인원으로 사령부를 조직한다. 병액의 증가에 따라 수시로 대오(隊伍)를 확대 편성한다. |
| 5. 징모방법 | 1) 동북(東北) 방면에 분포한 한국독립군의 옛 부대원을 초모한다.<br>2) 윤함구(淪陷區)내의 한인 장정을 초모한다.<br>3) 국내와 동북 각지에 군령을 내려 응모케 한다.<br>4) 적군 안의 한인 무장대오의 귀순을 종용한다.<br>5) 포로가 된 한인을 거두어 편성한다. |
| 6. 훈련방법및 지점 | 1) 훈련 : 군사훈련을 제외하고 당을 중시하는 정치, 특종기술 및 특무공작 등 훈련에 주력한다. 시안과 뤄양에 잠정적으로 설치한다. |
| 7. 활동구역 | 잠정적으로 하북 · 섬서 · 하남 · 산동 · 산서 및 동북 4성(四省)을 지정하여 주요 활동 구역으로 지정한다. |
| 8. 동북방면에 있는 한인무장대오의 처리 방법 | 1) 원래의 조선혁명군은 모두 한국광복군으로 개편한다.<br>2) 적색(赤色)한인의 무장대오를 광복군에 편입시켜 일치적 행동을 취한다.<br>3) 한인 무장자경대에 기회를 타 총을 거꾸로 잡도록 유치한다. |
| 9. 한국광복군의 속성방법 및 선전요령 | 1) 관내 각지 · 각 기관에 복무하는 군관을 소집하여 최단 기간에 필요한 훈련을 실시한다.<br>2) 이들을 기간으로 삼아 중한사병(中韓士兵)을 재소집하여 1단(團) 내지 1여(旅)를 편성한다. |
| 10. 특무기관의 부설 및 진행방략 | 1) 광복군총사령부 안에 특무대를 부설한다.<br>2) 선전 · 조직 · 정모 · 정찰 · 선동 · 파괴 등 공작을 실행한다. |
| 11. 요구사항 | 1) 광복군을 인준하고 중국 장정을 초모하여 혼동 편제를 속성시킨다.<br>2) 준비비 50만원.<br>3) 경상비는 매월 갑종사 경비를 지출한다.<br>4) 병기 · 피복 등은 군사 인원에 따라 수시 확인 지급한다. |

\* 총동원방략 : 중국의 항적 총반격에 호응하여 국내외 민중을 총궐기관에 대폭동 대혼전을 실행하는 한편으론 광복군을 편성, 훈련시켜 중국항일군과 공동으로 싸우게 하고, 많은 군사 인재들을 양성하여 장래 광복군의 기간(基幹)에 충당한다.

한국광복군

'계획대강'을 검토한 중국군사위원회 군정부 실무자들은 광복군은 "마땅히 군사위원회에 예속되어야" 하고 "각지에 파견한 인원도 각 해당 지역인 우리나라 고급 군사장관의 절제를 받아야" 한다며[148] 이들은 광복군을 중국군사위원회에 예속시킬 것을 주장했다.

중국군사위원회에서는 이런 검토 결과를 한독당에 전달했다. 5월 23일 중국국민당의 정보기관인 중앙조사통계국에서 부국장 서은증을 만난 김구는 "광복군의 행정관리는 자주권을 보지保持해야 한다."라며 광복군의 독립성과 자주권을 강력히 주장했다. 나아가 김구는 "소련의 경우 레닌시대에 이미 1백만 루블을 보조하기로 승낙했는데 당시 본국의 공산당이 10만 원을 수령해간 것을 제외하고 아직도 180만 원이 있습니다. 그러나 체면에 관계되어 다시 요구를 원치 않습니다."라고[149] 하며 중국의 지원태도에 강한 불만을 토로했다. 결국 광복군의 독립성과 자주권 문제로 중국 측과 광복군 창군 교섭은 더 이상 진전되지 않았다.

중국의 원조를 받아 광복군을 창설하려던 계획이 광복군을 예속시키려는 중국군사위원회의 의도로 벽에 부딪히자 임시정부는 독자적인 힘으로 광복군을 건립하기로 방침을 세웠다. 사실 한독당과 임시정부는 광복군 창군을 계획하면서 처음부터 중국의 원조에 의지하려고 했던 것은 아니었다. 광복군의 기초는 우리 민족의 자주적 힘으로 건립한다는 것이 기본 방침이었다.[150] 이를 위한 경비 마련은 미주 동포들에게 크게 의지했다.

---

148 『대한민국임시정부자료집 10(한국광복군 I )』, 21쪽.
149 『대한민국임시정부자료집 10(한국광복군 I )』, 18쪽.
150 한시준, 앞의 책, 1993, 84쪽.

1940년 초 임시정부는 외무부장 명의로 미주의 대한인국민회에 공한을 보내어 "광복군은 우리 힘으로 그 기초를 세워놓고 그런 다음 다른 사람의 힘을 빌리는 것"이라고 강조했다.[151] 이런 임시정부의 의도에 대해 미주 동포들은 크게 환영했다. 『신한민보』에서는 "중국의 한 부속군대가 되어 항일전선에 나선다면 자국의 국가 체면을 말살하는 것"이라며 "독립성을 가진 광복군을 조직해야 한다."라고 하고 "힘이 있으면 힘을, 돈이 있으면 돈을 내라"고 미주 동포들에게 호소했다.[152]

이에 따라 독자적으로 한국광복군 창군을 실질적으로 주도할 한국광복군창설준비위회가 조직되어[153] 중국 측과 아무런 상의 없이 일방적으로 광복군 창군을 추진했다. 우선 광복군을 조직해 놓고 중국의 원조 문제는 나중 일로 미루었던 것이다.

광복군의 창군은 '계획대강'에서 주장한대로 상층조직부터 편제에 착수하여 1940년 8월 4일 총사령부 구성을 완료했다.[154] 하향식 편제 방식은 하부조직을 구성할만한 인적 자원이 없는 상태에서 부득이한 조처였다. 9월 15일 임시정부는 내외에 광복군 창설을 알리는 '한국광복군선언문'을 공포했다.[155]

> 한국광복군선언문
> 대한민국임시정부는 대한민국 원년에 정부가 공포한 군사조직법에 의거하여 중화민국 총통 장제스 원수의 특별 허락으로 중화민국 영토 안에서 광복군을 조직하고, 대한민국 22년 9월 17일 한국광복군총사령부를 창립함을 자玆에 선언한다.
> 한국광복군은 중화민국 국민과 합작하여 우리 두 나라의 독립을 회복하고자 공동의 적인 일본제국주의자들을 타도하기 위하여 연합군의 일원으로 항전을 계속한다.
> 과거 삼십년간 일본이 우리 조국을 병합 통치하는 동안 우리 민족의 확고한 독립정신

---

151 「광복군을 후원」, 『新韓民報』, 1940년 2월 29일.
152 「포고문」, 『新韓民報』, 1940년 6월 20일.
153 1940년 9월 5일 발표된 '한국광복군선언'은 '대한민국임시정부 주석 겸 한국광복군창설위원회 위원장' 김구 명의로 발표되었다(韓國臨時政府宣傳委員會 篇, 『韓國獨立運動文類』(趙一文 譯註), 건국대출판부, 1976, 87~88쪽).
154 三均學會, 『素昻先生文集 上』, 햇불사, 1979, 145쪽.
155 『대한민국임시정부자료집 10(한국광복군Ⅰ)』, 22~23쪽.

은 불명예스러운 노예생활에서 벗어나기 위하여 무자비한 압박자에 대한 영웅적 항전을 계속해 왔다. 영광스러운 중화민국의 항전이 4개년에 도달한 이 때 우리는 큰 희망을 가지고 우리 조국의 독립을 위하여 우리의 전투력을 강화할 시기가 왔다고 확신한다.

우리는 중화민국 최고영수 장제스 원수가 한국 민족에 대하여 원대한 정책을 채택함을 기뻐하여 감사의 찬사를 보내는 바이다.

우리들은 한중연합전선에서 우리 스스로 계속 부단한 투쟁을 감행하여 극동 및 아시아 인민 중에서 자유·평등을 쟁취할 것을 약속하는 바이다.

대한민국임시정부 주석 겸 한국광복군창설위원장 김구

임시정부는 이 선언을 통해 독립성과 자주권을 가진 광복군을 창설하겠다는 의지를 내외에 분명히했다. 즉 '임시정부의 군사조직법에 의거하여' '조국의 독립을 위한' 광복군임과 공동의 적인 '일본제국주의를 타도하기 위한 연합군'임을 명백히 했다. 이 선언을 통해 광복군 창군 주체가 한독당에서 임시정부로 바뀌었다. 이로써 광복군은 당군黨軍이 아니라 국군으로서의 위상을 갖게 되었다. 여기에는 여러 가지 이유가 있었다. 하나는 한독당의 당군 보다는 임시정부의 국군이라야 민족의 대표성을 확보할 수 있고 이것이 민족역량을 광복군으로 결집하는데 보다 용이하다는 이유에서였다. 또 하나는 조선의용대와의 경쟁적 관계를 피하기 위해서였다. 조선의용대는 조선민족전선연맹에서 조직한 군사조직이지만 실제로는 민족혁명당의 당군이나 다름없었다. 따라서 같은 성격의 당군으로서 조선의용대와의 경쟁이나 마찰을 우려하여 임시정부의 군대로 창군하기로 한 것이다.[156]

임시정부는 이미 한국광복군선언문에서 밝힌 대로 9월 17일 오전 7시 충칭의 가릉빈관嘉陵賓館에서 역사적인 한국광복군총사령부성립전례를 거행했다. 이날 성립전례식에는 총사령부 직원을 비롯하여 임시정부·한독당·임시의정원 의원 그리고 충칭위술사령관 류즈劉峙 장군, 중경에 있던 외교사절 및 신문사 대표 등 2백여 명이 참석

---

156 한시준, 앞의 책, 1993, 88~89쪽.

했다.

임시정부는 일방적으로 광복군을 창설했지만 애초 광복군의 예속을 주장했던 중국 군사위원회는 광복군을 인정하지 않았다. 광복군 참모장 이범석이 "국민당 정부와 사전 협의도 없이 우선 만들어 놓고 내밀어 보자는 뱃심뿐이었다."라고[157] 했듯이 중국 정부로부터 광복군을 인정받아야 하는 과제가 임시정부 앞에 가로놓여 있었다.

### 2) 한국광복군행동준승9개항과 광복군

광복군이 창설될 무렵 광복군의 주관 부서를 군정부에서 판공청辦公廳으로 바꾼 중국 측은 광복군의 독립성을 인정하지 않고 중국의 지원병으로 만들려고 했다. 이것은 표면적으로는 광복군의 국제법상의 지위 문제였지만 실질적으로는 광복군의 관할문제로서 광복군을 중국군사위원회에 예속하느냐 아니면 임시정부의 직할군대로 하느냐 하는 문제였다. 즉 중국군사위원회는 광복군을 중국항일전쟁의 국제지원군으로서 중국군에 예속하려한 반면 임시정부는 동맹군으로서의 지위를 요구했던 것이다.[158] 임시정부는 비록 중국 측의 승인과 원조가 광복군 존립에 중요한 문제였지만 항일공동투쟁이라는 '평등적 우의友誼' 관계를 교섭 원칙으로 삼았던 것이다.

중국군사위원회는 '관내 한인들 가운데는 일본군에 협력하는 경우도 많아 광복군이 될 한인 청년들에 대해서는 신뢰를 갖지 못하기 때문에 광복군에 대한 엄격한 단속과 군기를 가해야 할 필요성이 있다'거나[159] 중국군사위원회 정치부 소속으로 편제되어 통제를 받고 있는 조선의용대를 예를 들며 광복군을 예속하려는 이유로 들었지만 그것은 표면적 이유에 지나지 않았다. 광복군을 예속하려는 실질적인 이유는 임시정부의 승인을 유보한 것과 마찬가지로 이를 통해 전후 한반도에 대한 영향력을 확대하려는 의도였다.

광복군의 예속 문제를 둘러싼 임시정부와 중국군사위원회의 갈등은 광복군 창군

---

157 李範奭, 「光復軍」 『新東亞』 1969년 4월호, 193쪽.
158 한시준, 앞의 책, 1993, 100쪽.
159 胡春惠, 앞의 책, 1978, 147쪽.

한국광복군총사령부성립전례식기념사진(독립기념관)

즉시 나타났다. 일방적으로 광복군을 창설한 임시정부가 1940년 11월 총사령부를 시안으로 이전하여 단위부대를 편성하는 등 활동을 시작하자 군사위원회는 이를 방해, 저지했다. 1940년 겨울 군사위원회가 각지의 군사장관들에게 광복군의 활동을 엄밀히 단속하라는 지시를 내렸다.[160] 광복군의 통행증 발급조차 금지한 이 지시는 사실상 광복군의 활동을 불가능하게 했다. 이 문제를 해결하는 길은 중국정부로터 광복군 승인을 받는 것이었다. 그리하여 임시정부에서는 중국정부와 중국군사위원회를 상대로 광복군 승인 교섭에 적극 나섰지만 중국군사위원회의 태도에 전혀 변화의 기미가 없었다.

결국 임시정부 측에서 기존의 입장을 양보하는 새로운 타협안을 마련하지 않을 수 없었다. 그것은 광복군 창설 당시 중국군사위원회가 요구했던 중국군 군사참모와 정치지도원을 받아들여 일정한 통제를 받을 것이니 광복군 창설을 인준하고 광복군 활동을 단속하는 지시를 취소해 달라는 것이었다.[161] 임시정부의 양보로 광복군 관할문

---

160 『韓國獨立運動史資料集 別集 2』, 97쪽.
161 『國民政府與韓國獨立運動史史料』(中央研究院近代史研究所), 臺北, 1988, 248~251·260~264쪽

제가 해결되면서 이후 광복군 문제는 중국군사위원회의 의도대로 진행되었다. 즉 중국군사위원회에서 광복군총사령부에 중국군을 파견하고 대신 광복군 성립을 인준한다는 것이었다. 그러나 정식승인이 계속 지체되다가 급기야 중국군사위원회에서는 조선의용대와의 관계를 빙계로 광복군 인준 태도를 번복했다. 이에 임시정부 측에서는 장제스와의 면담을 요구했고 결국 1941년 7월 18일 장제스는 한국광복군의 성립을 허가하면서 "단 일정한 한도가 있어야 하기에 허총장에게 명하여 군정부에서 속히 방법을 마련하"라고 지시했다.[162] 장제스가 강조한 '일정한 한도'란 곧 광복군의 예속이었다.

광복군의 예속 문제는 뜻하지 않던 조선의용대의 북상사건 즉 화북 진출로 급속히 진행되었다. 1941년 3월에서 5월 사이 있었던 조선의용대의 북상사건은 중국군사위원회에 상당한 충격을 주었다. 그리하여 장제스는 10월 30일 중국군사위원회 참모총장 허잉친에게 "한국광복군과 조선의용대를 동시에 군사위원회에 예속케 하고 참모총장이 직접 통일 장악하여 운용하도록" 하라고 지시했다.[163] 이렇게 하여 확정된 것이 '한국광복군행동준승9개항'(이하 9개준승)이었다. 11월 15일 중국군사위원회 판공청은 광복군총사령 이청천에게 "한국광복군은 본회에 귀속시켜 통할 지휘한다."라고 하면서 통할지휘에 따른 광복군 활동 규칙을 규정한 9개항을 '한국광복군총사령부잠행潛行편제표'와 함께 보내왔다.[164]

9개준승은, 광복군을 중국군사위원회에 직예直隸하고 참모총장이 장악 운용한다(1항)는 기본 원칙 아래 광복군 행동에 대한 8가지 규칙을 규정하고 있다. 특히 2항에 광복군이 '아국我國(중국-인용자)의 군령을 받는 기간에는 한국독립당 임시정부와의 고유한 명의관계名義關係를 보류한다.'라고 하여 광복군에 대한 임시정부의 통수권을 완전 박탈했다. 뿐만 아니라 광복군의 활동구역·작전·조직·훈련·초모·편성 등에 관한 제반 활동을 규제했고(3항~7항), 심지어 중일전쟁이 끝나기 전 광복군이 한국 국

---

(이하 『國民政府與韓國獨立運動史料』.)
162 『대한민국임시정부자료집 10(한국광복군Ⅰ)』, 90쪽.
163 『대한민국임시정부자료집 10(한국광복군Ⅰ)』, 104쪽.
164 『國民政府與韓國獨立運動史料』, 335~342쪽.

경내로 진입할 경우에도 중국군사위원회의 군령을 접수하도록 강제한 굴욕적인 것이었다.[165]

임시정부는 굴욕적인 9개준승을 '고통을 참으면서 접수忍痛接受'하기로 했다. 그 이유는 중국군의 승인과 지원이 없이는 아무 것도 할 수 없는 광복군의 현실적 처지 때문이었다. 광복군이 창설된 뒤 미주 동포들이 보내주는 "매달 3천 달러의 성금에 의존하여 그럭저럭 버텨왔"으나 태평양전쟁의 발발로 "미국으로부터의 송금이 단절되어 각항의 활동에 필요한 경비를 마련하지 못해 애를 먹고 있"었듯이[166] 중국의 재정원조가 절실한 상황이었다. 또 중국군사위원회의 명령으로 손발이 묶인 광복군의 활동을 재개하는 것도 시급한 문제였다. 그래서 임시정부는 9개준승을 부득이 받아들였던 것이다.

이로써 광복군은 9개준승에 의해 중국군사위원회에 예속되어 중국군 참모총장의 지휘를 받게 되었다. 임시정부는 '절통한 심정'으로 굴욕적인 9개준승을 받아들이기는 했지만 광복군의 독립성과 자주권을 지키려는 의지를 잃지 않았다. 비록 광복군이 9개준승에 얽매이기는 했지만 내부적으로는 이를 인정하지 않으려 했다.

1941년 11월 28일 임시정부는 '대한민국 건국강령'을 제정, 발표하면서 같은 날 '한국광복군공약'과 '한국광복군서약문'을 동시에 발표했다.[167]

한국광복군 공약

제1조 무장적 행동으로써 적의 침탈 세력을 박멸하려는 한국 남녀는 그 주의 사상의 여하를 물론하고 한국광복군의 군인될 의무와 권리가 있음.

제2조 한국광복군의 군인된 자는 대한민국 건국강령과 한국광복군 지도정신에 위배되는 주의를 군 내외에 선전하고 조직하지 못함.

제3조 대한민국 건국강령과 한국광복군 지도정신에 부합되는 당의 당강 당책을 가진 당은 군내에 선전하고 조직할 수 있음.

---

**165** 『대한민국임시정부자료집 10(한국광복군Ⅰ)』, 99~100쪽.
**166** 『대한민국임시정부자료집 10(한국광복군Ⅰ)』, 104~105쪽.
**167** 『대한민국임시정부자료집 1(헌법·공보)』, 255쪽.

제4조 한국광복군의 정신과 행동을 통일하기 위하여 군내에 1종 이상의 정치조직을 둠을 허락치 아니함.

한국광복군서약문

본인은 붉은 정성으로써 좌열각항左列各項을 준수하옵고 만일 배서背誓하는 행위가 있으면 군의 엄중한 처분을 달게 받을 것을 이에 서약하나이다.

一. 조국광복을 위하여 헌신하고 일체를 희생하겠음.
二. 대한민국 건국강령을 절실히 추행推行하겠음.
三. 임시정부를 적극 옹호하고 법령을 절대 준행하겠음.
四. 광복군공약과 기율을 엄수하고 상관명령에 절대 복종하겠음.
五. 건국강령과 지도정신에 위배되는 선전이나 정치조직을 군 내외에 행치 않겠음.

한국광복군공약과 서약문은 광복군이 비록 중국군사위원회에 예속되어 있지만 광복군은 임시정부의 군대이고 건국강령을 신봉하는 군대임을 분명히 하려는 것이었다. 뿐만 아니라 국무회의에서는 12월 국내외 동포를 대상으로 공포한 '포고문'에서 9개준승을 받아들였다는 사실과 함께 광복군이 중국 최고통수부의 절제와 군령에 복종하는 것은, 영불연합군처럼 국제법상의 이론과 실제에 부합되는 연합군이고 이 역시 중국 국경 안에서만 한정되며 광복군은 의연히 대한민국의 국군임을 강조했다.[168]

그럼에도 미국이 9개준승에 대해 중국이 이것을 담보로 일제 패망 후 한국의 상황을 장악할 수 있을 것이다고 평가했듯이[169] 9개준승을 받아들이는 것은 독립을 포기

---

168 포고문은 다음과 같다. "객군은 주재국의 주권을 침해치 못함은 물론이려니와 양국 간의 호감을 유지하며 연합작전의 효과를 고도로 발휘하기 위하여 한 군령에 복종치 아니하면 아니 된다. 이왕에 법국(프랑스-이용자) 안에서 영·법군(영국군과 프랑스군-인용자)이 연합작전을 행할 때에 영군은 법국 군사최고통수의 지휘 명령에 복종하였나니 이것은 법률과 이론과 실제에 부합되는 것이다. 우리 광복군도 중화민국 경내에서 대일 연합작전을 계속하는 기간에 한하여 중화민국 군사최고통수의 절제를 받게 되었다. 광복군과 본정부와의 고유한 종속관계는 의연히 존재하여 대한민국 국군된 지위는 추호도 동요됨이 없는 것이다"(『대한민국임시정부자료집 1(헌법·공보)』, 249쪽).
169 「육군정보과에서 국무장관에게」, 1943년 1월 21일(구대열, 앞의 책, 1995, 103쪽에서 재인용).

김구가 서명한 태극기(1941, 독립기념관)

해야 하는 의미와 같았다. 때문에 한국의 주권을 심각하게 침해할 수 있는 9개준승을 취소 내지 개정해야 한다는 주장이 1942년 10월 이후 임시정부와 임시의정원에서 한 목소리로 나왔다.

임시의정원에서는 1942년 11월 9일 "임시정부는 중화민국 국민정부에 향하여 현하 중화민국 국민정부 군사위원회에서 한국광복군에 잠용暫用하는 이른바 행동준승 9개조항을 최단기간에 폐기하고 국제간 절대 평등 호혜의 입장에서 우의적으로 적극 원조하기를 요구"하라는 수정안을 통과시켰다.[170] 이 결의안에 따라 임시정부에서도 9개준승 수정을 위한 작업에 착수하여, 1943년 1월 26일 국무회의에서 조소앙, 김규식, 조성환, 유동열, 박찬익 등 5명으로 소조회小組會를 조직, 총사령부의 의견을 참작하여 속히 진행하기로 결의했다. 그리고 2월 1일 국무회의에서 소조회가 작성하여 제출한 수정안을 원안대로 통과시켰다.[171] 소조회가 마련한 수정안인 '한중호조군사협정 초안'은 "광복군을 임정에 예속토록 하고 광복군 인원의 임면任免 및 정치훈련은 임

---

170 『대한민국임시정부자료집 1(헌법·공보)』, 270쪽.
171 『대한민국임시정부자료집 1(헌법·공보)』, 276쪽.

정이 담당하며, 광복군에 대한 지원은 차관으로 한다."라는 것이었다.[172]

임시정부에서는 이 수정안을 가지고 중국 측과 즉각 교섭에 들어갔다. 그러나 중국 측에서는 9개준승 취소 문제는 '임정이 정식으로 승인된 후에야 가능할 것', '광복군의 구성요소가 복잡하고 사상적으로 통일되지 않고 있다.'라는 등의 이유로 논의 자체를 진전시키지 않았다.[173]

이렇게 9개준승 수개문제가 교착상태에 빠지자 1943년 10월 열린 임시의정원 회의에서는 또다시 굴욕적 9개준승을 성토하는 목소리가 더욱 높아졌다. 내무부장 조완구는 9개준승에 대해 "주권을 잃고 나라를 욕보인 것喪權辱國"이라 했다. 임시의정원 의장 홍진도 "지금 광복군으로 인하여 우리의 주권을 잃고 있습니다."라고 했고, 문일민文逸民 의원도 "우리가 해외에 나올 적에 9개준승을 받으려 왔습니까. 이 자리에서 죽어도 또 망국노亡國奴 노릇은 못하겠다."라고 하며 분통을 터뜨렸다.[174] 하나같이 9개준승 문제를 주권 침탈의 문제로 인식했다. 그리하여 군무부 차장 윤기섭은 '일방적으로 9개조항의 실효失效를 선언하자'라고 주장했지만 그럴 경우 중국의 원조가 끊겨 "당장 굶어 죽을 각오를 해야 한다."라는 조완구의 현실론 앞에 강경론이 누그러졌다.[175]

임시의정원에서는 1943년 12월 8일 "광복군 9개준승을 주권 평등 원칙에서 3개월 내에 수개修改하기 위하여 적극 노력하되 해당 기간 안에 수정되지 못할 시는 즉시 9개준승을 폐기함을 내외에 성명聲明하고 광복군에 대한 선후문제는 국무회의에서 재결정할 것"을 결의했다.[176] 임시정부는 이 결의를 바탕으로 9개준승의 수개를 강력히 요구했지만 중국정부의 반대로 별다른 진전을 보지 못했다. 교착 상태에 빠진 9개준승 수개문제에 중국 측이 긍정적 반응을 보이기 시작한 것은 1944년 종반에 들어서였다. 9개준승의 일방적 실효를 선언하겠다는 임시정부의 강경한 입장과 함께 카이로회담에서 미국·영국·중국이 한국 독립 문제를 결정한 국제 환경의 변화도 영향

---

172 『資料韓國獨立運動 3』, 248~249쪽.
173 『독립운동사 6』, 298쪽.
174 『大韓民國臨時政府議政院文書』, 362쪽.
175 『大韓民國臨時政府議政院文書』, 370~372쪽.
176 『대한민국임시정부자료집 1(헌법·공보)』, 304쪽.

을 미쳤다. 임시정부에서는 그해 5월 이후 '한중호조군사협정초안'을 중국국민당에 제출하고[177] 중국의 당·정·군을 상대로 다각적인 외교 노력을 기울인 결과 마침내 성과를 거두게 되었다. 8월 23일 허잉친은 김구에게 9개준승을 취소한다는 통보를 해왔고, 9월 8일 최종적으로 "한국광복군은 임시정부에 예속되는 것이 합당"하고 9개준승은 "마땅히 취소하라"는 장제스의 지시가 있었다.[178]

이로써 중국군사위원회에 예속되어 광복군의 활동을 속박하던 굴욕적인 9개준승이 취소되어, 광복군은 임시정부의 군대로 거듭나게 되었다. 그런데 임시정부가 요구한 것은 9개준승의 취소와 새로운 군사협정의 체결이었는데 중국 측은 단지 9개준승만 취소했을 뿐이었다. 문제는 이로 인해 광복군에 대한 원조가 사실상 중단되었다. 때문에 9개준승 취소 통보를 받은 직후인 1944년 10월 7일 임시정부에서는 광복군에 대한 원조를 차관 형식으로 대체하자는 군사협정 체결을 중국 측에 요구했다. 이 요구는 1945년 3월 9일 장제스의 결재로 최종 해결을 보았다. 중국 측은 4월 4일 '원조한국광복군판법援助韓國光復軍辦法'이라는 군사협정안을 임시정부에 전달했고 이 협정의 시행일은 5월 1일부터였다.[179]

원조한국광복군판법

1. 한국임시정부에 소속된 한국광복군은 조국의 광복을 목적으로 하되 중국 경내에 있을 때에는 반드시 중국군대와 배합하여 항일작전에 참가한다.
2. 한국광복군이 중국 경내에서 행하는 작전행동은 중국 최고통수부의 지휘를 받는다.
3. 한국광복군이 중국 경내에서 초모 훈련을 진행할 때에는 양측의 협상을 거쳐야 하고 이에 대해 중국은 필요한 원조와 편리를 제공한다.
4. 한국광복군에 관한 연락 접촉상황은 한국임시정부와 중국군사위원회가 파견한 대표가 협상한다.
5. 한국광복군이 필요로 하는 일체의 군비는 협상 후 차관의 형식으로 한국임시정부에

---

[177] 胡春惠, 앞의 책, 1978, 170쪽.
[178] 『대한민국임시정부자료집 10(한국광복군Ⅰ)』, 164쪽.
[179] 『대한민국임시정부자료집 10(한국광복군Ⅰ)』, 185~186쪽.

제공한다. 단, 광복군의 경상비는 중국군대의 현행 급여 규정에 의하여 중국군사위원회가 매월 한국임시정부에 지급한다.

6. 중국의 각 포로수용소에 있는 한적韓籍 포로는 감화感化를 거쳐 한국광복군에게 넘긴다.

군사협정의 체결로 광복군은 비로소 임시정부의 국군이 되었고 중국의 원조도 차관 형식으로 제공을 받게 되었다. 이처럼 광복군은 9개준승을 받아들인 3년 6개월 만에 자신의 독립성과 자주권을 회복하게 되었다.

## 2. 한국광복군의 부대편제와 교육·훈련

### 1) 한국광복군 총사령부

임시정부는 총사령부를 성립한 직후 1940년 10월 9일 '한국광복군총사령부조직조례'를 공포했다. "한국광복군총사령부는 대한민국임시정부 국무회의 직할 하에" 두어 광복군이 임시정부의 국군임을 명백히 한 이 조례는 총사령부의 위상 및 지휘계통, 간부진의 역할 및 부서 등을 규정하고 있다. 즉 총사령이 광복군에 대한 지휘·통솔과 각종 사무를 관장하되, 군의 동원 및 작전계획은 총참모장에게, 예산 및 인사 등의 군정軍政은 군무부장의 지시를 받도록 하여 지휘계통을 이원화했다. 그 외에 참모장을 중심으로 10개 처의 부서를 설치하고 특무대와 헌병대를 두었는데[180] 이에 따라 편제된 총사령부의 조직과 간부진은 다음 〈표 9-5〉와 같다.[181]

---

[180] 『대한민국임시정부자료집 10(한국광복군Ⅰ)』, 32쪽.
[181] 『독립운동사 4』, 927~928쪽. 김구는 광복군총사령부 성립식이 있은 지 이틀 후인 9월 17일 주가화(朱家驊)에게 총사령부 성립을 통지하면서 '한국광복군총사령부직원명단'도 함께 보냈는데 이에 따르면 총사령 이청천, 참모장 이범석 이하 7개처(참모·부관·정훈·군법·관리·군수·군의)와 특무대 및 로사령(路司令) 그리고 4개 대대(대원 도합 240명) 및 제1로 동북사령(인원 4천 8백명) 등인데 이것은 실제 조직이기보다는 중국 측에 보여주기 위한 것이었다(『國民政府與韓國獨

〈표 9-5〉 한국광복군총사령부의 초기 조직

| 총사령: 이청천 | 참모장: 이범석 | 비서처장 | 최용덕(崔用德) |
|---|---|---|---|
| | | 참모처장 | 채원개(蔡元凱) |
| | | 부관처장 | 황학수(黃學秀) |
| | | 정훈처장 | 조경한(趙擎韓) |
| | | 관리처장 | |
| | | 편련처장 | 송호성(宋虎聲) |
| | | 포병공처장 | |
| | | 경리처장 | 조경한(겸임) |
| | | 군법처장 | |
| | | 위생처장 | 유진동(劉振東) |
| | | 특무대장 | |
| | | 헌병대장 | |

중국군의 직제를 모방한 이 같은 조직 구성은 당시 임시정부의 형편에서 볼 때는 현실성이 결여된 방대한 조직이었다. 때문에 10개 처 가운데 실제 업무가 가능하고 인원 배치가 가능한 7개 처에만 책임자가 임명되었다.

한편 총사령부의 조직체제 확립에 발을 맞추어 대한민국임시통수부도 구성되었다. 임시정부는 지도체제를 집단지도 체제에서 주석체제로 전환한 뒤 '대한민국임시통수부관제'를 제정 공포하고 통수부를 설치했다. 통수부는 주석과 막료 3명으로 구성되는데 주석은 임시정부 주석(김구)이 막료는 참모총장(유동열), 군무부장(조성환), 내무부장(조완구)으로 구성되었다.[182]

광복군의 상층조직을 구성한 뒤 임시정부에서는 총사령부를 산시성 시안으로 이전했다. 당시 시안은 일본군이 점령하고 있던 화북 지역과 인접한 곳으로 그곳에는 약 20만에 달하는 한인들이 이주해 있어[183] 초모·선전 활동을 벌이기가 적합한 지역이었다. 국무회의에서는 총사령부의 시안 이전을 결정하면서 "우선 제1기 임무로 장병을

---

立運動史料』, 244~247쪽).
182 『독립운동사 6』, 199쪽.
183 『朝鮮義勇隊』 제34기 (『한국독립운동사자료총서 2』, 한국독립운동사연구소 편), 1988, 250~251쪽.

급속 모집, 단기 훈련을 실시하여 최소한 3개 사단을 편성, 항일전에 참가한다."라는 목표를 세웠다.[184]

이에 따라 총사령 이청천과 참모장 이범석은 중국 군사당국과의 협정 문제를 처리하려고 충칭에 남고, 황학수를 총사령대리로 하는 '총사령부잠정부서'를 편성, 총사령부를 시안으로 이전했다. 이때 편성된 시안총사령부는 총사령대리 황학수, 참모장 김학규, 참모조 조장 이복원李復源, 참모 이준식李俊植·고운기高雲起, 부관조 조장 황학수, 부관 김용의金容儀·조시원趙時

**한국광복군 배지**
(KIA는 Korea Independence Army(한국광복군)의 영문약자)

元·왕중양王仲良, 경제조 조장 조경한, 조원 민영구閔泳玖·이달수李達洙·전태산全泰山, 선전조 조장 김광金光, 조원 지복영池復榮·조순옥趙順玉·오광심吳光心, 편집조 조장 송동산宋東山, 조원 조시제趙時濟 등으로 편제되었다.[185]

그러나 총사령부는 중국 측이 강요한 9개준승에 따라 대폭적으로 개편되었다. 중국 측은 9개준승과 함께 광복군총사령부의 기구를 축소시켜 광복군의 지휘체계를 장악하려는 의도로 '한국광복군총사령부잠행편제표'를 보내왔다. '잠행편제'에 의해 부사령과 부참모장 직이 증설되었지만 종래의 10개 처가 3개 처로 조정되어 결국 총사령부의 기구가 대폭 축소되었다. 총사령부의 기구 축소는 현실에 맞지 않았던 방만한 총사령부의 기구를 현실에 맞게 조정한다는 측면도 있으나 이보다는 기구를 축소 단순화시켜 광복군을 쉽게 통할 장악하려는 중국군사위원회의 의도가 더욱 크게 작용했다.[186]

---

**184** 『독립운동사 6』, 201~202쪽.
**185** 한시준, 앞의 책, 1993, 143쪽.
**186** 한시준, 앞의 책, 1993, 170~171쪽.

한국 광복군 ① 모자, ② 방한모, ③ 방한화, ④ 방한복

총사령부의 기구 축소와 함께 총사령부도 중국군이 장악했다. '잠행편제'에 따라 개편된 3개 처 가운데 참모처와 정훈처 그리고 총무처의 경리과와 같은 핵심부서에는 중국군이 파견, 충원되었다. 이에 따라 총사령부의 실제 인원 45명 가운데 3분의 2나 되는 33명이 중국군이었다. 이들은 총사령부의 작전권·운영권·정훈업무 등을 담당, 사실상 총사령부를 장악했다. 또 중국군사위원회는 자신의 통제가 가능한 지역에 총사령부를 두려는 의도에서 1942년 10월 시안에서 충칭으로 이전시켰다.

개편된 총사령부의 조직체제는 이후 9개준승이 폐지되기까지 계속되었다. 다만 1943년 8월에 한 차례 총사령부에 대한 부분적인 개편이 있었다. 중국 측은 광복군을 통할 지휘하기 위한 자료 및 광복군에 대한 지원의 근거를 마련할 목적으로 광복군의 실제 인원과 성향분석 그리고 소요 실태를 조사하는 광복군 점검을 실시했다.

었다.

한편, 제5지대장 나월환의 암살사건을 계기로 광복군은 초기 4개 지대에서 3개 지대로 크게 개편되었다. 사건의 발생 배경에 대해서는 정확하게 알려져 있지 않지만 1942년 3월 제5지대장 나월환이 대원들에게 살해되는 사건이 발생했다. 이 사건으로 대원들 중 20여 명이 체포되었고 이들 중 8명이 사형 내지 징역형을 선고받았다. 총사령부에서는 이 사건 직후인 4월 1일 제5지대를 기존의 제1·2지대와 통합하여 새로운 제2지대로 편성하고 총사령부 참모장인 이범석을 지대장으로 임명했다.

이에 따라 다른 지대도 개편되지 않을 수 없었다. 제1지대의 개편은 광복군에 편입된 조선의용대가 중심이 되었다. 1942년 7월 충칭에 남아있던 조선의용대 대원들과 그 외 각지에 파견되었던 공작대원들이 중심이 되어 제1지대가 성립되었다. 제1지대는 지대장에 김원봉, 지대부支隊府에 신악申岳, 부관에 손한림孫漢林, 총무조장에 이집중李集中, 군의에 한금원韓錦源, 사약司藥에 이명수李明守, 분대장에 성현원成玄園 등이었다.[200]

제1지대는 지대본부와 2개의 구대區隊로 편제되었다. 지대본부는 충칭에 그리고 후베이성 라오허커우老河口와 저장성浙江省 진화金華에 각각 구대를 설치했다. 지대본부가 후방인 충칭에 있고 지대장 김원봉을 비롯한 지대본부 요원들이 임시의정원 의원으로 활동하여 제1지대는 초모활동을 통한 병력증강이 제대로 이루어지지 못했다. 지대장 김원봉이 군무부장이 되면서 지대장도 송호성·채원개로 변경되었고 이 과정에서 토교대土橋隊 출신과 일본군 출신들로 본부 인원이 일부 보충되기도 했다. 반면 후베이성 라오허커우에 설치된 제1구대는 초모 병력을 포함, 27명 정도였고[201] 저장성 진화에 설치된 제2구대는 대략 23명 정도였다.[202] 이와 같이 지대본부와 2개의 구대로 편성된 제1지대는 지대본부 인원 42명을 포함, 대략 90여 명 정도였다.

제1·2·5의 3개 지대를 통합하여 새롭게 편성된 제2지대는, 제1지대가 편성된 지 이틀 후인 4월 22일 편성되었다. 제2지대는 지대장에 이범석, 지대부에 이복원, 부관

---

200 『資料韓國獨立運動 3』, 184~185쪽.
201 한시준, 앞의 책, 1993, 192쪽.
202 한시준, 앞의 책, 1993, 194쪽.

에 이건림李建林, 군의에 왕인석王仁石, 사약에 장봉상張鳳祥, 총무조장에 김용의, 정훈조장에 송면수, 제1 구대장에 안춘생, 제2 구대장에 노태준, 제3 구대장에 노복선 등이었다.[203] 제2지대는 총사령부와 이전 제1지대의 간부를 상급간부로, 이전 제5지대 대원을 하급간부로 구성되었다. 부구대장 이하 분대장은 제5지대 출신들이 중심이 되었다. 성립 당시 대원은 80여 명이었다.

제2지대는 산시성 일대와 허난성·허베이성 지역에서 초모 활동을 벌였다. 초모된 인원들은 중국군 제34집단군에서 운영하는 한국청년훈련단과 중앙육군군관학교 제7분교에서 교육과 훈련을 받았다. 제2지대의 인원은 1945년 3월말 현재 185명이었다.[204]

제3지대는 징모 제6분처가 발전하여 성립되었다. 징모 제6분처는 1942년 2월 제3지대장인 김학규를 주임으로 하여 오광심, 신송식 등 8명으로 편성되어 안후이성 푸양

광복군 제1지대(상)
광복군 훈련(하)

을 거점으로 초모 활동을 벌였다. 이들의 초모 활동은 1944년부터 그 성과가 나타났다. 일본군을 탈출한 학도병 등은 지하공작 대원과 중국군 유격대의 도움을 받아 푸양에 집결했다. 이들은 린촨臨泉에 있는 중앙육군군관학교 제10분교 안에 설치된 한국광복군훈련반에서 교육과 훈련을 받고, 곧바로 광복군에 편입되었다. 이들 가운데 36명은 충칭으로 갈 것을 희망하여 일부 기간요원을 비롯한 53명이 1944년 11월 충

---

203 『大韓民國臨時議政院文書』, 780~781쪽.
204 이 인원은 이후에도 계속 증가하여 250여명에 이르렀다고 한다(김준엽, 『長征 1』, 나남출판, 1987, 392쪽).

칭으로 떠났다.

졸업생 중 푸양에 남은 12명은 초모활동을 계속하여 이후 160여 명의 인원을 확보했고 이들이 중심이 되어 제3지대가 성립되었다. 제3지대는 1945년 3월 17일 인준되었으나 실제 성립식은 3개월 후인 6월 30일 푸양에서 거행되었다.[205]

한국광복군 제3지대 창설기념(1945.6)

제3지대는 지대본부와 1개 구대 그리고 구대 내에 3개 소대와 소대 내 각 2개분대로 편제되었고 대원수는 모두 189명 정도였다.[206]

제3지대의 지대장에는 김학규, 부지대장에 이복원, 정치지도원에 엄홍섭嚴弘燮, 비서실장에 장조민張朝民, 부관주임에 장호강張虎崗, 정보주임에 변영근邊榮根, 작전주임에 김용민金容旻, 군수주임에 안경수安慶洙, 정훈주임에 조병걸趙炳傑, 구호실장에 백순보白淳甫, 구대장에 박영준朴英俊 등이 임명되었다.

광복군은 이밖에도 정식 부대는 아니지만 제3전구공작대, 제9전구공작대, 토교대 등과 같은 부대가 활동하고 있었다. 제3전구공작대는 김문호金文鎬를 중심한 징모제3분처가 중국군 제3전구 지역에 파견되어 공작활동을 벌이고 있었다. 이들은 제2지대의 제3구대 제3분대로 편제되기는 했지만 독자적으로 활동했다. 제9전구공작대는 광복군에서 파견한 요원과 중국군 제9전구에서 탈출한 한인병사들로 구성되었고 이들은 1945년 5월 제1지대의 제3구대로 편제되었다. 한편 토교대는 충칭에 집결한 한인청년들을 일시 토교라는 곳에 수용하여 편성한 것으로 일종의 보충대였다.

### 3) 광복군의 일상적 활동

임시정부는 총사령부를 우선 결성한 뒤 창립 1개년 후 최소한 3개 사단의 편성을

---

205 『독립운동사 6』, 425쪽.
206 『독립운동사 6』, 616~620쪽.

당면 목표로 했다. 즉 총사령부를 기초로 하여 그 예하에 단위부대를 편성해 가는 일종의 하향식 편제방식에 의해 군사조직으로서의 체제를 갖춘다는 방침이었다. 광복군은 병력을 모집하여 예하부대를 편성, 확대하는 것이 급선무였다. 그래서 임시정부는 광복군을 모집하기 위한 방침으로 '한국광복군편련계획대강'을 마련, 초모 활동의 기본 방침을 정했다.[207]

한국광복군 편련계획대강

1. 동북 방면으로부터 입관入關하여 화북 각지에 분포되어 있는 한국독립군의 옛 군대 중에서 초모한다.
2. 윤함구淪陷區 내에 흩어져 있는 한인 장정을 초모한다.
3. 한국 국내와 동북 지방 각지에 있는 장정들에게 비밀리 군령을 내려 그들로 하여금 응하게 한다.
4. 적군 내에 있는 한인무장대오에 대해 방법을 써서 무기를 가지고 귀순하게 한다.
5. 포로로 잡힌 한인을 수편收編한다.

이에 따르면 광복군의 초모 대상은 국내·만주·중국 관내 등지의 한인이 있는 곳이면 모두 그 대상이 되었다. 특히 제4항처럼 일제에 의해 강제 징병되어 전선에 투입된 한인 청년들도 중요한 초모 대상이었다. 초모 활동은 군무부에서 주관했다. 군무부는 광복군 각 지대의 활동 지역을 중심으로 초모 활동을 전담하는 징모분처를 따로 설치하고[208] 각 지대의 지대장으로 하여금 징모분처의 책임자를 겸임하게 했다. 이것은 지대의 창설 요원들이 자체적으로 병력을 모집하여 지대의 규모를 늘려나가도록 하기 위해서였다. 중국 각처에 설치된 징모분처와 활동지역은 〈표 9-6〉과 같다.[209]

초모 활동이란 먼저 공작대원들이 적 점령지역에 잠입하여 공작 거점을 마련한 다

---

207 『國民政府與韓國獨立運動史料』, 236~242쪽.
208 『독립운동사 6』, 335쪽.
209 한시준, 앞의 책, 1993, 237쪽.

〈표 9-6〉 광복군 징모분처의 거점과 활동지역

| 징모분처 | 지대 | 주임 | 거점 | 활동지역 |
|---|---|---|---|---|
| 징모제1분처 | 제1지대 | 이준식 | 산서성 대동 | 임분, 태원, 극난파, 석가장 등 |
| 징모제2분처 | 제2지대 | 공진원 | 수원성 포두 | 수원성, 하북성, 찰합아성 등 |
| 징모제3분처 | 신설 | 김문호 | 강서성 상요 | 난징, 상하이, 남창 등 화중지역 |
| 징모제5분처 | 제5지대 | 나월환 | 섬서성 서안 | 로안, 신향, 장흡, 개봉 등 |
| 징모제6분처 | 제3지대 | 김학규 | 안휘성 부양 | 서주, 귀덕, 회양, 청도 등 |

음 한인 청년들을 포섭하여 이들을 광복군 지역으로 안내해 나오는 것이었다.[210] 초모 활동은 적 지역에서 위험을 감수하고 비밀리에 수행해야 하기 때문에 공작대원은 대개 비밀 유지를 위해 점조직 형태로 이루어졌고 이 과정에서 공작대원들의 희생도 뒤따랐다. 일본군 정보망에 발각되어 공작대원이 체포되거나 친일 괴뢰정권인 왕징웨이汪精衛 군대에 붙잡히거나 또는 친일파의 밀고로 체포되는 경우가 허다했다.[211]

위험을 감수한 공작대원들의 초모 활동은 시간이 갈수록 많은 성과를 거두었다. 그 가운데서도 시안의 제2지대와 푸양의 제3지대가 가장 많은 성과를 올렸다. 제2지대의 경우 초창기 20명 정도의 인원으로 출발했으나 1945년 8월경에는 약 250여 명의 대원을 확보했다. 제3지대는 8명의 징모 제6분처 대원으로 출발했으나 1945년 6월경 약 180여 명에 이르는 인원을 확보했다. 이러한 초모 활동 외에도 일본군에서 탈출한 탈출병, 포로출신 등이 일정한 교육과 훈련을 거친 뒤 광복군 대원으로 새롭게 편입되기도 했다.

이에 따라 1940년 9월 총사령부 간부 30여 명으로 창설된 광복군이 1945년 8월에는 총사령부를 비롯한 3개 지대에 최소한 7백여 명 이상의 병력을 확보한 군대로 발전했다.[212]

초모 활동으로 포섭한 한인 청년이나 일본군에서 탈출한 탈출병 또는 포로 등은 광복군 지역에 설치된 교육기관에서 일정 기간 교육과 훈련을 거친 후 광복군에 편입되

---

210 『독립운동사 6』, 336쪽.
211 『독립운동사 6』, 434~438쪽.
212 한시준, 앞의 책, 1993, 241쪽.

중국 중앙육군군관학교 한청반 제7본교 제3기 졸업사진

었다. 시안에서 이러한 교육과 훈련을 실시한 곳이 한국청년훈련반(이하 한청반)과 한국광복군훈련반(이하 한광반)이었다.

한청반은 전지공작대, 제5지대, 제2지대로 이어지는 시안지역 광복군의 교육과 훈련을 실시하던 곳이다. 한청반은 광복군이 창설되기 전 이곳에서 초모 활동을 했던 전지공작대 대원들의 교육과 훈련을 위해 설치 운영되었다. 즉 중국군 제34집단군의 협조를 받아 중앙전시간부훈련단 제4단 안에 시안으로 이동한 전지공작대 16명의 군사훈련을 목적으로 설치한 것이 한청반이었다. 이곳에서 3개월 동안 훈련을 받은 뒤 중국군 소위로 임관했던 전지공작대원들이 사실상 한청반 1기생이었다.[213]

한청반 제1기 출신인 전지공작대 대원들은 자신들이 화북 지역에서 초모해 온 한인 청년들을 교육 훈련하려고 한청반을 다시 설치, 운영했다. 한청반의 활동은 전지공작대가 광복군 제5지대로 편입된 뒤에도 계속되었다. 한청반의 교육 훈련은 전지공작대 간부와 시안의 광복군 총사령부 간부가 담당했고, 이를 거친 졸업생은 광복군 제2지대에 편입되었다.

한청반이 제2지대 초모 인원을 대상으로 한 교육·훈련기관이라면 한광반은 안후

---

213 한시준, 앞의 책, 1993, 242~243쪽.

**한국광복군의 활동 지역과 지대**

이성 푸양을 중심으로 초모 활동을 하고 있던 징모 제6분처에서 설치 운영한 교육·훈련기관이었다. 나중에 광복군 제3지대가 된 징모 제6분처 주임 김학규는 중국군 제10전구 사령관의 도움을 받아 린촨에 있는 중앙육군군관학교 제10분교 간부훈련단 안에 한광반을 설치했다. 한광반의 교육과 훈련은 주로 징모 제6분처의 기간요원들이 담당했으며 대개 5개월간의 교육과 훈련을 마치고 1기생을 배출했다.[214] 당시 졸업생은 일반 출신 11명과 학도병 33명 등 모두 48명으로서 졸업과 동시에 중국군 소위로 임관했다.

---

214 『독립운동사 6』, 419~420쪽.

졸업생 가운데는 장준하·김준엽 등 36명은 총사령부가 있는 충칭으로 갈 것을 주장하여 그곳으로 갔고 나머지 김국주金國柱 등 12명은 그곳에 남아 후일 제3지대를 창설하는 주역이 되었다. 충칭으로 간 대원들은 임시정부의 경위대·총사령부 그리고 시안의 제2지대로 분산 배치되었다.[215]

광복군의 일상 활동 가운데 중요한 것이 광복군의 창설 사실과 광복군의 활동상을 국내외에 알리는 일이었다. 이를 위해 광복군에서는 정훈처에 선전과를 설치하여 선전활동을 담당했다.

선전활동의 일차 대상은 일본군 점령 지역에 있는 동포들이었다. 중일전쟁 이후 중국 화북 지방에는 많은 한인들이 거주했다. 이들 가운데는 일본군의 군속으로 근무하는 이들이 많아 이들이 광복군의 선전공작의 주요 대상이었다. 뿐만 아니라 1938년 일제가 육군지원병제를 실시한 이래 강제로 끌려와 일본군 내에 있는 한인 병사들도 선전공작의 주요 대상이었다.

광복군의 초모 활동을 목적으로 한 선전공작 외에도 적전선을 교란시키기 위한 대적선전도 주요한 활동 가운데 하나였다. 실제 전투 못지않게 적의 사기를 저하시켜 전투력을 상실케 하는 심리전인 대적선전은, 일본군을 대상으로 반전사상을 유포하고 일본군의 만행을 폭로하며 일본군의 패전을 강조하는 방식이었다. 이를 위해 한국어·일본어·중국어·영어 등으로 된 잡지를 발간 배포하고, 전단·벽보 등을 작성하여 적 지역 안에 유포했다.

광복군은 창설 후인 1941년 2월 기관지 『광복』을 창간하여 광복군에 대한 선전과 홍보를 시작했다. 총사령부의 정훈처가 담당한

광복군 기관지 『광복』(독립기념관)

---

215 『독립운동사 6』, 462쪽.

『광복』 중국어본 창간사에서는 '중국의 민중에게 한국의 독립을 소개하고 중국의 필승과 일본의 패망을 선전하여 한중韓中의 연합항전을 도모하는 것을 주요 목적으로 한다.'라고 하며 발행 목적을 밝혔다. 『광복』은 한국어본과 중국어본 두 종류를 발행하여 중국 안의 동포와 중국의 행정·교육·군사·언론기관에 배포하여 큰 선전효과를 거두었다.[216]

광복군은 이런 선전활동 외에도 방송·연극공연·음악회 등 다양한 형식의 활동을 했다. 방송을 통한 선전활동은 충칭의 국제방송국을 이용하여 3·1절이나 광복군 창설 기념일 기타 중요한 행사가 있을 때 기념 선언문과 성명서를 발표하고 이를 방송을 통하여 선전했다. 1945년 초 총사령부에서는 심리연구실을 설치하고 주로 여군을 요원으로 삼아 방송 선전 활동을 벌였다.[217] 또한 총사령부에서 발표한 기념선언문이나 성명서 등을 대량으로 인쇄하여 각 지대와 중국군 전방 유격대를 통해 적진에 배포했으며 각 지대에서도 자체 선전물을 만들어 살포했다.

## 3. 한국광복군과 연합군의 공동 군사활동

### 1) 인도전구공작대 파견

1937년 중국대륙을 침략한 일제는 동남아시아 일대로 전선을 확대시키고 있었다. 1942년 봄 말레이시아와 싱가포르를 점령한 일본군은 장차 독일군과 중동에서 만나겠다고 하면서 미얀마를 침공하기 시작했다.[218] 일본군의 미얀마침공을 계기로 인도에 주둔하고 있던 영국군이 미얀마에서 일본군과 접전을 벌이게 되었다.

1942년 겨울 인도에 주둔하고 있던 영국군 총사령부에서 민혁당 측에 일본어를 구

---

216 愼鏞廈, 「《光復》誌 解題」 『한국독립운동사자료총서 1 -光復-』, 독립기념관 한국독립운동사연구소, 1987 참조.
217 『독립운동사 6』, 368쪽.
218 崔德新, 『印緬抗日戰記』, 平和圖書株式會社, 1947, 4쪽.

사할 수 있는 공작인원의 파견을 요청했고, 민혁당에서는 최성오, 주세민 2명을 인도에 파견했다.[219] 인도에 파견된 이들은 전방에 배치되어 대적선전공작에 투입되어 활동했고, 영국군 측에서는 이들의 활동에 크게 만족하여 총사령부 안에 대적선전대對敵宣傳隊를 특설했다.[220]

　이것이 광복군에서 인도 미얀마전선에 공작대를 파견하게 된 계기가 되었다. 이들의 활동이 유익하다고 판단한 영국군 측에서 더 많은 인원의 파견을 요청해 왔다. 영국군의 요청은 민혁당을 통해서 이루어졌고 1943년 5월에 민혁당 총서기 김원봉과 인도주둔 영국군 총사령부 대표 콜린 맥겐지Colin Mackenzie 사이에 '조선민족군 선전연락대 파견에 관한 협정'을 체결했다. 이 협정에 따르면 "조선민족의 독립을 쟁취하고 영군의 완전 전승을 촉진하기 위하여 조선민족혁명당은 재인영군在印英軍의 항일작전을 협조하고 영군은 조선민족혁명당의 대일투쟁을 협조하기 위하여" 조선민족군 선전연락대를 파견하기로 하고, 선전연락대의 구성(10인~25인), 임무(대적선전), 복무기한(6개월을 1기)과 조건, 대원들의 대우 등을 규정했다.[221]

　이 협정은 민혁당과 인도주둔 영국군 사이에 이루어졌지만 대원들을 파견하는 문제는 민혁당이 독자적으로 추진할 수 없었다. 민혁당은 당시 임시정부에 참여하여 그 소속 정당의 하나가 되어 있었고, 조선의용대는 1942년 7월 광복군 제1지대로 편입되었기 때문이다. 더욱이 광복군은 9개준승으로 중국군사위원회로부터 작전권 및 군사 활동에 대해 통제와 간섭을 받고 있었다. 이러한 현실에서 민혁당이 독자적으로 군사행동을 할 수 없었던 것이다.

　결국 협정의 주체는 민혁당이지만 이를 실행하는 문제는 중군군사위원회의 승낙과 광복군총사령부에서 맡게 되었다. 광복군총사령부에서는 인도에 파견할 대원을 선발했다. 선발 기준은 신체조건과 함께 어학 능력이 중시되었고 제1지대와 제2지대에서 모두 9명을 선발, 대장에 한지성韓志成, 부대장에 문응국文應國 그리고 최봉진崔俸鎭, 김상준金尙俊, 나동규羅東奎, 박영진朴永鎭, 송철宋哲, 김성호金成浩, 이영수李英秀를 대

---

219 『資料韓國獨立運動 3』, 224쪽.
220 『대한민국임시정부자료집 12(한국광복군Ⅲ)』, 11~12쪽.
221 『대한민국임시정부자료집 12(한국광복군Ⅲ)』, 3~4쪽.

원으로 모두 9명의 인도파견공작대를 편성했다.²²² 선발된 공작대원 9명은 중국군사위원회에서 일정한 교육을 받은 뒤 비행기 편으로 1943년 8월 29일 인도로 파견되었다.²²³

인도 콜카타에 도착한 공작대원은 1943년 9월 15일부터 12월 10일까지 약 3개월 동안 영국군으로부터 다시 교육을 받았다. 교육은 영어와 방송기술을 비롯하여 일어방송·문서번역·전

**포트윌리엄 콜카타 마이단 공원(인도 콜카타, 독립기념관)**
공작대원이 소속된 영국군 선전대 본부가 있던 자리

단작성 등에 관한 것이었다.²²⁴ 교육을 마친 뒤 공작대원은 영국군에 분산 배치되었다. 송철은 영국군 총사령부에, 이영수와 최봉진은 콜카타의 방송국에 남았다. 그리고 나머지 6명은 한지성의 인솔 아래 부야크로 이동했다. 여기서 다시 2분대로 나뉘어 영국군에 배속되었다. 제1분대의 문응국·김상준·나동규는 영국군 제201부대로, 박영진과 김성호는 제204부대에 배속되었다.²²⁵

영국군에 배속된 공작대는 임펄Impal전선에 투입되었다. 임펄은 일본군이 점령하고 있던 미얀마와 접경지역으로, 영국군과 일본군이 대접전을 벌이고 있던 곳이다. 당시 미얀마는 연합군 측이 중국으로 전쟁 물자를 수송하는 주요 통로였다. 일본군이 중국의 해안선을 봉쇄하자 연합군 측에서는 미얀마 남쪽의 랭군Rangoon에서 북부의 라시오Lashio를 거쳐 중국의 쿤밍昆明으로 이어지는 미얀마공로公路를 통해 전쟁 물자를 수송하고 있었다.²²⁶ 일본군이 미얀마를 점령하면서 이 통로가 차단되었고, 영국군과 중국군은 이 통로를 타개하려고 1942년 이래 일본군과 치열한 접전을 벌이고

---

222 文應國, 「第二次世界大戰秘話-韓國光復軍派遣印度工作隊活躍史」, 『광복군동지회회보』 5, 1972년 12월 15일.
223 「광복군 사관 비행기로 인도에」, 『新韓民報』, 1943년 9월 2일.
224 『대한민국임시정부자료집 12(한국광복군Ⅲ)』, 13~14쪽.
225 『대한민국임시정부자료집 12(한국광복군Ⅲ)』, 13~14쪽.
226 『獨立軍抗爭史』(국방부 전사편찬위원회 편), 1985, 278~279쪽.

한국광복군 인면전구공작대 대원

있었다.

　광복군 공작대가 임펄전선에 투입된 것은 1944년 초였다. 1월 7일 문응국·김상준·나동규는 부야크에서 영국군 제201부대와 함께 임펄전선으로 출발했고, 제204부대에 배속된 박영진과 김성호는 3월 7일 임펄전선으로 이동했으며 대장 한지성도 이곳에서 대원들과 합류했다. 이들이 임펄에 도착한 직후 영국군과 일본군 사이에 대접전이 벌어졌다. 1944년 3월 말 일본군이 친두이강을 건너 임펄 지역을 공격해 오면서 영국군과 일본군 사이에 치열한 공방전이 계속되었다. 이 전투에서 영국군은 큰 승리를 거두었다. 광복군 공작대는 이 전투를 비롯하여 '띠마플'. '티딤Tidim', '비센플' 등 각지에서 벌어진 전투에 참여했다.[227]

　광복군 공작대의 주요 임무와 활동은 대적 선전공작이었다. 이러한 활동에 대해 한지성은 "우리 공작대는 전투할 수 있도록 무장하고 적과 가장 가까운 진지에서 적을 향하여 일어방송을 했고, 선전문을 제작하여 산포했으며, 문건을 번역했으며, 포로도 심문했다."라고 했다.[228] 이들은 일본군과 접전하고 있는 최전선에 투입되어 주로 일

---

227 『대한민국임시정부자료집 12(한국광복군Ⅲ)』, 14~18쪽.
228 『대한민국임시정부자료집 12(한국광복군Ⅲ)』, 14~18쪽.

제2지구 대장 : 노태준盧泰俊
　　　　　　충청도반 반장 : 정일명鄭一明 이하 1~3조 9명
　　　　　　전라도반 반장 : 박훈朴勳 이하 1~3조 9명
　　　제3지대 대장 : 노복선盧福善
　　　　　　함경도반 반장 : 김용주金容珠 이하 1~2조 6명
　　　　　　강원도반 반장 : 김준엽金俊燁 이하 1~3조 9명
　　　　　　경상도반 반장 : 허영일許永一 이하 1~3조 9명

　이들을 한반도에 침투시키는 작전계획과 준비는 OSS 측에서 입안했지만 구체적 내용은 알려져 있지 않다. 김구는 훗날 이에 대해 "시안훈련소와 푸양훈련소에서 훈련받은 우리 청년들을 조직적 계획적으로 각종 비밀무기와 전기電器를 휴대시켜 산둥반도에서 미국 잠수함에 태워 본국으로 침입하게 하여 국내 요소에서 각종 공작을 개시하여 인심을 선동하게 하고 전신으로 통지하여 무기를 비행기로 운반하여 사용할 것을 미국 육군성과 긴밀히 합작했다."라고 회고했다.[256] 즉 광복군대원들은 미국 잠수함으로 국내에 침투하여 거점을 확보하고 각종 공작과 선전 활동을 하고 OSS 측과 연락하여 필요한 무기를 비행기로 공수 받아 적 후방을 교란시키는 게릴라활동을 벌인다는 계획이었다.

　그러나 광복군의 국내진공작전은 예상치 못한 일본의 빠른 항복으로 실행 직전에 좌절되었다. 일제의 항복으로 국내진공작전이 무산되자 임시정부에서는 곧바로 국내에 정진대 파견을 계획, 추진했다. 시안에서 일제의 항복 소식을 들은 김구는 제2지대 본부가 있는 두곡으로 돌아와 광복군총사령 이청천, 제2

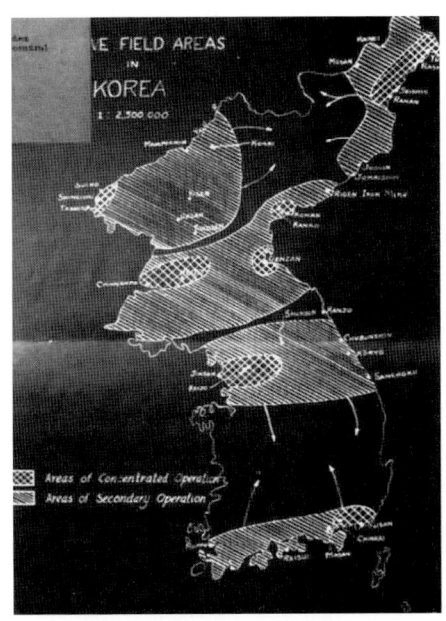

독수리작전 계획서의 한반도 지도

---

256 『백범일지』, 399쪽.

지대장 이범석 등과 향후 진로를 협의했다. 협의에서 "OSS훈련을 받은 제2지대 대원들을 국내정진대로 편성하여 가급적 신속히 국내로 진입시키자"고 결정했다.[257] 김구는 이들이 국내로 출발하기 전날인 8월 17일 충칭으로 돌아갔다.[258] 임시정부에서 신속히 국내에 정진대를 파견하기로 결정한 것은 "광복군을 국내에 진입시켜 미군의 협력을 얻어 일본군의 무장을 해제하고 치안을 유지하여 건국의 기틀을 다지도록 하기 위한 조치"였다.[259]

임시정부 측에서는 이범석을 내세워 이 문제를 OSS 측과 교섭하게 했다. 훈련책임자였던 사전트 대위는 정진대 파견에 전적으로 동의, 즉각 쿤밍에 있는 OSS본부에 보고했다.[260] OSS본부 측에서도 임시정부의 제안을 받아들였다. 임시정부의 정진대 파견은 가급적 빨리 한반도에 활동기반을 마련하려는 OSS 측의 의도와 결합되어 쉽게 해결되었다.

그리하여 중국전구 미군사령부에서는 "포츠담선언에 따라 한국에 있는 연합국포로들에 대한 위무와 협조를 위해 사절단을 파견"하기로 결정하고 웨드마이어 장군의 지시로 OSS사절단을 구성했다.[261] 이와 함께 8월 13일 중국전구 미군사령부에서 이범석 장군에게 "수일 내에 사절단을 서울로 들여보내니 그 편에 편승하라"는 통지를 보내왔다.[262] 이에 따라 광복군 측에서는 미군 사절단과 함께 갈 정진대 파견대원 7명을 선발했다. 그러나 최종 탑승자는 이범석을 비롯한 김준엽·장준하·노능서盧能瑞 4명이었다. OSS 측은 책임자 윌리스 버드Willis Bird 대령을 포함한 18명이었다.[263]

광복군 정진대와 미군사절단은 일본이 항복을 선언한 다음날인 8월 16일 새벽 4시 30분에 시안을 출발했다. 그러나 비행기가 산동반도에 이르렀을 때 아직 여러 지역에서 전투가 벌어지고 있다는 보고를 받고 책임자 버드 대령이 회항을 명령하여 시안으

---

257 김준엽, 앞의 책, 1987, 418쪽.
258 『대한민국임시정부자료집 13(한국광복군Ⅳ)』, 203쪽.
259 김준엽, 앞의 책, 1987, 418쪽.
260 위와 같음.
261 대한매일신보사, 『白凡金九全集 6』, 1999, 739쪽.
262 김준엽, 앞의 책, 1987, 419쪽.
263 『韓國獨立運動史資料 21』, 279·459쪽.

로 되돌아갔다.

산둥반도까지 갔다가 돌아온 이들은 8월 18일 다시 국내 진입을 시도했다. 이날 새벽 5시 30분 시안을 출발, 6시간의 비행 끝에 12시경 여의도 비행장에 착륙했다. 비행장에서 이들을 맞이한 것은 무장한 일본군이었다. 일본군은 비행기 착륙은 허락했지만 착륙 즉시 이들 일행을 포위하고 어떤 활동도 허락하지 않았다. 버드 대령이 "중국방면 미군 사령관 육군 중장 앨버트 웨드마이어의 지시 및 평화협정에 의거하여 연합군 포로들에게 무엇이든지 돕고 미래의 철수를 사전에 준비하기 위해 초기의 연합군 점령 예비대표로 여기에 왔다."라고 하며 조선총독에게 전달해 줄 것을 요구했다. 그러나 일본군은 신임장이 없고 또 본국으로부터 아무런 지시를 받지 못했다는 이유로 버드 대령의 요구를 받아들이지 않았다. 이에 버드 대령은 "일본군 측이 정전·항복 서명이 있을 때까지 일시적으로 미국사절단을 체류시키고 평화협정이 체결되면 즉시 활동할 수 있도록 할 것"을 다시 요구했다. 그러나 일본군은 이를 거부했고 오히려 탱크와 박격포 등을 배치하고 안전을 보장할 수 없으니 돌아가라며 위협했다.[264]

국내정진대 노능서, 김준엽, 장준하

결국 일본군의 완강한 거부와 위협으로 정진대와 미군 일행은 돌아갈 수밖에 없었다. 이들은 착륙한지 28시간여만인 8월 19일 오후 3시 30분에 여의도 비행장을 이륙하여 그날 오후 6시 5분에 유현(濰縣)으로 돌아왔다. 이로써 임시정부의 국내정진대 파견 계획은 무산되고 말았다.

한국광복군은 이렇게 국내에 진격, 조국광복의 꿈을 실현하지는 못했지만 임시정부는 한국광복군에 중요한 역사적·정치적 의미를 부여하고 있었다. 즉 광복군이란 명

---

[264] 『대한민국임시정부자료집 13(한국광복군Ⅳ)』, 224~227쪽.

칭은 "1907년 8월 1일 한국국방군이 왜구에 의해 강제로 해산된 뒤 한국 조야의 애국지사들이 국내에서 전개한 무장 항왜운동을 한국인들은 '의병운동'이라" 부른데서 유래했고, 또 이들이 "1910년 8월 29일 한국이 정식으로 왜국에게 병탄된 뒤 한국광복운동은 왜구의 압박을 견디지 못하고 중국·러시아·미국 등지로 속속 그 활동의 중심을 옮기게 되었다"고[265] 했듯이 "한국광복군은 일찍이 1907년 8월 1일 국방군해산과 동시에 성립된 것"이며 "적들이 우리 국군을 강제로 해산시킨 날이 바로 우리 광복군의 창립일"이라고 했다.[266] 이처럼 임시정부는 한국광복군이 1907년 8월 일제에 의해 강제 해산된 대한제국의 군대 그리고 항일의병과 이들을 뒤이은 남북만주의 독립군을 역사적으로 계승한 "대한민국의 건국군이요 약소민족의 전위대"로 규정했다.[267]

임시정부의 직속 국군인 광복군에게는 일반적인 국군과는 달리 파괴와 건설이라는 두 가지 임무가 부여되었다. 파괴의 임무란 "첫째, 국내의 적들이 침략을 위해 건설한 일제의 정치·경제·문화·교통기관에 대한 파괴"이고, "둘째, 국내의 한인 가운데 봉건세력, 반혁명세력, 적에 빌붙는 각종 악렬한 세력은 모두 타도의 대상"이며, "셋째, 일체의 구습과 사회를 오염시키는 요소를 제거하는 것"으로서 곧 일제를 타도하고 일제 잔재와 봉건적 요소를 일소하는 '혁명군'으로서의 임무였다. 또한 건설의 임무란 "첫째, 대한민국의 건국방침에 준거하여 즉각 정치·경제와 교육의 균등제도를 수립하는 것(토지국유, 보통선거제도, 국비교육, 의무교육연한 연장의 실행)"이고, "둘째, 민족과 민족, 국가와 국가 간의 평등 지위 실현"이며 "셋째, 우리를 평등하게 대하는 세력과 손을 잡고 세계 인류의 평화와 행복을 촉진하기 위해 협력하는" 것으로써[268] 광복 후에 건설된 새로운 국가의 건설군이자 세계 인류의 평화와 행복을 지향할 평화군이었다.

이처럼 한국광복군은 대한제국의 군대를 역사적으로 계승하고 의병과 독립군의 맥

---

265 『대한민국임시정부자료집 14(한국광복군Ⅴ)』, 8쪽.
266 『대한민국임시정부자료집 14(한국광복군Ⅴ)』, 21쪽.
267 『대한민국임시정부자료집 14(한국광복군Ⅴ)』, 23쪽.
268 『대한민국임시정부자료집 14(한국광복군Ⅴ)』, 24~15쪽.

락은 잇는 민족군대로서 임시정부가 설정한 국권 회복과 새로운 국가건설의 목표를 직접 수행하고 보위해야 할 '혁명군'이자 '건국군'으로서의 위상을 부여받았던 것이다. 그러나 광복군은 임시정부가 연합국 어느 나라로부터도 끝내 정부 승인을 받지 못하고 1945년 11월 임시정부 요인들이 개인자격으로 귀국했듯이 임시정부의 직속 국군인 광복군 역시 자신들에게 부여된 '파괴와 건설'이라는 역사적 임무를 수행하지 못한 채 조국의 광복과 함께 사실상 해체되고 말았던 것이다.

참고문헌
찾아보기

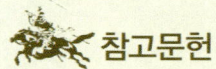
## 참고문헌

### 1. 사료

『조선왕조실록(朝鮮王朝實錄)』
『고종순종실록(高宗純宗實錄)』
『비변사등록(備邊司謄錄)』
『승정원일기(承政院日記)』
『일성록(日省錄)』
『각사등록 -평안북도·함경남북도편-』(국사편찬위원회 영인)
『감계사교섭보고서 -1927년~1940 사본-』(이왕직편찬회초편, 규장각 소장)
『갑신일록』
『강위전집(姜瑋全集)』
『개정 징병규례집(改正 徵兵規例集)』(大日本國民敎育會 편), 1920.
『건건록(蹇蹇錄)』(陸奧宗光)(岩波書店, 1941)
『고등경찰요사(高等警察要史)』(朝鮮總督府 慶尙北道警察部, 1934)
『고종시대사(高宗時代史)』
『고환당수초』
『고환당집』
『관내조선인반일독립운동자료휘편(關內朝鮮人反日獨立運動資料彙編)』(陽昭全 等 編, 요녕인민출판사, 1987)
『관보(官報)』
『구한국외교문서(舊韓國外交文書)』

『구한말조약휘찬(舊韓末條約彙纂) 상(上)』(국회도서관 입법조사국, 동아출판사, 1964)
『국민신보(國民新報)』
『국민정부여한국독립운동사사료(國民政府與韓國獨立運動史史料)』(中央硏究院近代史硏究所 編, 臺北, 1988)
『군부래문(軍部來文)』
『근대일선관계의 연구(近代日鮮關係の硏究) 상·하(上·下)』(田保橋潔, 朝鮮總督府 中樞院, 1940)
『근대중한관계사자료휘편(近代中韓關係史資料彙編) 제1책』(胡春惠·張存武·趙中孚 편, 國史館, 臺北, 1987)
『근세조선정감(近世朝鮮政鑑) 상(上)』
『기려수필(騎驢隨筆)』(宋相燾)(국사편찬위원회 복간본, 1955)
『김약제일기(金若濟日記) 권3』(金若濟)(조선사편수회 필사본, 1929)
『대판매일신보(大阪每日新報)』
『대한계년사(大韓季年史)』
『대한민국임시의정원문서(大韓民國臨時議政院文書)』(국회도서관, 1974)
『대한민국임시정부자료집 1~17』(국사편찬위원회, 2005~2007)
『도산안창호자료집(島山安昌浩資料集) 1~3』(한국독립운동사연구소, 1992)
『독립군단명부(獨立軍團名簿)』(1921)(국가보훈처, 1998)
『독립군의 수기(獨立軍의 手記)』(국가보훈처, 1995)
『독립신문』(국사편찬위원회, 2005)
『독립운동사별집 -임시정부사-』(독립운동사

편찬위원회, 1976)
『독립운동사자료집 7~11』(독립운동사편찬위원회, 1973~1975)
『독립운동사자료집 별집2』(독립운동사편찬위원회, 1976)
『독립유공자공훈록(獨立有功者功勳錄) 5~14』(국가보훈처, 1988~1994)
『동경조일신문(東京朝日新聞)』
『동문휘고(同文彙考)』
『동아일보(東亞日報)』
『동진어모일기(東津禦侮日記)』
『동학농민혁명사료총서(東學農民革命史料叢書)』(史芸硏究所, 1990)
『동학란기록(東學亂記錄) 상(上)』(국사편찬위원회, 1959)
『만조보(萬朝報)』
『매천야록(梅泉野錄)』
『명치 27·8년 일청전쟁(明治二十七·八年日淸戰爭) 1』(參謀本部 編)(東京印刷株式會社, 1904)
『무장독립운동비사(武裝獨立運動秘史)』(蔡根植, 大韓民國公報處, 1949)
『민보집설』
『박규수전집(朴珪壽全集)』
『배일선일공자공명부(排日鮮人功者功名簿)』(1920)(국가보훈처, 1997)
『백범일지』(김구)(도진순 주해, 돌베게, 1997)
『병인일기(丙寅日記)』
『북간도지역 독립군단명부(北間島地域 獨立軍團名簿)』(국가보훈처, 1997)
『북만지방사상운동개황(北滿地方思想運動槪況)』(朝鮮總督府 警務局, 1929)
『북우계봉우자료집(北愚桂奉瑀資料集) 1·2』

(한국독립운동사연구소, 1997)
『비서류찬 조선교섭자료(秘書類纂 朝鮮交涉資料) 중(中)』(伊藤博文 編)(비서류찬간행회, 1936)
『사상정세시찰보고집(思想情勢視察報告集) 1~10』(社會問題資料硏究所 編, 東洋文化社, 京都, 1976)
『석주유고(石洲遺稿)』(李相龍)(고려대출판부, 1973)
『성재이동휘전서(誠齋李東輝全書) 상·하』(한국독립운동사연구소, 1998)
『속음청사(續陰晴史) 상(上)』(金允植)(국사편찬위원회 복간본), 1960
『수록(隨錄)』(京都大 河合文庫 소장자료)
『시사신보(時事新報)』
『신한민보(新韓民報)』
『안도산전서(安島山全書) 上·中·下』(도산기념사업회, (주)범양사, 1990)
『어윤중전집(魚允中全集)』
『완당선생전집(阮堂先生全集)』
『요시찰인명부(要視察人名錄)』(1925)(국가보훈처, 1996)
『용호한록(龍湖閒錄)』
『우강양기탁선생전집(雩崗梁起鐸先生全集) 제3권』(우강양기탁선생전집편찬위원회, 2002)
『우당이회영약전(友堂李會榮略傳)』(李觀稙)(을유문화사, 1985)
『우편보지신문(郵便報知新聞)』
『운하견문록(雲下見聞錄)』
『원수부래문(元帥府來文)』
『윤치호일기』
『음청사(陰晴史)』

『이육신보(二六新報)』
『이화장소장 운남이승만문서(梨花莊所藏 雩南李承晩文書) 동문편(東文篇) 1~18』(중앙일보사·연세대학교현대한국학연구소, 國學資料院, 1998)
『일로간지한국(日露間之韓國)』(幣原坦) (博文館, 東京, 1905)
『일로전쟁백년(日露戰爭百年)』(遊就館 편, 2005)
『일본외교문서(日本外交文書)』
『일지교섭외사(日支交涉外史) 상(上)』(葛生能久, 黑龍會, 1938)
『일청교전록(日淸交戰錄) 13』(博文館 編, 1894)
『일한외교자료집성(日韓外交資料集成) 5 -일로전쟁편(日露戰爭編)-』(金正明 편)(巖南堂書店, 1967)
『자료 한국독립운동사(資料 韓國獨立運動史) 1~5』(추헌수, 연세대출판부, 1976)
『자생록(孜生錄)』(張龍煥) (『忠北史學』 3(부록), 충북대학교사학회, 1990)
『재만조선인개황(在滿朝鮮人槪況)』(日本外務省 亞細亞局, 1933)
『조선독립운동(朝鮮獨立運動) 1~5』(金正明 編) (原書房, 東京, 1967)
「조선의 보호와 병합(朝鮮の保護及併合)」『朝鮮統治史料 제3권』(金正柱 편) (韓國史料研究所, 東京, 1970)
『조선일보(朝鮮日報)』
『조선주차군역사(朝鮮駐箚軍歷史)』(金正明 편) (巖南堂書店, 1967)
『조선통치자료(朝鮮統治資料) 1~10』(金正柱) (韓國史料研究所, 東京, 1970~1972)
『주한일본공사관기록(駐韓日本公使館記錄) 1』(국사편찬위원회 번역본), 1990
『증보문헌비고(增補文獻備考)』
『청광서조중일교섭사료(淸光緖朝中日交涉史料) 1』(北京, 文海出版社, 1963)
『청실록(淸實錄)』
『청장관전서(靑莊館全書)』
『충계중일한관계사료(淸季中日韓關係史料)』(중앙연구원근대사연구소, 臺北)
『친군별영등록(親軍別營謄錄)』
『평안감영계록(平安監營啓錄)』
『평양발전사(平壤發展史)』(平壤民團役所, 1914)
『풍운한말비사(風雲韓末秘史)』
『한국독립운동사 1』(국사편찬위원회, 1965)
『한국독립운동사자료집(韓國獨立運動史資料集)』(한국정신문화연구원, 박영사, 1983)
『한국독립운동사증언자료집(韓國獨立運動史證言資料集)』(한국정신문화연구원, 박영사, 1986)
『한국독립운동지혈사(韓國獨立運動之血史)』(박은식) (維新社, 1920)
『한국민족운동사료(韓國民族運動史料) -삼일운동편 1·2·3(三一運動篇 其一·二·三)-』(국회도서관, 1979)
『한국민족운동사료(韓國民族運動史料) -중국편(中國篇)-』(국회도서관, 1976)
『한국지(韓國誌)』
『한국천주교회사 (하)』(샤를르 달레) (최석우·안응렬 역주, 한국교회사연구소, 1980)

『한국통사(韓國痛史) 하(下)』(朴殷植) (李章熙 역, 博英社, 1996)

『한민족독립운동사자료집(韓民族獨立運動史資料集) 1~5』(국사편찬위원회)

「한불관계자료(韓佛關係資料) -1840~1856-」『敎會史硏究 1』(한국교회사연구소 譯), 1977

「한불관계자료(韓佛關係資料) -1866~1867-」『敎會史硏究 2』(한국교회사연구소 譯), 1979

『한성순보』

『해국도지』

『해상기문(海上奇聞)』

『현대사자료(現代史資料) 25~30』(姜德相 編, みすず書房, 東京, 1970)

『황성신문(皇城新聞)』

George C. McCune and John A. Harrison, ed., Korean-American Relations: Documents Pertaining to the Far Eastern Diplomacy of the United States Vol I, Berkely and Los Angeles: University of California Press, 1963

George Lynch, The Path of Empire, Duckworth&Co London, 1903(『제국의 통로-시베리아 횡단철도와 열강의 대각축-』(정진국 역), 글항아리, 2009)

『КОРЕИ』(러시아 대장성편, 1990) (한국정신문화연구원 편, 『國譯 韓國誌』, 1984)

## 2. 단행본 (박사학위논문 포함)

### (1) 국내

강만길, 『조선민족혁명당과 통일전선』, 和平社, 1991

高橋幸八郎 외 편, 『일본근대사론』, 지식산업사, 1981

구대열, 『한국국제관계사연구』 2, 역사비평사, 1995

구선희, 『韓國近代 對淸政策史 硏究』, 혜안, 1999

국방군사연구소, 『한국무기발달사』, 1994

국사편찬위원회, 『韓國史 48 -임시정부의 수립과 독립투쟁-』, 2001

권석봉, 『淸末 對朝鮮政策史硏究』, 일조각, 1997

그리피스, 『隱者의 나라 韓國』(申福龍 역주), 탐구신서, 1976

김광재, 『韓國光復軍의 活動 硏究 -美 戰略諜報局(OSS)과의 合作訓練을 중심으로-』, 東國大學校 大學院博士學位論文, 1999

김명호, 『초기 한미관계의 재조명 - 셔먼호 사건에서 신미양요까지 -』, 역사비평사, 2005

김병기, 『참의부연구』, 단국대학교 박사학위논문, 2005

김상기, 『한말의병연구』, 일조각, 1997

김영범, 『한국근대민족운동과 의열단』, 창작과비평사, 1997

김영수, 『大韓民國臨時政府憲法論』, 三英社, 1980

김용구, 『세계외교사』, 서울대학교출판부,

2007
김우철, 『조선후기 지방군제사』, 경인문화사, 2001
김원룡, 『在美韓人五十年史』, 1958
김원모, 『開化期 韓美 交涉關係史』, 단국대학교 출판부, 2003
김의환, 『의병운동사』, 박영사, 1974
김재관 편, 『묄렌도르프』, 玄岩社, 1984
김재승, 『만주벌의 이름 없는 전사들』, 혜안, 2002
김재승, 『韓國近代海軍創設史』, 혜안, 2000
김정기, 『1876~1894年 淸의 朝鮮政策 硏究』, 서울대학교 박사학위논문, 1994
김종수, 『조선후기 중앙군제 연구-훈련도감의 설립과 사회변동』, 혜안, 2003
김종원, 『근세 동아시아관계사 연구』, 혜안, 1999
김준엽, 『長征:나의 光復軍 시절』, 나남, 1987
김준엽·김창수, 『한국공산주의운동사 1~6』, 청계문화사, 1996
김희곤 외, 『大韓民國臨時政府의 左右合作』, 한울, 1995
김희곤, 『中國關內 韓國獨立運動團體硏究』, 지식산업사, 1995
노경채, 『韓國獨立黨硏究』, 신서원, 1996
노대환, 『동도서기론 형성 과정 연구』, 일지사, 2005
노영구, 『조선후기 兵書와 戰法의 연구』, 서울대 박사학위논문, 2002
독립운동운동사편찬위원회, 『獨立運動史 제4·5·6권 -獨立軍戰鬪史(下)-』, 1975
독립유공자협회, 『러시아地域의 韓人社會와 民族運動史』, 敎文社, 1994
독립유공자협회, 『中國東北지역 韓國獨立運動史』, 집문당, 1997
藤原彰, 『日本軍事史』(嚴秀鉉 역), 時事日本語社, 1994
藤村道生, 『청일전쟁』(허남린 역), 도서출판 小花, 1997
마루야마 마사오, 『日本政治思想史硏究』, 통나무, 1995
마리우스 B. 잰슨, 『일본과 세계의 만남』, 소화, 1999
박 환, 『滿洲韓人民族運動史 硏究』, 一潮閣, 1991
박민영, 『대한제국기 의병연구』, 한울, 1998
박성수, 『한국독립운동사적; 中國편』, 國民報勳處, 1992
박영석, 『日帝下獨立運動史硏究:滿洲·露領地域을 중심으로』, 一潮閣 1984
박영석, 『한 獨立軍兵士의 抗日戰鬪;北路軍政署兵士 李雨錫의 事例』, 博英社, 1984
박은숙, 『갑신정변 연구』, 역사비평사, 2005
박재찬, 『구한말 陸軍武官學校硏究』, 제일문화사, 1992
朴宗根, 『淸日戰爭과 朝鮮 -外侵과 抵抗-』(朴英宰 譯), 一潮閣, 1992
반병률, 『성재 이동휘 일대기』, 범우당, 1999
방선주, 『在美韓人의 獨立運動』, 한림대학교 아시아문화연구소, 1989
배우성, 『조선후기 국토관과 천하관의 변화』, 일지사, 1998
배항섭, 『19세기 조선의 군사제도 연구』, 국학자료원, 2002
백기인, 『建軍史』, 國防部 軍事編纂硏究所,

2002
백기인, 『조선후기 국방론연구』, 혜안, 2004
백기인, 『중국군사사상사』, 국방군사연구소, 1996
山邊健太郎, 『한일합병사』(安炳武 역), 汎友社, 1982
山室信一, 『러일전쟁의 세기-연쇄시점으로 보는 일본과 세계-』(정재정 역), 도서출판 小花, 2010
서대숙, 『간도 민족독립운동의 지도자 김약연』, 역사공간, 2008
서영희, 『대한제국 정치사 연구』, 서울대 출판부, 2003
서인한, 『대한제국의 군사제도』, 도서출판 혜안, 2000
서인한, 『대한제국의 군사제도』, 혜안, 2000
서인한, 『병인·신미양요사』, 국방부 전사편찬위원회, 1989
서중석, 『신흥무관학교와 망명자들』, 역사비평사, 2001
서태원, 『조선후기 지방군제연구-營將制를 중심으로-』, 혜안, 1999
손형부, 『朴珪壽의 開化思想硏究』, 一潮閣, 1997
송병기, 『近代韓中關係史硏究』, 단국대출판부, 1985
신승하, 『19세기 중국사회 -서양의 충격과 대응-』, 신서원, 2000
신용하, 『韓國民族獨立運動史硏究』, 乙酉文化社, 1985
신주백, 『만주지역 한인의 민족운동사』, 아세아문화사, 1999
심헌용, 『한말 군 근대화 연구』, 국방부 군사편찬연구소, 2005
안천, 『신흥무관학교; 정통 독립군·원초적 사관학교』, 교육과학사. 1996.
안확, 『조선육해군사』, 1923
양소전, 『中國에 있어서의 韓國獨立運動史』, 한국정신문화연구원, 1996
역사학회, 『전쟁과 동북아의 국제질서』, 일조각, 2006
연갑수, 『대원군집권기 부국강병정책 연구』, 서울대 출판부, 2001
염인호, 『조선의용군의 독립운동』, 나남출판, 2001
오길보, 『조선근대반일의병운동사』, 평양 과학백과사전종합출판사, 1988
유영익 등, 『이승만과 대한민국이시정부』, 연세대학교출판부, 2009
유영익, 『甲午更張硏究』, 一潮閣, 1990
유홍렬, 『高宗治下西學受難의 硏究』, 乙酉文化社, 1962
육군사관학교한국군사연구실, 『한국군제사-근세조선후기편-』, 육군본부, 1968
윤대원, 『상해시기 대한민국임시정부 연구』, 서울대학교출판부, 2006
윤병석, 『간도역사의 연구』, 국학자료원, 2003
윤병석, 『國外韓人社會와 民族運動』, 一潮閣, 1990
윤병석, 『獨立軍史』, 知識産業社, 1990
이강훈, 『武裝獨立運動史』, 瑞文堂, 1981
이광린, 『開化黨硏究』, 一潮閣, 1981
이광린, 『韓國史講座 V (근대편)』, 一潮閣, 1997
이근호 외, 『조선후기의 수도방위체제』, 서울학연구소, 1998

이범석,『우등불』, 三育出版社, 1986
이상근,『韓人 露領移住史 硏究』, 탐구당, 1996
이연복,『大韓民國臨時政府三十年史』, 국학자료원, 1999
이정규,『又觀文存』, 三和印刷(株) 出版部, 1974
이태진,『조선후기의 정치와 軍營制 변천』, 한국연구원, 1985
이헌주,『姜瑋의 開國論 硏究』, 고려대학교 대학원 박사학위논문, 2004
이현희,『大韓民國臨時政府』, 韓國民族運動史硏究會, 1991
임경석,『한국사회주의의 기원』, 역사비평사, 2003
장세윤,『중국동북지역 민족운동과 한국현대사』, 명지사, 2005
장세윤,『중국동북지역민족운동와 한국현대사』, 명지사, 2005
장학근,『조선시대 해양방어사』, 창미사, 1998
전해종,『한중관계사연구』, 일조각, 1970
정옥자,『조선후기 조선중화사상연구』, 일지사, 1998
정재정,『일제침략과 한국철도(1892~1945)』, 서울대 출판부, 1999
정창열,『甲午農民戰爭硏究-全琫準의 思想과 行動을 중심으로-』, 연세대 박사학위논문, 1991
정하명,『고병서해제』, 육군본부, 1979
정해은,『한국전통병서의 이해』, 국방부 군사편찬연구소, 2004
조경한,『白岡回顧錄』, 韓國宗敎協議會, 1985
조동걸,『獨立軍의 길따라 대륙을 가다』, 知識産業社, 1995
조동걸,『한국민족주의 성립과 독립운동사 연구』, 지식산업사, 1989
조동걸,『韓國民族主義의 成立과 獨立運動史』, 지식산업사, 1989
조동걸,『한말 의병전쟁』, 독립기념관 한국독립운동사연구소, 1989.
조문기,『鴨綠江邊的抗日名將梁世鳳』, 요녕인민출판사, 1993
조문기,『조선혁명군 총사령관 양세봉-1930년대 항일무장투쟁사의 큰 봉우리』, 나무와 숲, 2007
조재곤,『한국 근대사회와 보부상』, 혜안, 2002
中塚明,『歷史の僞造をただす』, 高文硏, 1997(박맹수 역,『1894년, 경복궁을 점령하라』, 푸른역사, 2002)
지복영,『역사의 수레를 끌며-항일무장독립운동과 백산 지청천장군』, 문학과 지성사, 1995
지헌모,『靑天將軍의 革命鬪爭史』, 삼성출판사, 1949
차문섭,『朝鮮時代軍制硏究』, 檀大出版部, 1973
채영국,『1920년대 후반 만주지역 항일무장투쟁』, 한국독립운동사편찬위원회, 2007
채영국,『韓民族의 만주독립운동과 正義府』, 국학자료원, 2000
최병옥,『개화기의 군사정책연구』, 경인문화사, 2000
최진욱,『19세기 海防論 전개과정 연구』, 고려대학교 대학원 박사학위논문, 2008
최효식,『조선후기 군제사 연구』, 신서원, 1995
하우봉,『朝鮮後期實學者의 日本觀硏究』, 一志

社, 1989
한국근현대사연구회,『대한민국임시정부수립 80주년기념논문집 (상·하)』, 국가보훈처, 1999
한국독립유공자협회,『中國東北地域 韓國獨立運動史』, 집문당, 1997
한국독립유공자협회,『中國東北지역 韓國獨立運動史』, 集文堂, 1997
한국역사연구회 편,『조선정치사 -1800~1866(하)-』, 청년사, 1990
한국역사연구회,『3·1민족해방운동연구』, 청년사, 1989
한국정신문화연구원,『병인양요의 역사적 재조명』, 한국정신문화연구원, 2001
한상도,『한국독립운동과 국제환경』, 한울, 2000
한상도,『韓國獨立運動과 中國軍官學敎』, 문학과 지성사, 1994
한시준,『韓國光復軍研究』, 一潮閣, 1993
허선도,『조선시대 화약병기사 연구』, 일조각, 2005
허태용,『조선후기 중화론과 역사인식』, 아카넷, 2009
현광호,『大韓帝國의 對外政策』, 신서원, 2002
胡春惠, 中國안의 韓國獨立運動』, 단국대출판부, 1978
홍순권,『한말 호남지역 의병운동사 연구』, 서울대 출판부, 1994
홍순권,『韓末 湖南地域 義兵運動史 研究』, 서울대학교 출판부, 1994
홍영기,『대한제국기 호남의병 연구』, 일조각, 2004
홍영기,『대한제국기 호남의병 연구』, 일조각, 2004
홍영기,『한말 후기의병』, 한국독립운동사편찬위원회/독립기념관 한국독립운동사연구소, 2009
황묘희,『중경대한민국임시정부사』, 경인문화사, 2002
황선열,『일제시대 독립군시가 연구』, 한국문화사, 2005
A. 말로제모프,『러시아의 동아시아정책』(석화정 역), 지식산업사, 2002
Alexei Nikolaievich Kuropatkin,『러일전쟁 (러시아 군사령관 쿠로파트킨 장군 회고록)』(심국용 역), 한국외국어대학교 출판부, 2007
F. A. 멕켄지,『大韓帝國의 悲劇, The Tragedy of Korea』(申福龍 역), 探求堂, 1981
U.S. Department of State,『미국의 대한정책 (1834~1950)』(한철호 역), 한림대학교 아시아문화연구소, 1998

(2) 국외
宮武外骨 編,『壬午鷄林事變』, 東京, 1932
金文子,『朝鮮王妃殺害と日本人』, 高文研, 東京, 2009
藤原彰 外,『近代日本史の基礎知識(增補版)』, 有斐閣, 1983
藤原彰·今井清一·大江志乃夫 編,『近代日本史の基礎知識』, 有斐閣, 1983
山邊健太郎,『日韓合邦小史』, 岩波書店, 東京, 1966
森松俊夫,『大本營』, 敎育社, 1980
松下芳南,『近代日本軍事史』, 高山書院, 東京, 1941

王家儉, 『魏源對西方的認識及其海防思想』, 國立臺灣大學文學院, 1964
原田敬一, 『日淸戰爭』, 吉川弘文館, 2008
由井正臣, 『軍部と民衆統合-日淸戰爭から滿洲事變期まで-』, 岩波書店, 2009
中塚明, 『近代日本と朝鮮』, 三省堂, 1977
楫西光速 外, 『日本資本主義の發展 Ⅱ』, 東京大學出版會, 東京, 1969
戚其章, 『甲午戰爭史』, 人民出版社, 上海, 2005

## 3. 논문

### (1) 국내

강룡권, 「민족독립운동과 서일」 『韓民族獨立運動史論叢』, 수촌박영석교수화갑기념논총간행위원회, 1992
강만길, 「大韓帝國의 性格」 『創作과 批評』 48, 창작과 비평사, 1978
강만길, 「獨立運動의 歷史的 性格」 『分斷時代의 歷史認識』, 창작과 비평사, 1978
강창석, 「日本의 對韓政策과 自衛團의 組織에 관한 硏究」 『東義史學』 11/12합집, 1997
고석규, 「집강소기 농민군의 활동」 『1894년 농민전쟁연구 4』, 역사비평사, 1995
고정휴, 「第2次 世界大戰期 在美韓人社會의 動向과 駐美外交委員部의 活動」 『國史館論叢』 49, 국사편찬위원회, 1993
구대열, 「2차대전 중 중국의 한국정책 : 국민당정권의 臨政정책을 중심으로」 『韓國政治學會報』 28, 1995
구선희, 「갑신정변 직후 反淸政策과 청의 袁世凱 파견」 『史學硏究』 51, 韓國史學會, 1996
권대웅, 「大韓獨立團國內之團의 組織과 活動」 『嶠南史學』 5, 1990
권석봉, 「'朝鮮策略'과 淸側 意圖」 『全海宗博士華甲紀念史學論叢』, 일조각, 1979
권석봉, 「청국유학생(영선사)의 파견」 『한국사 38 -개화와 수구의 갈등-』, 국사편찬위원회, 1999
권태억, 「統監府시기 日帝의 對韓農業施策」 『露日戰爭前後 日本의 韓國侵略』, 一潮閣, 1986
권희영, 「자유시사변 연구」 『韓國史學』 14, 1994
吉田和起, 「日本帝國主義의 朝鮮倂合-국제관계를 중심으로-」 『韓國近代政治史硏究』(楊尙弦 편), 사계절, 1985
김 택, 「왜곡된 청산리전투사의 진상을 논함-홍범도장군의 주도적인 역할을 중심으로」 『韓民族獨立運動史論叢』, 수촌박영석교수화갑기념논총간행위원회, 1992
김광재, 「한국광복군 제3지대의 작전개요」 『韓民族獨立運動史論叢』, 水邨朴永錫敎授華甲論叢刊行委員會, 1992
김광재, 「韓國光復軍 第1支隊 第3區隊의 성립과 변천-'飛虎隊' 문제와 관련하여-」 『한국민족운동사연구』 28, 2000
김광재, 「韓國光復軍 第1支隊 第3區隊의 성립과 변천」 『韓國抗日民族運動과 中國』, 國學資料院, 2000
김광재, 「韓國光復軍의 韓·美合作訓練」 『한국민족운동사연구』 25, 2000

김광재, 「韓國光復軍과 미 OSS의 合作訓練」 『軍史』 45, 2002
김광재, 「한국광복군의 한미공동작전의 의의」 『軍史』 52, 2004
김광재, 「韓國光復軍의 한미합작훈련에 대한 임정 내부 및 각국의 반응」 『史學研究』 73, 2004
김광재, 「조선의용군과 한국광복군의 비교」 『史學研究』 84, 2006
김국주, 「나의 光復軍時節 體驗記」 『韓民族獨立運動史論叢』, 水邨朴永錫敎授華甲論叢刊行委員會, 1992
김명호, 「제너럴셔먼호 사건과 박규수」 『대동문화연구』 42, 2003
김병기, 「서간도 光復軍司令部의 성립과 활동」 『한국근현대사연구』 9, 1998
김병기, 「대한통의부 의용군의 조직과 활동」 『史學志』 37, 2005
김봉렬, 「일제하 재만 항일무장투쟁의 추이와 의미」 『군사연구』 130, 육군군사연구소, 2010
김세은, 「대원군집정기 군사제도의 정비」 『한국사론』 23, 1990
김세은, 「개항 이후 군사제도의 개편과정」 『군사』 22, 1991
김시태, 「黃遵憲의 朝鮮策略이 韓末政局에 끼친 影響」 『史叢』 8, 1963
김영범, 「韓國光復軍 刊行 ≪光復≫의 獨立運動論」 『한국독립운동사연구』 1, 1987
김영범, 「朝鮮義勇隊研究」 『한국독립운동사연구』 2, 1988
김영범, 「중경 임시정부하 1942년의 군사통일: 실현 경위와 의의. 그리고 백범 김구의 역할-」 『백범과 민족운동연구』 1, 2003
김용달, 「靑山里大捷에 대한 임시정부의 대응」 『한국근현대사연구』 제15집, 2000.
김용섭, 「哲宗 壬戌年의 應旨三政疏와 그 農業論」 『韓國史研究』 10, 1974
김용섭, 「書評 -『獨立協會研究』-」 『韓國史研究』 12, 한국사연구회, 1976
김우전, 「韓國光復軍과 美國 OSS의 共同作戰에 관한 研究」 『韓民族獨立運動史論叢』, 水邨朴永錫敎授華甲論叢刊行委員會, 1992
김우전, 「O.S.S. 特工作戰用 한글암호표 W-K KOREAN CODE TABLE(A)(B)」 『한국독립운동사연구』 9, 1995
김원모, 「美國의 朝鮮遠征과 第1次 朝·美戰爭(1871)」 『東洋學』 8, 동양학연구소, 1978
김원모, 「페비거의 探問航行과 美國의 對韓砲艦外交(1868)」 『史學志』 16, 단국대학교 사학회, 1982
김원모, 「로즈 艦隊의 來侵과 梁憲洙의 抗戰(1866)」 『東洋學』 13, 동양학연구소, 1983
김원모, 「슈펠트의 탐문 항행과 조선개항 계획(1867)」 『동방학지』 35, 동방학연구소, 1983
김원모, 「대원군의 대외정책」 『한국사 37 -서세동점과 문호개방-』, 국사편찬위원회, 2000
김의환, 「정미년(1907) 조선군대해산과 반일 의병투쟁」 『향토서울』 26, 1966

김의환, 「독립군의 형성과 국내 진격작전」 『韓日研究』 12, 韓國日本問題研究學會, 2001

김인걸, 「1894년 농민전쟁의 1차봉기」 『1894년 농민전쟁연구 4』, 역사비평사.

김재승, 「구한말 군함 揚武艦의 顚末」 『해양한국』 12, 한국해사문제연구소, 1987

김정기, 「1880년대 機器局·機器廠의 설치」 『한국학보』 10, 1978

김정기, 「兵船章程의 强行(1888.2)에 대하여」 『한국사연구』 24, 1979

김정기, 「大院君 납치와 反淸意識의 형성 (1882~1894)」 『韓國史論』 19, 서울대학교 국사학과, 1988

김종원, 「壬午軍亂 硏究」 『國史館論叢』 44, 국사편찬위원회, 1993

김주용, 「1920년대 만주 독립군단체와 군자금」 『軍史』 52, 2004

김주용, 「중국 長白地域 독립운동단체의 활동과 성격-大韓獨立軍備團과 光正團의 활동을 중심으로」, 『史學硏究』 92, 2008

김창수, 「한인애국단의 성립과 활동」, 『한국독립운동사연구』 2, 1988

김창순, 「자유시사변」, 『한민족독립운동사』 4, 국사편찬위원회, 1988

김창욱, 「한형석의 광복군가 연구」 『港都釜山』 24, 부산광역시사편찬위원회, 2008.

김춘선, 「1880~1890년대 청조의 '移民實邊' 정책과 한인이주민 실태 연구」, 『한국근현대사연구』 8, 1998

김춘선, 「발로 쓴 청산리전투의 역사적 진실」 『역사비평』, 2000년 가을호

김춘선, 「1920年代 韓民族反日武裝鬪爭硏究에 관한 再照明-鳳梧洞·靑山戰役을 中心으로」, 2004

김태국, 「청산리전쟁 전후 북간도지역 일본영사관의 동향과 그 성격」 『韓國史硏究』 111, 2000

김행복, 「한국광복군의 군사활동과 그 의의」 『軍史』 41, 2000

김희곤, 「韓國勞兵會의 결성과 독립전쟁 준비방략」 『中國關內 韓國獨立運動團體硏究』, 지식산업사, 1995

김희곤, 「조선의용대의 독립운동전략 -≪朝鮮義勇隊通訊≫·≪朝鮮義勇隊≫를 중심으로-」 『한국근현대사연구』 11, 1999

나애자, 「대한제국의 권력구조와 광무개혁」 『한국사 11』, 한길사, 1994

노대환, 「조선 후기 서양세력의 접근과 海洋觀의 변화」 『한국사연구』 123

譚譯·王駒·邵宇春, 「9·18事變後 東北義勇軍과 韓國獨立軍의 聯合抗日述略;1931.09.~1933.09.」 『國史館論叢』 44, 1993

마해룡, 「靑山里 戰鬪에서 洪範圖·金佐鎭 部隊의 活動 再照明-신용하 교수의 助役論과 암살사주설을 논박함」 『한국민족운동사연구』 13, 1996

민두기, 「十九世紀 後半 朝鮮王朝의 對外危機意識」 『東方學志』 52, 동방학연구소, 1986

박 환, 「滿洲地域의 新興武官學校」 『史學硏究』 40, 1989

박 환, 「大韓獨立團의 組織과 活動」 『한국민

족운동사연구』 3, 1989
박 환, 「대한민국임시정부와 서북간도 독립군의 활동-서로군정서와 북로군정서-」 『백범과 민족운동연구』 2, 2004
박걸순, 「大韓統義府 硏究」 『한국독립운동사연구』 4, 1990
박광성, 「洋擾後의 강화도 방비책에 대하여」 『기전문화연구』 7, 1976
박만규, 「韓末 日帝의 鐵道敷設·支配와 韓國人의 動向」 『韓國史論』 8, 서울대 국사학과, 1982
박삼헌, 「幕末維新期의 대외위기론」 『문화사학』 25, 2005
박성래, 「大院君시대의 科學技術」 『한국과학사학회지』 2-1, 1980
박성수, 「韓國光復軍에 對하여-所謂「準繩九項」을 中心으로-」 『白山學報』 3, 1967
박성수, 「광복군과 임시정부」 『韓國近代民族運動史』, 人文·社會科學新書 7, 1980
박성수, 「1907년의 의병전쟁」 『군사』 2, 국방부 군사편찬연구소, 1982
박성수, 「대한제국군의 해산과 대일항전」 『한민족독립운동사연구 1』, 국사편찬위원회, 1987
박성수, 「1920年代初 獨立運動의 諸問題」 『韓國史學』 14, 한국정신문화연구원, 1994
박성수, 「韓國光復軍의 正統性 問題」 『三均主義硏究論集』 21, 三均學會, 2000
박성수, 「독립운동사의 맥락과 정통성-「광복군 성립 보고서」를 중심으로」 『三均主義硏究論集』 28, 2007

박영석, 「日帝下 滿洲·露領地域에서의 抗日民族獨立運動(上)(下); 北路軍政署 獨立軍兵士 李雨錫의 活動을 中心으로」 『東方學志』 34·35합집, 1982
박영석, 「日帝下 滿洲·露領地域에서의 抗日民族獨立運動에 관한 硏究; 復闢的 民族主義系列의 脈絡과 政治理念을 中心.으로」 『韓國史學』 6, 1985
박영석, 「만주노령지역의독립운동」 『韓國獨立運動史』, 독립유공자공훈록편찬위원회, 1993
박영석, 「白冶 金佐鎭將軍硏究」 『國史館論叢』 51, 1994
박영재, 「近代日本의 아시아認識 -脫아시아주의와 아시아주의-」 『露日戰爭前後 日本의 韓國侵略』, 一潮閣, 1990
박은숙, 「開港期(1876~1894) 軍事政策 變動과 下級軍人의 存在樣態」 『韓國史學報』 2, 고려사학회, 1997
박찬식, 「申櫶의 國防論」 『역사학보』 117, 1988
박창욱, 「조선족의 중국이주사 연구」 『역사비평』 1991년 겨울호
박창욱 「朝鮮革命軍과 遼寧民衆抗日自衛軍의 聯合作戰」 『韓民族獨立運動史論叢』, 수촌박영석교수회갑기념논총간행위원회, 1992
박창욱, 「봉오동전투와 청산리전투 연구-庚申年反討伐戰을 再論함-」 『韓國史硏究』 111, 2000
박태근, 「러시아의 동방경략과 수교이전의 한러교섭(1861년 이전)」 『韓露關係100年史』, 韓國史硏究協議會, 1984

반병률, 「大韓國民議會의 성립과 조직」『韓國學報』 46, 1987

반병률, 「大韓國民議會와 上海臨時政府 수립운동」『한국민족운동사연구』 2, 1988

반병률, 「해외 민족운동」『한국사 47』, 국사편찬위원회, 2001

飯田泰三, 「開國 후 1894년까지의 일본 내셔널리즘의 전개」『동양정치사사상사』 제2권 2호, 2003

방상현, 「滿洲獨立軍의 庚申大捷」『白山學報』 30·31호, 1985

방선주, 「아이프러機關과 在美韓人의 復國運動」『解放 50주년, 세계 속의 韓國學』, 인하대학교 한국학연구소, 1995

배항섭, 「執綱所 時期 東學農民軍의 활동양상에 대한 一考察 - 外勢의 介入이 미친 영향을 중심으로 - 」『歷史學報』 153, 1997

배항섭, 「대원군 집권기 軍制의 정비와 軍備의 강화」『한국군사사연구』 1, 1998

배항섭, 「임오군란 전후의 국방정책과 군사제도」『한국군사사연구』 2, 1999

배항섭, 「고종친정초기 군사정책과 武衛所」『국사관논총』 83, 1999

배항섭, 「개항기 親軍營體制 연구」『한국문화』 28, 서울대 한국문화연구소, 2001

백종기, 「병인양요에 대한 史的 고찰」『대동문화연구』 12, 1978

서영희, 「1894년 농민전쟁의 2차봉기」『1894년 농민전쟁연구』 4, 역사비평사, 1995

서중석, 「청산리전쟁 독립군의 배경 - 신흥무관학교와 백서농장에서의 독립군 양성 - 」『韓國史硏究』 111, 2000

서중석, 「후기 新興武官學校」『歷史學報』 169, 2001

성대경, 「한말의 군대해산과 그 봉기」『성대사림』 1, 1965

성대경, 「흥선대원군의 집권」『한국사 37 - 서세동점과 문호개방 - 』, 국사편찬위원회, 2000

손춘일, 「청산리전역 직전 반일무장단체의 근거지 이동에 대하여」『한국민족운동사연구』 28, 2000

손춘일, 「청산리전역 직전 반일무장단체의 근거지 이동에 대하여」『韓國抗日民族運動과 中國』, 國學資料院, 2001

송병기, 「光武改革研究」『史學志』 10, 단국대학교 사학회, 1976

송병기, 「19세기말의 聯美論 硏究」『史學硏究』 28, 1978

송병기, 「조선후기 고종조의 鬱陵島 搜討와 開拓」『최영희선생화갑기념한국사학논총』, 1989

송석원, 「사쿠마 쇼잔(佐久間象山)의 海防論과 대 서양관」『韓國政治學會報』 37집 5호, 2003

송양섭, 「조선후기 군역제 연구현황과 과제」『조선후기사 연구의 현황과 과제』, 창작과 비평사, 2000

송우혜, 「北間島 大韓國民會의 조직형태에 관한 연구」『한국민족운동사연구』 1, 1986

송우혜, 「간도 무장독립투쟁과 조선총독부의 언론정책」『역사비평』 계간 2호, 1988

신규섭, 「1920년대 후반 일제의 재만 조선인정

책-'鮮滿一體化'의 좌절과 三矢協定」 『한국근현대사연구』 29, 2004
신명호, 「19세기 조·러의 국경형성과 두만강 하구의 도서·영해 분쟁」 『19세기 동북아4개국의 도서분쟁과 해양경계』, 동북아역사재단, 2008
신상용, 「영국의 대한수교 모색 배경」 『한영수교100년사』, 한국사연구협의회, 1984
신상용, 「英日同盟과 日本의 韓國侵略」 『露日戰爭前後 日本의 韓國侵略』, 一潮閣, 1985
신용하, 「新民會의 創建과 그 國權恢復運動(下)」 『韓國學報』 9, 1977
신용하, 「新民會의 獨立軍基地 創建運動」 『韓國文化』 4, 1983
신용하, 「獨立軍의 青山里戰鬪」 『軍史』 8, 1984
신용하, 「獨立軍의 青山里獨立戰爭의 戰鬪들의 구성」 『史學研究』 38, 1984
신용하, 「洪範圖의 大韓獨立軍의 抗日武裝鬪爭」 『韓國學報』 43, 1986
신용하, 「大韓(北路)軍政署 獨立軍의 研究」 『한국독립운동사연구』 2, 1988
신용하, 「大韓新民團 獨立軍의 研究」 『東洋學』 18, 1988
신용하, 「민긍호 의병부대의 항일무장투쟁」 『한국독립운동사연구』 4, 1990
신용하, 「구한말 輔安會의 창립과 민족운동」 『한국사회사연구회논문집』 44, 1994.
신용하, 「갑신정변의 전개」 『한국사 38 -개화와 수구의 갈등-』, 국사편찬위원회, 1999
신용하, 「韓國獨立軍과 朝鮮革命軍의 무장독립운동」 『韓國學報』 112, 2003
신재홍, 「自由市慘變에 대하여」 『白山學報』 14, 1973
신재홍, 「北間島에서의 武裝抗日運動-北路軍政署를 중심으로-」 『韓國史學』 3, 1980
신재홍, 「獨立軍의 編成과 活動」 『軍史』 5, 1982
신재홍, 「吳東振研究」 『國史館論叢』 4, 1989
신재홍, 「在滿 抗日獨立軍의 編成과 脈絡」 『汕耘史學』 5, 1991
신주백, 「1920년 직후 재만한인 민족주의자의 민족 현실에 대한 인식의 변화 -獨立戰爭論과 관련하여」 『韓國史研究』 111, 2000
신주백, 「1920年代 中後半 在滿韓人 民族運動에서의 '自治'問題 검토 -獨立戰爭論의 變化와 關聯하여-」 『한국독립운동사연구』 17, 2001
안외순, 「대원군집정기 군사정책의 성격」 『동양고전연구』 2, 1994
양교석, 「병인양요의 일고찰」 『史叢』 29, 고려대학교 사학회, 1985
양영석, 「위임통치청원(1919)에 관한 고찰」 『한국독립운동사연구』 2, 1988
양영석, 「1940년대 조선민족혁명당의 활동」 『한국독립운동사연구』 3, 1989
연갑수, 「丙寅洋擾와 興宣大院君政權의 對應」 『軍史』 33, 국방군사연구소, 1996
연갑수, 「대원군집권기 국방정책」 『한국문화』 20, 서울대 한국문화연구소, 1997
연갑수, 「병인양요 이후 수도권 방비의 강화」 『서울학연구』 8, 1997

염인호, 「해방 후 韓國獨立黨의 中國關內地方에서의 光復軍擴軍運動」『역사문제연구』창간호, 1996

오세창, 「在滿韓人의 抗日獨立運動史(1)-武裝團의 活動을 中心으로-」『東洋文化』17, 영남대 동양문화연구소, 1976

오세창, 「滿洲 韓國獨立軍의 編成과 活動」『韓國民族獨立運動史의 諸問題』, 하석김창수교수화갑기념사학논총간행위원회, 1992

오세창, 「日本의 間島地方 韓國獨立運動 根據地剿討作戰」『西巖趙恒來敎授華甲紀念 韓國學論叢』, 아세아문화사, 1992

오영섭, 「을미의병의 결성과정과 군사활동」『군사』43, 2001

왕 건, 「一九一0~一九三一年間朝鮮獨立軍在中國東北地區的反日武裝活動」『朝鮮史硏究』, 1985

왕현종, 「韓末(1894~1904) 地稅制度의 改革과 性格」『韓國史硏究』77, 한국사연구회, 1992

왕현종, 「갑오정권의 개혁정책과 농민군 대책」『1894년 농민전쟁연구 4』, 역사비평사, 1995

우철구, 「韓末 雇聘軍事顧問(敎官)이 軍部指導層의 政治的 態度에 미친 영향」『社會科學硏究』1·2, 영남대학교 부설 사회과학연구소, 1981

우철구, 「한말 雇聘軍事敎官 및 顧問의 역할」『박영석화갑논총 한국사학논총 (下)』, 1982

우철구, 「丙寅洋擾小考」『동방학지』49, 연세대 국학연구원, 1985

우철구, 「병인양요의 비종교적 원인과 프랑스의 조선원정 목적」『한국사론』45, 국사편찬위원회, 2007

원재연, 『해국도지』수용 전후의 어양론과 서양인식」『서세동점과 조선왕조의 대응』, 한들출판사, 2003

유바다, 「1883년 김옥균 차관교섭의 의미와 한계」『한국근현대사연구』54, 2010

유병호, 「1920년 중기 남만주에서의 '自治'와 '共和政體'-정의부와 참의부의 항일근거지를 중심으로」『역사비평』여름, 1992

유병호, 「1920年代 中期 南滿地域의 反日民族運動에 對한 硏究-參議府와 正義府의 反日根據地를 중심으로-」『韓民族獨立運動史論叢』, 수촌박영석교수화갑기념논총간행위원회, 1992

유병호, 「국외 민족주의운동에 대한 역사적 평가 -滿洲지역을 중심으로-」『한국민족운동사연구』23, 1999

유영익, 「美國 軍事敎官 傭聘始末 片考 -1880-90年代를 중심으로-」『軍史』4, 국방부 전사편찬위원회, 1982

유준기, 「1920년대 在滿獨立運動團體에 관한 硏究 -參議府를 중심으로-」『한국민족운동사연구』2, 1988

유한철, 「日帝 韓國駐箚軍의 韓國 侵略過程과 組織」『한국독립운동사연구』6, 한국독립운동사연구소, 1992

윤대원, 「1920년 독립전쟁 방침과 독립 방침과 독립노선논쟁」『상해시기 대한민국임시정부연구』, 서울대 출판부, 2006

윤대원, 「서간도 대한광복군사령부와 대한광복

군총영에 대한 재검토」『韓國史硏究』 133, 2006
윤대원, 「玄楯에게 '秘傳'된 임시정부의 실체와 대한공화국임시정부」『한국독립운동사연구』 33, 2009
윤병석, 「日本人의 荒蕪地開拓權 要求에 대하여」『歷史學報』 22, 1964.
윤병석, 「구한말 주한일본군에 대하여」『향토 서울』 27, 1966
윤병석, 「1928.9년에 正義·新民·參議府의 統合運動」『史學硏究』 21, 1969
윤병석, 「參議·正義·新民府의 成立過程」『白山學報』 7, 1969
윤병석, 「13도 義軍의 편성」『사학연구』 36, 1983
윤병석, 「1910年代 獨立軍의 基地設定」『軍史』 6, 1983
윤병석, 「1910年代 西北間島 韓人團體의 民族運動」『國外韓人社會와 民族運動』, 一潮閣, 1995
윤병석, 「1910年代 沿海州地方에서의 韓國獨立運動」『韓國史學』 8, 1986
윤병석, 「韓國獨立軍의 鳳梧洞勝捷 小考」『한국민족운동사연구』 4, 1989
윤병석, 「1920년대 후기 滿洲에서의 民族運動과 獨立軍」『韓國學硏究』 1, 1989
윤병석, 「西間島 白西農庄과 大韓光復軍政府」『韓國學硏究』 3, 1991
윤병석, 「1920년대 독립군단의 통합운동」『國外韓人社會와 民族運動』, 一潮閣, 1995
윤병석, 「대한민국임시정부와 만주지역 독립운동」『대한민국임시정부수립80주년기념논문집 (상)』, 국가보훈처, 1999
윤병석, 「러시아 革命前後 沿海州地域 韓人民族運動과 臨時政府」『汕耘史學』 9, 2000
윤상원, 「무장부대 통합운동과 대한독립군단:1920년대 초 만주와 연해주 무장부대들의 동향」『역사문화연구』 24, 韓國外國語大學校 역사문화연구소. 2006
이 신, 「대원군의 국방정책 연구」『군사』 12, 1986
이 욱, 「대원군 집정기 三軍府의 설치와 그 성격」『군사』 32, 1996
이강훈, 「靑山里 獨立戰鬪」『軍史』 5, 1982
이광린, 「미국군사교관의 초빙과 鍊武公園」『한국개화사연구』, 일조각, 1982
이광린, 「『海國圖志』의 韓國傳來와 그 影響」『(改訂版)韓國開化史硏究』, 一潮閣, 1995
이보형, 「美國 極東政策의 歷史的變遷-門戶開放 政策을 中心으로-」『歷史學報』 1, 역사학회, 1952
이선근, 「庚辰修信使 金弘集과 黃遵憲著 朝鮮策略에 관한 재검토」『동아논총』 1, 1963
이언정, 「개항 전후 조선정부의 러시아인식 연구」, 고려대학교 석사학위논문, 1999
이연복, 「大韓民國臨時政府의 軍事活動」『한국독립운동사연구』 3, 1989
이용창, 「일진회와 자위단의 의병사냥」『내일을 여는 역사』 30, 2007.
이원순, 「丙寅洋擾一考」『韓佛修交100年史』, 한국사연구협의회, 1986

이정식,「韓人共産主義者와 延安」『史叢』8, 1963

이종학,「大韓民國臨時政府의 軍事活動」『韓國史論』10, 1981

이태진,「1894년 6월 淸軍 朝鮮 출병 결정 과정의 眞相 -조선정부 자진 요청설 비판-」『韓國文化』24, 서울대 한국문화연구소, 1999

이태진,「雲揚號 사건의 진상 -사건 경위와 일본국기 게양설의 진위-」『朝鮮의 政治와 社會』, 集文堂, 2002

이태진,「1876-1910년 한·일 간 조약체결에 관한 중요 자료 정리」『한국병합의 불법성 연구』, 서울대학교출판부, 2003

이태진,「1904-1910년 한국국권 침탈 조약들의 절차상 불법성」『한국병합의 불법성 연구』, 서울대학교출판부, 2006

이헌주,「姜瑋의 對日開國論과 그 性格 -강화도조약 체결을 중심으로-」『한국근현대사연구』19, 한국근현대사학회, 2001

이헌주,「병인양요 직전 姜瑋의 禦洋策」『韓國史研究』124, 한국사연구회, 2004

이헌주,「제2차 修信使의 활동과 '朝鮮策略'의 도입」『韓國史學報』25, 2006

이현종,「光復軍聯絡隊의 印度派遣과 活動狀況」『亞細亞學報』11, 1975

이현희,「大韓民國臨時政府와 光復軍의 作戰」『軍史』5, 1982

이현희,「新興武官學校 硏究」『東洋學』19, 1989

이현희,「重慶臨政과 韓國光復軍 硏究(下)-그 活動과 國內進入作戰-」『한국민족운동사연구』8, 1992

이현희,「重慶臨政과 韓國光復軍 硏究-그 活動과 國內進入作戰」『한국민족운동사연구』6, 1992

임계순,「만주·노령 동포사회(1860~1910)」,『한민족독립운동사』2, 국사편찬위원회, 1987

임성모,「1930년대 일본의 만주지배정책연구」, 연세대학교 석사학위논문, 1990

임영서,「1910·1920년대 間島韓人에 대한 중국의 政策과 民會」『韓國學報』73, 1993

임재찬,「舊韓末 陸軍武官學校에 대하여」『慶北史學』4, 1982.

임재찬,「구한말 육군무관학교에 대하여」『慶北史學』4, 경북대학교 사학과, 1982.

임재찬,「開化期 軍制改編에 대하여」『考古歷史學誌』5/6합집, 동아대학교, 1990.

임재찬,「三軍府의 復設背景」『新羅學硏究』3, 위덕대 신라학연구소, 1999

임재찬,「丙寅洋擾를 전후한 大院君의 軍事政策」『慶北史學』24, 경북사학회, 2001

장석흥,「1920년대 초 國內 秘密結社의 性格」『한국독립운동사연구』7, 1993

장세윤,「中日戰爭期 大韓民國 臨時政府의 對中國外交;광부군문제를 중심으로」『한국독립운동사연구』2, 1988

장세윤,「韓國獨立軍의 抗日武裝鬪爭研究」『한국독립운동사연구』3, 1989

장세윤,「朝鮮革命軍 硏究; 몇 가지 爭點에 대한 批判的 檢討」『한국독립운동사연구』4, 1990

장세윤,「在滿 朝鮮革命黨의 成立과 주요구성

원의 성격」『한국독립운동사연구』 10, 1996

장세윤, 「1930年代 朝鮮革命軍과 中國抗日勢力과의 連帶鬪爭」『한국민족운동사연구』 16, 1997

장세윤, 「조선혁명군 총사령 梁世奉 연구」『韓國民族運動史研究』, 于松趙東杰先生停年紀念論叢刊行委員會, 1997

장세윤, 「조선혁명군정부연구」『한국독립운동사연구』 11, 1997

장세윤, 「國民府硏究-성립 및 헌장. 자치활동을 중심으로-」『한국독립운동사연구』 12, 1998

장세윤, 「在滿 조선혁명당의 조직과 민족해방운동」『士林』 18, 首善史學會, 2002

장세윤, 「만주지역 한인 항일무장투쟁 세력의 식생활과 보건위생」『중국동북지역민족운동과 한국현대사』, 명지사, 2005

장세윤, 「만주지역 독립운동에 관한 새로운 자료의 검토-참의부 관련 중국당안관 문서소개-」『백범과 민족운동연구』 6, 2008

장학근, 「舊韓末 海洋防衛政策-海軍創設과 軍艦購入을 中心으로-」『史學志』 19, 단국대학교 사학회, 1985

전봉덕, 「大韓國國制의 制定과 基本思想」『法史學研究』 창간호, 한국법사학회, 1974

정경현, 「19세기의 새로운 국토방위론-다산의 '民堡議'를 중심으로」『한국사론』 4, 서울대 국사학과, 1978

정병준, 「1945~48년 대한민국임시정부의 중국 내 조직과 활동」『史學研究』 55·56合號, 1998

정병준, 「1919년 이승만의 대통령 자임과 '한성정부' 법통론」『한국독립운동사연구』 16, 2001

井上勝生, 「갑오농민전쟁과 일본군」『동학농민혁명의 동아시아사적 의미』, 서경문화사, 2002

정옥자, 「開化派와 甲申政變」『國史館論叢』 14, 國史編纂委員會, 1990

정용욱, 「태평양전쟁기 임시정부의 대미외교」, 『대한민국임시정부수립80주년기념논문집』(하), 국가보훈처, 1999

정원옥, 「在滿 國民府의 抗日獨立運動-國民府·朝鮮革命黨·朝鮮革命軍의 組織과 活動을 中心으로-」『亞細亞學報』 11, 1975

정원옥, 「在滿抗日獨立運動團體의 全民族唯一黨運動」『白山學報』 19, 1975

정원옥, 「在滿 大韓獨立軍의 抗日獨立運動」『史學研究』 38, 1984

정원옥, 「在滿大韓統義府의 抗日獨立運動」『韓國學報』 36, 1984

정원옥, 「陸軍駐滿參議府의 組織과 獨立戰鬪」『朴性鳳敎授回甲紀念論叢』, 1987

정원옥, 「梁世奉:朝鮮革命軍 總司令의 研究」『국사관논총』 8, 1989

정원옥, 「大韓光復軍總營의 組織과 獨立戰鬪」『尹炳奭敎授華甲紀念韓國近代史論叢』, 한국근대사논총간행위원회. 1990

정원옥, 「北間島 獨立軍의 編成과 獨立戰鬪」『李載龒博士還曆紀念韓國史學論叢』, 이재룡박사환력기념한국사학논총간행위원회, 1990

정원옥, 「韓國獨立軍의 組織과 獨立戰鬪」『史學研究』 43·44, 1992

정제우, 「대한민국임시정부의 비행사 양성과 공군 창설계획」『대한민국임시정부수립80주년기념논문집 (하)』, 국가보훈처, 1999

정창렬, 「露日戰爭에 대한 韓國人의 對應」『露日戰爭 前後 日本의 韓國侵略』, 一潮閣, 1986.

정하명, 「韓末 元首府 小考」『육사논문집』 13, 1975

조 광, 「19세기의 해방론과『벽위신편』」『교회와 역사』 75, 1981

조동걸, 「大韓民國臨時政府의 組織」『韓國史論』 10, 국사편찬위원회, 1981

조동걸, 「韓國軍史의 原流意識」『군사』 5, 1982

조동걸, 「1910년대 獨立運動의 變遷과 特性」『韓國民族主義의 成立과 獨立運動史研究』, 지식산업사, 1989

조동걸, 「大韓光復會研究」『韓國民族主義의 成立과 獨立運動史研究』, 지식산업사, 1989

조동걸, 「臨時政府樹立을 위한 1917년의 '大同團結宣言'」『韓國民族主義의 成立과 獨立運動史研究』, 지식산업사, 1989

조동걸, 「義兵戰爭의 特徵과 意義」『한국사 43』, 국사편찬위원회, 1999

조동걸, 「滿洲에서 전개된 한국독립운동의 역사적 의의 -1920년 청산리전쟁 80주년의 회고와 반성-」『韓國史研究』 111, 2000

조동걸, 「靑山里戰爭 80주년의 역사적 의의」『한국근현대사연구』, 2000

조문기, 「中國 東北 抗日戰爭에서의 韓民族의 역할과 그 歷史的 地位」『아시아문화』 13, 翰林大學校 아시아문제연구소 1997

조범래, 「國民府의 結成과 活動」『한국독립운동사연구』, 1988

조범래, 「丙寅義勇隊研究」『한국독립운동사연구』 7, 1993

조병한, 「해방 체제와 1870년대 李鴻章의 양무운동」『동양사학연구』 88, 동양사학회, 2004

조성윤, 「임오군란」『한국사 38 -개화와 수구의 갈등-』, 국사편찬위원회, 1999

조재곤, 「청일전쟁에 대한 농민군의 인식과 대응」『1894년 농민전쟁연구 4』, 역사비평사, 1995

조재곤, 「대한제국기 군사정책과 군사기구의 운영」『역사와 현실』 19, 한국역사연구회, 1996

조재곤, 「1902, 3년 日本 第一銀行券 유통과 한국상인의 대응」『조동걸선생 정년기념논총 한국민족운동사연구』, 나남출판, 1997

조재곤, 「1904~5년 러일전쟁과 국내 정치동향」『國史館論叢』 107, 2005

조철행, 「국민대표회(1921~1923)연구」『史叢』 44, 1995

조항래, 「黃遵憲의 朝鮮策略에 대한 검토」『대구대논문집』 3, 1962

조항래, 「'朝鮮策略'을 통해 본 防俄策과 聯美論 硏究」『김철준박사 화갑기념사학논총』, 1983

조항래, 「抗日獨立運動의 맥락에서 본 韓國軍의 正統性-創軍의 배경과 正統性 계승을 중심으로」『한국민족운동사연구』 6, 1992

조항래, 「重慶時代의 大韓民國臨時政府와 韓國光復軍」『大韓民國臨時政府의 법통과 역사적 재조명』, 國家報勳處, 1997

조항래, 「韓國軍의 創軍脈絡과 正統性 繼承」『竹堂李炫熙敎授華甲紀念韓國史學論叢』, 同刊行委員會, 1997

조항래, 「抗日民族獨立運動에서 본 韓國光復軍의 正統性」『梨花史學研究』 30, 2003

주승택, 「姜瑋의 開化思想과 外交活動」『韓國文化』 12, 서울대학교 한국문화연구소, 1991

지두환, 「조선후기 戶布制 논의」『한국사론』 19, 서울대 국사학과, 1988

차문섭, 「舊韓末 陸軍武官學校 研究」『亞細亞研究』 50, 1973

차문섭, 「구한말 군사제도의 변천」『군사』 5, 1982

차준회, 「韓末 軍制改編에 對하여」『歷史學報』 22, 1964

채영국, 「3·1운동 이후 西間島지역 獨立軍團 研究;大韓獨立團·大韓獨立軍備團·光復軍總營을 중심으로」『尹炳奭敎授華甲紀念韓國近代史論叢』, 한국근대사논총간행위원회, 1990

채영국, 「1920년「琿春事件」전후 독립군의 動向」『한국독립운동사연구』 5, 1991

채영국, 「'庚申慘變'(1920년) 後 독립군의 再起와 抗戰」『한국독립운동사연구』 7, 1993

채영국, 「1920년대 중반 南滿地域 獨立軍團의 整備와 活動」『한국독립운동사연구』 8, 1994

채영국, 「正義府의 이념」『韓國民族運動史研究』, 于松趙東杰先生停年紀念論叢刊行委員會, 1997

최덕수, 「강화도조약과 개항」『한국사 37 -서세동점과 문호개방-』, 국사편찬위원회, 2000

최문형, 「歐美列强과 日本의 韓國併合-1898年을 前後한 露日의 相互牽制를 中心으로-」『歷史學報』 59, 역사학회, 1973

최병옥, 「고종대의 三軍府 연구」『군사』 19, 1989

최병옥, 「敎鍊兵隊(속칭: 倭別技) 연구」『군사』 18, 1989

최병옥, 「조선조말의 武衛所 연구」『군사』 21, 1990

최봉룡, 「조선혁명군의 한·중연합항일작전-梁世奉 司令의 활동을 중심으로-」『한국민족운동사연구』, 2002

최석우, 「丙寅洋擾小考」『역사학보』 30, 역사학회, 1966

최진식, 「대원군집권기의 禦洋論 연구」『교남사학』 4, 영남대 국사학회, 1989

최태호, 「光武 8年의 荒蕪地開墾事件小考」『經商論叢』 8, 국민대 한국경제연구소, 1986

최현숙, 「開港期 統理機務衙門의 設置와 運營」, 고려대학교 교육대학원 석사학위논문, 1993

최홍빈, 「봉오동전투의 재조명」『韓國近現代史論叢』, 吳世昌敎授華甲紀念論叢刊行

委員會, 1995
최홍빈, 「北間島獨立運動基地연구-韓人社會와의 相關性을 中心으로-」『韓國史硏究』111, 2000
최희재, 「1874~5년 해방・육방논의의 성격」『동양사학연구』22, 동양사학회, 1985
최희재, 「중화제국질서의 동요」『강좌 중국사 Ⅴ - 중화제국의 동요 -』, 지식산업사, 1989
추헌수, 「韓國 獨立運動을 통해서 본 自主意識 -中・日戰爭과 韓・中軍事協定을 중심으로-」『韓國政治學會報』3, 1969
표교열, 「제1・2차 중영전쟁」『강좌 중국사 Ⅴ - 중화제국의 동요 -』, 지식산업사, 1989
한국역사연구회 광무개혁연구반, 「'광무개혁' 연구의 현황과 과제」『역사와 현실』8, 한국역사연구회, 1992
한상도, 「통의부」『한민족독립운동사』4, 국사편찬위원회, 1988
한상도, 「大韓民國臨時政府의 초기 軍事活動과 在滿獨立軍」『西巖趙恒來敎授華甲紀念韓國史學論叢』, 1992
한상도, 「한국국민당의 운동노선과 민족문제」『한국독립운동과 국제환경』, 한울, 2000
한상도, 「김구의 중국육군군관학교 한인특별반 운영과 청년투사 양성」『백범과 민족운동연구』1, 2003
한상도, 「대한민국임시정부의 독립군 군사간부 양성」『백범과 민족운동연구』2, 2004
한상도, 「광복 직전 김구와 대한민국임시정부의 중국인식」『백범과 민족운동연구』4, 백범학술원, 2006
한시준, 「中國의 軍官學校를 통한 軍事幹部 養成」『西巖趙恒來敎授華甲紀念韓國史學論叢』, 1992
한시준, 「大韓民國臨時政府와 韓國光復軍」『韓國近現代史論叢』. 吳世昌敎授華甲紀念論叢刊行委員會, 1995
한시준, 「重慶時代 臨時政府의 活動;體制의 정비 강화와 軍事活動을 中心으로」『仁荷史學』3, 1995
한시준, 「韓國光復軍 支隊의 編成과 組織」『史學志』28, 1995
한시준, 「夢平 黃學秀의 생애와 독립운동」『史學志』31, 1998
한시준, 「한국광복군과 연합군의 공동작전」『中國에서의 抗日獨立運動..』, 韓中交流硏究中心, 2000
한시준, 「한국광복군의 활동과 역할」『東洋學』30, 2000
한시준, 「韓國光復軍 正統性의 國軍 계승 문제」『軍史』43, 2001
한시준, 「광복군의 지대별 편성과 활동」『백범과 민족운동연구』2, 2004
한시준, 「여성광복군과 그들의 활동」『史學志』37, 2005
한우근, 「Shufeldt 提督의 韓・美修好條約 交涉推進 緣由에 대하여」『진단학보』24, 진단학회, 1963
한철호, 「민씨척족정권기(1885-1894) 내무부의 조직과 기능」『한국사연구』90, 1995
허동현, 「1881년 朝士視察團의 활동에 관한 연구」『國史館論叢』66, 국사편찬위원

대한광복군사령부 50, 51
대한광복군영 107
대한광복군영규정 50
대한광복군참리부 50
대한광복군총영 47, 51, 107, 125, 213, 228
대한광복단 62, 82, 97, 230
대한광복회 175
대한광정단 118
대한국민군 58, 59, 60, 82, 97, 99, 100, 103
대한국민단 96
대한국민의회 101, 102, 103, 104, 177, 178, 179, 180, 185, 188
대한국민의회파 102
대한국민회 57, 58, 77, 84, 99, 126, 127, 188, 214, 215, 216, 218, 224, 225, 226
대한국민회훈춘지부 62
대한군무도독부 59, 61, 62
대한군무도독부군 98
대한군정서 41, 55, 56, 57, 69, 70, 71, 83, 84, 85, 89, 98, 100, 118, 126, 127, 128, 132, 215, 216, 217, 218
대한군정서군 86, 88, 90, 91, 97
대한독립군 60, 66, 68, 82, 84, 97, 99
대한독립군단 98, 100, 127, 128, 132
대한독립군비단 44, 45, 47, 69, 94, 95, 96
대한독립군비단지단규칙 47
대한독립군비총단약장 45, 47
대한독립단 42, 43, 44, 47, 48, 49, 68, 69, 70, 78, 97, 107, 118, 119, 213, 230
대한독립당 광둥촉성회 241
대한독립애국단 224
대한독립일신청년단 229

대한독립자유회 230
대한독립청년단 229
대한민국 176, 190, 203, 204, 307, 342
대한민국 건국강령 306
대한민국 육군임시군제 199, 204
대한민국 임시관제 199, 201
대한민국 임시정부 43
대한민국 임시헌장 290
대한민국애국부인회 224, 226
대한민국육군 임시관제 48
대한민국육군 임시군구제 48, 208
대한민국육군 임시군제 207
대한민국임시정부 42, 174, 178, 179, 185, 207, 311
대한민국임시정부 대일선전성명서 281
대한민국임시정부 육군주만참의부 114
대한민국임시통수부 312
대한민국임시통수부관제 312
대한민국청년외교단 224, 226
대한민단 218
대한북로독군부 62, 71
대한신민단 62, 63, 82, 84
대한신민회 63, 99
대한의군 전위대 62
대한의군부 62, 82, 97
대한의사부 63
대한의용군 102, 103, 104
대한의용군사령부 102
대한의용군총사령부 101
대한인국민회 201, 263, 266, 301
대한인국민회 중앙총회 201
대한정의군영大韓正義軍營 107
대한정의군정사 99

대한제국 7, 9, 17, 109, 169, 174, 176, 185, 200, 342
대한제국 육군무관학교 39, 40
대한청년단연합회 40, 44, 47, 48, 50, 197, 213, 222
대한청년외교단 225
대한총군부 98, 100
대한통군부大韓統軍府 107
대한통의부 107, 114, 117, 118
도노반William J. Donovan 338
독고욱 117
독립공채 182, 185, 211
독립군 총합부總合部 126
독립군기지 7, 38
독립군기지건설 운동 53
독립군비단 230
독립군연합회 94
독립단 127
독립단결사대 227
독립단군대 101
독립신문 6, 77, 91, 111, 182, 183, 191, 194, 195, 196, 198, 215, 225
독립운동기지 8, 12, 13, 14, 21, 22, 23, 98
독립운동기지건설 21, 24
독립운동방략 291
독립운동정당 256, 257
독립응원회 230
독립의군단도독부 62
독립전쟁 7, 9, 14, 22, 23, 32, 38, 39, 47, 48, 49, 54, 64, 66, 77, 193, 194, 196, 197, 198, 200, 202, 210, 229, 230, 245, 265, 266, 291, 296
독립전쟁 기지 14, 207

독립전쟁론 7, 32, 180, 187, 191, 230
독립전쟁론자 191, 192
독립전쟁방략 291
독립전쟁의 원년 47, 48, 66, 188, 191, 193, 198, 230, 231, 244
독립전쟁준비론 244, 245
독립진명단 228
독립흥업단 230
독수리작전 333, 335, 336, 337, 338
독판부 115
동경성東京城전투 163
동도군정서 218
동도독립군서 218
동만유격구 168
동만청년동맹 138
동만청년총동맹 155
동맹군 303
동변도치안공작 153
동북의용군 151
동북인민혁명군 168, 169
동북항일연군 168, 169, 170, 171
동성귀화한족동향회東星歸化韓族同鄕會 145
동제사 174, 175
동족상잔 112, 113
동지동포 제군에게 보내는 공개통신 264
동화정책 27
둔병제 118
둔전병제도 17

ㄹ

라오닝농민자위단 151
라오닝민중구국회 152

라오닝민중자위군 총사령부 152
러시아혁명 31, 60, 62, 81, 98
러일전쟁 5, 7
러일전쟁설 32
루스벨트 284, 287
뤄양군관학교 253
리이안홍黎元洪 26

## ㅁ

마진 22
마창덕馬昌德 115
만록구萬鹿溝전투 90
만몽조약滿蒙條約 31, 33, 34
만보산사건 248
만세시위 운동 53
만주국 150, 151, 170
만주사변 150, 160, 161, 167, 248
만주성위원회 166
만주총국 155
망명정부 174
맹개골전투 90
맹부덕孟富德 78, 79
맹약 3장 114
맹철호孟喆鎬 97
명동학교 22
몬트배튼 331
무관학교 7, 11, 17, 24, 55, 126, 205
무관학교생도모집사건 40
무정부주의 256, 295, 317
무정부주의자 155
무형정부론 174
문우천 132

문응국文應國 328, 329, 330, 331, 332
문일민文逸民 309
문창범 176, 179, 180
문화통치 133
미얀마전선 328, 333
미얀마 탈환작전 332
미일전쟁 7
미일전쟁설 31, 32, 186, 187, 198
미츠야 미야마츠三矢宮松 36
민국독립단 44, 47, 49
민국파 228
민권당 28
민약民約 23
민영구閔泳玖 313
민정파 132, 141, 142
민족유일당 133, 134, 135, 136, 137, 138, 139, 142, 144, 147, 241, 242
민족유일당 운동 135
민족유일당 재만책진회 144
민족유일당건설운동 240
민족유일당동맹조직 149
민족유일당운동 135, 139, 140, 141, 142, 240, 242, 248
민족유일당재만촉성동맹 138
민족유일당조직동맹 139, 144, 145, 149
민족유일독립당 재만책진회 143
민족유일협동전선당 138
민족전선 264
민족전선연맹 276, 277
민족혁명당 302
민주공화국 45, 46
민주공화제 176
민혁당 261, 263, 276, 289, 327, 328

찾아보기 375

## ㅂ

박기성(구양군) 318
박기수 69
박남신朴南臣 127
박대호 144
박두희 128, 129, 131
박명진 157
박병희 134
박상만朴相萬 110
박상환 22
박성전朴性鐫 129
박성태 132
박세면朴世冕 128
박승길 71
박영준朴英俊 321
박영진朴永鎭 328, 329, 330, 332
박영희朴寧熙 41
박용만 174, 175, 179, 184, 233
박은식 93, 115, 238
박장호朴長浩 8, 42, 44
박정서 21
박제건 247
박찬익 22, 25, 26, 54, 130, 259, 269, 290, 308
박효삼 278
박희성 201
반공쿠데타 242
반석대한독립여자청년단 229
반석대한독립청년단 229
방을남方乙南 47
배두산 131, 132
배활산裵活山 137
백가장 14, 38, 114

백남준白南俊 51
백산대 70
백산무사단 70, 94, 96
백삼규白三奎 8, 42, 44
백서농장 20, 21
백순 22, 25, 53
백순보白淳甫 321
백운반白雲班 125
백운평전투 86, 88
백종렬白鍾烈 41, 131, 132
버치John M. Birch 334
법치주의 176
법통론 186
베르사이유조약 29, 30, 186
베이징군사통일회의 106
베이징정부 30, 31, 33
베이징조약 3
베이징촉성회 241
베이징파 184, 236
벽파별영대 51
변론자치회 118
변영근邊榮根 321
변장운동 13
변창근邊昌根 42, 44
별동대 129
병인의용대 246, 247, 248
보민회 132
보병조전步兵操典 57
보안대 129
보약사保約社 28, 42
보합단普合團 52
보향단 223
보험대 114

복벽주의 7, 8, 28, 43, 44, 62, 111, 113, 174
봉금령 3
봉금封禁지구 3
봉금정책 3
봉오동전투 62, 71, 72, 77, 91, 98
부민단 13, 14, 19, 21, 38
부여족통일회 128
부여족통일회발기회 128
부여족통일회의 128
북간도군구 북로사령부 208, 209
북간도군정부안 55
북로정일제일군 61, 71
북로정일제일군사령부 61
북만노력청년총동맹 154
북만주민대회 142
북만청년동맹 138
북만청년총동맹 137, 154, 155
북상 망명 8, 10
북일학교 22
북중국첩보작전 333
북청지단 47
불령선인취체규칙 35
불승인정 286
비행사양성소 201, 202
빨치산부대 101, 102

## ㅅ

사관연성소士官練成所 41, 55, 56, 57, 83, 86
사우계士友契 27, 28
사이토 마코토齋藤實 36, 116
사전트Clyde B. Sargent 335, 336, 338, 340
사판소 107, 121

사할린대대 101
산포대 62
삼균주의三均主義 291
삼둔자전투 71, 72, 73
삼민주의 130, 271
삼본주의 156
삼부대표자회의 145
삼부연합회의 136
삼부통일회의 140, 142, 143, 144, 145
삼부통합운동 117, 132, 139, 141, 142, 147
삼시협정 36, 120, 142
삼원포三源浦 10, 12
3·1운동 8, 14, 21, 28, 34, 38, 39, 40, 44, 53, 54, 71, 91, 125, 174, 176, 188, 220, 223, 224, 230, 235, 249
상조계相助契 125
상하이거류민단 251
상하이국민대표회기성회 233
상하이대한민단 202
상하이촉성회 241, 242
상하이파 101, 102, 104
상해 임시정부 41, 47, 51, 55, 66, 67, 77, 90, 101, 102, 119, 177, 178, 179, 180, 185, 187, 188, 190, 191, 193, 223, 224, 225, 226, 227, 228, 229, 230, 231, 232, 235, 236, 242, 246
생육사 158
서간도 174
서간도군구 212
서간도 독립군기지 건설 계획 10
서구西溝전투 90
서로군정서 41, 42, 44, 52, 55, 56, 65, 70, 94, 98, 107, 118, 188, 212, 213

서북경략사 4
서은증 297, 300
서일徐一 22, 55, 57, 99, 127, 215
서전서숙 21, 22
서정림徐鼎霖 78, 80
선민부鮮民府 117, 143
선외교 후전쟁 196
선전대 220
선전위원회 220
성동사관학교 131
성주식成周寔 290
성준용 41
성현원成玄園 319
소일전쟁설 187, 198
손범철孫範哲 55
손정도 206, 243, 244
손한림孫漢林 319
송동산宋東山 313
송면수 320
송면수宋冕秀 293
송병조 258, 261
송철宋哲 328, 329, 332
송호성 319
쇼우George L Show 182
숭의단 223, 225
쉬노우더 334
승인 외교 286
시교당施敎堂 54
시사연구회 134, 135, 136
시세영 163
시안총사령부 313
시천교 132
신간회 133

신개령전투 170
신규식 175, 203, 238
신민단 71, 74, 126, 127
신민보新民報 130
신민부 120, 122, 123, 128, 129, 130, 131, 132, 135, 136, 139, 140, 141, 142, 143, 145, 149, 155, 156, 157, 238
신민회 7, 8, 10, 12, 13, 63
신빈현사건 151
신송식 320
신숙申肅 136
신악申岳 319
신원균申元均 56
신익희 290
신임시약헌 241
신채호 175, 183, 233
신팔균申八均 40, 111
신한민보 174, 184, 301
신한철申漢哲 125
신한촌 177
신한혁명당 174
신해혁명 26
신흥강습소 12, 14, 15, 17, 18, 19
신흥무관학교 39, 40, 41, 42
신흥학우단 18, 19
신흥학우보 19
실력양성론 6
실업진흥운동 130
심용준 144, 145
십가장 14, 38, 114
십삼도의군 8
쌍성보전투 162
쑤징 269

쑨원孫文 130

### ㅇ

아라미 치로新美二郎 72
아무르주 한인공산당 102
아즈마 마사히코東正彦 82
아카이赤井 35
아카츠카 쇼스케赤塚正助 78
아편전쟁 3
안경근 273
안경수安慶洙 321
안공근 248, 267, 273
안무 59, 60, 61, 71, 82, 90, 100
안병찬安秉贊 40, 48
안원생安原生 331, 332
안중근 8, 9
안창호 49, 66, 133, 176, 177, 179, 180, 185, 194, 196, 202, 203, 212, 219, 220, 221, 222, 223, 228, 236, 238, 239, 240, 248, 253
안춘생 317, 320
안태국 10, 11
안태진安泰鎭 165, 170
애국금 181, 182, 185, 266
애국금수합위원 181
애국금수합제도 182
야단 64
야외요무령野外要務令 57
양기탁 10, 11, 111, 112, 118, 258, 261
양기하梁基瑕 42, 49, 243
양세봉 150, 151, 152, 153
양정우 170, 171

어랑촌전투 89, 90
어윤중 4
엄도해嚴道海 337
엄항섭 290, 338
엄홍섭嚴弘燮 321
여순근 44
여운형 42, 188, 239, 243, 244, 247
여준 17, 18, 21, 42
연성대 86, 88
연성자치제 26
연통부 222, 224
연통제 183
옌지현유격대 167
오광선 40, 165
오광심吳光心 313, 320
5당회의 264, 265
오동진吳東振 49, 50, 51, 97, 113, 120, 122, 124, 126, 135
오면직 273
오상세吳祥世 41, 131
오양세 132
OSS 333, 334, 335, 337, 338, 339, 340
오영선 22, 272
오의성 164
오하묵 102
온성전투 68
왕덕림 163
왕동헌 151
왕봉각 152
왕삼덕 193, 216
왕순존王順存 35
왕육문王育文 152
왕인석王仁石 320

왕중양王仲良 294, 313
왕칭현유격대 167
외교독립노선 184
외교론 191
외교론자 192, 193
요진산 163
우재문禹在文 95
워싱턴회의 32, 186, 243
원사현 69
원세훈 177, 240
원조한국광복군판법援助韓國光復軍辦法 310, 315
원종교元倧敎 94
월강추격대대 72, 73, 74, 75
웨드마이어Albert Wedemeyer 333, 340, 341
위안스카이袁世凱 30
위임통치론 185
위임통치청원서 183
윈난강무당 115
윌리스 버드Willis Bird 340
윌슨 29, 30, 183
윔스Clarence N. Weems 337
유격대 109, 123, 125
유격전 69, 96, 97
유격중대 109
유광흘劉光屹 145
유동열 267, 287, 289, 290, 308, 312
유례균 22
유림柳林 290
유림사건 174
유인석 8, 12, 44, 113
유일한柳一韓 333

유자명 277
유정근 132
유조구사건 150
유해준 317
유현劉賢 128, 129
육군군사의회 113
육군무관학교 17, 157, 200, 204, 205
육군사학 204, 205
육군임시군제 203
육군지원병제 326
6·10만세 운동 240
윤경천尹敬天 272
윤기섭 17, 18, 193, 211, 212, 233, 309
윤병용 120
윤봉길 251
윤봉길의거 253, 259, 265, 266, 268, 269
윤세주 120
윤자영 236
윤창선尹昌善 49
윤해 22, 25
윤현진 203
을사늑약 2, 6, 9, 21
의군단 97
의군부義軍府 113, 117, 127
의란구친목회 28
의민단 62, 63, 82, 84, 127
의병전쟁 8
의성단義成團 52, 118
의열단 256, 257, 260, 269
의열 투쟁 221, 230, 247, 248, 253, 269
의용군 101, 107, 109, 110, 111, 116, 117, 122, 135
의용단 44, 47, 50, 213, 228

의용승군 226, 228
이건림李建林 320
이건우 317
이관일李寬一 136
이관직李觀稙 10
이광민 122, 136
이광수 196
이교성 86
이교원 145
이국혁李國革 273
이규동李奎東 136
이규보 165
이근호 18
이달수李達洙 313
이당치국론以黨治國論 241, 242
이동녕 10, 11, 12, 13, 21, 22, 179, 234, 248, 259, 261
이동림 145
이동춘 25, 26, 27
이동휘 22, 24, 25, 26, 28, 46, 62, 176, 179, 180, 187, 188, 189, 193, 201, 206, 210, 214
이두성李斗星 96
이륭양행 182
이르쿠츠크파 101, 102, 104
이르쿠츠크파 고려공산당 236
이르쿠츠크 합동민족군대 103
이만군대 101
이명근李明根 116
이명서李明瑞 68, 69
이명수李明守 319
이민식李敏軾 227
이민실변移民實邊 4

이민화 86
이백파 144
이범석李範奭 40, 41, 56, 86, 100, 253, 272, 313, 316, 319, 335, 340
이범윤 8, 62, 66, 99, 131
이병기李炳基 113
이병채 61
이복원李復源 267, 319, 313, 321
이봉창李奉昌 250
이붕해 157
이상룡 11, 12, 14, 17, 42, 118, 119, 120, 121, 212, 238
이상설 21, 22, 23, 174
이석영 14, 16
이석화 317
이성근李成根 145
이세영李世永 40
이수봉 247
이승만 115, 120, 176, 180, 183, 184, 185, 186, 189, 206, 233, 234, 235, 236, 237, 238
이승훈 10, 11
이승희李承熙 23
이시열李時說 52, 97
이시영 13, 176, 179, 180, 234, 259, 290
21개조 요구 30, 31, 32
이영백李永伯 127, 129
이영수李英秀 328, 329, 332
이영식李永植 68
이영여 317
이영희 144
이완범 127
이욕해 317

이용 27, 102
이우정李雨情 274
이욱 122
이웅李雄 294
이웅해李雄海 42, 44, 113
이원 74
이원덕 27
이유필 120, 193, 243, 246
이을규 223
이의태 136
이익성 278
이일세 132, 134
이장녕李章寧 41, 99, 118
이재현李在賢 293
이종건 118
이종호李鍾浩 24
이주한인단속령 36
이준식李俊植 294, 313, 317
이중삼 131
이중설 99
이지표 69
이진룡 8
이진산 193
이진영李振永 111
이진탁 150
이집중李集中 319
이천민李天民 52, 113
이청천 39, 40, 42, 96, 98, 100, 101, 118, 122, 126, 136, 143, 157, 158, 159, 160, 163, 165, 253, 261, 267, 269, 270, 271, 272, 274, 287, 305, 313, 334, 335, 338, 339
이춘윤 152

이춘화李春和 116
이탁 42, 49, 120, 134, 145, 222
이태걸李泰杰 44, 45
이하유(이종봉) 318
이해룡李海龍 121
이현수 206
이호원李浩源 150
이홍래李鴻來 126
이화일 75
이화주李化周 111
이회영 10, 11, 12, 13, 14, 21
이희곤 144
인구세 181, 182, 185, 211, 266
인구세시행세칙 181
인도파견공작대 329
일국일당주의 166
일본 육군사관학교 39, 40
일진회 27
임병무林炳武 145
임시거류민단제 183
임시교통국 51, 182
임시군사주비단 230
임시단동교통사무국 182
임시대통령이승만탄핵안 236
임시독립사무소 184
임시상하이부 240
임시약헌 288, 290
임시육군무관학교 205, 206, 207
임시육군무관학교조례 205
임시의용승군헌제 228
임시의정원 176, 179, 180, 184, 188, 193, 212, 233, 236, 237, 241, 258, 261, 283, 288, 289, 302, 308, 309, 319,

334
임시정부 개조안 179
임시정부 수립운동 174, 176
임시정부 판공처 259
임시정부 해소론 257, 260
임시주외재무관서제 182
임시징세령 181
임시판공처 259
임시한남교통사무국 182
임시헌법개정안 179
임시헌장 176, 290
임펄전선 329, 330, 332
임호 197

## ㅈ

자신계自新契 38
자유대대 101, 103
자유시 99, 100, 101, 102, 103
자유시사변 105, 126, 127, 218
잠행편제 313
장강호長江好 80, 81
장건상 289, 290
장기영 22
장로사령부군정서 95
장봉상張鳳祥 320
장세전張世銓 78, 79
장유순 10, 12, 21
장응규張應圭 227
장제스 133, 242, 253, 280, 297, 298, 305, 310
장조민張朝民 321
장종주張宗周 152

장준하 326, 340
장쭤린張作林 33, 35, 37, 78, 150
장창헌張昌憲 116
장호강張虎崗 321
재건 한국독립당 265, 287, 296
재만농민동맹 137
재만농민연맹 155
재만운동단체협의회 137
재만임시국민대회 48, 211, 212
재만한교총연합회 159
재만한인조선광복회선언 168
재미한족연합위원회 286
재북간도 각 기관 협의회 서약서 216
재중한인청년동맹 138, 155
전단정부 177
전덕원全德元 8, 42, 44, 111, 112, 113
전만통일발기주비회 118
전만통일의회주비회 118
전만통일회 119
전만통일회의 118
전민족유일당조직촉성회 136
전민족유일당촉성회 138
『전우』 122
전위前衛 139
전제군주제 7
전지공작대 317, 318, 324
전창식田昌植 116
전태산全泰山 313
전한군사위원회 102
정국쇄신운동 236, 238
정국쇄신파 236, 237
정로正路 116
정부 승인 283, 284, 286, 287

정부옹호파 235, 240, 243
정순만 21, 22
정신 56, 127, 128, 129, 132, 143
정신품행연설단精神品行演說團 111
정의단正義團 54
정의부 119, 120, 121, 122, 123, 124, 125, 126, 133, 135, 136, 138, 139, 140, 141, 142, 143, 144, 145, 146, 149, 238
정이형 126
정재면 25, 26, 27
정진대 339, 340, 341
제1지대 319
제1차 국공합작 133
제1차 국공합작 239
제1차 세계대전 19, 29, 32, 38, 64
제2지대 317, 319, 320, 323, 324, 334, 335, 336, 337, 338, 339
제2차 국공합작 263
제2차 세계대전 168
제2차 세계대전 287, 333
제3기 치안숙정계획 153
제3전구공작대 321
제3지대 317, 320, 321, 323, 326, 336, 337
제3지대원 337
제3차 헌법개정 241
제5지대 317, 318, 320, 324
제9전구공작대 321
제우교 132
조경한 161, 272, 290, 313
조국광복회 168, 169
조길통상장정朝吉通商章程 4
조덕윤趙德潤 47

조맹선趙孟善 8, 42, 50
조병걸趙炳傑 321
조병준趙秉俊 8, 42, 44, 48, 51
조상섭 243, 244
조선공산당 135, 155, 240
조선공산당 만주총국 135
조선독립기성회 58
조선독립축하회 57
조선독립희생회 224
조선민족군 선전연락대 파견에 관한 협정 328
조선민족대동단 224
조선민족전선연맹 263, 302
조선민족해방동맹 263, 288, 289
조선민족혁명당 259, 328
조선의용군 276
조선의용대 277, 278, 280, 302, 303, 305, 318, 319, 328
조선인민회 132
조선인회 27
조선청년전위동맹 276, 279
조선혁명군 147, 148, 149, 150, 151, 152, 153, 154, 167, 169, 170
조선혁명군사정치간부학교 270
조선혁명군정부 153
조선혁명당 147, 148, 149, 150, 159, 169, 256, 257, 260, 263, 265, 287, 293, 296
조선혁명자동맹 263
조선혁명자연맹 289
조성환 99, 120, 127, 128, 129, 131, 290, 294, 308, 312
조소앙趙素昻 258, 261, 262, 266, 281, 287, 290, 308

한국광복군총사령부조직조례 311
한국광복군편련계획대강 322
한국광복군훈련계획대강 298
한국광복군훈련반 320, 324
한국광복동지회 256, 257, 260, 265
한국광복운동단체연합 263
한국광복진선청년공작대 293
한국국민당 262, 263, 265, 275, 287, 296
한국국민당청년단 262, 273, 275
한국노병회 243, 244, 245
한국대일전선통일동맹 257
한국독립군 159, 160, 161, 162, 163, 164, 165, 167, 170, 253, 269, 272
한국독립당 156, 157, 158, 159, 160, 170, 248, 253, 256, 258, 261, 270, 296, 305
한국독립당 관내촉성회연합회 242
한국독립당 재건 261
한국독립운동지혈사 93
한국병합 8
한국유일독립당 난징촉성회 241
한국유일독립당 우한촉성회 241
한국청년군사간부 특별훈련반 165
한국청년전지공작대 293, 294, 317
한국청년훈련단 320
한국청년훈련반 318, 324
한국특무대독립군 253, 272, 273, 274, 275
한국혁명당 256, 257, 260, 265
한권웅韓權雄 116
한근원 86
한금원韓錦源 319
한독당 257, 258, 259, 262, 289, 296, 297, 298, 300, 302

한민단 126
한민회 223, 226
한성정부 178, 179, 180, 185, 186
한운룡韓雲龍 101
한의제 117
한인국민회 285
한인사관학교 101
한인사회당 63
한인애국단 249, 251, 253, 263, 266, 275
한인취체규칙韓人取締規則 37
한인특별반 269, 270, 271, 272, 273
한족노동당 133
한족농무연합회 156, 159
한족신보韓族新報』 38
한족자치연합회 158
한족총연합회 155, 156, 157, 158
한족회 14, 21, 38, 39, 42, 44, 48, 78, 213
한중호조군사협정초안 308, 310
한지성韓志成 328, 329, 330, 331, 332
한청년단연합회 49
한헌韓憲 272
한흥동韓興洞 23
항일민족혁명당 168
항일의병운동 6
향약계 28, 42
허근許瑾 55
허동규許東奎 126
허룡유격대 167
허백도許白島 129
허빈許斌 129
허위 14
허잉친何應欽 297, 305, 310
허재명許在明 55

춘황春荒투쟁 166

## ㅋ

카나자와金澤 육군형무소 253
카이로선언 285
카이로회담 285
칼튼 크리이드 334
코민테른 102, 103, 155
콜린 맥겐지Colin Mackenzie 328
콴뎬동로한교민단寬甸東路韓僑民團 107
쿠니토모 쇼켄國友尚謙 35

## ㅌ

탕위린湯玉麟 36
태극단 69, 70, 94, 95, 96
태평양전쟁 281, 283, 285, 289, 306
태평양회의 69, 198, 234
태흥학교 24
텐진조약 3
토교대土橋隊 319, 321
통의부 107, 108, 109, 110, 111, 112, 113, 115, 117, 118, 122
통일동맹 257, 258, 259, 260, 265, 273
통일전선 134
통합장교회의 104
특무대 사령부 152
특수공작대 131

## ㅍ

파리강화회의 29, 30, 31, 32, 33, 53, 186, 187, 190, 191, 243
판스유격대 167
패장牌長 14
펑톈회의 34, 78, 79
평안북도독판부平安北道督辦府 48, 107
포수단 8
포츠담선언 340
표웅대表雄大 131
피전책避戰策 84, 86

## ㅎ

하딩Warren G. Harding 30
하바로프스크 180
하얼빈의거 9
하와이 국민회 184
학도병 320, 325
학생훈련소 274, 275
학수 162
학우회 118, 119
한광반韓光班 335
한교공회韓僑公會 52
한교동사회韓僑董事會 44
한국광복군 201, 280, 298, 305, 308, 331, 333, 342
한국광복군공약 306, 307
한국광복군서약문 306
한국광복군선언문 301
한국광복군창설준비위원회 301
한국광복군총사령부 311
한국광복군총사령부성립전례 302
한국광복군총사령부잠행조직조례 315
한국광복군총사령부잠행편제표 313

징모 제2분처 317
징모 제6분처 320, 323, 325, 334
징모 제3분처 321
징병제 200

## ㅊ

차도선 8
차리석 261, 290
참의군 114
참의부 36, 114, 115, 116, 117, 120, 124, 135, 136, 139, 140, 141, 142, 143, 145, 149, 238
창동학교 22
창의소 28
창조파 118, 235, 236, 240
채영 102
채원개 319
채찬 113, 116
책진회 143, 144
천가장千家長 14
천마별영대 51
천수평전투 88, 89, 90
철마鐵馬(천마天摩)별영장 51
철혈주의 246
청년공작대 293
청년단연합회 49
청년친목회 28
청림교 132
청산리전투 55, 65, 70, 81, 86, 89, 90, 91, 92, 97
체약문締約文 41
첸놀트C. L. Chennault 334

총관사무소 108
총독저격사건 116
총사령부 304, 311, 312, 313, 314, 315, 316, 317, 318, 319, 320, 321, 322, 323, 326, 327, 331, 335
최고려 102
최남기 27
최동오 261, 290
최동욱 134, 145
최병선 247
최봉진崔俸鎭 328, 329, 332
최석순崔錫順 117, 290
최성오 328
최시흥崔時興 51
최악 165
최용억崔鏞繶 47
최우崔愚 128
최운산崔雲山 131
최재경 144
최재형 176
최정규 110
최정호崔正浩 127, 129
최종범崔宗範 3
최진동 59, 61, 62, 71, 72, 77, 82, 98, 99, 100
최창익崔昌益 127
최태흥崔泰亨 47
최해崔海 41
최호崔灝 127, 128, 129
추계 대토벌작전 153
추수투쟁 166
축성교범築城敎範 57
축소주祝紹周 271

조순옥趙順玉 313
조시원趙時元 313
조시제趙時濟 313
조완구 248, 259, 289, 290, 309
조인제 317
조지영趙志英 331
조한호趙漢鎬 224, 228
주가화朱家驊 296, 297
주권불멸론 175
주덕기朱悳基 47
주만독판부駐滿督辦府 115
주미외교위원부 285, 286
주백완朱白完 131
주보중 164
주비단 226, 227
주세민 328
주외재무행서 266
주의환 69
주전론 191, 194, 196, 197, 198
주전론자 192
주진수 10, 11
준비론 191, 192, 194, 195, 196, 197, 211, 212, 213, 223
중경 임시정부 201
중광단 53, 55
중광단重光團 53
중국 중앙육군군관학교 뤄양분교 제2총대 제4대대 육군군관훈련반 제17대 269
중국공산당 133, 155, 166, 167, 168, 169, 170
중국공산당 만주성위원회 166, 168
중국국민당 133. 239, 269, 271, 310
중국군사위원회 276, 277, 280, 297, 298, 300, 303, 304, 305, 306, 307, 310, 313, 314, 315, 328, 329, 331, 334
중국윈난강무당中國雲南講武堂 115
중동철로호로군 162
중앙육군군관학교 273, 274, 275, 320
중앙육군군관학교 뤄양분교 269
중앙육군군관학교 뤄양분교 한인특별반 273
중앙육군군관학교 제7분교 320
중앙육군군관학교 특별훈련반 276
중앙의회 107, 112, 115, 119, 121, 122, 135, 140, 149
중앙전시간부훈련단 제4단 324
중앙집권제 137
중앙집행위원회 119, 129
중앙행정위원회 119, 120, 121
중일전쟁 7, 19, 263, 267, 268, 275, 292, 305, 326
중일협동수색 79
중일협동수색대 78
중한연합토일군中韓聯合討日軍 163
중한혁명군中韓革命軍 272
중화민국 26
지달수 317
지린구국군 160, 163, 164, 165
지린자위군 160, 162
지린주민회 118
지방사령부 48, 50, 200, 207, 208, 211, 216
지방선전부 220, 221, 222
지병항池丙降 128
지복영池復榮 313
진동도독부鎭東都督府 115
진주청년친목회 224
집정관총재 185

허혁許赫 14
헌법 176
헌병대 109
헌병분대 109
헤이그특사 22
헬리웰Paul Holliwell 338
혁명군 342, 343
혁신의회革新議會 143
현성희玄成熙 116
현익철玄益哲 52, 122, 145, 148, 154, 267
현정경 112
현천묵玄天黙 22, 25, 84, 120, 127
혈성단 127, 230
혈전론 211
협동전선적 단일당 135
홍기하紅旗河전투 171
홍남주洪南周 4
홍범도 8, 59, 60, 66, 71, 74, 76, 82, 84, 86, 87, 88, 90, 97, 98, 99, 100, 188, 217, 218
홍원택 69
홍진洪震 135, 136, 158, 238, 287, 309
홍창섭 21
홍창회紅槍會 151
홍커우 공원 251
홍학순洪學淳 111
화북조선독립동맹 280
황공삼黃公三 127
황기룡 145
황달영 21
황병길 62, 66
황일초 131
황푸黃埔군관학교 115, 269

황학수 132, 163, 206, 290, 294, 313
황혁黃赫 142
후안산전투 74
후쿠에 상타로福江三太郎 72
훈춘 일본영사관 분관 81
훈춘기독교교우회 28
훈춘대한국민의회 62
훈춘대한국민회 62
훈춘사건 34, 80, 81, 92, 218
훈춘상무회 28
훈춘신민회 62
훈춘유격대 167
훈춘한민회 62, 84, 97, 217
흥업단 69, 70, 94, 95, 96
흥업단 지단 94

# 『한국군사사』 권별 집필진

| 구분 | 집필진 | | 구분 | 집필진 | |
|---|---|---|---|---|---|
| 고대 I | 이태진 | 국사편찬위원장 | 조선 후기 II | 송양섭 | 충남대 교수 |
| | 송호정 | 한국교원대 교수 | | 남상호 | 경기대 교수 |
| | 임기환 | 서울교대 교수 | | 이민웅 | 해군사관학교 교수 |
| | 서영교 | 중원대 박물관장 | | 이왕무 | 한국학중앙연구원 연구원 |
| | 김태식 | 홍익대 교수 | 근현대 I | 이헌주 | 국사편찬위원회 편사연구사 |
| | 이문기 | 경북대 교수 | | 조재곤 | 동국대 연구교수 |
| 고대 II | 임기환 | 서울교대 교수 | 근현대 II | 윤대원 | 서울대 규장각 HK교수 |
| | 서영교 | 중원대 박물관장 | | 박영길 | 한국해양수산개발원 책임연구원 |
| | 이문기 | 경북대 교수 | 강역 | 송호정 | 한국교원대 교수 |
| | 임상선 | 동북아역사재단 연구위원 | | 임상선 | 동북아역사재단 연구위원 |
| | 강성봉 | 한국미래문제연구원 연구원 | | 신안식 | 숙명여대 연구교수 |
| 고려 I | 최종석 | 동덕여대 교수 | | 이왕무 | 한국학중앙연구원 연구원 |
| | 김인호 | 광운대 교수 | | 김병렬 | 국방대 교수 |
| | 임용한 | 충북대 연구교수 | 군사 사상 | 임기환 | 서울교대 교수 |
| 고려 II | 김인호 | 광운대 교수 | | 정해은 | 한국학중앙연구원 선임연구원 |
| | 홍영의 | 숙명여대 연구교수 | | 윤대원 | 서울대 규장각 HK교수 |
| 조선 전기 I | 윤훈표 | 연세대 연구교수 | 군사 통신·무기 | 조병로 | 경기대 교수 |
| | 김순남 | 고려대 초빙교수 | | 남상호 | 경기대 교수 |
| | 이민웅 | 해군사관학교 교수 | | 박재광 | 전쟁기념관 학예연구관 |
| | 임용한 | 충북대 연구교수 | 성곽 | 서영일 | 단국대 교수 |
| 조선 전기 II | 윤훈표 | 연세대 연구교수 | | 여호규 | 한국외국어대 교수 |
| | 임용한 | 충북대 연구교수 | | 박성현 | 연세대 국학연구원 |
| | 김순남 | 고려대 초빙교수 | | 최종석 | 동덕여대 교수 |
| | 김일환 | 순천향대 연구교수 | | 유재춘 | 강원대 교수 |
| 조선 후기 I | 노영구 | 국방대 교수 | 연표 | | 한국미래문제연구원 |
| | 이민웅 | 해군사관학교 교수 | 개설 | 이태진 | 국사편찬위원장 |
| | 이근호 | 국민대 강사 | | 이현수 | 육군사관학교 명예교수 |
| | 이왕무 | 한국학중앙연구원 연구원 | | 이영화 | 한국학중앙연구원 연구원 |

## 『한국군사사』 간행위원

1. 주간
   - 준장 오상택 (현 육군 군사연구소장)
   - 준장 이필헌 (62대 육군 군사연구소장)
   - 준장 정대현 (61대 육군 군사연구소장)
   - 준장 신석현 (60대 육군 군사연구소장)
   - 준장 이웅희 (59대 육군 군사연구소장)

2. 사업관리
   - 대령 하보철 (현 한국전쟁연구과장)
   - 대령 신기철 (전 한국전쟁연구과장)
   - 대령 김규빈 (전 군사관리과장)
   - 대령 이동욱 (전 군사관리과장)
   - 대령 임방순 (전 군사관리과장)
   - 대령 유인운 (전 군사관리과장)
   - 대령 김상원 (전 세계전쟁연구과장)
   - 중령 김재종 (전 군사기획장교)
   - 소령 조상현 (전 세계현대전사연구장교)
   - 연구원 조진열 (현 한국고대전사연구사)
   - 연구원 박재용 (현 역사편찬사)
   - 연구원 이재훈 (전 한국고대전사연구사)
   - 연구원 김자현 (전 한국고대전사연구사)

3. 연구용역기관
   - 사단법인 한국미래문제연구 (원장 안주섭)
   - 편찬위원장 이태진 (국사편찬위원장)
   - 교열 감수위원 채웅석 (가톨릭대 교수)
   - 책임연구원 임용한 (충북대 연구교수)
   - 연구원 오정섭, 이창섭, 심철기, 강성봉

4. 평가위원   김태준 (국방대 교수)
　　　　　　 김　홍 (3사관학교 교수)
　　　　　　 민현구 (고려대 교수)
　　　　　　 백기인 (국방부 군사편찬연구소 선임연구원)
　　　　　　 서인한 (국방부 군사편찬연구소 부장)
　　　　　　 석영준 (육군대학 교수)
　　　　　　 안병우 (한신대 교수)
　　　　　　 오수창 (서울대 교수)
　　　　　　 이기동 (동국대 교수)
　　　　　　 임재찬 (위덕대 교수)
　　　　　　 한명기 (명지대 교수)
　　　　　　 허남성 (국방대 교수)

5. 자문위원   강석화 (경인교대 교수)
　　　　　　 권영국 (숭실대 교수)
　　　　　　 김우철 (한중대 교수)
　　　　　　 노중국 (계명대 교수)
　　　　　　 박경철 (강남대 교수)
　　　　　　 배우성 (서울시립대 교수)
　　　　　　 배항섭 (성균관대 교수)
　　　　　　 서태원 (목원대 교수)
　　　　　　 오종록 (성신여대 교수)
　　　　　　 이민원 (동아역사연구소 소장)
　　　　　　 이진한 (고려대 교수)
　　　　　　 장득진 (국사편찬위원회 편사연구관)
　　　　　　 한희숙 (숙명여대 교수)

## 집 필 자

- 윤대원(서울대 규장각 HK교수) 제7·8·9장

---

한국군사사 10  **근현대 Ⅱ**

초판 인쇄 2012년 10월 15일
초판 발행 2012년 10월 31일

발 행 처  육군본부(군사연구소)
주    소  충청남도 계룡시 신도안면 부남리 계룡대로 663 사서함 501-22호
전    화  042) 550 - 3630~4
홈페이지  http://www.army.mil.kr

출    판  경인문화사
등록번호  제10-18호(1973년 11월 8일)
주    소  서울시 마포구 마포대로4다길 8 경인빌딩(마포동 324-3)
대표전화  02-718-4831~2    팩스  02-703-9711
홈페이지  http://www.kyunginp.co.kr
이 메 일  kyunginp@chol.com

ISBN  978-89-499-0874-8  94910 세트
         978-89-499-0885-4  94910
육군발간등록번호  36-1580001-008412-01
값  35,000원

ⓒ 육군본부(군사연구소), 2012
※ 파본 및 훼손된 책은 교환해 드립니다.